新課程

実力をつける，実力をのばす

体系数学１　代数編
パーフェクトガイド

この本は，数研出版が発行するテキスト「新課程　体系数学１　代数編」に沿って編集されたもので，テキストで学ぶ大切な内容をまとめた参考書です。

テキストに取り上げられたすべての問題の解説・解答に加え，オリジナルの問題も掲載していますので，この本を利用して実力を確かめ，さらに実力をのばしましょう。

【この本の構成】

学習のめあて　そのページの学習目標を簡潔にまとめています。学習が終わったとき，ここに記された事柄が身についたかどうかを，しっかり確認しましょう。

学習のポイント　そのページの学習内容の要点をまとめたものです。

テキストの解説　テキストの本文や各問題について解説したものです。テキストの理解に役立てましょう。

テキストの解答　テキストの練習の解き方と解答をまとめたものです。答え合わせに利用するとともに，答をまちがったり，問題が解けなかったときに参考にしましょう。
（テキストの確認問題，演習問題の解答は，次の確かめの問題，実力を試す問題の解答とともに，巻末にまとめて掲載しています。）

確かめの問題　テキストの内容を確実に理解するための補充問題を，必要に応じて取り上げています。基本的な力の確認に利用しましょう。

実力を試す問題　テキストで身につけた実力を試す問題です。問題の中には，少しむずかしい問題もありますが，どんどんチャレンジしてみましょう。

この本の各ページは，「新課程　体系数学１　代数編」の各ページと完全に対応していますので，効率よくそして確実に，学習を行うことができます。

この本が，みなさまのよきガイド役となって，これから学ぶ数学がしっかりと身につくことを願っています。

目　次

この本の目次は，体系数学テキストの目次とぴったり一致しています。

小学校の復習問題

式の計算の復習

1　計算の順序

かっこの中　→　×，÷　→　＋，－

2　分数のたし算とひき算

分母が同じときは，分母はそのままにして，分子どうしを計算する。

分母が異なるときは，分母を同じにしてから（通分をしてから）計算する。

3　分数のかけ算とわり算

かけ算は，分母どうし，分子どうしをそれぞれかけて計算する。

わり算は，わる数の分母と分子を入れかえた数をかける。

数量関係の復習

1　速さ

（速　さ）＝（道のり）÷（時　間）

（道のり）＝（速　さ）×（時　間）

（時　間）＝（道のり）÷（速　さ）

2　割合

（割合）＝（比べる量）÷（もとにする量）

（比べる量）＝（もとにする量）×（割合）

（もとにする量）＝（比べる量）÷（割合）

3　比

2つの数量の関係を○：△の形に表したものを比という。

○：△＝○×□：△×□

1の解答

(1)　$20-12\div4\times5=20-3\times5$

$=20-15=\mathbf{5}$

(2)　$(6.1+4.3)\times2.5=10.4\times2.5$

$=\mathbf{26}$

(3)　$\frac{2}{3}-\frac{1}{6}+\frac{2}{5}=\frac{20}{30}-\frac{5}{30}+\frac{12}{30}$

$=\frac{27}{30}=\mathbf{\frac{9}{10}}$

(4)　$\frac{1}{4}\times\frac{3}{5}\div\frac{6}{5}=\frac{1}{4}\times\frac{3}{5}\times\frac{5}{6}$

$=\mathbf{\frac{1}{8}}$

(5)　$\left(\frac{2}{5}+\frac{2}{3}\right)\times\frac{3}{4}=\left(\frac{6}{15}+\frac{10}{15}\right)\times\frac{3}{4}$

$=\frac{16}{15}\times\frac{3}{4}=\mathbf{\frac{4}{5}}$

(6)　$\frac{5}{6}-\frac{2}{5}\div\frac{3}{10}\times\frac{1}{8}=\frac{5}{6}-\frac{2}{5}\times\frac{10}{3}\times\frac{1}{8}$

$=\frac{5}{6}-\frac{1}{6}=\frac{4}{6}$

$=\mathbf{\frac{2}{3}}$

2の解答

(1)　3 km は　3000 m

3000÷120＝25 から　　**25分**

(2)　30 % は　0.3

200×0.3＝60 から　　**60人**

(3)　432÷90＝4.8 から，1 m^2 あたりでとれるじゃがいもの量は　　**4.8 kg**

(4)　男子18人の得点の合計は

80×18＝1440 から　　1440点

女子22人の得点の合計は

82×22＝1804 から　　1804点

クラスの生徒40人の得点の平均は

(1440＋1804)÷40＝81.1 から　　**81.1点**

まちがわずに，全部解くことはできましたか。

第1章　正の数と負の数

この章で学ぶこと

1．正の数と負の数（6～11ページ）

身近な気温の例をもとにして，0より小さい新しい数（負の数）を考えます。
また，新しい数を含めた数について，その大小関係などを学びます。

新しい用語と記号

−，マイナス，＋，プラス，正の符号，負の符号，符号，正の数，負の数，自然数，数直線，原点，正の方向，負の方向，絶対値，$|a|$

2．加法と減法（12～19ページ）

正の数，負の数のたし算とひき算ができるように，数直線を使って，その計算方法を考えます。
また，加法の交換法則と結合法則を利用して，たし算とひき算の混じった式を，てぎわよく計算する方法を学びます。

新しい用語と記号

加法，和，加法の交換法則，加法の結合法則，減法，差，項，正の項，負の項

3．乗法と除法（20～27ページ）

正の数，負の数のかけ算ができるように，東西の移動と速さ，時間の関係を使って，その計算方法を考えます。
また，かけ算をもとに，わり算の計算を考え，かけ算とわり算が混じった式の計算方法についても学びます。

新しい用語と記号

乗法，積，乗法の交換法則，乗法の結合法則，累乗，平方，立方，指数，除法，商，逆数

4．四則の混じった計算（28～36ページ）

正の数，負の数について，たし算，ひき算，かけ算，わり算が混じった複雑な式の計算ができるようにします。

また，いろいろな数の集まりと計算の可能性について考えます。
さらに，素数と素因数分解の方法について学ぶとともに，いろいろな問題に，正の数，負の数を利用することを考えます。

新しい用語と記号

四則，分配法則，集合，素数，因数，素因数，素因数分解，魔方陣

テキストの解説

□気温を表す数

○小学校で学んだ数は0と0より大きい数であるが，私たちの身のまわりには，0より小さい数もある。冬などの寒い時期に目にする氷点下の気温は，その一例である。

○固体がとけて液体になるときの温度を融点という。氷がとけて水になり始める温度が，水の融点である。特に，水の融点を氷点という。

○水の融点すなわち氷点は0°Cである。これより低い温度が「氷点下」である。

テキスト 5 ページ

テキストの解説

□気温を表す数（前ページの続き）

○たとえば，10 個のお菓子を，今日 6 個食べて，明日 3 個食べると，残りのお菓子は 1 個になる。また，今日 6 個食べて，明日 4 個食べると，残りのお菓子は 0 個になる。
このように，小学校で学んだ 0 とは，何もないことを表す数のことであった。

○一方，水の融点 0°C を表す 0 とは，氷が水になり始める温度を表す数のことであって，温度として何もないわけではない。お菓子のように，実際に目にすることはできないが，温度として，10°C の 10 も 0°C の 0 も，ともに存在するもの（状態）を表す数である。

○このように，温度を表す数 0 は，小学校で学んだ「何もない」ことを表す数 0 とは異なった意味をもっている。

○テキストに示されたような温度計の目もりは，0°C より上にも下にも記されている。そして，0°C より高い温度も低い温度も，0°C を基準として表される。

○たとえば，テキストの温度計が示す -4°C は，0°C より 4°C 低い温度を表している。

○この章では，同じように，0 を基準として，それより大きい数（正の数）と小さい数（負の数）を考える。

○数の範囲を広げることで，新たにいろいろなことがらを考えることができるようになる。
たとえば，負の数を考えることで，これまではできなかった，小さい数から大きい数をひくような計算もできるようになる。

温度計を見ればわかるように，3°C から 5°C 下がると -2°C になるね。

それは，$3-5=-2$ ということかしら。

□ 0 の発見

○何もないことを表したり，20 の一の位や 106 の十の位などの位取りを表す数として，私たちは当たり前のように 0 を用いている。
しかし，その歴史は，他の数に比べて，あまり古いものではない。

○数学，特に，図形の内容を研究する幾何学の起源は，紀元前の古代エジプトにまでさかのぼるが，その当時，0 が用いられることはなかった。また，高度な数学は，古代ギリシャで発達したが，そこでも 0 が用いられることはなかった。

○私たちが用いている 10 個の数字 0，1，2，3，4，5，6，7，8，9 をアラビア数字という。
このうち，0 が生まれたのは，古代インドといわれている。これら 10 個の数字を用いるだけで，どんなに大きい数も簡単に表現することができる。

テキスト6ページ

1．正の数と負の数

学習のめあて

符号のついた数について知ること。

学習のポイント

正の符号，負の符号

0°C を基準にして，それより低い温度は－を用いて表し，高い温度は＋を用いて表す。このとき，＋を **正の符号**，－を **負の符号** といい，＋と－をまとめて **符号** という。

テキストの解説

□気温と符号のついた数

○私たちが感じる暑さや寒さは，気温を用いて表現することができる。

○たとえば，夏の暑さを比べるのに，各地の最高気温がよく用いられる。テキスト4ページに示された埼玉県熊谷市の気温 41.1°C は，記録に残る日本各地の最高気温（2019 年現在）であるが，今後，これより暑い日があった場合にも，その気温は，私たちが既に学んだ数（正の数）で表すことができる。

○一方，冬の寒さを比べるのに，各地の最低気温が用いられる。このとき，もし，0°C より低い気温を表す数がなければ，0°C より寒い場合に，その寒さを，気温で表現することはできない。

○そこで，0°C を基準として，0°C より高い気温と低い気温を，それぞれ符号＋，－を用いて表す。このとき，負の符号のついた気温は，0°C より低いかどうかだけではなく，どの程度低いかも表している。

○たとえば，テキスト5ページに示された北海道旭川市の気温 －41°C は，記録に残る日本各地の最低気温（2019 年現在）であるが，今

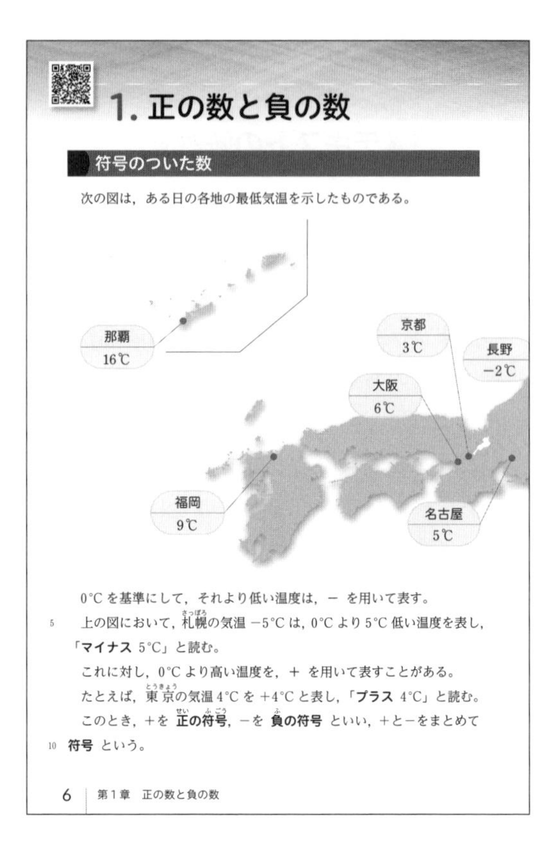
1．正の数と負の数

符号のついた数

次の図は，ある日の各地の最低気温を示したものである。

0°C を基準にして，それより低い温度は，－ を用いて表す。

上の図において，札幌の気温 －5°C は，0°C より 5°C 低い温度を表し，「**マイナス** 5°C」と読む。

これに対し，0°C より高い温度を，＋ を用いて表すことがある。

たとえば，東京の気温 4°C を ＋4°C と表し，「**プラス** 4°C」と読む。

このとき，＋を **正の符号**，－を **負の符号** といい，＋と－をまとめて **符号** という。

6　第1章　正の数と負の数

後，これより寒いところがあった場合にも，その気温は，これから学ぶ数（負の数）で表すことができる。

○気温のほかにも，符号のついた数で表すことのできる数量はいろいろある。たとえば，地上で最も高いところはエベレストの山頂であり，その標高は 8848 m である。また，海中で最も深いところはマリアナ海溝の最深部で，その深さはおよそ 11000 m とされている。このとき，海面の高さを基準として，エベレストの高さを ＋8848 m と表すと，マリアナ海溝の深さは －11000 m と表すことができる。

身のまわりから，符号のついた数をさがしてみよう。

○意味は異なるが，記号として，正の符号＋とたし算の記号＋は同じものである。また，負の符号－とひき算の記号－も，記号としては同じものである。

テキスト 7 ページ

学習のめあて

正の数と負の数について知ること。

学習のポイント

正の数，負の数

0 より大きい数を **正の数** といい，0 より小さい数を **負の数** という。

0 は正の数でも負の数でもない数である。

テキストの解説

□練習 1

○テキストの図において，符号がついていない気温は 0°C より高く，負の符号がついた気温は 0°C より低い。

○大阪，青森，長野，福岡の気温は，それぞれ 6°C，−3°C，−2°C，9°C であるから，大阪，福岡の気温は 0°C より高く，青森，長野の気温は 0°C より低い。

□練習 2

○0°C より高い温度は正の符号＋を用いて表し，0°C より低い温度は負の符号−を用いて表す。

○0°C より高いか低いかに注目して，符号を決める。

○41.1°C (テキスト 4 ページ) のように，気温を表す数は，整数に限ったものではない。小数を用いて表される気温についても，正の符号，負の符号を用いて表すことができる。

□正の数と負の数

○小学校で学んだ数 (正の数) と同じように，負の数についても，整数，小数，分数がある。

○気温を分数を使って表すことはないが，たとえば，0 より $\frac{2}{3}$ 小さい数は $-\frac{2}{3}$ と表される。

○ 0 は正の数でも負の数でもない数であるから，正の符号も負の符号もつかない。

2019 年 3 月の各地の最低気温を参考
(気象庁のホームページより)

練習 1 図で，次の各地の気温は，0°C より何 °C 高いまたは低いか答えなさい。

(1) 大阪 (2) 青森 (3) 長野 (4) 福岡

練習 2 次の温度を，正の符号，負の符号を用いて表しなさい。

5 (1) 0°C より 3.5°C 低い温度 (2) 0°C より 10.2°C 高い温度

−5°C の −5 は，0 より 5 小さい数を表し，+4°C の +4 は，0 より 4 大きい数を表す。

+4 や +10.2 のような 0 より大きい数を **正の数** といい，−5 や −3.5 のような 0 より小さい数を **負の数** という。

10 0 は正の数でも負の数でもない数である。

1. 正の数と負の数 | 7

○小学校で学んだ数 4 も，正の符号のついた数 +4 も，ともに同じ正の数である。

符号＋は省略することもできるね。

テキストの解答

練習 1 (1) **6°C 高い** (2) **3°C 低い**
(3) **2°C 低い** (4) **9°C 高い**

練習 2 (1) **−3.5°C** (2) **+10.2°C**

確かめの問題 解答は本書 203 ページ

1 次の数を，正の符号，負の符号を用いて表しなさい。

(1) 0 より 3 大きい数

(2) 0 より 1.8 小さい数

(3) 0 より $\frac{1}{4}$ 小さい数

学習のめあて

反対の性質をもつ数量を，正の数，負の数を用いて表すこと。

学習のポイント

自然数

正の整数 1，2，3，…を **自然数** という。

反対の性質をもつ数量

収入 ⟷ 支出

東 ⟷ 西　　北 ⟷ 南

大きい ⟷ 小さい　　多い ⟷ 少ない

高い ⟷ 低い　　重い ⟷ 軽い

のように，2つのことばを用いて表される反対の性質をもつ数量は，負の数を用いると，その一方のことばだけで表すことができる。

これまで，数といえば，正の数か0であったが，これからは負の数を含めて考える。たとえば，整数には，負の整数，0，正の整数がある。

正の整数1，2，3，……を **自然数** という。

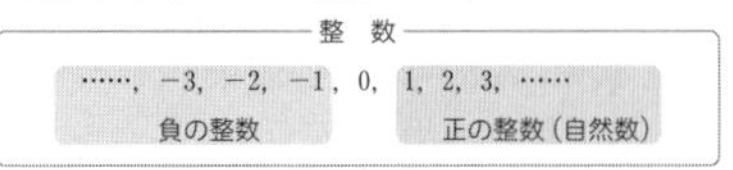

反対の性質をもつ数量は，正の数，負の数を用いて表すことができる。

例1 (1) 800円の収入を +800円と表すと，200円の支出は −200円と表すことができる。

(2) 地点Aから東へ3m移動することを +3m と表すと，西へ6m移動することは −6m と表すことができる。

例2 6，7ページの図の東京の気温4°C を基準とすると

名古屋の気温5°C は　+1°C

京都の気温3°C は　−1°C

と表すことができる。

練習3 あるクラスでテストをしたところ，そのクラスの平均点は60点であった。下の表は，クラスの6人の生徒A，B，C，D，E，Fの得点と，平均点との違いを示したものである。表の空欄を埋めなさい。

名前	A	B	C	D	E	F
得点（点）	65	55	58	72	60	68
平均点との違い（点）	+5					

反対の性質をもつ数量は，「大きい」「小さい」のように，2つのことばを用いて表すのが普通であるが，負の数を用いると，その一方のことばだけで，次のように表すことができる。

「3小さい」は「−3大きい」　「4大きい」は「−4小さい」

8　第1章　正の数と負の数

テキストの解説

□自然数

○整数のうち，特に，正のものを自然数という。自然数は，ものの個数を数えたり，順番を表したりするのに用いる，最も身近な数である。

□例1

○ある基準に関して，反対の性質を表すことばに注目する。

(1) 金額の変化がないことを基準にしたとき，「収入」と「支出」。

(2) 移動しないことを基準にしたとき，「東」へ移動することと「西」へ移動すること。

□例2

○基準となる気温4°C を0°C と同じように考えて，名古屋と京都の気温が，4°C よりどれだけ高いか，低いかを考える。

○1°C 高いことも，1°C 低いことも，4°C との違いとしては1°C である。この違いを，正の数，負の数を用いて表す。

□練習3

○各生徒の得点と平均点との違いを考える。違いを表す数の符号に注意する。

平均点より高いとき，符号は　+

平均点より低いとき，符号は　−

テキストの解答

練習3　60点を基準とすると

B：55点と60点との違いは　−5点

C：58点と60点との違いは　−2点

D：72点と60点との違いは　+12点

E：60点と60点との違いは　0点

F：68点と60点との違いは　+8点

名前	A	B	C	D	E	F
得点（点）	65	55	58	72	60	68
平均点との違い（点）	+5	**−5**	**−2**	**+12**	**0**	**+8**

テキスト9ページ

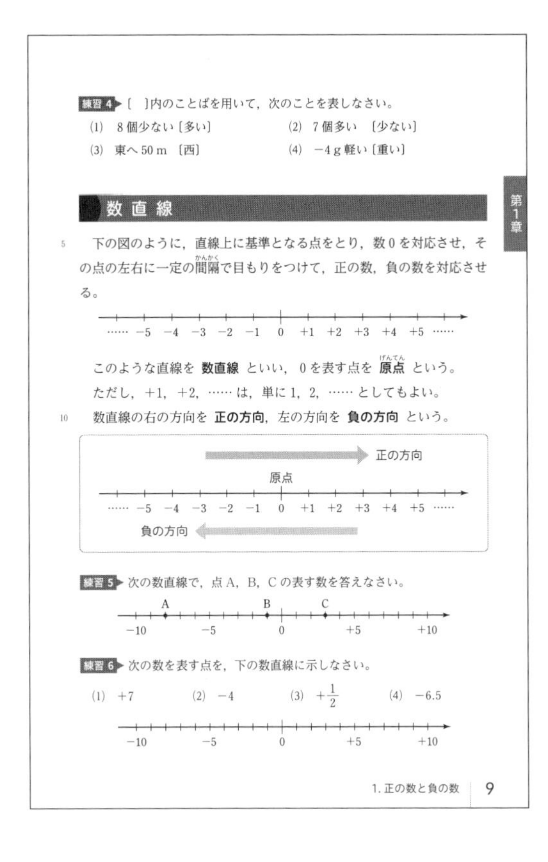

練習 4 [　]内のことばを用いて，次のことを表しなさい。

(1)　8個少ない〔多い〕　　(2)　7個多い〔少ない〕

(3)　東へ 50 m〔西〕　　(4)　−4 g 軽い〔重い〕

第1章

数直線

下の図のように，直線上に基準となる点をとり，数0を対応させ，その点の左右に一定の間隔で目もりをつけて，正の数，負の数を対応させる。

…… −5　−4　−3　−2　−1　0　+1　+2　+3　+4　+5 ……

このような直線を **数直線** といい，0を表す点を **原点** という。
ただし，+1，+2，…… は，単に 1，2，…… としてもよい。
数直線の右の方向を **正の方向**，左の方向を **負の方向** という。

正の方向
原点
…… −5　−4　−3　−2　−1　0　+1　+2　+3　+4　+5 ……
負の方向

練習 5 次の数直線で，点A，B，Cの表す数を答えなさい。

A　B　C
−10　−5　0　+5　+10

練習 6 次の数を表す点を，下の数直線に示しなさい。

(1)　+7　　(2)　−4　　(3)　$+\frac{1}{2}$　　(4)　−6.5

−10　−5　0　+5　+10

1. 正の数と負の数　9

学習のめあて

数直線を用いて正の数，負の数を考え，数直線上の点と正の数，負の数が対応していることを理解すること。

学習のポイント

数直線

直線上に基準となる点をとり，その点の左右に一定の間隔で目もりをつけて，正の数，負の数を対応させた直線を **数直線** という。
数直線の 0 が対応している点を **原点** という。
また，数直線の右の方向を **正の方向** といい，左の方向を **負の方向** という。

テキストの解説

□練習 4

○正の数と負の数を用いて，反対の性質をもつ数量を，一方のことばだけで表す。

□数直線

○小学校で学んだ数直線は，次の図のように，0 より右側にしか延びていない。

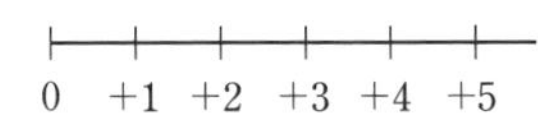

しかし，これでは，+2 のような正の数は示すことができても，−2 のような負の数を示すことはできない。
そこで，直線を 0 より左側にも延長して，負の数も表すことができるようにする。

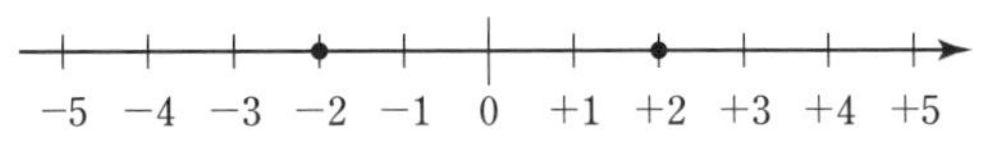

○数直線の矢印は，正の方向を表している。

□練習 5

○数直線上の点に対応する数を答える。原点より左側の点は負の数を表し，右側の点は正の数を表す。

□練習 6

○いろいろな正の数，負の数に対応する点を，数直線上に示す。

○$+\frac{1}{2}$ を表す点は，0 と +1 を表す点の真ん中の点であり，−6.5 を表す点は，−7 と −6 を表す点の真ん中の点である。

テキストの解答

練習 4　(1)　**−8 個多い**

(2)　**−7 個少ない**

(3)　**西へ −50 m**

(4)　**+4 g 重い**

練習 5　Aに対応する数は　−8

Bに対応する数は　−1

Cに対応する数は　+3

練習 6　次のようになる。

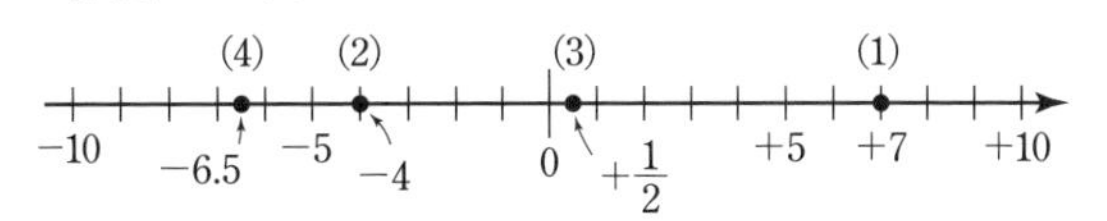

学習のめあて

数の絶対値について知ること。

学習のポイント

絶対値

数直線上において，ある数を表す点と原点との距離を，その数の **絶対値** という。

例　+4 の絶対値は 4，−4 の絶対値は 4

絶対値を表す記号

数 a の絶対値を，記号 $|\boldsymbol{a}|$ で表す。

例　$|+4|=4$，$|-4|=4$

テキストの解説

□例 3

○数直線上で，+3 と原点との距離は 3 であり，$-\frac{1}{3}$ と原点との距離は $\frac{1}{3}$ である。

○絶対値は距離を表すから，一般に，0 以外のどんな数の絶対値も正の数である。

○ある数の絶対値は，その数から符号をとったものということもできる。

　+3 から正の符号＋をとる　→　3

　$-\frac{1}{3}$ から負の符号−をとる　→　$\frac{1}{3}$

□練習 7

○数直線上で，それぞれの数を表す点と原点との距離を求める。たとえば，数直線上で

(1)　+5 と原点との距離は 5 である。

(2)　−12 と原点との距離は 12 である。

□練習 8

○数直線上で，原点との距離が 6 である点を表す数を求める。

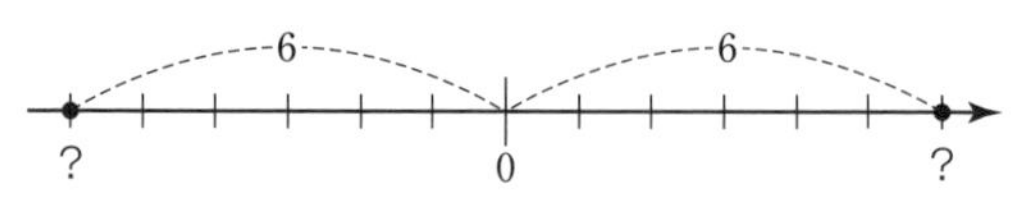

○絶対値が正の数 a である数は，正の数 a と負の数 $-a$ の 2 つがあることに注意する。

絶対値

数直線上において，ある数を表す点と原点との距離(きょり)を，その数の**絶対値**(ぜったいち)という。

たとえば，数直線上で，+4 を表す点と原点との距離は 4 であるから，+4 の絶対値は 4 である。−4 を表す点と原点との距離も 4 であるから，−4 の絶対値も 4 である。すなわち，絶対値が 4 になる数は +4 と −4 の 2 つある。0 の絶対値は 0 である。

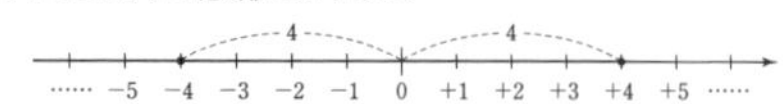

例 3　(1)　+3 の絶対値は　3

(2)　$-\frac{1}{3}$ の絶対値は　$\frac{1}{3}$

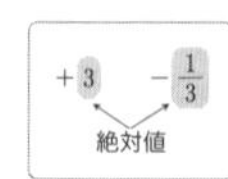

練習 7　次の数の絶対値を答えなさい。

(1)　+5　(2)　−12　(3)　−2.5　(4)　$+\frac{3}{4}$

練習 8　絶対値が 6 になる数を答えなさい。

数 a の絶対値は，記号 $|\boldsymbol{a}|$ で表す。

たとえば，−3 の絶対値は 3 であるから，$|-3|=3$ である。

例 4　(1)　$|+10|=10$　(2)　$|7|=7$　←$|7|=|+7|$

(3)　$|-4.8|=4.8$　(4)　$|0|=0$

練習 9　次の値を求めなさい。

(1)　$|+8|$　(2)　$|-15|$　(3)　$|3.4|$　(4)　$\left|-\frac{2}{7}\right|$

10　第 1 章　正の数と負の数

□例 4

○絶対値の記号｜　｜を用いて表された数の絶対値を求める。

○正の数の符号＋は省略することができるから，7 の絶対値と +7 の絶対値は同じである。

□練習 9

○例 4 にならって，正の数，負の数の絶対値を求める。

テキストの解答

練習 7　(1)　**5**　(2)　**12**　(3)　**2.5**　(4)　$\boldsymbol{\frac{3}{4}}$

練習 8　原点との距離が 6 である点を表す数は −6 と +6 であるから，絶対値が 6 になる数は　**−6 と +6**

練習 9　(1)　**8**　(2)　**15**　(3)　**3.4**　(4)　$\boldsymbol{\frac{2}{7}}$

テキスト 11 ページ

学習のめあて

正の数，負の数の大小について知り，それらの関係を不等号を用いて表すこと。

学習のポイント

数直線と数の大小

数直線上では，右側にある数ほど大きく，左側にある数ほど小さい。

数の大小

(負の数)<0<(正の数)

絶対値と数の大小

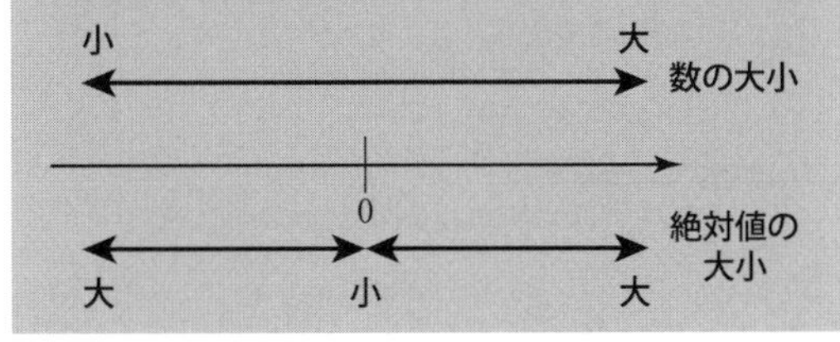

数の大小と不等号

数は，数直線上の点で表すことができる。

数直線上では，右側にある数ほど大きく，左側にある数ほど小さい。

大きくなる
原点
…… −5 −4 −3 −2 −1 0 +1 +2 +3 +4 +5 ……
小さくなる

第1章

例 5 (1) −2 と +1 では，+1 の方が大きい。
(2) −3 と −2 では，−3 の方が小さい。

数の大小は，不等号<，>を用いて，次のように表すことができる。

+1 が −2 より大きいことを　−2<+1　または　+1>−2

−3 が −2 より小さいことを　−3<−2　または　−2>−3

これらをまとめて表すと，次のようになる。

−3<−2<+1　または　+1>−2>−3

注意　「−2>−3<+1」や「−3<+1>−2」のようには表さない。

練習 10 ▶ 次の各組の数の大小を，不等号を用いて表しなさい。

(1) +2，−6　　(2) $-\frac{1}{3}$，$-\frac{5}{3}$　　(3) 0，−4.3，$-\frac{9}{2}$

数の大小

[1] 正の数は 0 より大きく，負の数は 0 より小さい。
(負の数)<0<(正の数)

[2] 正の数は，その数の絶対値が大きいほど大きい。
負の数は，その数の絶対値が大きいほど小さい。

1. 正の数と負の数　11

テキストの解説

□**例 5**

○正の数と負の数の大小と，2 つの負の数の大小を考える。

○数直線上で，+1 は −2 より右側にあるから

+1 は −2 より大きい

−2 は +1 より小さい

また，−2 は −3 より右側にあるから

−2 は −3 より大きい

−3 は −2 より小さい

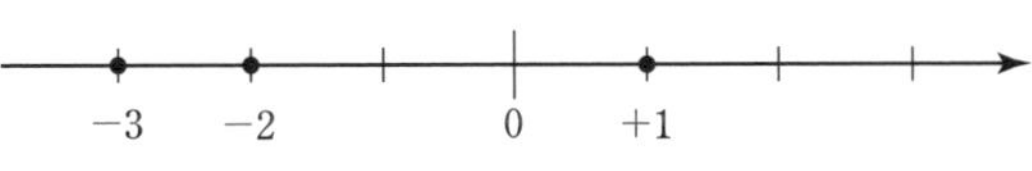

□**数の大小と不等号**

○正の数，負の数の大小関係も，不等号<，>を用いて表すことができる。

○ 3 つの数 −3，−2，+1 の大小は

−3<−2<+1　または　+1>−2>−3

のように，不等号の向きをそろえて書く。

これを「−2>−3<+1」や「−3<+1>−2」のようには表さないことに注意する。

たとえば，−2>−3<+1 では，−3 が −2 よりも +1 よりも小さいことは表しているが，−2 と +1 の大小関係は表していない。

□**練習 10**

○正の数，負の数の大小関係。数直線上の点で表して考えるとわかりやすい。

テキストの解答

練習 10　(1)　次の数直線より　+2>−6

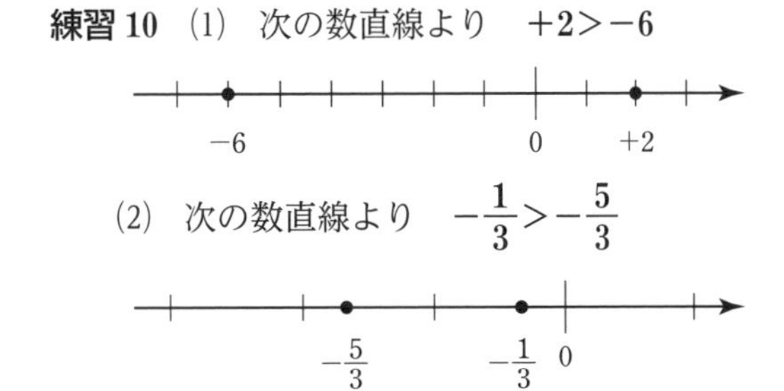

(2)　次の数直線より　$-\frac{1}{3}>-\frac{5}{3}$

(3)　次の数直線より　$-\frac{9}{2}<-4.3<0$

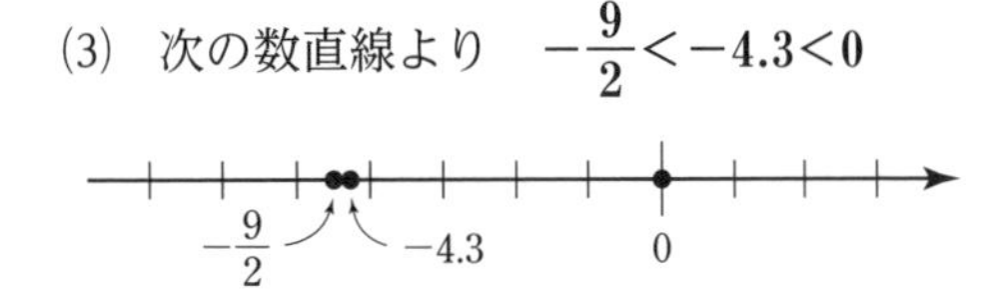

2．加法と減法

学習のめあて

数直線を利用して，符号が同じ 2 つの数の和が計算できるようになること。

学習のポイント

加法

たし算のことを **加法** という。加法の結果が **和** である。

数直線と加法

2 つの数が数直線上の移動を表すと考えて，それらの和を求める。

正の数は，正の方向に進むことを表し，負の数は，負の方向に進むことを表す。

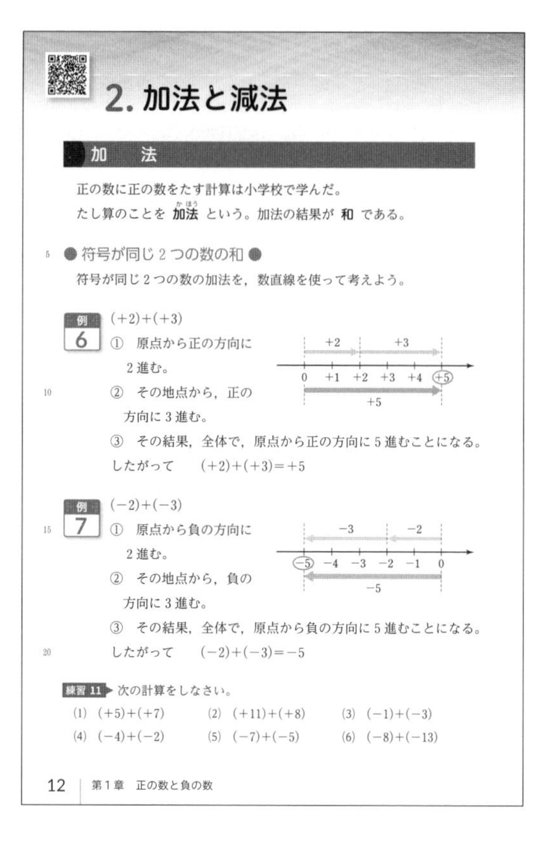

テキストの解説

□例 6

○ 2 つの正の数の和の計算。

これは，小学校で学んだ 2+3=5 と同じ計算である。

○記号＋には，正の符号と加法の記号の 2 つの意味がある。

正の数 +2，+3 はそれぞれ正の方向への移動を表す。また，加法の記号＋は，これらの移動を合わせて行うことを表すと考える。

□例 7

○例 6 と同じように考えて，2 つの負の数の和を計算する。

○負の数 −2，−3 はそれぞれ負の方向への移動を表す。また，加法の記号＋は，これらの移動を合わせて行うことを表すと考える。

□練習 11

○例と同じように，同じ方向の 2 つの移動を合わせた移動を考える。たとえば，(1) と (3) の計算は，次のように考えることができる。

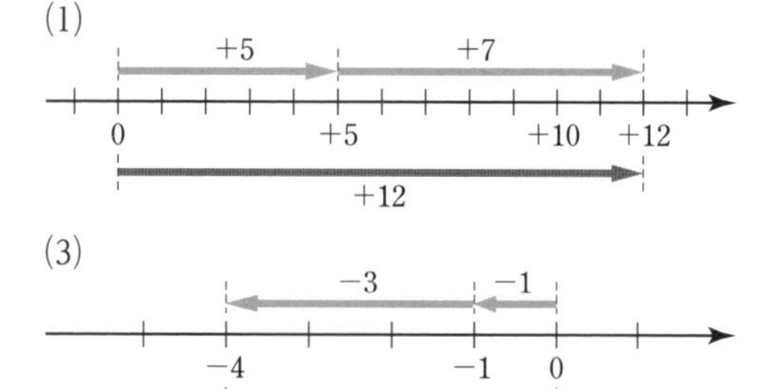

テキストの解答

練習 11　(1)　$(+5)+(+7)=\mathbf{+12}$

(2)　$(+11)+(+8)=\mathbf{+19}$

(3)　$(-1)+(-3)=\mathbf{-4}$

(4)　$(-4)+(-2)=\mathbf{-6}$

(5)　$(-7)+(-5)=\mathbf{-12}$

(6)　$(-8)+(-13)=\mathbf{-21}$

学習のめあて

数直線を利用して，符号が異なる2つの数の和が計算できるようになること。

学習のポイント

数直線と加法

2つの数が数直線上の移動を表すと考えて，それらの和を求める。

テキストの解説

□例8，例9

○符号が異なる2つの数の和。正の方向の移動と負の方向の移動を合わせた移動を考える。

○正の方向の移動を2度行った結果は，正の方向の移動を表すから，2つの正の数の和は正の数である。また，負の方向の移動を2度行った結果は，負の方向の移動を表すから，2つの負の数の和は負の数である。

○一方，正の数と負の数の和は，正の数，0，負の数のいずれの場合もある。

□練習12

○(1) ①　原点から正の方向に8進む。

②　その地点から，負の方向に3進む。

③　その結果，全体で，原点から正の方向に5進むことになる。

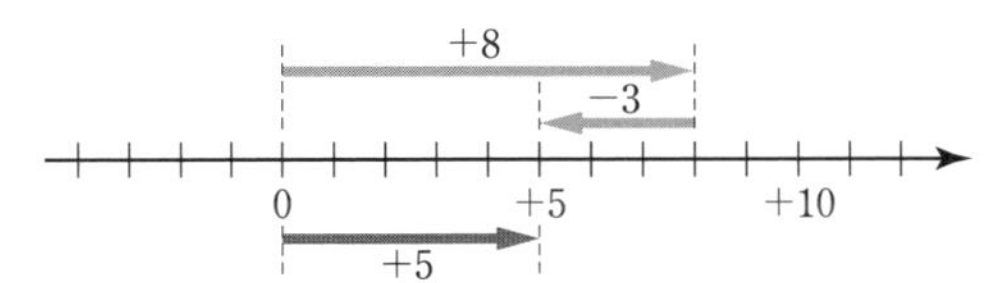

(2)

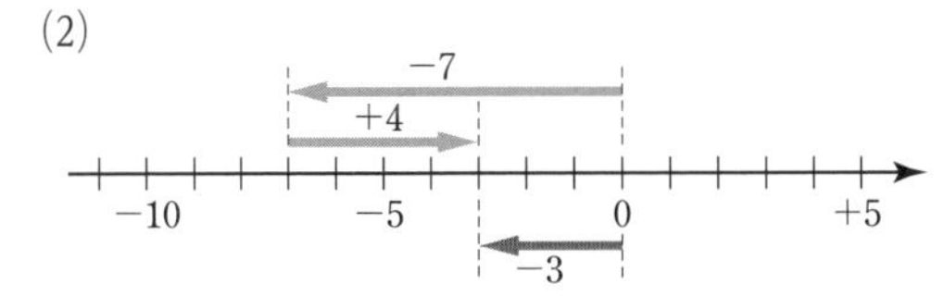

(3)

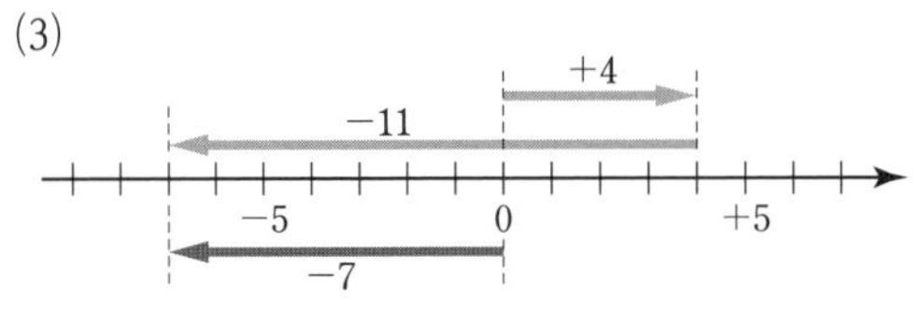

第1章

● 符号が異なる2つの数の和 ●

符号が異なる2つの数の加法は，次のように考えることができる。

例8　$(-2)+(+5)$

①　原点から負の方向に2進む。

②　その地点から，正の方向に5進む。

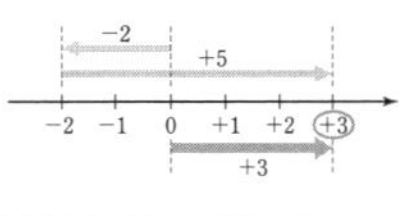

③　その結果，全体で，原点から正の方向に3進むことになる。

したがって　$(-2)+(+5)=+3$

例9　$(+2)+(-5)$

①　原点から正の方向に2進む。

②　その地点から，負の方向に5進む。

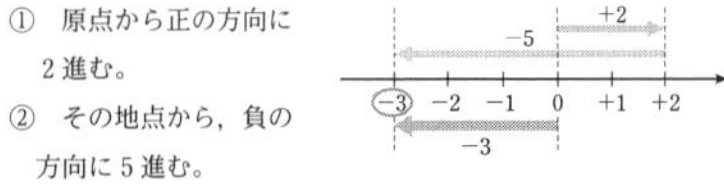

③　その結果，全体で，原点から負の方向に3進むことになる。

したがって　$(+2)+(-5)=-3$

練習12　次の計算をしなさい。

(1) $(+8)+(-3)$　(2) $(-7)+(+4)$　(3) $(+4)+(-11)$

(4) $(+5)+(-14)$　(5) $(-9)+(+13)$　(6) $(-10)+(+10)$

2つの正の数の和は正の数であり，2つの負の数の和は負の数である。一方，符号の異なる2つの数の和は，正の数になったり負の数になったり，0になったりする。

2. 加法と減法　13

(4)

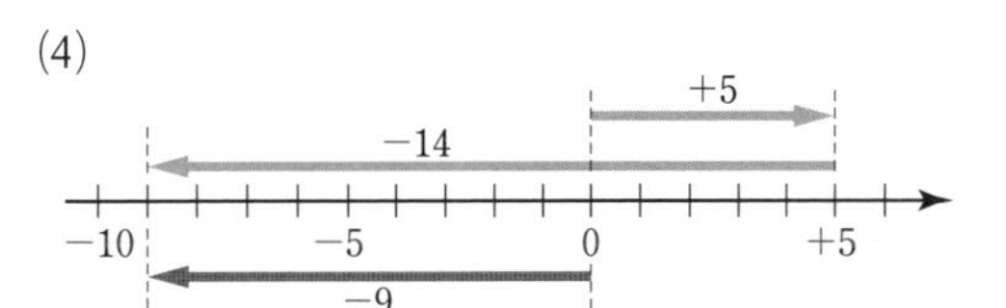

(5)

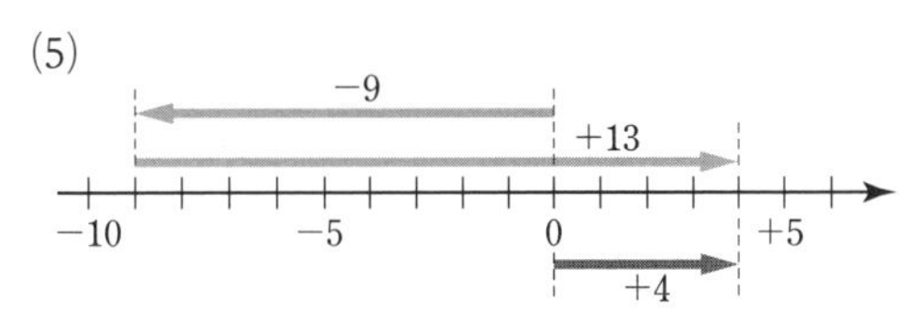

(6)

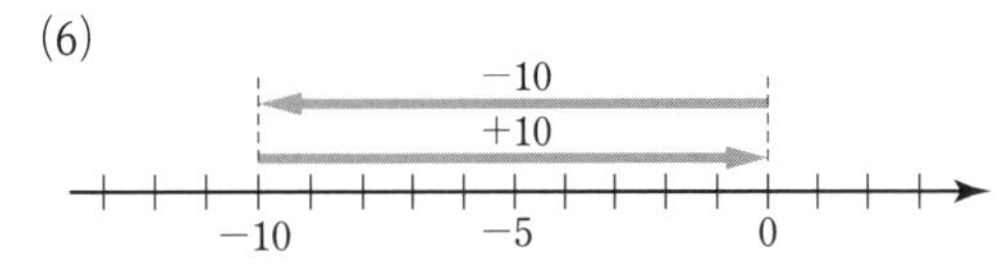

テキストの解答

練習12　(1)　$(+8)+(-3)=\mathbf{+5}$

(2)　$(-7)+(+4)=\mathbf{-3}$

(3)　$(+4)+(-11)=\mathbf{-7}$

(4)　$(+5)+(-14)=\mathbf{-9}$

(5)　$(-9)+(+13)=\mathbf{+4}$

(6)　$(-10)+(+10)=\mathbf{0}$

テキスト 14 ページ

学習のめあて

2 つの数の符号と絶対値に着目して，それらの和が計算できるようになること。

学習のポイント

2 つの数の加法

符号と絶対値に着目して，正の数，負の数の加法をまとめると，次のようになる。

[1]　符号が同じ 2 つの数の和

符　号……共通の符号

絶対値…… 2 つの数の絶対値の和

[2]　符号が異なる 2 つの数の和

符　号……絶対値が大きい方の符号

絶対値……絶対値が大きい方から小さい方をひいた差

ある数と 0 との和

ある数と 0 の和は，もとの数に等しい。

---

2 つの数の和

[1]　**符号が同じ 2 つの数の和**

絶対値の和に共通の符号をつける。

$(+2)+(+3)=+(2+3)$

$(-2)+(-3)=-(2+3)$

共通の符号

$(-2)+(-3)=-(2+3)$

絶対値の和

[2]　**符号が異なる 2 つの数の和**

絶対値で大きい方から小さい方をひいた差に，絶対値が大きい方の符号をつける。

$(-2)+(+5)=+(5-2)$

$(+2)+(-5)=-(5-2)$

絶対値が大きい方の符号

$(-2)+(+5)=+(5-2)$

絶対値の差

次のように，0 にある数を加えると，和は加えた数になり，ある数に 0 を加えると，和はもとの数になる。

$0+(-5)=-5$，　$(+2)+0=+2$

$0+a=a$

$a+0=a$

練習 13 次の計算をしなさい。

(1) $(+9)+(+6)$　(2) $(-7)+(-11)$　(3) $(-3)+(+10)$

(4) $(+1)+(-13)$　(5) $(-18)+(+12)$　(6) $(-4)+0$

(7) $(+14)+(-14)$　(8) $(+19)+(-32)$　(9) $(-22)+(+45)$

負の小数や分数の計算も，整数の場合と同じように行うとよい。

例 10

$\left(-\frac{3}{4}\right)+\left(+\frac{2}{3}\right)=\left(-\frac{9}{12}\right)+\left(+\frac{8}{12}\right)$ ← 通分する

$=-\left(\frac{9}{12}-\frac{8}{12}\right)$ ← $-\frac{9}{12}$ の方が絶対値が大きい

$=-\frac{1}{12}$

14　第 1 章　正の数と負の数

テキストの解説

□練習 13

○正負の数の和の計算。2 つの数の符号と絶対値に注目する。

符号が異なる 2 つの数の和で，絶対値が等しいとき，和は 0 になりますね。

○計算に自信がないときは，数直線を思い浮かべて計算するとよい。

□例 10

○正の分数と負の分数の和の計算。正の分数の場合と同じように，分母が異なる分数の加法では，まず通分をする。

○$-\frac{3}{4}$ と $+\frac{2}{3}$ は符号が異なるから，それらの絶対値の大きさを比べて，和の符号を決める。2 つの分数を通分することで，2 つの分数の絶対値の大小がわかるようになる。

テキストの解答

練習 13

(1) $(+9)+(+6)=+(9+6)$

$=\mathbf{+15}$

(2) $(-7)+(-11)=-(7+11)$

$=\mathbf{-18}$

(3) $(-3)+(+10)=+(10-3)$

$=\mathbf{+7}$

(4) $(+1)+(-13)=-(13-1)$

$=\mathbf{-12}$

(5) $(-18)+(+12)=-(18-12)$

$=\mathbf{-6}$

(6) $(-4)+0=\mathbf{-4}$

(7) $(+14)+(-14)=\mathbf{0}$

(8) $(+19)+(-32)=-(32-19)$

$=\mathbf{-13}$

(9) $(-22)+(+45)=+(45-22)$

$=\mathbf{+23}$

テキスト15ページ

練習 14 次の計算をしなさい。

(1) $(-3.5)+(-1.2)$　(2) $(+2.5)+(-4.6)$　(3) $(-6.8)+(+10.4)$

(4) $\left(-\frac{2}{3}\right)+\left(-\frac{5}{3}\right)$　(5) $\left(-\frac{1}{4}\right)+\left(+\frac{1}{2}\right)$　(6) $\left(+\frac{7}{6}\right)+\left(-\frac{5}{4}\right)$

第1章

加法の計算法則

加法では，負の数を含む場合も，次の計算法則が成り立つ。

[1] **加法の交換法則**　$a+b=b+a$

[2] **加法の結合法則**　$(a+b)+c=a+(b+c)$

たとえば　$(+3)+(-5)=(-5)+(+3)$　←＝−2

$\{(+2)+(-5)\}+(-1)=(+2)+\{(-5)+(-1)\}$　←＝−4

加法では，交換法則や結合法則が成り立つから，計算の順序を入れかえたり，計算の組み合わせを変えたりすることができる。

例 11

$(+13)+(-7)+(+17)+(-3)$　計算の順序を入れかえる（加法の交換法則）

$=(+13)+(+17)+(-7)+(-3)$　計算の組み合わせを変える（加法の結合法則）

$=\{(+13)+(+17)\}+\{(-7)+(-3)\}$

$=(+30)+(-10)$

$=+20$

注意　例11は，次のように計算してもよい。

$\{(+13)+(-3)\}+\{(-7)+(+17)\}=(+10)+(+10)=+20$

練習 15 くふうして，次の計算をしなさい。

(1) $(+16)+(-24)+(+9)+(-16)$

(2) $(-0.3)+(-2.9)+(-1.1)+(+1.3)$

(3) $\left(+\frac{2}{3}\right)+\left(-\frac{9}{8}\right)+\left(+\frac{4}{3}\right)+\left(-\frac{3}{8}\right)$

2. 加法と減法　15

学習のめあて

加法の計算法則を利用して，正の数，負の数の計算ができるようになること。

学習のポイント

加法の交換法則

2つの数の加法では，2つの数を入れかえても，計算の結果は変わらない。

加法の結合法則

3つの数の加法では，どの2つを組み合わせても，計算の結果は変わらない。

テキストの解説

□練習 14

○2つの数の符号と絶対値に注目して計算する。

○(4)　答は仮分数のままでよい。

□例 11

○加法の交換法則と結合法則を利用した計算。

○このような計算では，2つの数の和が0や10などになる組み合わせを考え，計算を簡単にする。計算をくふうして簡単にすると，計算まちがいも減らすことができる。

□練習 15

○(3)　まず，分母が同じ2つの分数どうしの和を計算する。

テキストの解答

練習 14　(1)　$(-3.5)+(-1.2)=-(3.5+1.2)$

$=\mathbf{-4.7}$

(2)　$(+2.5)+(-4.6)=-(4.6-2.5)=\mathbf{-2.1}$

(3)　$(-6.8)+(+10.4)=+(10.4-6.8)$

$=\mathbf{+3.6}$

(4)　$\left(-\frac{2}{3}\right)+\left(-\frac{5}{3}\right)=-\left(\frac{2}{3}+\frac{5}{3}\right)=\mathbf{-\frac{7}{3}}$

(5)　$\left(-\frac{1}{4}\right)+\left(+\frac{1}{2}\right)=\left(-\frac{1}{4}\right)+\left(+\frac{2}{4}\right)$

$=+\left(\frac{2}{4}-\frac{1}{4}\right)=\mathbf{+\frac{1}{4}}$

(6)　$\left(+\frac{7}{6}\right)+\left(-\frac{5}{4}\right)=\left(+\frac{14}{12}\right)+\left(-\frac{15}{12}\right)$

$=-\left(\frac{15}{12}-\frac{14}{12}\right)=\mathbf{-\frac{1}{12}}$

練習 15　(1)　$(+16)+(-24)+(+9)+(-16)$

$=(+16)+(-16)+(-24)+(+9)$

$=\{(+16)+(-16)\}+\{(-24)+(+9)\}$

$=0+(-15)=\mathbf{-15}$

(2)　$(-0.3)+(-2.9)+(-1.1)+(+1.3)$

$=(-0.3)+(+1.3)+(-2.9)+(-1.1)$

$=\{(-0.3)+(+1.3)\}+\{(-2.9)+(-1.1)\}$

$=(+1)+(-4)=\mathbf{-3}$

(3)　$\left(+\frac{2}{3}\right)+\left(-\frac{9}{8}\right)+\left(+\frac{4}{3}\right)+\left(-\frac{3}{8}\right)$

$=\left(+\frac{2}{3}\right)+\left(+\frac{4}{3}\right)+\left(-\frac{9}{8}\right)+\left(-\frac{3}{8}\right)$

$=\left\{\left(+\frac{2}{3}\right)+\left(+\frac{4}{3}\right)\right\}+\left\{\left(-\frac{9}{8}\right)+\left(-\frac{3}{8}\right)\right\}$

$=\left(+\frac{6}{3}\right)+\left(-\frac{12}{8}\right)=(+2)+\left(-\frac{3}{2}\right)=\mathbf{+\frac{1}{2}}$

学習のめあて

数直線を利用して，正の数をひく計算ができるようになること。

学習のポイント

減法

ひき算のことを **減法** という。減法の結果が **差** である。

正の数をひく計算

正の数をひくことは，ひく数の符号を変えた負の数をたすことと同じである。

テキストの解説

□正の数をひく計算

○8 ページで学んだように，反対の性質をもつ数量は，負の数を用いると，一方のことばだけで表すことができる。たとえば

「+3 小さい」 は 「−3 大きい」

(+7)−(+3) ⟺ +7 より +3 小さい
⇕ 同じ
(+7)+(−3) ⟺ +7 より −3 大きい

○+3 に対する −3 のように，絶対値はそのままで，符号だけを変えることを，「符号を変える」という。

□例 12

○(1) 正の数 +6 をひくことは，負の数 −6 をたすことと同じである。

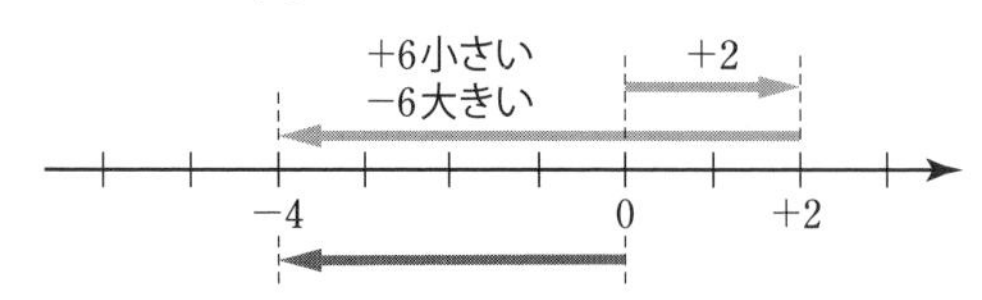

○(2) 正の数 +4 をひくことは，負の数 −4 をたすことと同じである。

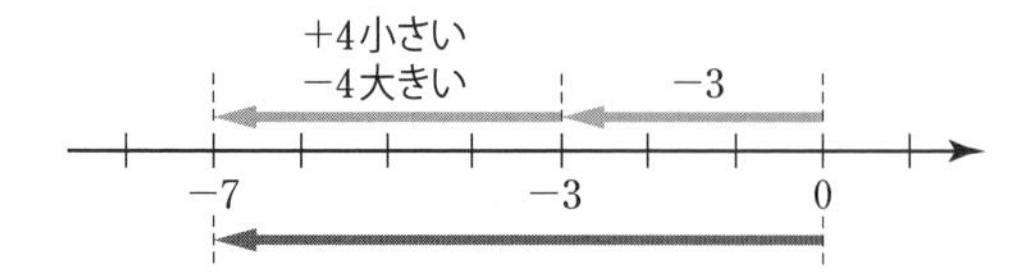

減　法

ひき算のことを **減法**（げんぽう）という。減法の結果が **差** である。

● 正の数をひく計算 ●

正の数をひく計算を考えよう。

たとえば，(+7)−(+3) は

「+7 より +3 小さい数を求めること」

すなわち 「+7 より −3 大きい数を求めること」である。

よって

(+7)−(+3)=(+7)+(−3)

=+4

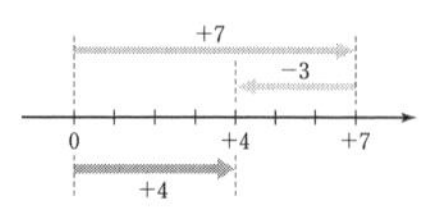

このように，正の数をひく計算は，ひく数の符号を変えて，加法になおすことができる。

例 12 (1) (+2)−(+6)=(+2)+(−6)

=−4

(2) (−3)−(+4)=(−3)+(−4)

=−7

練習 16 次の計算をしなさい。

(1) (+8)−(+3)　(2) (+5)−(+9)　(3) (+7)−(+15)

(4) (−1)−(+4)　(5) (−13)−(+5)　(6) (−12)−(+29)

16　第 1 章　正の数と負の数

□練習 16

○正の数をひく計算。ひく数の符号を変えて，加法になおして計算する。

テキストの解答

練習 16 (1) (+8)−(+3)=(+8)+(−3)

=**+5**

(2) (+5)−(+9)=(+5)+(−9)

=**−4**

(3) (+7)−(+15)=(+7)+(−15)

=**−8**

(4) (−1)−(+4)=(−1)+(−4)

=**−5**

(5) (−13)−(+5)=(−13)+(−5)

=**−18**

(6) (−12)−(+29)=(−12)+(−29)

=**−41**

学習のめあて

負の数をひく計算の方法を知るとともに，正の数，負の数の減法ができるようになること。

学習のポイント

負の数をひく計算

負の数をひくことは，ひく数の符号を変えた正の数をたすことと同じである。

正の数，負の数の減法

ある数をひくことは，ひく数の符号を変えた数をたすことと同じである。

テキストの解説

□負の数をひく計算

○負の数をひく計算も，正の数をひく計算と同じように考えて行う。

$(+7)-(-5)$ ⟺ +7 より −5 小さい

⇕ 同じ

$(+7)+(+5)$ ⟺ +7 より +5 大きい

□例 13

○(1) 負の数 -3 をひくことは，正の数 $+3$ をたすことと同じである。

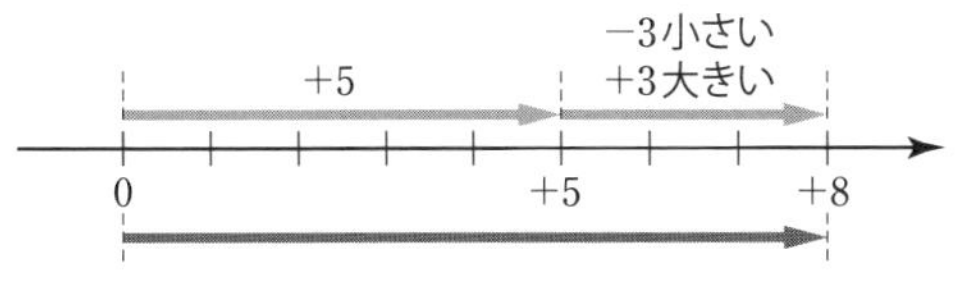

○(2) 分数の減法も，整数の場合と同じように考えることができる。負の分数 $-\frac{7}{5}$ をひくことは，正の分数 $+\frac{7}{5}$ をたすことと同じである。

□練習 17

○負の数をひく計算。ひく数の符号を変えて，加法になおして計算する。

● 負の数をひく計算 ●

負の数をひく計算も，正の数をひく計算と同じように考える。

たとえば，$(+7)-(-5)$ は

「+7 より −5 小さい数を求めること」

すなわち 「+7 より +5 大きい数を求めること」である。

よって，負の数をひく計算も，次のようにひく数の符号を変えて，加法になおして計算することができる。

第1章

$$(+7)-(-5)=(+7)+(+5)$$
$$=+12$$

+7　+5　0　+7　+12　+12

例 13 (1) $(+5)-(-3)=(+5)+(+3)$

$=+8$

(2) $\left(-\frac{1}{5}\right)-\left(-\frac{7}{5}\right)=\left(-\frac{1}{5}\right)+\left(+\frac{7}{5}\right)$

$=+\left(\frac{7}{5}-\frac{1}{5}\right)$

$=+\frac{6}{5}$ ← 答は仮分数のままでよい

練習 17 次の計算をしなさい。

(1) $(+8)-(-1)$　(2) $(-11)-(-3)$　(3) $(-7)-(-7)$

(4) $(+4.3)-(-5.9)$　(5) $\left(+\frac{2}{5}\right)-\left(-\frac{1}{5}\right)$　(6) $\left(-\frac{2}{3}\right)-\left(-\frac{3}{2}\right)$

正の数，負の数の減法は，次のようにまとめられる。

ある数をひくことは，ひく数の符号を変えた数をたすことと同じである。

2. 加法と減法　17

テキストの解答

練習 17 (1) $(+8)-(-1)=(+8)+(+1)$

$=\mathbf{+9}$

(2) $(-11)-(-3)=(-11)+(+3)$

$=\mathbf{-8}$

(3) $(-7)-(-7)=(-7)+(+7)$

$=\mathbf{0}$

(4) $(+4.3)-(-5.9)=(+4.3)+(+5.9)$

$=\mathbf{+10.2}$

(5) $\left(+\frac{2}{5}\right)-\left(-\frac{1}{5}\right)=\left(+\frac{2}{5}\right)+\left(+\frac{1}{5}\right)$

$=+\left(\frac{2}{5}+\frac{1}{5}\right)=\mathbf{+\frac{3}{5}}$

(6) $\left(-\frac{2}{3}\right)-\left(-\frac{3}{2}\right)=\left(-\frac{2}{3}\right)+\left(+\frac{3}{2}\right)$

$=\left(-\frac{4}{6}\right)+\left(+\frac{9}{6}\right)$

$=+\left(\frac{9}{6}-\frac{4}{6}\right)=\mathbf{+\frac{5}{6}}$

次のように，ある数から0をひくと，差はもとの数になり，0からある数をひくと，差はひいた数の符号を変えた数になる。

$$(-2)-0=-2, \quad 0-(+5)=-5$$

練習 18 次の計算をしなさい。

5 (1) $(-3)-0$　　(2) $0-(+7)$　　(3) $0-(-6)$

加法と減法の混じった式

加法と減法の混じった式は，加法だけの式になおすことができる。

たとえば，加法と減法の混じった式

$$(+4)-(+2)-(-9)+(-6)$$

10 を加法だけの式になおすと

$$(+4)+(-2)+(+9)+(-6) \quad \cdots\cdots ①$$

加法だけの式①における $+4$，-2，$+9$，-6 を，この式の **項**（こう） といい，$+4$，$+9$ を **正の項**，-2，-6 を **負の項** という。

加法だけの式は，加法の記号＋とかっこを省いて，項を並べた式で表

15 すことができる。このとき，式の最初の項が正の数ならば，その正の符号＋を省略する。

たとえば，上の式①は，次のように表される。

$$(+4)+(-2)+(+9)+(-6)=4-2+9-6$$

加法の記号

練習 19 次の式の項を答えなさい。また，式を上の下線部のように，項を並

20 べた式で表しなさい。

(1) $(+4)+(-7)+(-1)$　　(2) $(-9)-(+12)+(-8)-(-2)$

18 | 第1章　正の数と負の数

学習のめあて

加法と減法の混じった式を，項を並べた式で表すことができるようになること。

学習のポイント

0と減法

ある数から0をひくと，差はもとの数になり，0からある数をひくと，差はひいた数の符号を変えた数になる。

加法と減法の混じった式

加法と減法の混じった式を，加法だけの式になおしたとき，加法の記号＋で結ばれた各数を，この式の **項** という。項のうち，正の数を **正の項** といい，負の数を **負の項** という。

例　$(+4)-(+2)-(-9)+(-6)$

$=(+4)+(-2)+(+9)+(-6)$

項は　$+4$，-2，$+9$，-6

正の項は $+4$，$+9$　負の項は -2，-6

テキストの解説

□練習 18

○0をひく計算と，0からひく計算。

□加法と減法の混じった式

○既に学んだように，減法は加法になおして計算するとよいから，加法と減法の混じった式は，減法を加法になおして，加法だけの式にして考えるとよい。

○減法を加法になおすには，ひく数の符号を変えればよい。

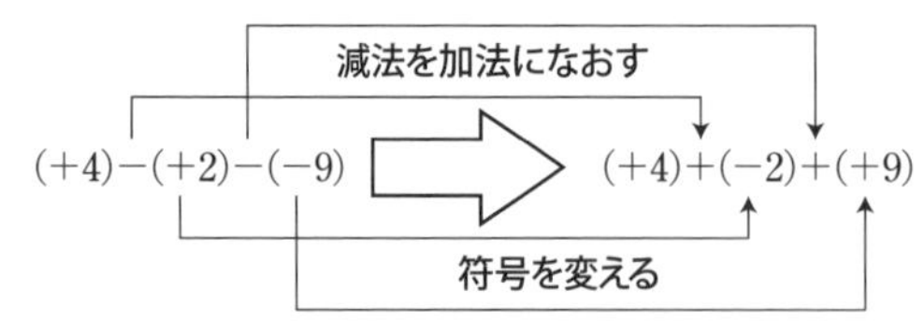

○たとえば，$+4$ と 4 は同じ正の数を表すから，$(+4)+(-2)$ と $4+(-2)$ は同じ式であると考えることができる。

また，$4+(-2)$ と $4-2$ の結果は同じであるから，結局 $(+4)+(-2)$ を $4-2$ と表しても，計算の結果は同じである。

□練習 19

○加法だけの式における項と項を並べた式。

○(2)のように，加法と減法の混じった式は，まず加法だけの式になおす。

テキストの解答

練習 18　(1) -3　(2) -7　(3) $+6$

練習 19　(1) **項は**　$+4$，-7，-1

項を並べた式は　$4-7-1$

(2) $(-9)-(+12)+(-8)-(-2)$

$=(-9)+(-12)+(-8)+(+2)$

項は　-9，-12，-8，$+2$

項を並べた式は　$-9-12-8+2$

テキスト19ページ

学習のめあて

加法と減法の混じった式の計算ができるようになること。

学習のポイント

加法と減法の混じった式の計算

項だけを並べた式にして計算する。項の順序を変えて，正の項，負の項をまとめる。

項を並べた式も，交換法則と結合法則を使って，くふうして計算することができる。

例 14

$4-2+9-6$
$=4+9-2-6$ （項の順序を入れかえる（加法の交換法則））
$=13-8$ （正の項，負の項をまとめる（加法の結合法則））
$=5$

$(+4)+(-2)+(+9)+(-6)$
$=(+4)+(+9)+(-2)+(-6)$
$=(+13)+(-8)$
$=+5$

注意　今後，計算の結果が正の数のときは，正の符号＋を省略する。

例 15

$-10-(-8)+(-9)+5$
$=-10+8-9+5$ （項だけを並べた式にする）
$=-10-9+8+5$ （項の順序を入れかえる）
$=-19+13$ （正の項，負の項をまとめる）
$=-6$

練習 20　次の計算をしなさい。

(1) $7-8+5-2$　(2) $-5+9+10-18$
(3) $8+(-3)-(-4)$　(4) $-12-(-6)+15-(+23)$
(5) $7.2-2.9-(-1.8)$　(6) $2.95+(-1.58)-(-3.6)-4.4$
(7) $\frac{7}{6}+\left(-\frac{9}{2}\right)+\frac{4}{3}$　(8) $-1-\left(-\frac{4}{3}\right)-\frac{3}{2}+\frac{1}{3}$

練習 21　ある日の東京の最低気温は最高気温よりも7.1°C低く，札幌の最低気温は最高気温よりも3.5°C低い。

(1) 札幌の最高気温が−4.9°Cであるとき，札幌の最低気温を求めなさい。
(2) 東京の最低気温が札幌の最低気温よりも9.6°C高いとき，東京の最高気温を求めなさい。

2. 加法と減法　19

テキストの解説

□例 14，例 15

○加法と減法の混じった式の計算。
　交換法則，結合法則を利用して，正の項，負の項をそれぞれまとめる。

□練習 20

○例 14，15 にならって計算する。小数や分数を含む式も，同じようにして計算する。

□練習 21

○問題文をよく読んで，気温の関係を把握する。
○関係を式に表して，それぞれの気温を求める。
　加法，減法の計算を誤らないように注意する。

テキストの解答

練習 20　(1) $7-8+5-2=7+5-8-2$
$=12-10=\mathbf{2}$

(2) $-5+9+10-18=-5-18+9+10$
$=-23+19=\mathbf{-4}$

(3) $8+(-3)-(-4)=8-3+4$
$=5+4=\mathbf{9}$

(4) $-12-(-6)+15-(+23)$
$=-12+6+15-23$
$=-12-23+6+15$
$=-35+21=\mathbf{-14}$

(5) $7.2-2.9-(-1.8)=7.2-2.9+1.8$
$=7.2+1.8-2.9$
$=9-2.9=\mathbf{6.1}$

(6) $2.95+(-1.58)-(-3.6)-4.4$
$=2.95-1.58+3.6-4.4$
$=2.95+3.6-1.58-4.4$
$=6.55-5.98=\mathbf{0.57}$

(7) $\frac{7}{6}+\left(-\frac{9}{2}\right)+\frac{4}{3}=\frac{7}{6}-\frac{9}{2}+\frac{4}{3}$
$=\frac{7}{6}+\frac{4}{3}-\frac{9}{2}=\frac{7}{6}+\frac{8}{6}-\frac{9}{2}$
$=\frac{15}{6}-\frac{9}{2}=\frac{5}{2}-\frac{9}{2}$
$=-\frac{4}{2}=\mathbf{-2}$

(8) $-1-\left(-\frac{4}{3}\right)-\frac{3}{2}+\frac{1}{3}$
$=-1+\frac{4}{3}-\frac{3}{2}+\frac{1}{3}$
$=-1-\frac{3}{2}+\frac{4}{3}+\frac{1}{3}=-\frac{5}{2}+\frac{5}{3}$
$=-\frac{15}{6}+\frac{10}{6}=\mathbf{-\frac{5}{6}}$

（練習 21 の解答は次ページ）

テキスト20ページ

3．乗法と除法

学習のめあて

東西の移動を利用して，正の数に，正負の数をかける計算ができるようになること。

学習のポイント

乗法

かけ算のことを **乗法** という。乗法の結果が **積** である。

積の符号

(正の数)×(正の数)　→　正の数

(正の数)×(負の数)　→　負の数

テキストの解説

□乗法の意味

○速さ，時間と道のりには，次の関係がある。

(速さ)×(時間)＝(道のり)

道のりは，どれだけ進んだかを表すものであるから，道のりといえば，正の数である。このとき，進む方向を考え，進んだ道のりを到達した位置で表す。また，「○時間前」は「－○時間後」のように考える。すると，(速さ)×(時間) の計算は，負の数を含めたかけ算として考えることができるようになる。

○東を正の方向とすると，東へ向かって歩く人の速さは正の数で表される。また，数直線上の各地点は，現在の地点を基準にすると，正の数，負の数を用いて，次のように表される。

東へ 3 km の地点　+3 km

西へ 3 km の地点　−3 km

○したがって，「1時間前」を「−1時間後」と表すと，1時間前の位置 −3 は，次のかけ算で表すことができる。

速さ　時間　位置

$(+3)\times(-1)=-3$
$(+3)\times\ 0\ =\ 0$　（+3）

3. 乗法と除法

乗　法

かけ算のことを **乗法**（じょうほう） という。乗法の結果が **積** である。
正の数，負の数の乗法を，東西の移動をもとに考えよう。

現在いる地点を基準の 0 km として，東の方向を正の方向とすると，現在地から東へ進んだ位置は正の数で表され，西へ進んだ位置は負の数で表される。このとき，東へ向かって時速 3 km で歩いている人の位置は，次のようになる。

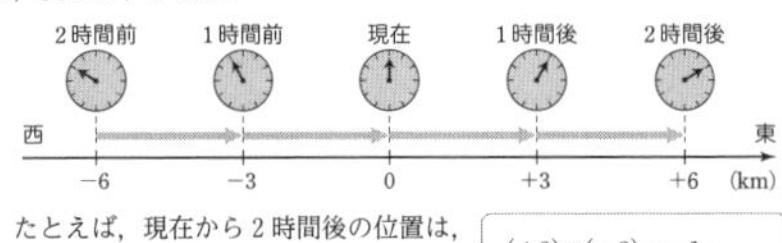

たとえば，現在から 2 時間後の位置は，
(速さ)×(時間)
により，次のかけ算で求められる。
$(+3)\times(+2)=+6$
また，2 時間前は −2 時間後を表しているから，現在から 2 時間前の位置は，次のかけ算で求められる。
$(+3)\times(-2)=-6$

$(+3)\times(-2)=-6$
$(+3)\times(-1)=-3$
$(+3)\times\ 0\ =\ 0$
$(+3)\times(+1)=+3$
$(+3)\times(+2)=+6$
（各 +3）

一般（いっぱん）に，正の数とある数の積は，次のようになる。

(<u>正の数</u>)×(<u>正の数</u>)　は，絶対値の積に<u>正の符号</u>をつける。
(<u>正の数</u>)×(<u>負の数</u>)　は，絶対値の積に<u>負の符号</u>をつける。

20　第1章　正の数と負の数

○正の数に正の数をかける計算は，小学校で学んだものと同じである。テキストにまとめたように，正の数に正の数，負の数をかける計算は，積の絶対値と符号に注意して行う。

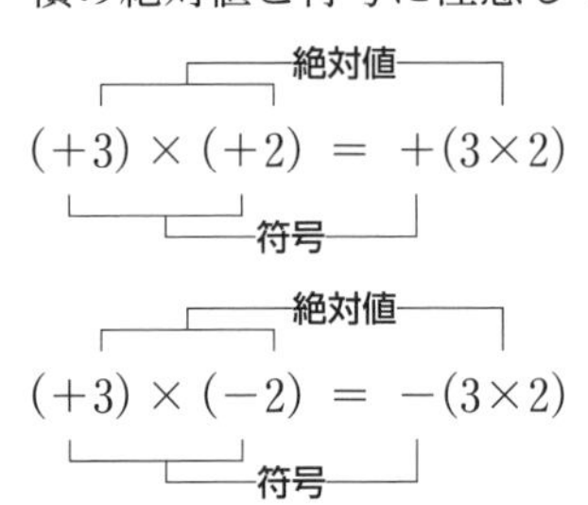

テキストの解答

(練習 21 は前ページの問題)

練習 21　(1)　札幌の最低気温は最高気温より 3.5°C 低いから，最低気温は

$-4.9-3.5=-8.4$ より　**−8.4°C**

(2)　(1)より，札幌の最低気温は −8.4°C であるから，東京の最高気温は

$-8.4+9.6+7.1=8.3$ より　**8.3°C**

テキスト 21 ページ

学習のめあて

東西の移動を利用して，負の数に，正負の数をかける計算ができるようになること。

学習のポイント

積の符号

(負の数)×(正の数) → 負の数

(負の数)×(負の数) → 正の数

テキストの解説

□例 16，練習 22

○正の数に，正の数，負の数をかける計算の決まりに従って考える。

例 16 (1)

$$(+2)\times(+7) = +(2\times7)$$

（符号・絶対値）

例 16 (2)

$$(+6)\times(-3) = -(6\times3)$$

（符号・絶対値）

□乗法の意味

○東を正の方向とすると，西へ向かって歩く人の速さは，負の数を用いて，次のように表される。

西へ時速　3 km　で進む

→ 東へ時速　−3 km　で進む

○したがって，「1 時間前」を「−1 時間後」と表すと，1 時間前の位置 +3 や 1 時間後の位置 −3 は，次のかけ算で表すことができる。

速さ　時間　位置

$(-3)\times(-1)=+3$

$(-3)\times\ 0\ =\ 0$

$(-3)\times(+1)=-3$

（位置は −3 ずつ変化）

□例 17，練習 23

○負の数に，正の数，負の数をかける計算の決まりに従って考える。

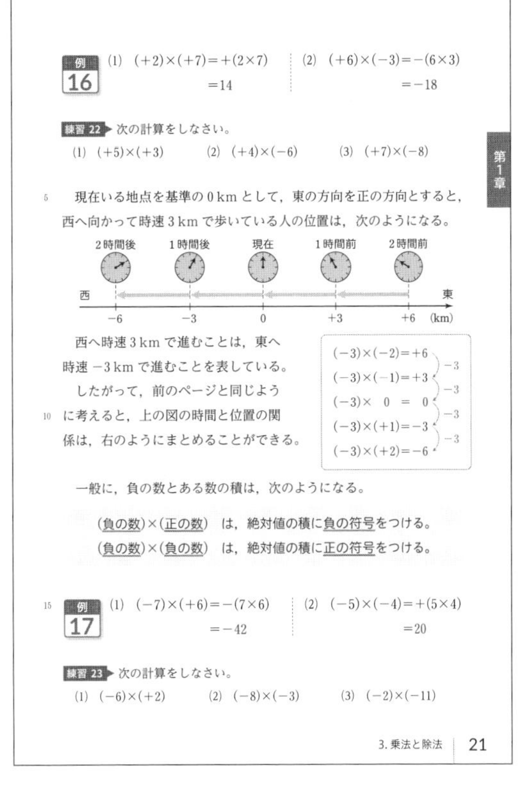

例 16　(1)　$(+2)\times(+7)=+(2\times7)$
$=14$

(2)　$(+6)\times(-3)=-(6\times3)$
$=-18$

練習 22 ▶ 次の計算をしなさい。

(1)　$(+5)\times(+3)$　(2)　$(+4)\times(-6)$　(3)　$(+7)\times(-8)$

現在いる地点を基準の 0 km として，東の方向を正の方向とすると，西へ向かって時速 3 km で歩いている人の位置は，次のようになる。

西へ時速 3 km で進むことは，東へ時速 −3 km で進むことを表している。

したがって，前のページと同じように考えると，上の図の時間と位置の関係は，右のようにまとめることができる。

$(-3)\times(-2)=+6$
$(-3)\times(-1)=+3$
$(-3)\times\ 0\ =\ 0$
$(-3)\times(+1)=-3$
$(-3)\times(+2)=-6$
（−3 ずつ変化）

一般に，負の数とある数の積は，次のようになる。

(負の数)×(正の数)　は，絶対値の積に負の符号をつける。

(負の数)×(負の数)　は，絶対値の積に正の符号をつける。

例 17　(1)　$(-7)\times(+6)=-(7\times6)$
$=-42$

(2)　$(-5)\times(-4)=+(5\times4)$
$=20$

練習 23 ▶ 次の計算をしなさい。

(1)　$(-6)\times(+2)$　(2)　$(-8)\times(-3)$　(3)　$(-2)\times(-11)$

3. 乗法と除法　21

例 17 (1)

$$(-7)\times(+6) = -(7\times6)$$

（符号・絶対値）

例 17 (2)

$$(-5)\times(-4) = +(5\times4)$$

（符号・絶対値）

テキストの解答

練習 22　(1)　$(+5)\times(+3)=+(5\times3)=\mathbf{15}$

(2)　$(+4)\times(-6)=-(4\times6)$
$=\mathbf{-24}$

(3)　$(+7)\times(-8)=-(7\times8)$
$=\mathbf{-56}$

練習 23　(1)　$(-6)\times(+2)=-(6\times2)$
$=\mathbf{-12}$

(2)　$(-8)\times(-3)=+(8\times3)$
$=\mathbf{24}$

(3)　$(-2)\times(-11)=+(2\times11)$
$=\mathbf{22}$

学習のめあて

いろいろな数の乗法の計算ができるようになること。

学習のポイント

2 つの数の積

符号が同じ 2 つの数の積は，
　絶対値の積に，正の符号をつける。
符号が異なる 2 つの数の積は，
　絶対値の積に，負の符号をつける。

$+1$，-1，0 との積

ある数と $+1$ との積はもとの数になり，-1 との積はもとの数の符号を変えた数になる。また，どんな数も 0 との積は 0 である。

正の数，負の数の乗法は，次のようにまとめることができる。

2 つの数の積

[1] **符号が同じ 2 つの数の積**
　絶対値の積に，正の符号をつける。
[2] **符号が異なる 2 つの数の積**
　絶対値の積に，負の符号をつける。

$+ \times + \to +$
$- \times - \to +$
$+ \times - \to -$
$- \times + \to -$

ある数と $+1$ の積は，もとの数になる。
また，ある数と -1 の積は，もとの数の符号を変えた数になる。

$a \times 1 = a$
$a \times (-1) = -a$

例 18
(1) $1 \times (-3) = (+1) \times (-3)$
$= -(1 \times 3)$
$= -3$

(2) $5 \times (-1) = (+5) \times (-1)$
$= -(5 \times 1)$
$= -5$

注意 $-(-2)$ は，$(-1) \times (-2)$ のことであり，$-(-2) = 2$ である。

次のように，ある数と 0 の積は，つねに 0 になる。
$(-2) \times 0 = 0$，　$0 \times (-5) = 0$

$0 \times a = 0$
$a \times 0 = 0$

練習 24 次の計算をしなさい。
(1) 5×7　(2) $8 \times (-9)$　(3) $-11 \times (-3)$
(4) $(-25) \times 6$　(5) $(-10) \times (-1)$　(6) $0 \times (-12)$

練習 25 次の計算をしなさい。
(1) $(-1.5) \times (+0.6)$　(2) $\left(+\frac{1}{2}\right) \times \left(-\frac{2}{5}\right)$　(3) $\left(-\frac{14}{3}\right) \times \left(-\frac{9}{7}\right)$

22　第 1 章　正の数と負の数

テキストの解説

□ 2 つの数の積の符号

○これまでに学んだ正の数，負の数の積の符号は，次のようになる。
　[1]　(正の数) × (正の数)　→　正
　[2]　(正の数) × (負の数)　→　負
　[3]　(負の数) × (正の数)　→　負
　[4]　(負の数) × (負の数)　→　正
このうち，[1] と [4] は同符号の 2 つの数の積で，積の符号はともに正になる。また，[2] と [3] は異符号の 2 つの数の積で，積の符号はともに負になる。

□例 18

○$+1$ との積，-1 との積の計算。
○-1 をかけると，もとの数の符号が変わることに注意する。

□練習 24，練習 25

○いろいろな数の乗法。小数や分数についても，これまでと同じようにそれらの積を計算することができる。
○2 つの数の符号に注目して積の符号を決める。

テキストの解答

練習 24 (1) $5 \times 7 = \mathbf{35}$

(2) $8 \times (-9) = -(8 \times 9) = \mathbf{-72}$

(3) $-11 \times (-3) = +(11 \times 3)$
$= \mathbf{33}$

(4) $(-25) \times 6 = -(25 \times 6)$
$= \mathbf{-150}$

(5) $(-10) \times (-1) = +(10 \times 1)$
$= \mathbf{10}$

(6) $0 \times (-12) = \mathbf{0}$

練習 25 (1) $(-1.5) \times (+0.6) = -(1.5 \times 0.6)$
$= \mathbf{-0.9}$

(2) $\left(+\frac{1}{2}\right) \times \left(-\frac{2}{5}\right) = -\left(\frac{1}{2} \times \frac{2}{5}\right)$
$= \mathbf{-\frac{1}{5}}$

(3) $\left(-\frac{14}{3}\right) \times \left(-\frac{9}{7}\right) = +\left(\frac{14}{3} \times \frac{9}{7}\right)$
$= \mathbf{6}$

学習のめあて

乗法の交換法則と結合法則を利用して，正負の数の計算ができるようになること。

学習のポイント

乗法の交換法則と結合法則

2 つの数の乗法では，2 つの数を入れかえても，計算の結果は変わらない。

3 つの数の乗法では，どの 2 つを組み合わせても，計算の結果は変わらない。

積の符号と絶対値

いくつかの 0 でない数をかけ合わせるとき，積の符号は，負の数の個数によって決まる。積の絶対値は，それぞれの数の絶対値の積になる。

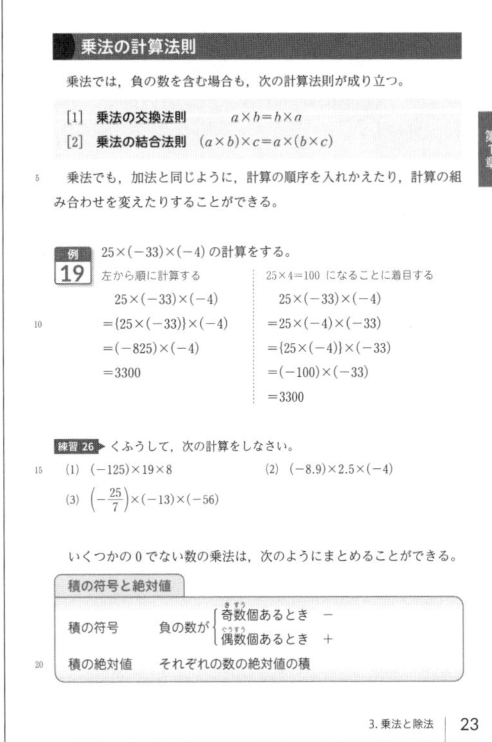

乗法の計算法則

乗法では，負の数を含む場合も，次の計算法則が成り立つ。

[1] **乗法の交換法則**　$a\times b=b\times a$

[2] **乗法の結合法則**　$(a\times b)\times c=a\times(b\times c)$

第1章

乗法でも，加法と同じように，計算の順序を入れかえたり，計算の組み合わせを変えたりすることができる。

例 19　$25\times(-33)\times(-4)$ の計算をする。

左から順に計算する

$25\times(-33)\times(-4)$
$=\{25\times(-33)\}\times(-4)$
$=(-825)\times(-4)$
$=3300$

$25\times4=100$ になることに着目する

$25\times(-33)\times(-4)$
$=25\times(-4)\times(-33)$
$=\{25\times(-4)\}\times(-33)$
$=(-100)\times(-33)$
$=3300$

練習 26　くふうして，次の計算をしなさい。

(1) $(-125)\times19\times8$　(2) $(-8.9)\times2.5\times(-4)$

(3) $\left(-\frac{25}{7}\right)\times(-13)\times(-56)$

いくつかの 0 でない数の乗法は，次のようにまとめることができる。

積の符号と絶対値

積の符号	負の数が 奇数個あるとき	$-$
	負の数が 偶数個あるとき	$+$
積の絶対値	それぞれの数の絶対値の積	

3. 乗法と除法　23

テキストの解説

□乗法の計算法則

○テキスト 15 ページでは，負の数を含む場合にも，加法の交換法則と結合法則が成り立つことを学んだ。

○乗法の交換法則と結合法則も同じように，負の数を含む場合にも成り立つ。

□例 19

○乗法の交換法則と結合法則を利用した計算。右の方が，計算が簡単であることがわかる。

○このような計算では，2 つの数の積が 10 や 100，1000 などになるような組み合わせを考え，計算を簡単にする。

□練習 26

○例 19 と同様，2 つの数の積が 10 や 100，1000 などになるようにくふうする。

○(3)　前から順にかけ算を行うと，計算がめんどうになる。56 が 7 でわり切れることに注目して，$\left(-\frac{25}{7}\right)\times(-56)$ の計算を先に行う。

□積の符号と絶対値

○いくつかの 0 でない数をかけ合わせるとき，積の符号は，負の数が奇数個あるか偶数個あるかによって決まる。

かけ合わせる数の中に 0 が含まれる場合，積は 0 になるね。

テキストの解答

練習 26　(1)　$(-125)\times19\times8=(-125)\times8\times19$
$=(-1000)\times19$
$=\mathbf{-19000}$

(2)　$(-8.9)\times2.5\times(-4)=(-8.9)\times(-10)$
$=\mathbf{89}$

(3)　$\left(-\frac{25}{7}\right)\times(-13)\times(-56)$
$=\left(-\frac{25}{7}\right)\times(-56)\times(-13)$
$=200\times(-13)$
$=\mathbf{-2600}$

学習のめあて

同じ数をいくつかかけ合わせた累乗の計算ができるようになること。

学習のポイント

累乗

同じ数をいくつかかけ合わせたものを，その数の **累乗** といい，かけ合わせた同じ数の個数を表す数を **指数** という。

2乗を **平方**，3乗を **立方** ともいう。

テキストの解説

□累乗

○同じ数をかけ合わせた積は，次のように，指数を用いて簡単に表すことができる。

2を50個かけ合わせた積 → 2^{50}

×を用いて表すのはたいへん

□例20

○同じ数をかけ合わせた積を，累乗の形に表す。 ○$^{□}$の形に表すとき，○にはかけ合わせる数が入り，□にはその個数が入る。

□練習27

○かけ合わされている数の個数に着目して，累乗の形に表す。

□例21

○累乗の計算。(1)と(2)の違いに注意する。

(1) −3を4個かけ合わせた積 → $(-3)^4$

(2) 3を4個かけ合わせた積3^4に負の符号−をつけたもの → -3^4

○(3) 「$(-2)\times4$」の2乗ではないことに注意。

$(-2)\times4^2=(-8)^2$ は誤り。

□練習28

○例21にならって，累乗を計算する。

○(3) 「$-(-7)$」の2乗ではないことに注意。

$-(-7)^2=7^2$ は誤り。

累　乗

同じ数をいくつかかけるとき，たとえば

4×4 は，4^2と表し，「4の2乗（じょう）」

$4\times4\times4$ は，4^3と表し，「4の3乗」

という。このように，同じ数をいくつかかけ合わせたものを，その数の **累乗**（るいじょう）という。

2乗のことを **平方**（へいほう），3乗のことを **立方**（りっぽう）ということもある。

4^3の右上の小さく書いた数3は，かけ合わせた同じ数の個数を示し，これを **指数**（しすう）という。

3個　指数

$4\times4\times4=4^3$

注意 4^1は4と同じである。

例20

(1) $(-5)\times(-5)\times(-5)\times(-5)=(-5)^4$

(2) $\frac{1}{2}\times\frac{1}{2}\times\frac{1}{2}=\left(\frac{1}{2}\right)^3$

練習27 次の積を，累乗の指数を用いて表しなさい。

(1) $9\times9\times9\times9$　(2) $(-6)\times(-6)$　(3) $\left(-\frac{1}{3}\right)\times\left(-\frac{1}{3}\right)\times\left(-\frac{1}{3}\right)$

例21

(1) $(-3)^4=(-3)\times(-3)\times(-3)\times(-3)$
$=+(3\times3\times3\times3)$
$=81$

(2) $-3^4=-(3\times3\times3\times3)$
$=-81$

(3) $(-2)\times4^2=(-2)\times16$
$=-32$

練習28 次の計算をしなさい。

(1) $(-2)^4$　(2) -5^3　(3) $-(-7)^2$
(4) 0.8^2　(5) $3\times(-1)^2$　(6) $3^2\times(-2^3)$

24　第1章　正の数と負の数

テキストの解答

練習27 (1) $9\times9\times9\times9=\mathbf{9^4}$

(2) $(-6)\times(-6)=\mathbf{(-6)^2}$

(3) $\left(-\frac{1}{3}\right)\times\left(-\frac{1}{3}\right)\times\left(-\frac{1}{3}\right)=\mathbf{\left(-\frac{1}{3}\right)^3}$

練習28 (1) $(-2)^4$
$=(-2)\times(-2)\times(-2)\times(-2)$
$=+(2\times2\times2\times2)$
$=\mathbf{16}$

(2) $-5^3=-(5\times5\times5)=\mathbf{-125}$

(3) $-(-7)^2=-(-7)\times(-7)$
$=-(7\times7)=\mathbf{-49}$

(4) $0.8^2=0.8\times0.8=\mathbf{0.64}$

(5) $3\times(-1)^2=3\times1$
$=\mathbf{3}$

(6) $3^2\times(-2^3)=9\times(-8)$
$=\mathbf{-72}$

テキスト 25 ページ

学習のめあて

いろいろな数の除法の計算ができるようになること。

学習のポイント

除法

わり算のことを **除法** という。除法の結果が **商** である。乗法の計算を逆に考えて，除法における商を求める。

除法の計算

符号が同じ 2 つの数の商は，

　　絶対値の商に，正の符号をつける。

符号が異なる 2 つの数の商は，

　　絶対値の商に，負の符号をつける。

0 との商

0 を正の数，負の数でわったときの商は 0 である。また，どのような数も 0 でわることはできない。

テキストの解説

□除法と乗法

○正の数のわり算　$(+8)\div(+2)=\square$

　は，かけ算　$\square\times(+2)=+8$

　の $\square$ にあてはまる数を求める計算である。

○負の数のわり算も，正の数の場合と同じように考える。

　たとえば，$(-4)\times(+2)=-8$ であるから

　　$(-8)\div(+2)=-4$

○また，$(-4)\times(-2)=+8$ であるから

　　$(+8)\div(-2)=-4$

　　$(+4)\times(-2)=-8$ であるから

　　$(-8)\div(-2)=+4$

□例 22，例 23

○正の数，負の数の除法の計算の決まりに従って考える。

除　法

わり算のことを **除法**（じょほう） という。除法の結果が **商** である。

次のように，負の数の除法も，正の数の場合と同じように考える。

$(-4)\times(+2)=-8$ であるから　$(-8)\div(+2)=-4$

$(+4)\times(-2)=-8$ であるから　$(-8)\div(-2)=+4$

正の数，負の数の除法は，次のように行えばよい。

2 つの数の商

[1]　**符号が同じ 2 つの数の商**
　絶対値の商に，正の符号をつける。　$+\div+\to+$　$-\div-\to+$

[2]　**符号が異なる 2 つの数の商**
　絶対値の商に，負の符号をつける。　$+\div-\to-$　$-\div+\to-$

例 22　(1)　$(-15)\div(-5)=+(15\div5)$
$=3$

(2)　$(+42)\div(-7)=-(42\div7)$
$=-6$

例 23　$(-3)\div7=-(3\div7)$
$=-\frac{3}{7}$

注意　例 23 は，$(-3)\div7=\frac{-3}{7}$ であるから，$\frac{-3}{7}=-\frac{3}{7}$ である。
同様に，$\frac{3}{-7}=-\frac{3}{7}$ である。ただし，$\frac{3}{-7}$ を答としてかくことはしない。

0 を正の数，負の数でわったときの商は 0 である。
また，どのような数も 0 でわることは考えない。

$0\div a=0$
a は 0 以外の数

練習 29　次の計算をしなさい。

(1)　$(-18)\div3$　(2)　$(-12)\div(-2)$　(3)　$(-13)\div(-1)$

(4)　$(-7)\div4$　(5)　$21\div(-6)$　(6)　$0\div(-5)$

3. 乗法と除法　25

例 22 (1)

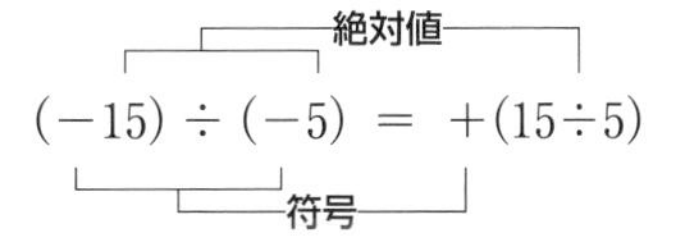

○例 23 のようにわり切れない場合も，わり切れる場合と同じように考えることができる。

□練習 29

○いろいろな除法の計算。2 つの数の符号に注目して商の符号を決める。

テキストの解答

練習 29　(1)　$(-18)\div3=-(18\div3)=\mathbf{-6}$

(2)　$(-12)\div(-2)=+(12\div2)=\mathbf{6}$

(3)　$(-13)\div(-1)=+(13\div1)=\mathbf{13}$

(4)　$(-7)\div4=-(7\div4)=\mathbf{-\frac{7}{4}}$

(5)　$21\div(-6)=-(21\div6)=-\frac{21}{6}=\mathbf{-\frac{7}{2}}$

(6)　$0\div(-5)=\mathbf{0}$

学習のめあて

逆数を利用して，正の数，負の数の除法の計算ができるようになること。

学習のポイント

逆数

2 つの数の積が 1 になるとき，その一方を他方の **逆数** という。

例　5 の逆数は $\frac{1}{5}$，　$-\frac{2}{3}$ の逆数は $-\frac{3}{2}$

逆数と除法

ある数でわることは，その数の逆数をかけることと同じである。

除法を乗法になおすことを考えてみよう。
2 つの数の積が 1 になるとき，一方の数を他方の数の **逆数**（ぎゃくすう） という。
0 はどのような数との積も 1 にならないから，0 の逆数はない。

例 24　(1) $5\times\frac{1}{5}=1$ であるから，5 の逆数は $\frac{1}{5}$

(2) $\left(-\frac{2}{3}\right)\times\left(-\frac{3}{2}\right)=1$ であるから，$-\frac{2}{3}$ の逆数は $-\frac{3}{2}$

ある数の逆数は，同符号で，その数の分母と分子を入れかえた数である。

$-\frac{2}{3}$ の逆数は $-\frac{3}{2}$

練習 30 次の数の逆数を求めなさい。

(1) $\frac{7}{6}$　(2) $-\frac{9}{2}$　(3) $-\frac{1}{4}$　(4) 8　(5) -1

正の数でわる場合，わる数の逆数をかければよいことは，小学校で学んだ。負の数でわる場合も，わる数の逆数をかけることによって，除法を乗法になおすことができる。

ある数でわることは，その数の逆数をかけることと同じである。

例 25
$$16\div\left(-\frac{4}{5}\right)=16\times\left(-\frac{5}{4}\right)$$
$$=-20$$

練習 31 次の計算をしなさい。

(1) $\frac{9}{4}\div(-3)$　(2) $\left(-\frac{5}{18}\right)\div\frac{10}{9}$　(3) $-\frac{15}{32}\div\left(-\frac{3}{8}\right)$

26　第 1 章　正の数と負の数

テキストの解説

□例 24

○ある数 a に対して，$a\times\square=1$ となる数□が，a の逆数である。

$$5\times\square=1 \rightarrow \square=1\div5$$
$$-\frac{2}{3}\times\square=1 \rightarrow \square=1\div\left(-\frac{2}{3}\right)$$

□練習 30

○いろいろな数の逆数。正の数の逆数は正の数であり，負の数の逆数は負の数であることに注意する。

□例 25

○たとえば

$$15\div(-5)=-(15\div5)=-3$$
$$15\times\left(-\frac{1}{5}\right)=-\left(15\times\frac{1}{5}\right)=-3$$

であり，2 つの計算結果は同じになる。

○このように，負の数についても，除法を乗法になおして計算することができる。

$$16\div\left(-\frac{4}{5}\right) \rightarrow 16\times\left(-\frac{5}{4}\right)$$

逆数
除法を乗法になおす

□練習 31

○例 25 にならい，逆数を利用して計算する。

テキストの解答

練習 30　(1) $\boldsymbol{\frac{6}{7}}$　(2) $\boldsymbol{-\frac{2}{9}}$　(3) $\boldsymbol{-4}$

(4) $\boldsymbol{\frac{1}{8}}$　(5) $\boldsymbol{-1}$

練習 31　(1) $\frac{9}{4}\div(-3)=\frac{9}{4}\times\left(-\frac{1}{3}\right)$
$$=\boldsymbol{-\frac{3}{4}}$$

(2) $\left(-\frac{5}{18}\right)\div\frac{10}{9}=\left(-\frac{5}{18}\right)\times\frac{9}{10}$
$$=\boldsymbol{-\frac{1}{4}}$$

(3) $-\frac{15}{32}\div\left(-\frac{3}{8}\right)=-\frac{15}{32}\times\left(-\frac{8}{3}\right)$
$$=\boldsymbol{\frac{5}{4}}$$

学習のめあて

乗法と除法の混じった式の計算ができるようになること。

学習のポイント

乗法と除法の混じった式の計算

乗法だけの式になおして計算する。

テキストの解説

□例 26，練習 32

○乗法と除法の混じった式の計算。まず，乗法だけの式になおす。

○負の数の個数に注目して，積の符号を決める。

　偶数個　→　正　　奇数個　→　負

積の絶対値は，それぞれの数の絶対値の積。

□ 0 でわることができない理由

○ 0 でない数を 0 でわった商は存在せず，0 を 0 でわった商は 1 つに決まらない。わり算の商がなかったり，決まらなかったりするから，0 でわることは考えない。

第 2 章や第 3 章で文字の式を考えるとき，0 でわることは考えないことを改めて注意するからね。

わかりました。

テキストの解答

練習 32　(1)　$32\div(-8)\times6=32\times\left(-\frac{1}{8}\right)\times6$

$=-\left(32\times\frac{1}{8}\times6\right)$

$=\mathbf{-24}$

(2)　$(-12)\times(-3)\div(-42)$

$=(-12)\times(-3)\times\left(-\frac{1}{42}\right)$

$=-\left(12\times3\times\frac{1}{42}\right)=\mathbf{-\frac{6}{7}}$

乗法と除法の混じった式は，乗法だけの式になおすことができる。

例 26

$\frac{3}{8}\div\left(-\frac{5}{16}\right)\times(-15)$　　除法を乗法になおす

$=\frac{3}{8}\times\left(-\frac{16}{5}\right)\times(-15)$　　負の数が 2 個 (偶数個) あるから，積の符号は　＋

$=+\left(\frac{3}{8}\times\frac{16}{5}\times15\right)$

5　$=18$

練習 32　次の計算をしなさい。

(1)　$32\div(-8)\times6$　　(2)　$(-12)\times(-3)\div(-42)$

(3)　$-18\div\left(-\frac{1}{3}\right)\div27$　　(4)　$\left(-\frac{9}{4}\right)\div3\times\left(-\frac{8}{21}\right)$

(5)　$-\frac{7}{6}\times\left(-\frac{4}{7}\right)\div\left(-\frac{2}{3}\right)$　　(6)　$\frac{10}{7}\div(-2)\div\left(-\frac{5}{14}\right)$

コラム

$a\div0=?$

25 ページで「どのような数も 0 でわることは考えない」こととしましたが，どうしてでしょうか。

たとえば，$6\div0$ の商を x とすると，x は $x\times0=6$ となる数である必要があります。しかし，22 ページで「ある数と 0 の積は，つねに 0 になる」ということを学びました。つまり，x がどのような数であっても，$x\times0=0$ になるため，$x\times0=6$ となるような x の値は存在しません。

次に，$0\div0$ の商を x とすると，x は $x\times0=0$ となる数であるため，x はどのような数でもよいことになってしまい，1 つに決めることができません。このようなことから，どのような数も 0 でわることは考えないのです。

第1章

3. 乗法と除法　27

---

(3)　$-18\div\left(-\frac{1}{3}\right)\div27=-18\times(-3)\times\frac{1}{27}$

$=+\left(18\times3\times\frac{1}{27}\right)$

$=\mathbf{2}$

(4)　$\left(-\frac{9}{4}\right)\div3\times\left(-\frac{8}{21}\right)$

$=\left(-\frac{9}{4}\right)\times\frac{1}{3}\times\left(-\frac{8}{21}\right)$

$=+\left(\frac{9}{4}\times\frac{1}{3}\times\frac{8}{21}\right)=\mathbf{\frac{2}{7}}$

(5)　$-\frac{7}{6}\times\left(-\frac{4}{7}\right)\div\left(-\frac{2}{3}\right)$

$=-\frac{7}{6}\times\left(-\frac{4}{7}\right)\times\left(-\frac{3}{2}\right)$

$=-\left(\frac{7}{6}\times\frac{4}{7}\times\frac{3}{2}\right)=\mathbf{-1}$

(6)　$\frac{10}{7}\div(-2)\div\left(-\frac{5}{14}\right)$

$=\frac{10}{7}\times\left(-\frac{1}{2}\right)\times\left(-\frac{14}{5}\right)$

$=+\left(\frac{10}{7}\times\frac{1}{2}\times\frac{14}{5}\right)=\mathbf{2}$

4．四則の混じった計算

学習のめあて

計算の規則に従って，四則の混じった式の計算が正しくできるようになること。

学習のポイント

四則の混じった式の計算

加法，減法，乗法，除法をまとめて **四則** という。

四則の混じった式の計算は，次の順に行う。

累乗，かっこの中 → 乗法，除法 → 加法，減法

4. 四則の混じった計算

四則

加法，減法，乗法，除法をまとめて **四則**（しそく）という。
四則の混じった式の計算は，次の順序で行う。

累乗，かっこの中 ⟶ 乗法，除法 ⟶ 加法，減法

例 27

$8+(-3)\times7$
$=8+(-21)$
$=-13$

（乗法を先に計算する）

練習 33 次の計算をしなさい。

(1) $(-5)\times4+12$　　(2) $6-9\div(-3)$

(3) $-10+(-2)\times(-4)$　　(4) $(-18)\div6-7\times(-1)$

例題 1 $7-2\times(13-4^2)$ を計算しなさい。

解答

$7-2\times(13-4^2)$　（累乗を先に計算する）
$=7-2\times(13-16)$　（かっこの中を先に計算する）
$=7-2\times(-3)$　（乗法を先に計算する）
$=7-(-6)$
$=13$　答

練習 34 次の計算をしなさい。

(1) $(-11)\times(2-5)$　　(2) $-60\div(-3+15)$

(3) $9-(-2)^2\times(-4)$　　(4) $12+45\div(4-3^2)$

28　第1章　正の数と負の数

テキストの解説

□例 27

○加法と乗法の混じった式の計算。小学校では，乗法，除法の計算を，加法，減法の計算より先に行うことを学んだ。このことは，負の数を含む計算においても同じである。

○計算の決まりに従って，乗法 $(-3)\times7$ を先に計算する。

□練習 33

○「加法，減法」と「乗法，除法」の混じった式の計算。乗法，除法を先に計算する。

□例題 1，練習 34

○累乗，かっこ，四則の混じった式。

○計算の決まりに従い，次の順に計算する。

累乗，かっこの中 → 乗法，除法 → 加法，減法

○累乗は乗法の計算であるが，累乗は乗法よりも先に計算する。たとえば

正　$4\times3^2 \rightarrow 4\times9$

次のように，前の積から順に計算するのは誤りである。

誤　$4\times3^2 \rightarrow 12^2$

テキストの解答

練習 33 (1) $(-5)\times4+12=(-20)+12$
$=\mathbf{-8}$

(2) $6-9\div(-3)=6-(-3)$
$=6+3=\mathbf{9}$

(3) $-10+(-2)\times(-4)=-10+8$
$=\mathbf{-2}$

(4) $(-18)\div6-7\times(-1)=(-3)-(-7)$
$=(-3)+7$
$=\mathbf{4}$

練習 34 (1) $(-11)\times(2-5)=(-11)\times(-3)$
$=\mathbf{33}$

(2) $-60\div(-3+15)=-60\div12$
$=\mathbf{-5}$

(3) $9-(-2)^2\times(-4)=9-4\times(-4)$
$=9-(-16)=\mathbf{25}$

(4) $12+45\div(4-3^2)=12+45\div(4-9)$
$=12+45\div(-5)$
$=12+(-9)=\mathbf{3}$

学習のめあて

分配法則を利用して，正の数，負の数の計算ができるようになること。

学習のポイント

分配法則

$$(a+b)\times c=a\times c+b\times c$$

$$a\times(b+c)=a\times b+a\times c$$

分配法則では，式の形に応じて，逆向きの利用についても考える。

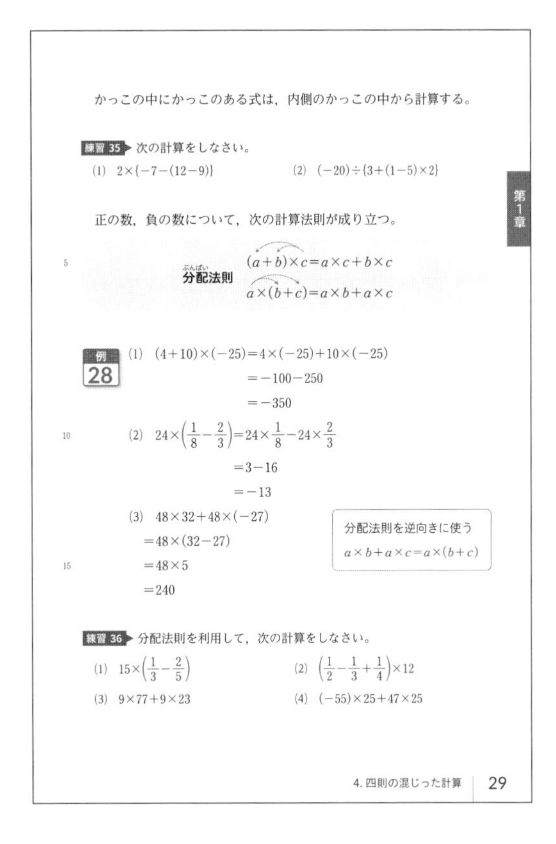

第1章

かっこの中にかっこのある式は，内側のかっこの中から計算する。

練習 35 次の計算をしなさい。

(1) $2\times\{-7-(12-9)\}$　　(2) $(-20)\div\{3+(1-5)\times 2\}$

正の数，負の数について，次の計算法則が成り立つ。

分配法則（ぶんぱい）

$(a+b)\times c=a\times c+b\times c$

$a\times(b+c)=a\times b+a\times c$

例 28

(1) $(4+10)\times(-25)=4\times(-25)+10\times(-25)$
$=-100-250$
$=-350$

(2) $24\times\left(\frac{1}{8}-\frac{2}{3}\right)=24\times\frac{1}{8}-24\times\frac{2}{3}$
$=3-16$
$=-13$

(3) $48\times32+48\times(-27)$
$=48\times(32-27)$
$=48\times5$
$=240$

分配法則を逆向きに使う
$a\times b+a\times c=a\times(b+c)$

練習 36 分配法則を利用して，次の計算をしなさい。

(1) $15\times\left(\frac{1}{3}-\frac{2}{5}\right)$　　(2) $\left(\frac{1}{2}-\frac{1}{3}+\frac{1}{4}\right)\times12$

(3) $9\times77+9\times23$　　(4) $(-55)\times25+47\times25$

4. 四則の混じった計算　29

テキストの解説

□練習 35

○かっこの中にかっこのある式は，内側のかっこの中から計算する。かっこは

(　　　) → {　　　} → [　　　] の順

内側 ――――――→ 外側

□例 28

○分配法則は，交換法則や結合法則と同じように，負の数を含む場合にも成り立つ。

○分配法則を利用しないでそのまま計算すると，それぞれ次のようになる。

(1) $(4+10)\times(-25)=14\times(-25)$
$=-350$

(2) $24\times\left(\frac{1}{8}-\frac{2}{3}\right)=24\times\left(\frac{3}{24}-\frac{16}{24}\right)$
$=24\times\left(-\frac{13}{24}\right)$
$=-13$

(3) $48\times32+48\times(-27)=1536-1296$
$=240$

○式の形に応じて，分配法則を利用したり，分配法則を逆向きに利用したりすると，計算が簡単になることがある。

□練習 36

○分配法則を利用した計算。(3), (4) は式の形に注目して，分配法則を逆向きに使う。

テキストの解答

練習 35 (1) $2\times\{-7-(12-9)\}$
$=2\times(-7-3)=2\times(-10)=\mathbf{-20}$

(2) $(-20)\div\{3+(1-5)\times2\}$
$=(-20)\div\{3+(-4)\times2\}$
$=(-20)\div(3-8)$
$=(-20)\div(-5)=\mathbf{4}$

練習 36 (1) $15\times\left(\frac{1}{3}-\frac{2}{5}\right)=15\times\frac{1}{3}-15\times\frac{2}{5}$
$=5-6=\mathbf{-1}$

(2) $\left(\frac{1}{2}-\frac{1}{3}+\frac{1}{4}\right)\times12$
$=\frac{1}{2}\times12-\frac{1}{3}\times12+\frac{1}{4}\times12$
$=6-4+3=\mathbf{5}$

(3) $9\times77+9\times23=9\times(77+23)$
$=9\times100=\mathbf{900}$

(4) $(-55)\times25+47\times25=(-55+47)\times25$
$=(-8)\times25$
$=\mathbf{-200}$

学習のめあて

数の範囲と計算の可能性の違いについて理解すること。

学習のポイント

集合

範囲がはっきりしたものの集まりを **集合** という。

テキストの解説

□集合

○「自然数の集まり」といえば，それに含まれるかどうかの範囲がはっきりしている。たとえば，3 は自然数の集まりに含まれるが，−2 は自然数の集まりに含まれない。
このようなものの集まりが集合である。

○また，「正の数の集まり」や「負の数の集まり」も，範囲がはっきりしたものの集まりであるから，ともに集合といえる。

○一方,「大きな数の集まり」や「0 に近い数の集まり」などは，それに含まれるかどうかの範囲がはっきりとしていない。たとえば，1000 が大きい数であるかどうかは決まらないし，−0.001 が小さい数であるかどうかも決まらない。したがって，このようなものの集まりを，集合とはいわない。

□集合と計算の可能性

○自然数と自然数の和は，自然数である。
しかし，自然数と自然数の差が，いつも自然数であるとは限らない。自然数の減法は，数の範囲を 0 と負の整数まで広げた数(整数)を考えることで，いつでも計算ができるようになる。

加法　2+3，5+9　　和はいつでも自然数
減法　3−2，2−3　　差が自然数であるとは限らない

数の集合と四則

これまで私たちは，自然数，整数，分数，小数について学んだ。
ここで，これらの数の範囲と四則計算の可能性について考えてみよう。
「自然数の集まり」や「整数の集まり」のように，範囲がはっきりしたものの集まりを **集合**(しゅうごう) という。
自然数の集合，整数の集合，すべての数の集合は，右のような図で表すことができる。

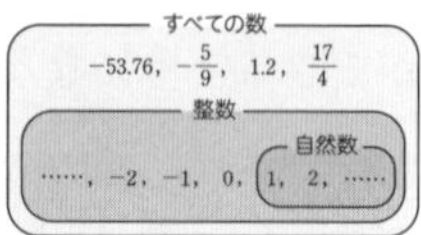

2 つの自然数の和と積は，いつも自然数になる。しかし，2−3 や 2÷3 のように，2 つの自然数の差と商は，自然数になるとは限らない。

自然数の範囲では，加法と乗法はつねにできるが，
減法と除法はつねにできるとは限らない。

数の範囲を自然数から整数にまで広げると，2 つの整数の和，差，積はいつも整数になる。しかし，商は必ずしも整数になるとは限らない。

整数の範囲では，加法，減法，乗法はつねにできるが，
除法はつねにできるとは限らない。

練習 37 右の表において，それぞれの数の範囲で四則計算を考えるとき，計算がその範囲でつねにできる場合には○，つねにできるとは限らない場合には×を書き入れなさい。ただし，除法では，0 でわることは考えない。

	加法	減法	乗法	除法
自然数				
整数				
すべての数				

30　第 1 章　正の数と負の数

○また，自然数と自然数の積は，自然数であるが，自然数と自然数の商は，自然数とは限らない。自然数の除法は，分数を含むすべての数を考えることで，いつでも計算ができるようになる。このことは，負の数を含む整数についても同じことがいえる。

□練習 37

○計算の可能性を考えて，○か×かを決める。

○テキスト 25 ページや 27 ページで学んだように，どのような数についても，0 でわることは考えない。

テキストの解答

練習 37　次の表のようになる。

	加法	減法	乗法	除法
自然数	○	×	○	×
整数	○	○	○	×
すべての数	○	○	○	○

テキスト 31 ページ

学習のめあて

素数の意味を知って，自然数の素因数分解ができるようになること。

学習のポイント

素数

約数が 1 とその数自身のみである自然数を **素数** という。ただし，1 は素数に含めない。
2 以上の自然数で，素数でない数を合成数という。

素因数分解

自然数を 2 以上の自然数の積の形に表すとき，積をつくっている 1 つ 1 つの数を，もとの数の **因数** という。素数である因数を **素因数** といい，自然数を素因数だけの積の形に表すことを **素因数分解** するという。

素数と素因数分解

自然数の範囲で，さらに考えてみよう。

5 の約数は，1 と 5 だけである。
このように，約数が 1 とその数自身のみである自然数を **素数**（そすう） という。
ただし，1 は素数に含めない。
たとえば，23 の約数は 1 と 23 だけであるから，23 は素数である。
また，25 の約数は 1 と 5 と 25 であるから，25 は素数ではない。
2 以上の自然数で，素数でない数を合成数という。25 は合成数である。

第1章

練習 38 1 から 20 までの自然数のうち，素数であるものを答えなさい。

30 は 2×15，3×10 のように，2 以上のいくつかの自然数の積の形に表すことができる。この場合の 2 と 15，あるいは 3 と 10 のように，積をつくっている 1 つ 1 つの自然数を，もとの数の **因数**（いんすう） という。
素数である因数を **素因数** といい，自然数を素因数だけの積の形に表すことを **素因数分解** するという。

例 29 30 を素因数分解すると
$30=2\times3\times5$

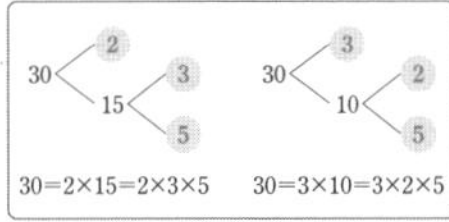

例 29 からわかるように，どのような順で素因数分解を行っても，結果は同じである。

テキストの解説

□素数

○正の整数 1，2，3，…… が自然数である。ここでは，個々の自然数の特徴に注目して，自然数を素数と合成数に分類する。

○2，3，5，7 のように，それよりも小さい自然数の積の形には表すことができない自然数が素数である。

○たとえば，4 は 2×2 のように，4 より小さい自然数の積の形に表すことができる。
よって，4 は素数ではなく，合成数である。

□練習 38

○ 1 から 20 までの自然数で，素数であるものを見つける。この程度の小さい自然数であれば，素数の判定は簡単である。

○一方，数が大きくなると，素数の判定は簡単ではなくなる。たとえば，1591 が素数であるかどうかを，直ちに知ることはむずかしい。
($1591=37\times43$ で，1591 は合成数である)

自然数は無数に多く存在するね。
素数も無数に多く存在するよ。

□例 29

○自然数を素因数分解する。自然数を素因数分解するには，その自然数を素数で順にわっていけばよい。

○30 を 2，3 の順でわっても，3，2 の順でわっても，30 が 2，3，5 の積の形で表されることに変わりはない。一般に，素因数分解をするとき，どの順序でわっても結果は同じである。

○ある数を素因数分解するには，その数を小さい素数から順にわっていくとよい。

テキストの解答

練習 38 20 以下の素数は
2，3，5，7，11，13，17，19

学習のめあて

素因数分解ができるようになるとともに，素因数分解を利用して，最大公約数や最小公倍数を求められるようになること。

学習のポイント

素因数分解

ある数を素因数分解する
→その数を小さい素数から順にわっていく

テキストの解説

□例 30，練習 39

○いろいろな自然数の素因数分解。
2 でわる，3 でわる，5 でわる，…… のように，小さい素数から順にわっていく。

○同じ素因数は，指数を用いて累乗の形に表す。

□練習 40

○自然数の平方　→　$○^2$ の形
素因数分解を利用して，144 を $○^2$ の形に変形する。

□例 31，練習 41

○いくつかの数に共通な約数のうち，最も大きいものが最大公約数であり，共通な倍数のうち，最も小さいものが最小公倍数である。

○素因数分解を利用して，まず，各数に共通な素因数を見つける。
このとき，共通な素因数の積が最大公約数である。また，最大公約数に，最大公約数からはみ出した素因数をかけたものが最小公倍数である。

テキストの解答

練習 39　(1)　$42=\mathbf{2\times3\times7}$

(2)　$56=\mathbf{2^3\times7}$

(3)　$98=\mathbf{2\times7^2}$

(4)　$405=\mathbf{3^4\times5}$

一般に，素因数分解は，次の例 30 のような方法で，小さな素数から順にわっていくとよい。

例 30　48 を素因数分解すると

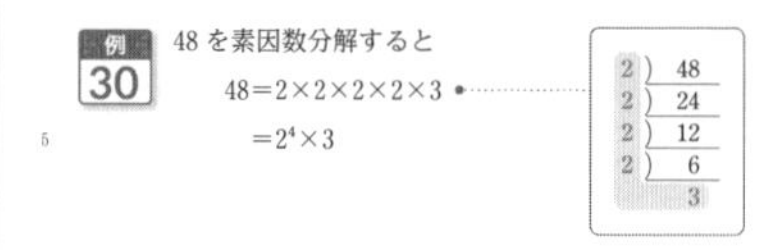

$48=2\times2\times2\times2\times3$
$=2^4\times3$

練習 39　次の数を素因数分解しなさい。
(1)　42　　(2)　56　　(3)　98　　(4)　405

練習 40　144 はある自然数の平方である。どのような自然数の平方であるか答えなさい。

素因数分解を利用して，最大公約数と最小公倍数を求めてみよう。

例 31　24 と 36 の最大公約数と最小公倍数を求める。
24 と 36 をそれぞれ素因数分解すると
$24=2\times2\times2\times3$
$36=2\times2\times3\times3$
であるから，
最大公約数は
$2\times2\times3=12$
最小公倍数は
$2\times2\times2\times3\times3=72$

最大公約数
2 × 2 　× 3
24＝2 × 2 × 2 × 3
36＝2 × 2 　× 3 × 3
2 × 2 × 2 × 3 × 3
最小公倍数

練習 41　次の 2 つの自然数の最大公約数と最小公倍数を求めなさい。
(1)　28，35　　(2)　36，48　　(3)　84，90

32　第 1 章　正の数と負の数

練習 40　144 を素因数分解すると

$144=2\times2\times2\times2\times3\times3$
$=(2\times2\times3)\times(2\times2\times3)$
$=(2\times2\times3)^2=12^2$

よって，144 は **12** の平方である。

練習 41　(1)　$28=2\times2\times7$
$35=5\times7$　であるから
最大公約数は　**7**
最小公倍数は　$2\times2\times5\times7=\mathbf{140}$

(2)　$36=2\times2\times3\times3$
$48=2\times2\times2\times2\times3$　であるから
最大公約数は　$2\times2\times3=\mathbf{12}$
最小公倍数は
$2\times2\times2\times2\times3\times3=\mathbf{144}$

(3)　$84=2\times2\times3\times7$
$90=2\times3\times3\times5$　であるから
最大公約数は　$2\times3=\mathbf{6}$
最小公倍数は
$2\times2\times3\times3\times5\times7=\mathbf{1260}$

テキスト 33 ページ

学習のめあて

エラトステネスのふるいを用いて，自然数の中から素数を求めること。

学習のポイント

エラトステネスのふるい

ある数の倍数全体(自分自身を除く)は合成数である。自然数からこれらの倍数を除くと，残った数は素数になる。

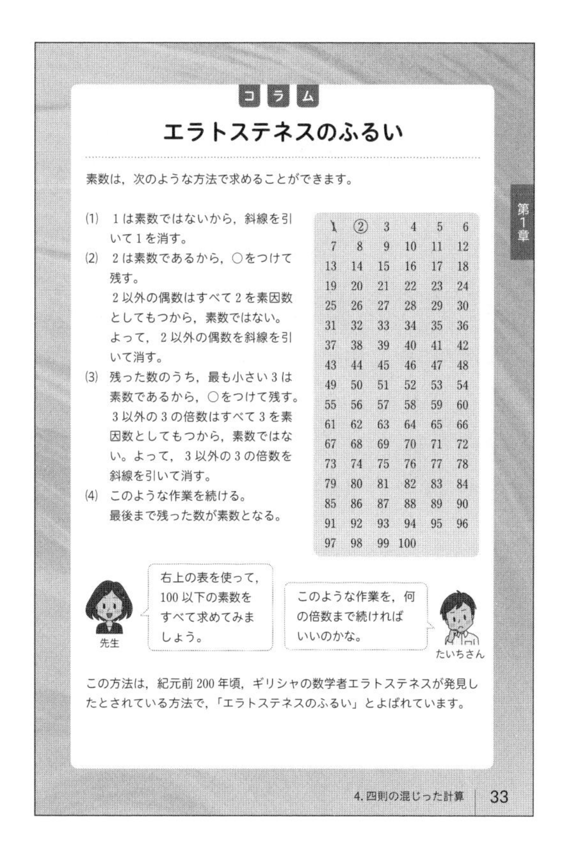

第1章

コラム

エラトステネスのふるい

素数は，次のような方法で求めることができます。

(1) 1は素数ではないから，斜線を引いて1を消す。
(2) 2は素数であるから，○をつけて残す。
2以外の偶数はすべて2を素因数としてもつから，素数ではない。
よって，2以外の偶数を斜線を引いて消す。
(3) 残った数のうち，最も小さい3は素数であるから，○をつけて残す。
3以外の3の倍数はすべて3を素因数としてもつから，素数ではない。よって，3以外の3の倍数を斜線を引いて消す。
(4) このような作業を続ける。
最後まで残った数が素数となる。

~~1~~	②	3	4	5	6
7	8	9	10	11	12
13	14	15	16	17	18
19	20	21	22	23	24
25	26	27	28	29	30
31	32	33	34	35	36
37	38	39	40	41	42
43	44	45	46	47	48
49	50	51	52	53	54
55	56	57	58	59	60
61	62	63	64	65	66
67	68	69	70	71	72
73	74	75	76	77	78
79	80	81	82	83	84
85	86	87	88	89	90
91	92	93	94	95	96
97	98	99	100		

この方法は，紀元前200年頃，ギリシャの数学者エラトステネスが発見したとされている方法で，「エラトステネスのふるい」とよばれています。

4. 四則の混じった計算 | 33

テキストの解説

□エラトステネスのふるい

○テキストに示された方法で，素数ではない数に斜線を引くと，次のようになる。

~~1~~	②	③	~~4~~	⑤	~~6~~
⑦	~~8~~	~~9~~	~~10~~	⑪	~~12~~
⑬	~~14~~	~~15~~	~~16~~	⑰	~~18~~
⑲	~~20~~	~~21~~	~~22~~	㉓	~~24~~
~~25~~	~~26~~	~~27~~	~~28~~	㉙	~~30~~
㉛	~~32~~	~~33~~	~~34~~	~~35~~	~~36~~
㊲	~~38~~	~~39~~	~~40~~	㊶	~~42~~
㊸	~~44~~	~~45~~	~~46~~	㊼	~~48~~
~~49~~	~~50~~	~~51~~	~~52~~	(53)	~~54~~
~~55~~	~~56~~	~~57~~	~~58~~	(59)	~~60~~
(61)	~~62~~	~~63~~	~~64~~	~~65~~	~~66~~
(67)	~~68~~	~~69~~	~~70~~	(71)	~~72~~
(73)	~~74~~	~~75~~	~~76~~	~~77~~	~~78~~
(79)	~~80~~	~~81~~	~~82~~	(83)	~~84~~
~~85~~	~~86~~	~~87~~	~~88~~	(89)	~~90~~
~~91~~	~~92~~	~~93~~	~~94~~	~~95~~	~~96~~
(97)	~~98~~	~~99~~	~~100~~		

○7の倍数91に斜線を引いた時点で，倍数を消す作業は終了し，○をつけた数が素数になる。

○7の次の素数は11であり，100以下の11の倍数は次のようになる。

11，11×2，11×3，11×4，11×5，
11×6，11×7，11×8，11×9

しかし，これらは，

2の倍数(11×2，11×4，11×6，11×8)
3の倍数(11×3，11×9)
5の倍数(11×5)
7の倍数(11×7)

として，それまでの作業で既に消されている。
13，17，……の倍数についても同様である。

○100以下の素数は，次のようになる。

2，3，5，7，11，13，17，19，23，
29，31，37，41，43，47，53，59，61，
67，71，73，79，83，89，97

また，100より大きい素数は

101，103，107，109，113，127，……

となる。

○2列目，4列目，6列目の数はすべて偶数であるから，2以外は，すべて素数でない。
また，3列目の数はすべて3の倍数であるから，3以外は，すべて素数でない。

○素数が現れる列は，1列目と5列目だけである。1列目の数は6でわると1余る数であり，5列目の数は6でわると5余る数であるから，2, 3, 5以外の素数は，次の形に表されることがわかる。

$6\times$(自然数)$+1$　または　$6\times$(自然数)$+5$

テキスト 34 ページ

学習のめあて

素因数分解を利用して，約数を求めることができるようになること。

学習のポイント

素因数分解を利用した約数の求め方

[1]　素因数分解をする。

[2]　分解された素因数を組み合わせて，すべての約数を求める。

コラム

素因数分解と約数

先生：72 の約数は何ですか？

たいちさん：1, 2, 3, 4, 6, 8, 9, 12, 18, 24, 36, 72 です。

先生：では，素因数分解を利用して，約数を求める方法がありますが，どのようにすればよいでしょうか。

たいちさん：まず，72 を素因数分解すると $72=2\times2\times2\times3\times3$ です。

けいこさん：2 と 3 が 72 の約数であることはすぐわかります。

たいちさん：数字を 2 つ使うと，2×2, 2×3, 3×3 が考えられるから 4, 6, 9 も 72 の約数です。

けいこさん：数字を 3 つ使うと $2\times2\times2$, $2\times2\times3$, $2\times3\times3$, 数字を 4 つ使うと $2\times2\times2\times3$, $2\times2\times3\times3$, 数字を 5 つ使うと $2\times2\times2\times3\times3$ だから，8, 12, 18, 24, 36, 72 も約数です。

先生：最後に，1 も約数であることを忘れてはいけません。このように，素因数分解を利用して，約数をもれなく求めることもできます。

34　第 1 章　正の数と負の数

テキストの解説

□素因数分解と約数

○たとえば，小さい自然数から順に 72 をわっていくと，わりきれる場合は

1×72,　2×36,　3×24,

4×18,　6×12,　8×9

となって，72 の約数は，次の 12 個であることがわかる。

1 と 72,　2 と 36,　3 と 24,

4 と 18,　6 と 12,　8 と 9

すなわち

1, 2, 3, 4, 6, 8, 9, 12, 18, 24, 36, 72

○一方，素因数分解を利用すると，テキストに述べたように考えて，72 の約数をすべて求めることができる。

○$72=2\times2\times2\times3\times3$ であるから，72 の約数に，素因数 2 と 3 がそれぞれ何個含まれるかを考えて，72 の約数を求めることもできる。

○素因数 2 については

　含まない，1 個含む，2 個含む，3 個含む

場合があり，素因数 3 については

　含まない，1 個含む，2 個含む

場合がある。次の表は，そのすべてを表しており，72 の約数は，表に現れた 12 個の整数であることがわかる（たとえば，2 も 3 も含まない場合が 1 であり，2 を 2 個，3 を 1 個含む場合が $2^2\times3=12$ である）。

素因数 3 の個数 ＼ 素因数 2 の個数	0	1	2	3
0	1	2	2^2	2^3
1	3	2×3	$2^2\times3$	$2^3\times3$
2	3^2	2×3^2	$2^2\times3^2$	$2^3\times3^2$

72 の約数のすべて

確かめの問題　　解答は本書 203 ページ

1　次の各数が，素数であるかどうかを調べなさい。

(1)　528　　(2)　615　　(3)　219　　(4)　173

素因数 2, 5 を含むかどうかは，一の位を見ればわかりますね。

素因数 3 を含むかどうかを調べる方法もありますよ。
テキストの 65 ページを見てみましょう。

学習のめあて

いろいろな問題に，正の数，負の数の計算を利用することができるようになること。

学習のポイント

基準との違いを利用する

得点や重さなどの数（正の数）を，基準となる値との違い（正の数，負の数）を用いて考え，いろいろな計算に利用する。

テキストの解説

□例題 2

○5人の生徒の得点は

A：60＋8＝68　　B：60－5＝55

C：60－1＝59　　D：60＋6＝66

E：60＋2＝62

であるから，得点の合計は

68＋55＋59＋66＋62＝310（点）

であり，得点の平均は

310÷5＝62（点）

○また，5人の得点の合計は

(60＋8)＋(60－5)＋(60－1)＋(60＋6)＋(60＋2)

＝60×5＋{(＋8)＋(－5)＋(－1)＋(＋6)＋(＋2)}

となるから，平均は次のように計算される。

$$60+\frac{(+8)+(-5)+(-1)+(+6)+(+2)}{5}$$

基準の値　**基準の値との違いの平均**

○平均を求める次の式で，基準の値を仮平均という。

(基準の値)＋(基準の値との違いの平均)

複雑な平均の計算は，仮平均を用いて行うとよい場合が多い。

□練習 42

○基準との違いを用いた計算。

○それぞれの重さを求めなくても，120gとの違いを用いて計算することができる。

正の数，負の数の利用

正の数，負の数を利用して，身のまわりのいろいろな問題を考えよう。

例題 2　あるクラスでテストをした。右の表は，クラスの生徒A，B，C，D，Eの5人の得点が，60点より何点高いかを示したものである。

生徒	A	B	C	D	E
60点との違い（点）	+8	−5	−1	+6	+2

(1)　5人の得点の合計を求めなさい。

(2)　5人の得点の平均を求めなさい。

考え方　5人の得点の合計は　(60＋8)＋(60－5)＋(60－1)＋(60＋6)＋(60＋2)

すなわち　60×5＋{(＋8)＋(－5)＋(－1)＋(＋6)＋(＋2)}

解答　(1)　5人の得点の60点との違いの合計は

(＋8)＋(－5)＋(－1)＋(＋6)＋(＋2)＝＋10

であるから　60×5＋(＋10)＝310　　答 310点

(2)　310÷5＝62　　答 62点

例題2において，5人の得点の平均は 60＋(＋10)÷5 である。

一般に，平均は，次の方法で求めることもできる。

(平均)＝(基準の値)＋(基準の値との違いの平均)

練習 42　右の表は，5個の品物A，B，C，D，Eの重さが，120gより何g重いかを示したものである。

品物	A	B	C	D	E
120gとの違い（g）	+5.9	−3	−6.6	+14	−1.8

(1)　一番重い品物は，一番軽い品物より何g重いか答えなさい。

(2)　5個の品物の重さの平均を求めなさい。

4.四則の混じった計算　35

テキストの解答

練習 42　(1)　一番重い品物は　D

一番軽い品物は　C

DとCの差を求めると

(＋14)－(－6.6)＝(＋14)＋(＋6.6)

＝20.6

よって，一番重い品物は，一番軽い品物より **20.6g** 重い。

(2)　この5個の品物の重さと120gとの違いの平均は

{(＋5.9)＋(－3)＋(－6.6)＋(＋14)＋(－1.8)}÷5

＝(＋8.5)÷5

＝＋1.7

したがって，5個の品物の重さの平均は，120gより1.7g重いから

120＋1.7＝121.7 より　**121.7g**

学習のめあて

魔方陣を完成させることができるようになること。

学習のポイント

魔方陣

例題のような正方形状のます目に数を入れ，縦，横，斜めの数の和がすべて等しくなるようにしたものを **魔方陣** という。
魔方陣を完成させるためには，まず 1 つの列に並んだ数の和を求める。

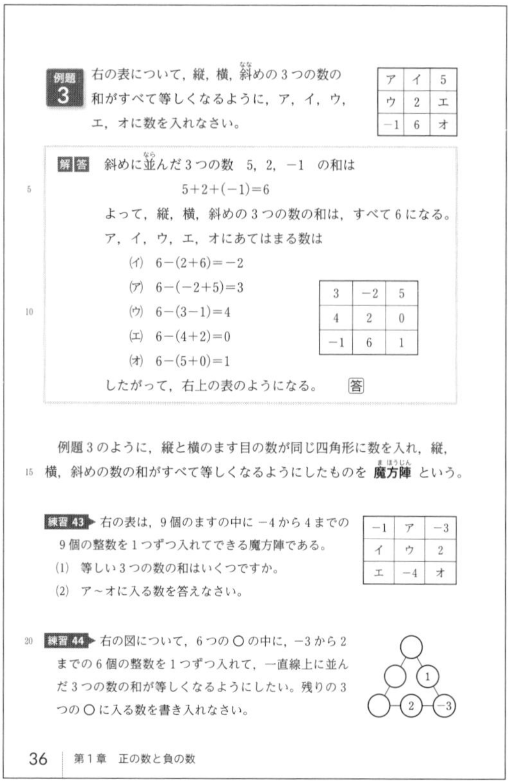

例題 3 右の表について，縦，横，斜めの 3 つの数の和がすべて等しくなるように，ア，イ，ウ，エ，オに数を入れなさい。

ア	イ	5
ウ	2	エ
−1	6	オ

解答 斜めに並んだ 3 つの数 5，2，−1 の和は

$5+2+(-1)=6$

よって，縦，横，斜めの 3 つの数の和は，すべて 6 になる。
ア，イ，ウ，エ，オにあてはまる数は

(イ) $6-(2+6)=-2$
(ア) $6-(-2+5)=3$
(ウ) $6-(3-1)=4$
(エ) $6-(4+2)=0$
(オ) $6-(5+0)=1$

3	−2	5
4	2	0
−1	6	1

したがって，右上の表のようになる。 答

例題 3 のように，縦と横のます目の数が同じ四角形に数を入れ，縦，横，斜めの数の和がすべて等しくなるようにしたものを **魔方陣** という。

練習 43 右の表は，9 個のますの中に −4 から 4 までの 9 個の整数を 1 つずつ入れてできる魔方陣である。
(1) 等しい 3 つの数の和はいくつですか。
(2) ア～オに入る数を答えなさい。

−1	ア	−3
イ	ウ	2
エ	−4	オ

練習 44 右の図について，6 つの ○ の中に，−3 から 2 までの 6 個の整数を 1 つずつ入れて，一直線上に並んだ 3 つの数の和が等しくなるようにしたい。残りの 3 つの ○ に入る数を書き入れなさい。

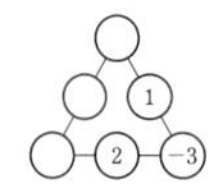

36 第 1 章 正の数と負の数

テキストの解説

□例題 3

○斜めに並んだ 3 つの数 5，2，−1 に着目する。
これらの和は 6 であるから，どの縦，横，斜めの 3 つの数の和も 6 になるようにする。

□練習 43

○ 1 列に並んだ数がないため，まず，等しい 3 つの数の和について考える。
○表に入る数は
　−4，−3，−2，−1，0，1，2，3，4
の 9 個。たとえば，横に並んだ 3 つの数の和は，どの列も等しいから，次のことがいえる。
　(1 列に並んだ数の和)×3=(9 個の数の和)

□練習 44

○練習 43 と同様，1 列に並んだ数がない問題。
○入る数は −3 から 2 までの 6 個の整数
　→ 残りの 3 つの数が決まる
　→ 1 列に並んだ○に入る数の和が求まる

テキストの解答

練習 43 (1) −4 から 4 までの 9 個の整数の和は

$(-4)+(-3)+(-2)+(-1)+0+1+2+3+4=0$

よって，縦，横，斜めの 3 つの数の和はすべて等しいから，その和は **0** である。

(2) ア～オのますに入る数は
(ア) $0-(-1-3)=\mathbf{4}$
(ウ) $0-(4-4)=\mathbf{0}$
(イ) $0-(0+2)=\mathbf{-2}$
(エ) $0-(-1-2)=\mathbf{3}$
(オ) $0-(-3+2)=\mathbf{1}$

練習 44 残りの 3 つの○に入る数は

$-2,\ -1,\ 0$

よって，一直線上に並んだ 3 つの数の和は

$(-2)+(-1)+0=-3$

このとき，

$-3-(1-3)=-1$

$-3-(2-3)=-2$

であるから，○に入る数は，右の図のようになる。

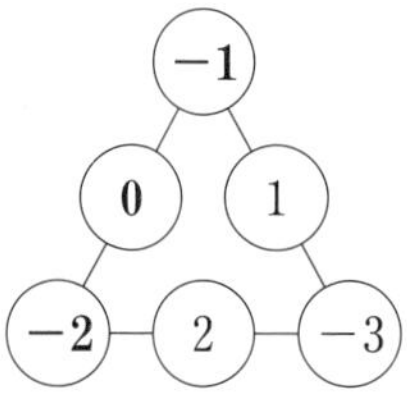

（図：上 **−1**，中段 **0**・1，下段 **−2**・2・−3）

テキスト 37 ページ

確認問題

テキストの解説

□問題 1

○正の数と負の数。0 より大きい数が正の数であり，0 より小さい数が負の数である。

○ある数の絶対値は，その数から符号をとったものと考えることができる。

○正の数は，その数の絶対値が大きいほど大きく，負の数は，その数の絶対値が小さいほど大きい。

□問題 2

○正の数，負の数の大小。数直線を用いて示すとわかりやすい。

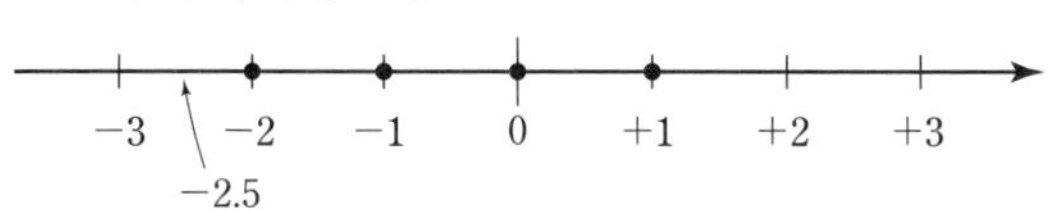

○「2 より小さい整数」であるから，整数 2 は含まれないことに注意する。

□問題 3

○正の数，負の数の加法と減法。

○加法は，2 つの数の符号と絶対値に注目して，和を求める。

減法は，ひく数の符号を変え，加法になおして考える。

加法と減法の混じった式は，加法だけの式になおして計算する。

□問題 4

○正の数，負の数の乗法と除法。2 つの数の符号と絶対値に注目する。

○ $(+)\times(+)\to(+)$　　$(+)\times(-)\to(-)$

$(-)\times(+)\to(-)$　　$(-)\times(-)\to(+)$

$(+)\div(+)\to(+)$　　$(-)\div(-)\to(+)$

$(+)\div(-)\to(-)$　　$(-)\div(+)\to(-)$

○累乗の計算では，次の 2 つの違いに注意する。

$(-●)^2$　　$-●^2$

確認問題

1 次の数について，下の問いに答えなさい。

$-3.4,\ 0,\ +\frac{5}{4},\ -5,\ -\frac{7}{2},\ +2.3,\ 4,\ -1$

(1) 整数をすべて選びなさい。

(2) 負の数で最も大きい数を選びなさい。

(3) 数の大小を，不等号を用いて表しなさい。

(4) 絶対値が最も大きい数を選びなさい。

2 -2.5 より大きく，2 より小さい整数をすべて求めなさい。

3 次の計算をしなさい。

(1) $(-4)+(-8)$　(2) $11-(-5)$　(3) $(-1.6)-0.3$

(4) $\left(-\frac{5}{3}\right)+\frac{1}{4}$　(5) $8-10+(-4)$　(6) $-3+\frac{1}{2}-1$

4 次の計算をしなさい。

(1) $(-14)\times4$　(2) $-\frac{9}{16}\div\left(-\frac{15}{8}\right)$　(3) $\frac{3}{10}\times25\div\left(-\frac{21}{4}\right)$

(4) -3^3　(5) $(-0.4)^2$　(6) $(-2)^3\div4$

5 次の計算をしなさい。

(1) $5\times(-4)+9$　(2) $7-(-18)\div6$

(3) $-24\div3+8\times(-2)$　(4) $12\times\left(-\frac{1}{2}\right)^3+\frac{1}{4}$

(5) $36\div(-2-4^2)$　(6) $-141\times18+136\times18$

6 次の数を素因数分解しなさい。

(1) 60　(2) 126　(3) 400　(4) 540

第 1 章　正の数と負の数　37

□問題 5

○四則の混じった式の計算。次の順序に従って計算する。

累乗，かっこの中　→　乗法，除法

→　加法，減法

○(4) の計算 $12\times\left(-\frac{1}{2}\right)^3$ では，累乗を先に計算することに注意する。$12\times\left(-\frac{1}{2}\right)^3=-6^3$ は誤り。

○(6) は，同じ「×18」が 2 つあることに注目して，分配法則を逆向きに用いる。

$$a\times b+a\times c=a\times(b+c)$$

□問題 6

○自然数の素因数分解。小さな素数から順にわっていく。

○どれも偶数であるから，まず 2 でわる。

テキスト 38 ページ

演習問題A

演習問題 A

1 絶対値が $\frac{27}{8}$ より小さい整数をすべて求めなさい。

2 ある日の最低気温は -6.9°C で，最高気温は -1.5°C であった。この日の最高気温は最低気温より何 °C 高いかを求める式を答えなさい。

3 次の計算をしなさい。

(1) $20-(-3)-34+8$ (2) $-1.3+0.7-5.5-(-0.2)$

(3) $-\frac{2}{3}+\frac{1}{4}+\left(-\frac{5}{2}\right)-\left(-\frac{5}{6}\right)$ (4) $-2^4+\frac{1}{2}+(-3)^3+\frac{(-3)^2}{2}$

4 次の計算をしなさい。

(1) $\left(-\frac{3}{4}\right)\times\frac{7}{9}\div\left(-\frac{1}{7}\right)$ (2) $(-3)^3\div6\times(-2^2)$

(3) $2\times3^2-(-6)^2\div(-4)$ (4) $-5\times\{17-(22-3)\}$

(5) $2.4\div(-0.3)-3.5\times(-0.8)$ (6) $-\left(-\frac{3}{2}\right)^2+\frac{5}{4}\div\left(-\frac{5}{2}\right)$

5 下の表は，生徒A～Fのそれぞれの体重とBの体重との違いを表したものである。次の問いに答えなさい。

生徒	A	B	C	D	E	F
Bとの違い(kg)	+4.5	0	−2.7	+10.5	−9.3	+9

(1) 一番重い人は，一番軽い人より何 kg 重いか答えなさい。

(2) 6人の体重の平均が 56 kg のとき，Fの体重は何 kg か答えなさい。

6 次のことがらが，つねに正しいかどうか答えなさい。

(1) 整数と自然数の和は整数である。

(2) 整数と自然数の積は自然数である。

38 第1章 正の数と負の数

テキストの解説

□問題 1

○絶対値と数の大小。負の整数を忘れないように注意する。

○$\frac{27}{8}=3.375$ であるから，絶対値が 4 より小さい整数を求めればよい。

□問題 2

○気温の関係と，正の数，負の数の計算。
次の式を計算することで，最高気温が最低気温より何 °C 高いかが求まる。

(最高気温)−(最低気温)

□問題 3

○加法と減法の混じった式，累乗を含む式の計算。

○加法と減法が混じった式は，加法だけの式になおして計算する。

○(4) 3つの累乗に注意する。

$-2^4=-(2\times2\times2\times2)$

↑ 正の数の累乗に負の符号

$(-3)^3=(-3)\times(-3)\times(-3)$

↑ 負の数の累乗

$\frac{(-3)^2}{2}=\frac{(-3)\times(-3)}{2}$

↑ 分子が負の数の累乗

□問題 4

○四則の混じった式の計算。

○計算の順序や累乗の計算に注意する。

□問題 5

○基準との違いを利用した計算。

○(1) 違いの符号が正ならばBよりも重く，違いの符号が負ならばBよりも軽い。
また，違いの絶対値が大きいほど，体重はより重くなるか軽くなる。

○(2) 平均 56 kg は，次の式で求められる。

(基準の値)+(基準の値との違いの平均)

基準の値との違いの平均は 2 kg になるから

56=(基準の値)+2

これより，基準であるBの体重を求めることができる。

□問題 6

○数の範囲と計算の可能性。具体的な整数や自然数を用いて考えてみるとよい。

確かめの問題 解答は本書 203 ページ

1 次の計算をしなさい。

(1) $3-(-2)-(-1)+1-2+(-3)$

(2) $(-6)^2\times\left(-\frac{1}{4}\right)\div(-3)$

(3) $-5\times\{10+2\times(2-30)\div7\}$

(4) $\left(-\frac{5}{4}\right)^2-\left(\frac{1}{3}-\frac{3}{2}\right)\div\left(-\frac{7}{12}\right)$

テキスト 39 ページ

演習問題B

テキストの解説

□問題 7

○テキスト 25 ページで学んだように，

符号が同じ 2 つの数の商　→　正の数

符号が異なる 2 つの数の商　→　負の数

$b \div c$ の結果が正の数であるから，b と c は，ともに正の数であるか，ともに負の数であるかのいずれかである。

○一方，$b+c$ の結果は負の数である。このことから，b と c はともに負の数であることがわかる。

○$b \div c$ の結果が正の数であるとき，$b \times c$ の結果も正の数である。

□問題 8

○四則の混じった式の計算。計算の決まりに従って計算する。

○(5), (6)　分数と小数が混じった式の計算。小数を分数になおして計算する。

□問題 9

○120 に 120 をかけると，その結果は 120 の 2 乗になる。120 にかける自然数のうち，120 より小さいものがないかどうかを考える。

○120 を素因数分解すると

$$120=2^3\times3\times5$$

この結果から，どのような自然数をかければよいかがわかる。

□問題 10

○正の数，負の数を利用して，移動する点の位置を計算する。

○まず，4 の目が出た回数が 0 のとき，点Aがどの位置に移動するかを考える。

○このとき，点Aが最後に移動する位置は，目の出方の順番に関係がないことに注意する。

演習問題 B

7　3 つの数 a, b, c について，$b \div c$ の結果は正の数，$b+c$, $a\times b\times c$ の結果はともに負の数である。このとき，a, b, c の符号を答えなさい。

第1章

8　次の計算をしなさい。

5　(1)　$3\times(-2^2)\div\left\{(-1)^3\times\left(-\frac{3}{5}\right)^2\right\}$　(2)　$(5-11)^2\div(-3)+21$

(3)　$\frac{7}{10}\div\left(\frac{2}{5}-\frac{4}{3}\right)\times\frac{2^3}{15}$　(4)　$(-4^3)\times\frac{1}{8}-(-2)^2\div\frac{2}{3}$

(5)　$\frac{3}{5}+\left(-\frac{1}{3}\right)^2\div(0.5)^2-\frac{1}{4}\times\left\{(-2^2)^2+\frac{8}{3}\right\}$

(6)　$2-1.4\div\left\{\left(-\frac{3}{4}\right)^3\div(-1.25)^2+\frac{2}{5}\times\frac{9}{2^2}\right\}$

9　120 にできるだけ小さな自然数をかけて，ある自然数の 2 乗にするには，

10　どんな自然数をかければよいか答えなさい。

10　数直線上の原点に点Aがあり，さいころを投げて，偶数の目が出れば出た目の数だけ正の方向へ，奇数の目が出れば出た目の数だけ負の方向へ移動する。

下の表は，さいころを何回か投げたとき，出た目の数とその回数を示し

15　ている。次の問いに答えなさい。

目の数	1	2	3	4	5	6
回数	4	1	2		3	2

(1)　4 の目が 2 回出たとき，点Aの位置を求めなさい。

(2)　さいころを投げたあと，点Aは $+5$ の位置にあった。4 の目は何回

20　出たか答えなさい。

第 1 章　正の数と負の数　39

実力を試す問題　解答は本書 208 ページ

1　次の計算をしなさい。

(1)　$8\div(-2)-6\times3-\{(-3)^2-2^2\}\times(2-5)$

(2)　$-3^2+4\div\left(-\frac{2}{3}\right)\div\left(-\frac{1}{3}\right)+(-3)^2$

(3)　$\left(\frac{3}{4}\div\frac{2}{3}-2\right)\div\left\{\frac{1}{3}+\frac{1}{2}\times\left(\frac{1}{3}-\frac{1}{2}\right)\right\}$

(4)　$\frac{2}{3}\times\left\{0.25-\left(-\frac{1}{3}\right)\div\frac{5}{6}\times0.125\right\}$

(5)　$\left\{\left(2.8\times\frac{12}{7}-5.6\right)\div\left(-\frac{8}{35}\right)+\frac{5}{4}\right\}\div4.75$

(6)　$4\div\{2-3^2\times(-1)^4\}\times(-7)^2-5\div\left(\frac{-5^3}{16}\right)$

2　次の計算をしなさい。

$$\left(\frac{2}{3}\right)^{100}\times\left(-\frac{15}{14}\right)^{100}\times\left(\frac{7}{5}\right)^{100}$$

ヒント　**2**　かけ算の順序をくふうする。

テキスト 40 ページ

第2章　式の計算

この章で学ぶこと

1．文字式（42～46 ページ）

文字を用いて数量を表すことや，数量を表すときの決まりについて学びます。

また，文字を使って表された式が，どんな数量を表しているかについても考えます。

新しい用語と記号

文字式，π

2．多項式の計算（47～54 ページ）

文字式の成り立ちや，文字式の特徴について学びます。

また，文字式の計算の仕方について考え，2 つ以上の式の加法・減法や，式と数の乗法・除法ができるようにします。

新しい用語と記号

単項式，係数，多項式，項，定数項，次数，
1 次式，2 次式，n 次式，同類項

3．単項式の乗法と除法（55，56 ページ）

単項式どうしの乗法と除法の計算について学びます。

4．式の値（57，58 ページ）

文字式の文字の部分に数をあてはめて，その値を計算する方法について考えます。

新しい用語と記号

代入する，値，式の値

5．文字式の利用（59～62 ページ）

文字を利用することで，数や図形のもつ性質を一般的に説明する方法を学びます。

これらの問題によって，文字を利用することの便利さを実感することができます。

この章で学習する文字式は，中学校の数学でとても大切な内容です。
しっかり理解しましょう。

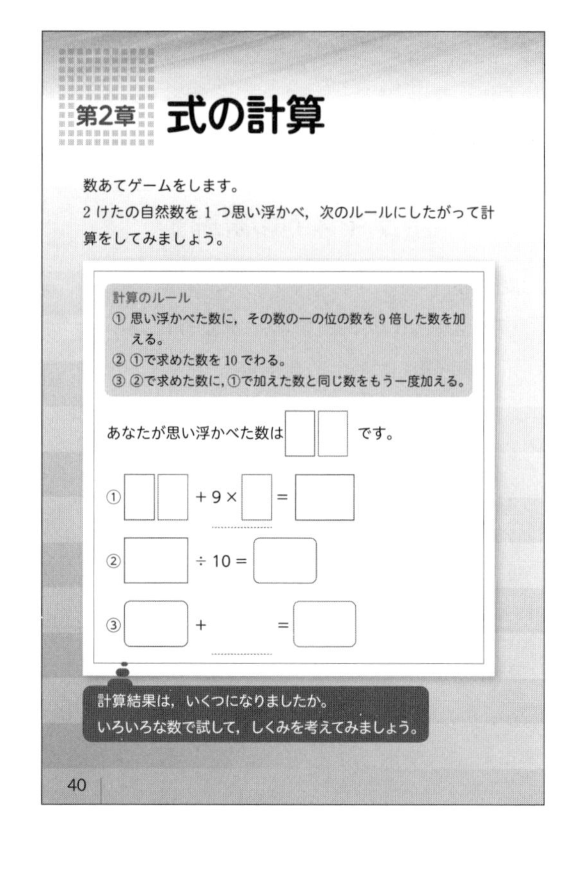

第2章　式の計算

数あてゲームをします。
2 けたの自然数を 1 つ思い浮かべ，次のルールにしたがって計算をしてみましょう。

計算のルール
① 思い浮かべた数に，その数の一の位の数を 9 倍した数を加える。
② ①で求めた数を 10 でわる。
③ ②で求めた数に，①で加えた数と同じ数をもう一度加える。

あなたが思い浮かべた数は □□ です。

① □□ ＋ 9 × □ ＝ □

② □ ÷ 10 ＝ □

③ □ ＋ ＿＿ ＝ □

計算結果は，いくつになりましたか。
いろいろな数で試して，しくみを考えてみましょう。

40

テキストの解説

□数あてゲーム

○ここで取り上げる数の計算は，2 けたの自然数であれば何でもよい。

○たとえば，思い浮かべた数を 47 として，ルールに従って計算すると

① $47+9\times7=47+63=110$

② $110\div10=11$

③ $11+63=74$

計算の結果 74 は，思い浮かべた数 47 の十の位の数と一の位の数を入れかえた数になっている。

○また，たとえば，80 を思い浮かべたとすると

① $80+9\times0=80+0=80$

② $80\div10=8$

③ $8+0=8$

この場合も，計算の結果は，思い浮かべた数の十の位の数と一の位の数を入れかえた数になっていると考えることができる。

テキストの解説

□数あてゲーム（前ページの続き）

○2 けたの数は，十の位の数と一の位の数からできている。たとえば，47 の場合，4 と 7 で

$47=10\times4+7$ ← 十の位の数が 4，一の位の数が 7

これをもとに，①，②，③の計算をすると，次のようになる。

① $(10\times4+7)+9\times7$

$=10\times4+7+9\times7$ ← 10 が 4 個と 7 が 10 個

$=10\times4+10\times7$

$=10\times(4+7)$ ← 分配法則

② $10\times(4+7)\div10$

$=4+7$

③ $4+7+9\times7$ ← 7 が 10 個と 4 が 1 個

$=10\times7+4$ ← 十の位の数が 7，一の位の数が 4

○このように，十の位の数と一の位の数に注目して計算すると，十の位の数と一の位の数が入れかわることがよくわかる。

○2 けたの自然数の十の位の数を○，一の位の数を□とすると，この数は，次のように表すことができる。

$10\times\bigcirc+\square$

○□ではないことに注意！

そして，この数をルールに従って計算すると，その結果は次に示したようになる。

○① $10\times\bigcirc+\square$ に，一の位の数□の 9 倍を加える。

→ $(10\times\bigcirc+\square)+9\times\square$

$=10\times\bigcirc+10\times\square$

$=10\times(\bigcirc+\square)$

② $10\times(\bigcirc+\square)$ を 10 でわる。

→ $10\times(\bigcirc+\square)\div10$

$=\bigcirc+\square$

③ $\bigcirc+\square$ に $9\times\square$ を加える。

→ $\bigcirc+\square+9\times\square$

$=10\times\square+\bigcirc$

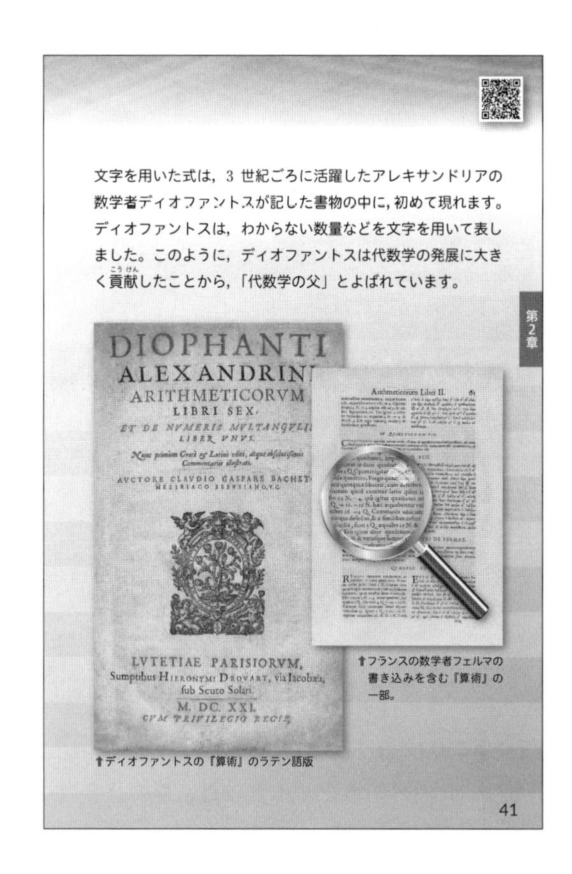

文字を用いた式は，3 世紀ごろに活躍したアレキサンドリアの数学者ディオファントスが記した書物の中に，初めて現れます。ディオファントスは，わからない数量などを文字を用いて表しました。このように，ディオファントスは代数学の発展に大きく貢献（こうけん）したことから，「代数学の父」とよばれています。

第2章

DIOPHANTI ALEXANDRINI ARITHMETICORVM LIBRI SEX, ET DE NVMERIS MVLTANGVLIS LIBER VNVS.

LVTETIAE PARISIORVM, M. DC. XXI.

↑ディオファントスの『算術』のラテン語版

↑フランスの数学者フェルマの書き込みを含む『算術』の一部。

41

これは，もとの 2 けたの自然数の十の位の数と一の位の数を入れかえた数である。

○$10\times\bigcirc+\square$ は 2 けたの自然数を一般的に表したものである。この章では，○や□の代わりに文字 x，y などを用いて，文字を含む式の計算を行ったり，計算を利用した問題を考えたりする。

□文字式の歴史

○テキストにも述べたように，わからない数量を文字を用いて表した式は，ディオファントスが記した書物の中に初めて現れる。

○しかし，そこに現れる文字式は，これから私たちが学ぼうとするものとはずいぶんと異なっている。

○現在，私たちが用いる式や記号は，16 世紀から 17 世紀にかけて活躍したフランスの数学者ヴィエートやデカルトたちによってできたものである。

テキスト 42 ページ

1．文字式

学習のめあて

文字を用いて数量を表すこと。

学習のポイント

文字を用いた式

文字を用いると，数量をまとめて表すことができる。

　　数量の大きさを文字を用いて表す

→　その文字を用いて他の数量を表す

1. 文字式

文字を用いた式

数量を文字を用いて式に表したり，文字に数をあてはめたりすることは，小学校で学んだ。

5　たとえば，1 本 50 円の鉛筆(えんぴつ)を n 本買うとき，代金は次の式で表すことができる。

$50\times n$　　(円)

この式は，鉛筆の本数 n で決まる代金を，一般的に表している。[10]

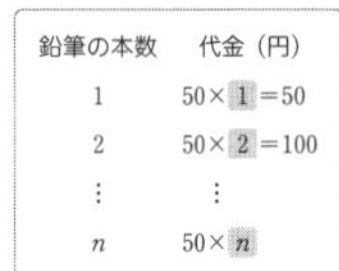

鉛筆の本数	代金（円）
1	$50\times\boxed{1}=50$
2	$50\times\boxed{2}=100$
⋮	⋮
n	$50\times\boxed{n}$

例 1　右の図のように，同じ長さのマッチ棒(ぼう)を並べて，三角形をつくる。

三角形を 1 個，2 個，3 個つくるときに必要なマッチ棒は，次のように数えることができる。[15]

［1 個］　［2 個］　［3 個］

$1+2\times1$（本）　$1+2\times2$（本）　$1+2\times3$（本）

同じように考えると，三角形を x 個つくるときに必要なマッチ棒の本数は　　$(1+2\times x)$ 本

練習 1▶ 例 1 において，三角形を 50 個つくるとき，マッチ棒は何本必要か答えなさい。

42　第 2 章　式の計算

テキストの解説

□文字を用いることの意味

○1 本 50 円の鉛筆を 2 本買ったときの代金は

$50\times2=100$ (円)

このように，鉛筆の本数が決まると，その代金も決まる。

○鉛筆の本数 1，2，3，…… の代わりに，文字 n を用いて表すと，代金は　$50\times n$ (円)

この式は，買った鉛筆の本数によって決まる代金を，一般的に表したものになる。

□例 1

○三角形を x 個つくるときに必要なマッチ棒の本数を，x を用いた式で表す。具体的な場合から一般の場合を考える。

○三角形が 1 個増えるたびにマッチ棒は 2 本増えるから，必要なマッチ棒の本数は，次のように数えることができる。

三角形が 1 個　$1+2$　→　$1+2\times1$

三角形が 2 個　$1+2+2$　→　$1+2\times2$

三角形が 3 個　$1+2+2+2$　→　$1+2\times3$

……

三角形が x 個

$1+\underbrace{2+2+\cdots\cdots+2}_{2\text{ が }x\text{ 個}}$　→　$1+2\times x$

○1 個，2 個，3 個の場合からもわかるように，三角形が x 個できるとき

横に並んだマッチ棒は　　x 本

斜めに並んだマッチ棒は　$(x+1)$ 本

になる。したがって，三角形を x 個つくるときに必要なマッチ棒の本数は，次のように表すこともできる。

$x+(x+1)$ 本

□練習 1

○例 1 の結果を利用して，マッチ棒の本数を求める。文字に数をあてはめて計算する。

テキストの解答

練習 1　三角形を x 個つくるときに必要なマッチ棒の本数は $(1+2\times x)$ 本であるから，x に 50 をあてはめると

$1+2\times50=101$ より　**101 本**

テキスト 43 ページ

学習のめあて

文字を用いて，いろいろな数量を表すこと。また，文字を用いて積を表すときの決まりを理解すること。

学習のポイント

文字式

文字を用いた式のことを **文字式** という。

積の表し方の決まり

[1]　文字を含んだ乗法では，記号×を省く。

　例　$x\times y=xy$

[2]　文字と数の積は，数を文字の前に書く。

　例　$x\times 3=3x$　　($x3$ としない)

[3]　同じ文字の積は，指数を用いて書く。

　例　$y\times y=y^2$　(yy としない)

テキストの解説

□例 2

○複数の文字を用いて表される式。たとえば，鉛筆を 3 本，ノートを 2 冊買ったときの代金の合計は

$$50\times 3+100\times 2=350\ (円)$$

この 3 や 2 の代わりに文字を用いる。

○買った鉛筆の本数とノートの冊数を別々に考え，2 つの文字を用いて式に表す。

$(50\times x+100\times x)$ 円ではいけないのかな？

それでは，鉛筆の本数とノートの冊数が同じ場合しか表さないよ。

□練習 2

○具体的な数の場合と同じように考える。数の代わりに文字を用いて式に表す。

○　　(長方形の面積)＝(縦)×(横)

のように，まず，式をことばで表し，ことばを文字でおきかえて考えてもよい。

例 2　1 本 50 円の鉛筆と，1 冊 100 円のノートが売られている。この鉛筆を x 本，ノートを y 冊買うとき，代金の合計は

$$(50\times x+100\times y)\ 円$$

練習 2　次の数量を，文字を用いた式で表しなさい。

5　(1)　36 個のクッキーから，n 個取り出したときの残りのクッキーの個数

(2)　縦が 7 cm，横が x cm の長方形の面積

(3)　長さが y m のひもを 8 等分したときの 1 本の長さ

(4)　1 個 10 g のおもり a 個と，1 個 15 g のおもり b 個の重さの合計

第2章

文字式の表し方

10　文字を用いた式のことを **文字式** という。

文字を用いて積を表すときは，次のようにする。

積の表し方

[1]　文字を含んだ乗法では，乗法の記号 × を省く。

[2]　文字と数の積では，数を文字の前に書く。

15　[3]　同じ文字の積は，指数を用いて書く。

注意　文字どうしの積は，アルファベット順に書くことが多い。

例 3

(1)　$x\times y=xy$	(2)　$x\times 3=3x$
(3)　$y\times z\times x=xyz$	(4)　$a\times a\times(-7)=-7a^2$
(5)　$b\times a\times 2\times b\times b=2ab^3$	(6)　$(a-2\times b)\times 5=5(a-2b)$

20　1 や -1 と文字の積では，たとえば，$1\times a$ や $a\times 1$ は a と書き，$(-1)\times a$ や $a\times(-1)$ は $-a$ と書く。

また，$0.1\times a$ は $0.a$ のようには書かず，$0.1a$ と書く。

1. 文字式　43

□例 3

○文字式の積の表し方。[1]～[3]の決まりに従って積を表す。

○(6)　かっこ内の式は　　$a-2\times b=a-2b$

文字式と数の積 $(a-2b)\times 5$ も，文字と数の積と同じように考える。すなわち，記号×を省き，数を文字の前に書くと

$$(a-2b)\times 5=5(a-2b)$$

テキストの解答

練習 2　(1)　$(36-n)$ 個　　(2)　$(7\times x)$ cm^2

(3)　$(y\div 8)$ m　　(4)　$(10\times a+15\times b)$ g

確かめの問題　　解答は本書 203 ページ

1　次の数量を，文字を用いた式で表しなさい。

(1)　1000 円を出して，a 円の鉛筆 5 本を買ったときのおつり

(2)　1 個 200 円のりんご a 個と 1 本 120 円のバナナ b 本を買ったときの代金の合計

学習のめあて

文字式の決まりに従って積や商を表すこと。

学習のポイント

商の表し方

除法の記号÷を用いずに，分数の形で書く。

例　$x \div 6 = \dfrac{x}{6}$

テキストの解説

□練習 3

○前ページの例 3 にならって考える。積の表し方の決まりをしっかりと理解する。

□例 4

○文字式の商と，積と商の混じった式の表し方。

○(1)　ある数でわることは，その逆数をかけることと同じであるから，$\div 6$ は $\times \dfrac{1}{6}$ と同じ。

○(3)　式をわった商は，式のかっこを省いて表す。$\dfrac{(x-5)}{4}$ とはしない。

○(5)　除法では 0 でわることは考えないから，わる文字 b は 0 にはならない。

□練習 4

○文字式の商の表し方。例 4 にならって考える。

□練習 5

○文字式の決まりに従って表された積や商を，乗法，除法の記号×，÷を用いて表す。

テキストの解答

練習 3　(1)　$x \times (-4) = \boldsymbol{-4x}$

(2)　$y \times 6 \times x = \boldsymbol{6xy}$

(3)　$b \times c \times a \times b \times c = \boldsymbol{ab^2c^2}$

(4)　$(x+y) \times (-1) = \boldsymbol{-(x+y)}$

(5)　$1 \times a - c \times b = \boldsymbol{a - bc}$

(6)　$-3 \times (4 \times m - n) = \boldsymbol{-3(4m-n)}$

練習 3▶ 次の式を，文字式の表し方にしたがって書きなさい。

(1)　$x \times (-4)$　(2)　$y \times 6 \times x$　(3)　$b \times c \times a \times b \times c$

(4)　$(x+y) \times (-1)$　(5)　$1 \times a - c \times b$　(6)　$-3 \times (4 \times m - n)$

文字を用いて商を表すときは，次のようにする。

5

商の表し方

除法の記号 ÷ を用いずに，分数の形で書く。

例 4

(1)　$x \div 6 = \dfrac{x}{6}$　(2)　$b \div (-2) = \dfrac{b}{-2} = -\dfrac{b}{2}$

(3)　$(x-5) \div 4 = \dfrac{x-5}{4}$　(4)　$4 \times x \div 7 = 4x \div 7 = \dfrac{4x}{7}$

(5)　$a \div b \times 5 = \dfrac{a}{b} \times 5 = \dfrac{5a}{b}$　$\leftarrow \dfrac{a}{b} \times 5 = \dfrac{a \times 5}{b}$

10　**注意**　(1) $x \div 6 = x \times \dfrac{1}{6}$ であるから，$\dfrac{x}{6}$ は $\dfrac{1}{6}x$ と書いてもよい。

(2)，(3)，(4) も同様に，それぞれ $-\dfrac{1}{2}b$，$\dfrac{1}{4}(x-5)$，$\dfrac{4}{7}x$ と書いてもよい。

(5) の $\dfrac{5a}{b}$ を $5\dfrac{a}{b}$ や $\dfrac{5}{b}a$ とは書かない。また，(5) の b のようなわる文字は 0 にはならない。

練習 4▶ 次の式を，文字式の表し方にしたがって書きなさい。

15　(1)　$y \div 10$　(2)　$(-5) \div a$　(3)　$(a+b) \div (-3)$

(4)　$(-2) \times x \div 9$　(5)　$a \div 8 \times b$　(6)　$x \div y \div z$

練習 5▶ 次の式を，×，÷の記号を用いて書きなさい。

(1)　$3ab$　(2)　$-x^2y^4$　(3)　$\dfrac{x}{7}$　(4)　$\dfrac{5}{9a}$　(5)　$\dfrac{2b-1}{3}$

44　第 2 章　式の計算

練習 4　(1)　$y \div 10 = \boldsymbol{\dfrac{y}{10}}$

(2)　$(-5) \div a = \dfrac{-5}{a} = \boldsymbol{-\dfrac{5}{a}}$

(3)　$(a+b) \div (-3) = \dfrac{a+b}{-3} = \boldsymbol{-\dfrac{a+b}{3}}$

(4)　$(-2) \times x \div 9 = -2x \div 9 = \boldsymbol{-\dfrac{2x}{9}}$

(5)　$a \div 8 \times b = \dfrac{a}{8} \times b = \boldsymbol{\dfrac{ab}{8}}$

(6)　$x \div y \div z = \dfrac{x}{y} \div z = \boldsymbol{\dfrac{x}{yz}}$

練習 5　(1)　$3ab = \boldsymbol{3 \times a \times b}$

(2)　$-x^2y^4 = \boldsymbol{(-1) \times x \times x \times y \times y \times y \times y}$

または　$-1 \times x \times x \times y \times y \times y \times y$

(3)　$\dfrac{x}{7} = \boldsymbol{x \div 7}$

(4)　$\dfrac{5}{9a} = 5 \div 9a = \boldsymbol{5 \div (9 \times a)}$

または　$5 \div 9 \div a$

(5)　$\dfrac{2b-1}{3} = (2b-1) \div 3 = \boldsymbol{(2 \times b - 1) \div 3}$

学習のめあて

いろいろな数量を文字式で表すこと。

学習のポイント

いろいろな数量と文字式

具体的な数の式に表し，数の式の「数」の部分を「文字」でおきかえて考える。

いろいろな数量の表し方

いろいろな数量を，文字式の表し方にしたがって書いてみよう。

例 5 1 個 x 円のプリンを 2 個買って，1000 円を払(はら)ったときのおつりは

$1000-x\times2$　すなわち　$(1000-2x)$ 円

練習 6 次の数量を，文字式の表し方にしたがって書きなさい。

(1) 1 個 m kg の荷物 3 個と，1 個 n kg の荷物 7 個の重さの合計

(2) ノートを a 人に 2 冊ずつ分けると b 冊余るとき，はじめにあったノートの冊数

練習 7 長さが x m のひもから，長さ y cm のひもを 6 本切り取る。文字式の表し方にしたがって，残りのひもの長さを，次の単位で表しなさい。

(1) cm　　(2) m

例 6 5 km の道のりを，時速 a km で歩いたときにかかる時間は

$5\div a$　すなわち　$\frac{5}{a}$ 時間

(道のり)÷(時　間)=(速　さ)
(速　さ)×(時　間)=(道のり)
(道のり)÷(速　さ)=(時　間)

練習 8 次の数量を，文字式の表し方にしたがって書きなさい。

(1) a km の道のりを，2 時間で歩いたときの時速

(2) 分速 80 m で x 分歩いたときに進む道のり

例 7 重さ x g の 40% は

$x\times0.4$　すなわち　$0.4x$ g

(比較量)÷(基準量)=(割　合)
(基準量)×(割　合)=(比較量)

練習 9 次の数量を，文字式の表し方にしたがって書きなさい。

(1) a m の 90%　　(2) b 円の 8 割

(3) 定価が c 円の商品を 25% 引きで買ったときの代金

第2章　1. 文字式　45

テキストの解説

□例 5，練習 6，練習 7

○いろいろな数量と文字式。問題の表す式の意味をきちんと理解して，文字式に表す。

○練習 7 のように，単位の異なる数量 (x m, y cm) は，単位をそろえる。

□例 6，練習 8

○速さを表す式。道のり，時間，速さの関係を正しくとらえて式に表す。

□例 7，練習 9

○割合を表す式。もとの数量を表す文字に割合をかける。

○百分率，歩合を，正しく小数になおす。

数	1	0.1	0.01	0.001
百分率	100%	10%	1%	0.1%
歩合	10 割	1 割	1 分	1 厘

テキストの解答

練習 6 (1) 荷物の重さの合計は

$m\times3+n\times7=3m+7n$

よって　$\boldsymbol{(3m+7n)}$ **kg**

(2) はじめにあったノートの冊数は

$2\times a+b=2a+b$

よって　$\boldsymbol{(2a+b)}$ **冊**

練習 7 (1) x m は $100x$ cm であるから，残りのひもの長さは

$100x-y\times6=100x-6y$

よって　$\boldsymbol{(100x-6y)}$ **cm**

(2) y cm は $\frac{y}{100}$ m であるから，残りのひもの長さは　$x-\frac{y}{100}\times6=x-\frac{3y}{50}$

よって　$\boldsymbol{\left(x-\frac{3y}{50}\right)}$ **m**

練習 8 (1) 速さは，(道のり)÷(時間) で求められるから，求める速さは

$a\div2$　すなわち　**時速** $\boldsymbol{\frac{a}{2}}$ **km**

(2) 道のりは，(速さ)×(時間) で求められるから，求める道のりは

$80\times x$　すなわち　$\boldsymbol{80x}$ **m**

練習 9 (1) a m の 90% は

$a\times0.9$　すなわち　$\boldsymbol{0.9a}$ **m**

(2) b 円の 8 割は

$b\times0.8$　すなわち　$\boldsymbol{0.8b}$ **円**

(3) c 円の 25% 引きは

$c\times(1-0.25)$　すなわち　$\boldsymbol{0.75c}$ **円**

学習のめあて

円周率を表す文字 π の意味を知ること。
また，文字を用いた式が表す数量を，ことばで説明することができるようになること。

学習のポイント

π
円周率を π と表す。

文字式の表す数量
文字が表す数量の意味をもとに，文字式が表す数量の意味を考える。

これまで，1 つには決まらない数量を一般的に表すために文字を用いたが，決まった数量を文字で表すこともある。
円の周の長さや面積を求めるときに用いる円周率は，次のように，限りなく続く数である。

5 3.1415926535897……

これからは，円周率を文字 π（パイ）で表す。

注意 π は，決まった 1 つの数を表す文字であるから，× を省いた積の中では，数のあと，その他の文字の前に書くことが多い。

例 8 半径が r cm である円の周の長さは

10 $(r\times2)\times\pi$ すなわち $2\pi r$ cm ←(直径)×(円周率)

練習 10 半径が r cm である円の面積を，文字式の表し方にしたがって書きなさい。

次に，文字式がどのような数量を表しているか考えよう。

例 9 x km の道のりを時速 4 km で
15 歩いたあと，y km の道のりを時速 8 km で走った。

$(x+y)$km
$x$km
$y$km
$\frac{x}{4}$時間
$\frac{y}{8}$時間
$\left(\frac{x}{4}+\frac{y}{8}\right)$時間

このとき，

$x+y$ は進んだ道のりを表し，単位は km

$\frac{x}{4}+\frac{y}{8}$ はかかった時間を表し，単位は 時間

20 **練習 11** 1 辺の長さが a cm の立方体がある。次の式はどのような数量を表しているか答えなさい。また，その単位も書きなさい。

(1) a^3 (2) $6a^2$

46 第 2 章 式の計算

テキストの解説

□円周率 π

○これまでは，わからない数量や 1 つには決まらない数量を，文字を用いて一般的に表した。
○一方，円周率は 3.1415926535897……
のように，限りなく続く数であるが，1 つに決まった数である。
○しかし，限りなく続く数であるため，円周率を用いるには，3.14 のような概数を用いるしかない。そこで，限りなく続く数を表すものとして，文字 π を用いる。
○このように，円周率を表す文字 π は，決まった 1 つの数を表している点において，これまで用いてきた文字とは少し異なっている。
○π は，ギリシャ文字とよばれるものの 1 つである。

□例 8，練習 10

○円の周と面積を文字 π を用いて表す。
○たとえば，円周を表す式は，

(直径)×(円周率)

であるから，半径が r cm である円の周は

$(r\times2)\times\pi$ cm

この式の×を省くときは，テキストの注意で述べたことから，$2r\pi$ とはせず，$2\pi r$ とする。

□例 9

○文字式の表す数量の意味をことばで説明する。
○x，y は道のりを表し，4，8 は速さを表しているから，$x+y$ は道のりを表し，$\frac{x}{4}$，$\frac{y}{8}$ は時間を表すことがわかる。

□練習 11

○a が立方体の 1 辺の長さを表すことから，a^3 や a^2 の表す数量を考える。

テキストの解答

練習 10 半径が r cm である円の面積は
$r\times r\times\pi$ すなわち πr^2 **cm²**

練習 11 (1) a^3 は **立方体の体積** を表す。
その単位は **cm³**

(2) a^2 は立方体の 1 つの面の面積を表しているから，$6a^2$ は **立方体の表面積**（すべての面の面積の合計）を表す。
その単位は **cm²**

2．多項式の計算

学習のめあて

文字式の成り立ちについて理解すること。

学習のポイント

単項式

数や文字をかけ合わせてできる式を **単項式** という。1つの文字や数も単項式である。

文字を含む単項式の数の部分を **係数** という。

例　$2x$ は単項式で，x の係数は 2

　　$3a^2$ は単項式で，a^2 の係数は 3

多項式

単項式の和の形で表される式を **多項式** といい，その1つ1つの単項式を多項式の **項** という。

特に，数だけの項を **定数項** という。

例　$4x+5y+1$ は多項式で，その項は

　　$4x$，$5y$，1

　x の係数は 4，y の係数は 5，定数項は 1

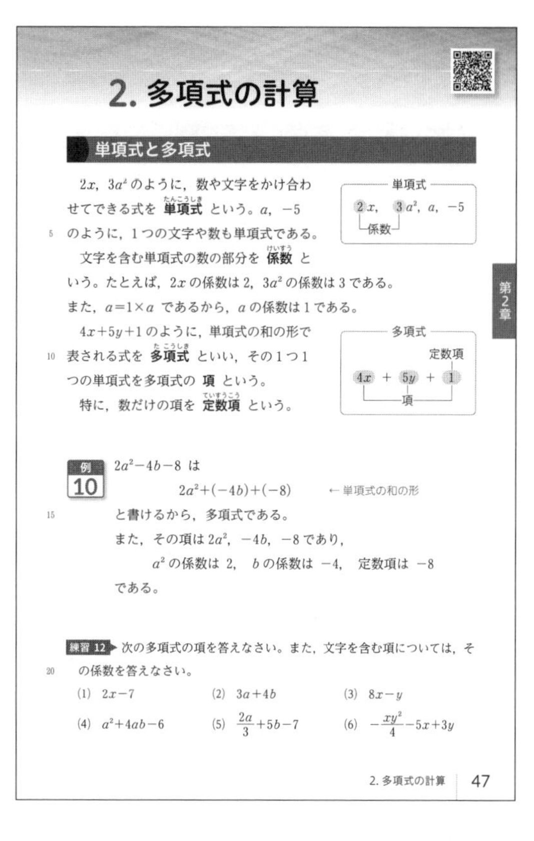

2. 多項式の計算

単項式と多項式

$2x$，$3a^2$ のように，数や文字をかけ合わせてできる式を **単項式**（たんこうしき）という。a，-5 のように，1つの文字や数も単項式である。

文字を含む単項式の数の部分を **係数**（けいすう）という。たとえば，$2x$ の係数は 2，$3a^2$ の係数は 3 である。また，$a=1\times a$ であるから，a の係数は 1 である。

$4x+5y+1$ のように，単項式の和の形で表される式を **多項式**（たこうしき）といい，その1つ1つの単項式を多項式の **項** という。

特に，数だけの項を **定数項**（ていすうこう）という。

例 10　$2a^2-4b-8$ は

$$2a^2+(-4b)+(-8) \quad ←単項式の和の形$$

と書けるから，多項式である。

また，その項は $2a^2$，$-4b$，-8 であり，

a^2 の係数は 2，b の係数は -4，定数項は -8

である。

練習 12　次の多項式の項を答えなさい。また，文字を含む項については，その係数を答えなさい。

(1) $2x-7$　(2) $3a+4b$　(3) $8x-y$

(4) $a^2+4ab-6$　(5) $\dfrac{2a}{3}+5b-7$　(6) $-\dfrac{xy^2}{4}-5x+3y$

2. 多項式の計算　47

テキストの解説

□例 10

○多項式の項と係数。多項式を単項式の和の形に表して考える。

$$\underset{\text{多項式}}{2a^2-4b-8} \iff \underset{\text{単項式}}{2a^2}+\underset{\text{単項式}}{(-4b)}+\underset{\text{単項式}}{(-8)}$$

□練習 12

○多項式の項と係数を求める。

○単項式の和の形に表し，それぞれの単項式について，文字の部分（項の名前）と数の部分（係数）に分ける。

○(3)　$-y=(-1)\times y$　　(4)　$a^2=1\times a^2$

　(5)　$\dfrac{2a}{3}=\dfrac{2}{3}\times a$　　(6)　$-\dfrac{xy^2}{4}=-\dfrac{1}{4}\times xy^2$

であることから，各項の係数を求める。

テキストの解答

練習 12　(1)　$2x-7$ の項は $\boldsymbol{2x}$，$\boldsymbol{-7}$ であり，

　　x の係数は　**2**

(2)　$3a+4b$ の項は $\boldsymbol{3a}$，$\boldsymbol{4b}$ であり，

　　a の係数は **3**，b の係数は **4**

(3)　$8x-y$ の項は $\boldsymbol{8x}$，$\boldsymbol{-y}$ であり，

　　x の係数は **8**，y の係数は **−1**

(4)　$a^2+4ab-6$ の項は $\boldsymbol{a^2}$，$\boldsymbol{4ab}$，$\boldsymbol{-6}$ であり，

　　a^2 の係数は **1**，ab の係数は **4**

(5)　$\dfrac{2a}{3}+5b-7$ の項は $\boldsymbol{\dfrac{2a}{3}}$，$\boldsymbol{5b}$，$\boldsymbol{-7}$ であり，

　　a の係数は $\boldsymbol{\dfrac{2}{3}}$，$b$ の係数は **5**

(6)　$-\dfrac{xy^2}{4}-5x+3y$ の項は $\boldsymbol{-\dfrac{xy^2}{4}}$，$\boldsymbol{-5x}$，$\boldsymbol{3y}$ であり，

　　xy^2 の係数は $\boldsymbol{-\dfrac{1}{4}}$，

　　x の係数は **−5**，y の係数は **3**

学習のめあて

単項式，多項式の次数について知り，これらの式を次数で区別できるようになること。

学習のポイント

単項式の次数

単項式で，かけ合わされている文字の個数を，その式の **次数** という。

例　$5xy$ の次数は 2，$-2xy^2$ の次数は 3

多項式の次数

多項式では，各項の次数のうち，最も高いものを，その式の **次数** という。次数が 1 の式を **1 次式**，次数が 2 の式を **2 次式** といい，次数が n の式を **n 次式** という。

例　$a^3-4ab+5a$ の次数は 3 で，3 次式

単項式で，かけ合わされている文字の個数を，その式の **次数**（じすう）という。

例 11　(1) $5xy$ の次数は 2　(2) $-2xy^2$ の次数は 3

$5xy=5\times x\times y$
$-2xy^2=(-2)\times x\times y\times y$

注意　次数と指数を間違えないようにする。

練習 13　次の単項式の次数を答えなさい。
(1) $2abc$　(2) $6x$　(3) ab^3　(4) $-4x^3y^2$

次数の大小は，普通「高い」，「低い」でいい表す。
多項式では，各項の次数のうち，最も高いものを，その式の **次数** という。

例 12　(1) $3x+7y-2$ の次数は 1　(2) $a^3-4ab+5a$ の次数は 3

$a^3+(-4ab)+5a$
次数 3　次数 2　次数 1

練習 14　次の多項式の次数を答えなさい。
(1) $-4x^2+1$　(2) $2a+b$
(3) $a^2-5ab-3b$　(4) $xy^2+3xy-y$

多項式の項は，文字のアルファベット順，または次数が高い順に並べることが多い。たとえば，$x+y^2$ は y^2+x と書くこともある。
次数が 1 の式を **1 次式**，次数が 2 の式を **2 次式** といい，次数が n の式を **n 次式** という。
定数項は，文字が含まれていないので，その次数は 0 と考える。

48　第 2 章　式の計算

テキストの解説

□次数

○式は，単項式と多項式のように，項の数で分類された。このうち，単項式については，かけ合わされている文字の個数によって分類することができる。

□例 11

○単項式の次数。乗法の記号×を用いて表すと

$5xy=5\times x\times y$
→　文字の個数は 2　→　次数は 2
$-2xy^2=(-2)\times x\times y\times y$
→　文字の個数は 3　→　次数は 3

□練習 13

○単項式の次数。指数はかけ合わされている文字の個数を表していることに注意する。

□例 12，練習 14

○多項式の次数。単項式の和の形に表し，各単項式の次数を考える。最も次数が高い単項式の次数が，多項式の次数になる。

テキストの解答

練習 13 (1)　$2abc=2\times a\times b\times c$
であるから，$2abc$ の次数は　**3**

(2)　$6x=6\times x$
であるから，$6x$ の次数は　**1**

(3)　$ab^3=a\times b\times b\times b$
であるから，ab^3 の次数は　**4**

(4)　$-4x^3y^2=(-4)\times x\times x\times x\times y\times y$
であるから，$-4x^3y^2$ の次数は　**5**

練習 14 (1)　$-4x^2$ の次数は 2 であるから，
$-4x^2+1$ の次数は　**2**

(2)　$2a$ の次数は 1，b の次数は 1 であるから，$2a+b$ の次数は　**1**

(3)　a^2 の次数は 2，$-5ab$ の次数は 2，$-3b$ の次数は 1 であるから，
$a^2-5ab-3b$ の次数は　**2**

(4)　xy^2 の次数は 3，$3xy$ の次数は 2，$-y$ の次数は 1 であるから，
$xy^2+3xy-y$ の次数は　**3**

テキスト 49 ページ

学習のめあて

分配法則を用いて，同類項をまとめることができるようになること。

学習のポイント

同類項

多項式の項の中で，文字の部分が同じ項を**同類項** という。

例　$2x+3x$ の同類項は　$2x$ と $3x$

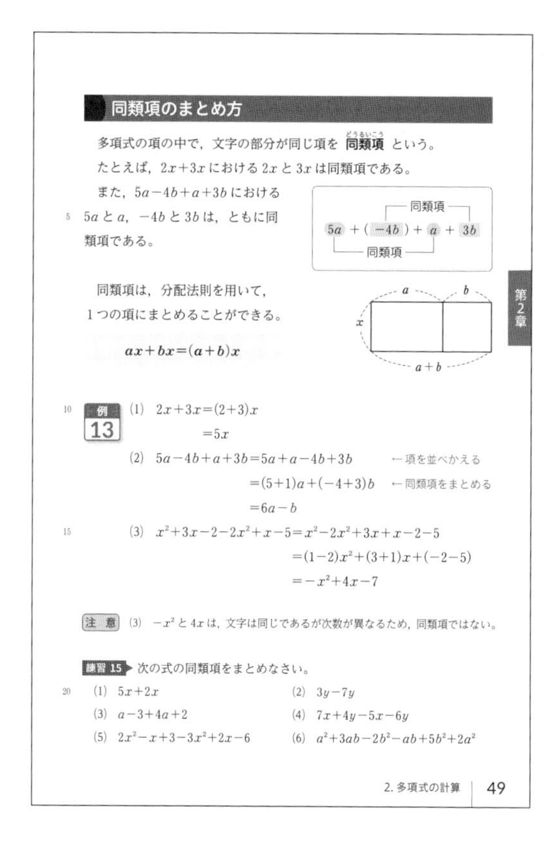

同類項のまとめ方

多項式の項の中で，文字の部分が同じ項を **同類項**（どうるいこう） という。
たとえば，$2x+3x$ における $2x$ と $3x$ は同類項である。
また，$5a-4b+a+3b$ における $5a$ と a，$-4b$ と $3b$ は，ともに同類項である。

同類項は，分配法則を用いて，1つの項にまとめることができる。

$$\boldsymbol{ax+bx=(a+b)x}$$

例 13

(1)　$2x+3x=(2+3)x$
$=5x$

(2)　$5a-4b+a+3b=5a+a-4b+3b$　←項を並べかえる
$=(5+1)a+(-4+3)b$　←同類項をまとめる
$=6a-b$

(3)　$x^2+3x-2-2x^2+x-5=x^2-2x^2+3x+x-2-5$
$=(1-2)x^2+(3+1)x+(-2-5)$
$=-x^2+4x-7$

注意　(3)　$-x^2$ と $4x$ は，文字は同じであるが次数が異なるため，同類項ではない。

練習 15　次の式の同類項をまとめなさい。

(1)　$5x+2x$　　(2)　$3y-7y$
(3)　$a-3+4a+2$　　(4)　$7x+4y-5x-6y$
(5)　$2x^2-x+3-3x^2+2x-6$　　(6)　$a^2+3ab-2b^2-ab+5b^2+2a^2$

2. 多項式の計算　49

テキストの解説

□例 13

○ 29 ページで学んだように，次のような計算では，同じ数でくくって，かけ算を行うことができる（分配法則）。

$$2\times\underline{4}+3\times\underline{4}=(2+3)\times\underline{4}$$

○同じ文字は同じ数を表している。したがって，文字式についても，同じ文字でくくることができる。

$$2x+3x=2\times x+3\times x=(2+3)\times x$$

○(2)　$5a-4b+a+3b=5a+(-4b)+a+3b$
$5a$，$-4b$，a，$3b$ は数と同じように，加法の交換法則を用いて，その項を並べかえることができる。

○(2) の $6a-b$ における $6a$ と $-b$ は，文字の部分が異なるから，$6a-b$ をこれ以上まとめることはできない。
また，(3) の $-x^2+4x-7$ における $-x^2$ と $4x$ は文字は同じであるが，次数が異なる。したがって，$-x^2+4x-7$ をこれ以上まとめることはできない。

○たとえば，$3x-x=(3-1)x=2x$ であり，$3x-x=3$ は誤りであるから注意する。

□練習 15

○文字の部分が同じ項に着目して，例 13 のように同類項をまとめる。

テキストの解答

練習 15　(1)　$5x+2x=(5+2)x$
$=\boldsymbol{7x}$

(2)　$3y-7y=(3-7)y$
$=\boldsymbol{-4y}$

(3)　$a-3+4a+2=a+4a-3+2$
$=(1+4)a+(-3+2)$
$=\boldsymbol{5a-1}$

(4)　$7x+4y-5x-6y=7x-5x+4y-6y$
$=(7-5)x+(4-6)y$
$=\boldsymbol{2x-2y}$

(5)　$2x^2-x+3-3x^2+2x-6$
$=2x^2-3x^2-x+2x+3-6$
$=(2-3)x^2+(-1+2)x+(3-6)$
$=\boldsymbol{-x^2+x-3}$

(6)　$a^2+3ab-2b^2-ab+5b^2+2a^2$
$=a^2+2a^2+3ab-ab-2b^2+5b^2$
$=(1+2)a^2+(3-1)ab+(-2+5)b^2$
$=\boldsymbol{3a^2+2ab+3b^2}$

学習のめあて

多項式の加法と減法の計算ができるようになること。

学習のポイント

多項式の加法と減法

次の順に計算する。

[1]　符号に注意してかっこをはずす。

[2]　同類項をまとめて，式を簡単にする。

テキストの解説

□例 14

○多項式の加法の計算。各項の符号はそのままにしてかっこをはずす。

□練習 16

○例 14 にならって計算する。

○(4) を縦書きで計算すると，次のようになる。

$$\begin{array}{rrr} 2a^2 & -3a & -5 \\ +)\ 4a^2 & & -1 \\ \hline 6a^2 & -3a & -6 \end{array}$$

← a の項はあけておく

□例 15

○多項式の減法の計算。

○かっこをはずすとき，かっこの中の各項の符号が変わることに注意する。かっこをはずした後は，加法の計算と同じである。

テキストの解答

練習 16　(1)　$(3x+4)+(2x-5)$

$=3x+4+2x-5=3x+2x+4-5$

$=\boldsymbol{5x-1}$

(2)　$(4a-5b)+(a+2b)=4a-5b+a+2b$

$=4a+a-5b+2b$

$=\boldsymbol{5a-3b}$

(3)　$(x^2-3x+1)+(2x^2+x-6)$

$=x^2-3x+1+2x^2+x-6$

$=x^2+2x^2-3x+x+1-6$

$=\boldsymbol{3x^2-2x-5}$

多項式の加法と減法

多項式の加法は，次のように計算する。

[1]　各項の符号はそのままにしてたす。

[2]　同類項をまとめる。

5 例 14

$(3x+2y)+(6x-4y)$

$=3x+2y+6x-4y$

$=3x+6x+2y-4y$

$=9x-2y$

符号はそのままでかっこをはずす

$$\ast\quad \begin{array}{rr} & 3x+2y \\ +) & 6x-4y \\ \hline & 9x-2y \end{array}$$

例 14 の＊のように，同類項を縦に並べて計算する方法もある。

10 練習 16 ▶ 次の計算をしなさい。

(1)　$(3x+4)+(2x-5)$　　(2)　$(4a-5b)+(a+2b)$

(3)　$(x^2-3x+1)+(2x^2+x-6)$　　(4)　$(2a^2-3a-5)+(4a^2-1)$

多項式の減法は，次のように計算する。

[1]　ひく式の各項の符号を変えて，すべての項をたす。

15 [2]　同類項をまとめる。

例 15

$(2x+3y)-(5x-y)$

$=2x+3y-5x+y$

$=2x-5x+3y+y$

$=-3x+4y$

ひく式の符号を変えてかっこをはずす

$$\ast\quad \begin{array}{rr} & 2x+3y \\ -) & 5x-\ \ y \\ \hline & -3x+4y \end{array}$$

⬇

$$\begin{array}{rr} & 2x+3y \\ +) & -5x+\ \ y \\ \hline & -3x+4y \end{array}$$

20 注意　例 15 は，右の＊のように，符号を書きかえて計算することもできる。

50　第 2 章　式の計算

---

(4)　$(2a^2-3a-5)+(4a^2-1)$

$=2a^2-3a-5+4a^2-1$

$=2a^2+4a^2-3a-5-1$

$=\boldsymbol{6a^2-3a-6}$

練習 17　(1)　$(x-2)-(4x-3)=x-2-4x+3$

$=x-4x-2+3=\boldsymbol{-3x+1}$

(2)　$(4a+2b)-(3a+7b)$

$=4a+2b-3a-7b$

$=4a-3a+2b-7b$

$=\boldsymbol{a-5b}$

(3)　$(2x^2-x-3)-(3x^2-4x+1)$

$=2x^2-x-3-3x^2+4x-1$

$=2x^2-3x^2-x+4x-3-1$

$=\boldsymbol{-x^2+3x-4}$

(4)　$(a^2-5a+4)-(7a^2-2)$

$=a^2-5a+4-7a^2+2$

$=a^2-7a^2-5a+4+2$

$=\boldsymbol{-6a^2-5a+6}$

（練習 17 は次ページの問題）

テキスト51ページ

学習のめあて

多項式の加法と減法の計算，単項式と数の乗法の計算ができるようになること。

学習のポイント

単項式と数の乗法

単項式の係数と数をかけて，それを積の係数とする。

練習 17 次の計算をしなさい。

(1) $(x-2)-(4x-3)$　(2) $(4a+2b)-(3a+7b)$

(3) $(2x^2-x-3)-(3x^2-4x+1)$　(4) $(a^2-5a+4)-(7a^2-2)$

練習 18 次の計算をしなさい。

(1) $(2a-b)+(-5a+3b)$　(2) $(a+3b)-(5b-2a)$

(3) $\begin{array}{r} a+3b-6 \\ \underline{+)\ 2a-5b+1} \end{array}$　(4) $\begin{array}{r} 3a+\ b+2 \\ \underline{-)\ -a+4b-1} \end{array}$

第2章

練習 19 次の2つの式について，(1)，(2)の問いに答えなさい。

$5x^2+xy-3y^2$　$-3x^2+4xy-2y^2$

(1) 2つの式の和を求めなさい。

(2) 左の式から右の式をひいた差を求めなさい。

単項式，多項式と数の乗法，除法

単項式と数の乗法は，単項式の係数と数をかけて，それを積の係数とすればよい。

例 16 (1) $3a\times4=3\times a\times4$
$=3\times4\times a$ 計算の順序を入れかえる（乗法の交換法則）
$=12a$ 数の計算をする

(2) $5\times(-2x)=5\times(-2)\times x$
$=-10x$

練習 20 次の計算をしなさい。

(1) $4x\times7$　(2) $(-3)\times(-6a)$　(3) $-x\times(-5)$　(4) $-8a\times\frac{3}{4}$

2. 多項式の計算　51

テキストの解説

□練習 17，練習 18

○多項式の加法と減法の計算。

○加法 → かっこをはずしてたす。

減法 → ひく式の各項の符号を変えてたす。

○練習 18 (4) の減法は，次のように考える。

$$\begin{array}{r} 3a+\ b+2 \\ \underline{-)\ -a+4b-1} \end{array} \rightarrow \begin{array}{r} 3a+\ b+2 \\ \underline{+)\ \ a-4b+1} \end{array}$$

ひく式の符号を変えてたす

□練習 19

○かっこをつけて，加法と減法の式をつくり，それらを計算する。

□例 16，練習 20

○単項式を係数と文字の部分に分ける。乗法の交換法則と結合法則を利用して，係数と数をかける。

例 16 (1)　$3a\times4=3\times a\times4=3\times4\times a$

乗法の交換法則

テキストの解答

（練習 17 の解答は前ページ）

練習 18 (1) $(2a-b)+(-5a+3b)$
$=2a-b-5a+3b$
$=\boldsymbol{-3a+2b}$

(2) $(a+3b)-(5b-2a)=a+3b-5b+2a$
$=\boldsymbol{3a-2b}$

(3) $\begin{array}{r} a+3b-6 \\ \underline{+)\ 2a-5b+1} \\ \boldsymbol{3a-2b-5} \end{array}$　(4) $\begin{array}{r} 3a+\ b+2 \\ \underline{-)\ -a+4b-1} \\ \boldsymbol{4a-3b+3} \end{array}$

練習 19 (1) $(5x^2+xy-3y^2)$
$+(-3x^2+4xy-2y^2)$
$=5x^2+xy-3y^2-3x^2+4xy-2y^2$
$=\boldsymbol{2x^2+5xy-5y^2}$

(2) $(5x^2+xy-3y^2)-(-3x^2+4xy-2y^2)$
$=5x^2+xy-3y^2+3x^2-4xy+2y^2$
$=\boldsymbol{8x^2-3xy-y^2}$

練習 20 (1) $4x\times7=4\times x\times7=4\times7\times x$
$=\boldsymbol{28x}$

(2) $(-3)\times(-6a)=(-3)\times(-6)\times a$
$=\boldsymbol{18a}$

(3) $-x\times(-5)=(-1)\times x\times(-5)$
$=(-1)\times(-5)\times x=\boldsymbol{5x}$

(4) $-8a\times\frac{3}{4}=(-8)\times a\times\frac{3}{4}$
$=(-8)\times\frac{3}{4}\times a=\boldsymbol{-6a}$

テキスト 52 ページ

学習のめあて

多項式と数の乗法の計算ができるようになること。また，単項式を数でわる計算ができるようになること。

学習のポイント

多項式と数の乗法

分配法則を利用して，多項式の各項に数をかける。

単項式を数でわる計算

わる数の逆数をかける。

多項式と数の乗法は，分配法則を用いて計算できる。

$$a(x+y)=ax+ay \qquad (x+y)a=ax+ay$$

例17
(1) $-3(2a-1)=(-3)\times 2a+(-3)\times(-1)$
$=-6a+3$
(2) $(a-3b)\times(-5)=a\times(-5)+(-3b)\times(-5)$
$=-5a+15b$
(3) $4(3x-2y+1)=4\times 3x+4\times(-2y)+4\times 1$
$=12x-8y+4$

練習21 次の計算をしなさい。
(1) $7(2x+1)$　(2) $-2(a-4b)$　(3) $(2x^2+x-3)\times(-4)$

例18
$\dfrac{4x-1}{3}\times 6=\dfrac{(4x-1)\times 6}{3}$
$=(4x-1)\times 2$
$=8x-2$

$\dfrac{(4x-1)\times \overset{2}{\cancel{6}}}{\underset{1}{\cancel{3}}}=(4x-1)\times 2$

練習22 次の計算をしなさい。
(1) $\dfrac{2a-5b}{3}\times(-9)$　(2) $4\times\dfrac{3x-5y+1}{2}$　(3) $-20\times\dfrac{-x+4y}{5}$

単項式，多項式と数の除法について考えてみよう。

例19
$12x\div 3=\dfrac{12x}{3}$
$=4x$

$\dfrac{\overset{4}{\cancel{12}}\times x}{\underset{1}{\cancel{3}}}=4x$

52 第2章 式の計算

テキストの解説

□例 17，練習 21

○多項式と数の乗法の計算。多項式の各項を数と同じように考えて分配法則を利用する。

□例 18，練習 22

○分数の形をした式に数をかける計算。分子の式にかっこをつけて数をかける。

□例 19

○単項式を数でわる計算。数どうしでわり算を行い，それに文字をかければよい。

テキストの解答

練習 21 (1) $7(2x+1)=7\times 2x+7\times 1$
$=\boldsymbol{14x+7}$

(2) $-2(a-4b)=(-2)\times a+(-2)\times(-4b)$
$=\boldsymbol{-2a+8b}$

(3) $(2x^2+x-3)\times(-4)$
$=2x^2\times(-4)+x\times(-4)+(-3)\times(-4)$
$=\boldsymbol{-8x^2-4x+12}$

練習 22 (1) $\dfrac{2a-5b}{3}\times(-9)$
$=\dfrac{(2a-5b)\times(-9)}{3}$
$=(2a-5b)\times(-3)=\boldsymbol{-6a+15b}$

(2) $4\times\dfrac{3x-5y+1}{2}=\dfrac{4\times(3x-5y+1)}{2}$
$=2(3x-5y+1)$
$=\boldsymbol{6x-10y+2}$

(3) $-20\times\dfrac{-x+4y}{5}=\dfrac{(-20)\times(-x+4y)}{5}$
$=-4(-x+4y)$
$=\boldsymbol{4x-16y}$

練習 23 (1) $8x\div 4=\dfrac{8x}{4}=\dfrac{8\times x}{4}=\boldsymbol{2x}$

(2) $-9a\div(-3)=\dfrac{9a}{3}=\dfrac{9\times a}{3}=\boldsymbol{3a}$

(3) $10x\div\left(-\dfrac{5}{2}\right)=10x\times\left(-\dfrac{2}{5}\right)$
$=10\times\left(-\dfrac{2}{5}\right)\times x=\boldsymbol{-4x}$

(4) $-12a\div\dfrac{4}{3}=-12a\times\dfrac{3}{4}$
$=-12\times\dfrac{3}{4}\times a=\boldsymbol{-9a}$

（練習 23 は次ページの問題）

テキスト 53 ページ

学習のめあて

単項式，多項式を数でわる計算ができるようになること。

学習のポイント

単項式，多項式と除法

除法を乗法になおして計算する。

テキストの解説

□例 20，練習 23，例 21，練習 24

○単項式，多項式を数でわる計算。数の場合と同じように，わる数の逆数をかけて計算する。

□例 22

○いろいろな式の計算。数の計算では，乗法，加法・減法の順に計算した。

○式の計算も同じように，乗法を先に計算する。

例 20 $6a\div\left(-\frac{3}{5}\right)=6a\times\left(-\frac{5}{3}\right)$ ←乗法になおして計算する

$=6\times\left(-\frac{5}{3}\right)\times a$

$=\ \ 10a$

練習 23 次の計算をしなさい。

5 (1) $8x\div4$ (2) $-9a\div(-3)$ (3) $10x\div\left(-\frac{5}{2}\right)$ (4) $-12a\div\frac{4}{3}$

第2章

例 21 $(8a-12b)\div4=(8a-12b)\times\frac{1}{4}$

$=\frac{8a}{4}-\frac{12b}{4}$ …… $\frac{\overset{2}{\cancel{8a}}}{\underset{1}{\cancel{4}}}-\frac{\overset{3}{\cancel{12b}}}{\underset{1}{\cancel{4}}}=2a-3b$

$=2a-3b$

練習 24 次の計算をしなさい。

10 (1) $(9x+12)\div3$ (2) $(14x-21y)\div7$

(3) $(18a-6b)\div(-6)$ (4) $(10a-5b-15)\div10$

(5) $(4x+8y-2)\div(-8)$ (6) $(a-2b)\div\left(-\frac{1}{3}\right)$

いろいろな計算

これまでに学んだことを利用して，いろいろな計算をしてみよう。

15 例 22 $3(2a-b)-4(3a-2b)$

$=6a-3b-12a+8b$ かっこをはずす

$=-6a+5b$ 同類項をまとめる

2. 多項式の計算 53

テキストの解答

(練習 23 の解答は前ページ)

練習 24 (1) $(9x+12)\div3=(9x+12)\times\frac{1}{3}$

$=\frac{9x}{3}+\frac{12}{3}=\boldsymbol{3x+4}$

(2) $(14x-21y)\div7=(14x-21y)\times\frac{1}{7}$

$=\frac{14x}{7}-\frac{21y}{7}=\boldsymbol{2x-3y}$

(3) $(18a-6b)\div(-6)=(18a-6b)\times\left(-\frac{1}{6}\right)$

$=-\frac{18a}{6}+\frac{6b}{6}=\boldsymbol{-3a+b}$

(4) $(10a-5b-15)\div10$

$=(10a-5b-15)\times\frac{1}{10}$

$=\frac{10a}{10}-\frac{5b}{10}-\frac{15}{10}=\boldsymbol{a-\frac{b}{2}-\frac{3}{2}}$

(5) $(4x+8y-2)\div(-8)$

$=(4x+8y-2)\times\left(-\frac{1}{8}\right)$

$=-\frac{4x}{8}-\frac{8y}{8}+\frac{2}{8}=\boldsymbol{-\frac{x}{2}-y+\frac{1}{4}}$

(6) $(a-2b)\div\left(-\frac{1}{3}\right)=(a-2b)\times(-3)$

$=\boldsymbol{-3a+6b}$

練習 25 (1) $2(2x+5)+3(x-3)$

$=4x+10+3x-9=\boldsymbol{7x+1}$

(2) $-4(x-5)+2(3x-7)$

$=-4x+20+6x-14=\boldsymbol{2x+6}$

(3) $3(3a-2b)+2(-4a+3b)$

$=9a-6b-8a+6b=\boldsymbol{a}$

(4) $4(2a+b)-5(3a-b)$

$=8a+4b-15a+5b=\boldsymbol{-7a+9b}$

(5) $-2(a+3b-1)+3(2a-4-b)$

$=-2a-6b+2+6a-12-3b$

$\boldsymbol{=4a-9b-10}$

(6) $-\frac{3}{2}(10x+4y)-\frac{2}{3}(6x-21y)$

$=-15x-6y-4x+14y=\boldsymbol{-19x+8y}$

(練習 25 は次ページの問題)

練習 25 次の計算をしなさい。

(1) $2(2x+5)+3(x-3)$　(2) $-4(x-5)+2(3x-7)$

(3) $3(3a-2b)+2(-4a+3b)$　(4) $4(2a+b)-5(3a-b)$

(5) $-2(a+3b-1)+3(2a-4-b)$　(6) $-\frac{3}{2}(10x+4y)-\frac{2}{3}(6x-21y)$

例題 1 $\frac{x-3y}{3}-\frac{3x-5y}{2}$ を計算しなさい。

解答 1

$$\frac{x-3y}{3}-\frac{3x-5y}{2}=\frac{2(x-3y)-3(3x-5y)}{6}$$ ← 分子にかっこをつけて通分する

$$=\frac{2x-6y-9x+15y}{6}$$

$$=\frac{-7x+9y}{6}$$ 答

解答 2

$$\frac{x-3y}{3}-\frac{3x-5y}{2}=\frac{1}{3}(x-3y)-\frac{1}{2}(3x-5y)$$

$$=\frac{1}{3}x-y-\frac{3}{2}x+\frac{5}{2}y$$

$$=-\frac{7}{6}x+\frac{3}{2}y$$ 答 ← $\frac{-7x+9y}{6}$ と同じ

注意 例題 1 の解答 2 において，

$\frac{1}{3}(x-3y)-\frac{1}{2}(3x-5y)=\frac{2}{6}(x-3y)-\frac{3}{6}(3x-5y)$ として，計算してもよい。

練習 26 次の計算をしなさい。

(1) $\frac{2a+3}{6}+\frac{a-5}{3}$　(2) $\frac{2a-1}{3}-\frac{3a-2}{4}$

(3) $\frac{5x-y}{2}-\frac{3x+y}{4}$　(4) $\frac{2x-3y}{5}-\frac{-x+2y}{3}$

(5) $x-\frac{2x-y}{3}$　(6) $\frac{a+2b-1}{2}+\frac{2a-b+2}{3}$

54　第 2 章　式の計算

学習のめあて

分数を含む多項式の加法・減法の計算ができるようになること。

学習のポイント

分数を含む多項式の計算

次のどちらかの方法で計算する。

[1]　通分して，分子を計算する。

[2]　(分子の式)÷(分母の数) と考えて，まずそれぞれの式を計算する。

テキストの解説

□練習 25

○前ページの例 22 にならって計算する。

□例題 1，練習 26

○分数を含む多項式の計算。分子にかっこをつけて通分する ([1]の方法)。

○ $\frac{x-3y}{3}=(x-3y)\div 3=(x-3y)\times\frac{1}{3}$

であるから，まず，分数の形をした式を簡単にしてから計算することもできる ([2]の方法)。

テキストの解答

(練習 25 の解答は前ページ)

練習 26 (1) $\frac{2a+3}{6}+\frac{a-5}{3}$

$$=\frac{(2a+3)+2(a-5)}{6}$$

$$=\frac{2a+3+2a-10}{6}=\boldsymbol{\frac{4a-7}{6}}$$

(2) $\frac{2a-1}{3}-\frac{3a-2}{4}$

$$=\frac{4(2a-1)-3(3a-2)}{12}$$

$$=\frac{8a-4-9a+6}{12}=\boldsymbol{\frac{-a+2}{12}}$$

(3) $\frac{5x-y}{2}-\frac{3x+y}{4}$

$$=\frac{2(5x-y)-(3x+y)}{4}$$

$$=\frac{10x-2y-3x-y}{4}=\boldsymbol{\frac{7x-3y}{4}}$$

(4) $\frac{2x-3y}{5}-\frac{-x+2y}{3}$

$$=\frac{3(2x-3y)-5(-x+2y)}{15}$$

$$=\frac{6x-9y+5x-10y}{15}=\boldsymbol{\frac{11x-19y}{15}}$$

(5) $x-\frac{2x-y}{3}=\frac{3x-(2x-y)}{3}$

$$=\frac{3x-2x+y}{3}=\boldsymbol{\frac{x+y}{3}}$$

(6) $\frac{a+2b-1}{2}+\frac{2a-b+2}{3}$

$$=\frac{3(a+2b-1)+2(2a-b+2)}{6}$$

$$=\frac{3a+6b-3+4a-2b+4}{6}$$

$$=\boldsymbol{\frac{7a+4b+1}{6}}$$

3．単項式の乗法と除法

学習のめあて

単項式どうしの乗法の計算ができるようになること。

学習のポイント

単項式どうしの乗法

係数の積に，文字の積をかける。

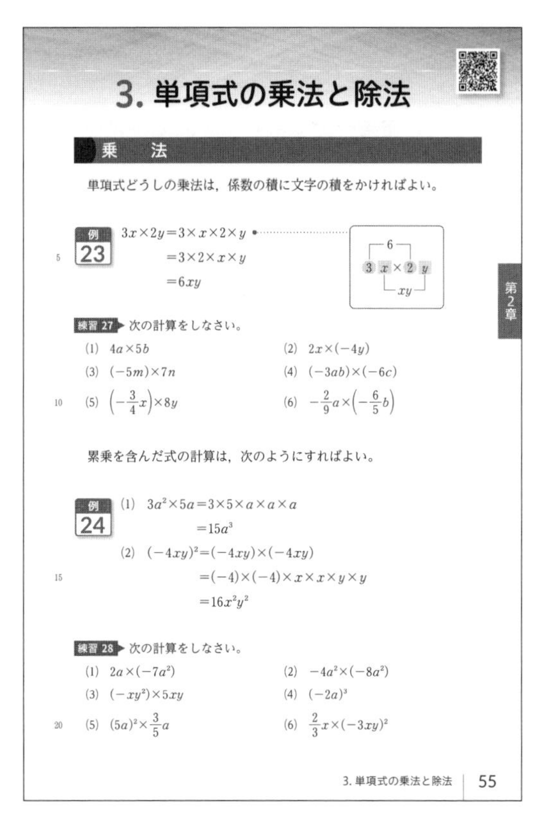

3. 単項式の乗法と除法

乗　法

単項式どうしの乗法は，係数の積に文字の積をかければよい。

例23　$3x\times2y=3\times x\times2\times y$
$=3\times2\times x\times y$
$=6xy$

練習27 次の計算をしなさい。

(1) $4a\times5b$　(2) $2x\times(-4y)$
(3) $(-5m)\times7n$　(4) $(-3ab)\times(-6c)$
(5) $\left(-\frac{3}{4}x\right)\times8y$　(6) $-\frac{2}{9}a\times\left(-\frac{6}{5}b\right)$

累乗を含んだ式の計算は，次のようにすればよい。

例24 (1) $3a^2\times5a=3\times5\times a\times a\times a$
$=15a^3$
(2) $(-4xy)^2=(-4xy)\times(-4xy)$
$=(-4)\times(-4)\times x\times x\times y\times y$
$=16x^2y^2$

練習28 次の計算をしなさい。

(1) $2a\times(-7a^2)$　(2) $-4a^2\times(-8a^2)$
(3) $(-xy^2)\times5xy$　(4) $(-2a)^3$
(5) $(5a)^2\times\frac{3}{5}a$　(6) $\frac{2}{3}x\times(-3xy)^2$

第2章

3. 単項式の乗法と除法　55

テキストの解説

□例23，練習27

○単項式どうしの乗法。乗法の交換法則を利用して，項の順序を入れかえ，係数どうし，文字どうしの積を計算する。

□例24，練習28

○累乗を含んだ単項式どうしの乗法。累乗を積の形になおして計算する。

テキストの解答

練習27 (1) $4a\times5b=4\times a\times5\times b$
$=4\times5\times a\times b=\boldsymbol{20ab}$

(2) $2x\times(-4y)=2\times x\times(-4)\times y$
$=2\times(-4)\times x\times y=\boldsymbol{-8xy}$

(3) $(-5m)\times7n=(-5)\times m\times7\times n$
$=(-5)\times7\times m\times n=\boldsymbol{-35mn}$

(4) $(-3ab)\times(-6c)$
$=(-3)\times a\times b\times(-6)\times c$
$=(-3)\times(-6)\times a\times b\times c=\boldsymbol{18abc}$

(5) $\left(-\frac{3}{4}x\right)\times8y=\left(-\frac{3}{4}\right)\times x\times8\times y$
$=\left(-\frac{3}{4}\right)\times8\times x\times y=\boldsymbol{-6xy}$

(6) $-\frac{2}{9}a\times\left(-\frac{6}{5}b\right)$
$=-\frac{2}{9}\times a\times\left(-\frac{6}{5}\right)\times b$
$=-\frac{2}{9}\times\left(-\frac{6}{5}\right)\times a\times b=\boldsymbol{\frac{4}{15}ab}$

練習28 (1) $2a\times(-7a^2)$
$=2\times(-7)\times a\times a\times a=\boldsymbol{-14a^3}$

(2) $-4a^2\times(-8a^2)$
$=-4\times(-8)\times a\times a\times a\times a=\boldsymbol{32a^4}$

(3) $(-xy^2)\times5xy$
$=(-1)\times5\times x\times x\times y\times y\times y=\boldsymbol{-5x^2y^3}$

(4) $(-2a)^3=(-2a)\times(-2a)\times(-2a)$
$=(-2)\times(-2)\times(-2)\times a\times a\times a$
$=\boldsymbol{-8a^3}$

(5) $(5a)^2\times\frac{3}{5}a=5a\times5a\times\frac{3}{5}a$
$=5\times5\times\frac{3}{5}\times a\times a\times a=\boldsymbol{15a^3}$

(6) $\frac{2}{3}x\times(-3xy)^2$
$=\frac{2}{3}x\times(-3xy)\times(-3xy)$
$=\frac{2}{3}\times(-3)\times(-3)\times x\times x\times x\times y\times y$
$=\boldsymbol{6x^3y^2}$

学習のめあて

単項式どうしの除法の計算ができるようになること。

学習のポイント

単項式どうしの除法

次のどちらかの方法で計算する。

[1]　分数の形にして約分する。

[2]　除法を乗法になおして計算する。

テキストの解説

□例 25，練習 29

○単項式どうしの除法。

○例 25 (1)　分数の形にして，数どうし，文字どうしを約分する。同じ文字は，数と同じように約分することができる。

○例 25 (2)　乗法になおして計算する。すなわち，わる式の逆数をかけて乗法の形にする。

□例題 2，練習 30

○乗法と除法の混じった式の計算。除法は乗法になおすことができるから，数の計算と同じように，乗法だけの式になおして計算する。

テキストの解答

練習 29　(1)　$12a^2b\div6ab=\dfrac{12a^2b}{6ab}$

$=\dfrac{12\times a\times a\times b}{6\times a\times b}$

$=\boldsymbol{2a}$

(2)　$(-9x^2)\div(-3x)=\dfrac{9x^2}{3x}=\dfrac{9\times x\times x}{3\times x}$

$=\boldsymbol{3x}$

(3)　$20ab^2\div\dfrac{8}{5}ab=20ab^2\div\dfrac{8ab}{5}$

$=20ab^2\times\dfrac{5}{8ab}=\dfrac{20\times a\times b\times b\times 5}{8\times a\times b}$

$=\boldsymbol{\dfrac{25}{2}b}$

除　法

単項式どうしの除法は，数の場合と同じように計算することができる。

例 25　(1)　$9abc\div3bc=\dfrac{9abc}{3bc}$

$=3a$

$\dfrac{\overset{3}{\cancel{9}}\times a\times \overset{1}{\cancel{b}}\times \overset{1}{\cancel{c}}}{\underset{1}{\cancel{3}}\times \underset{1}{\cancel{b}}\times \underset{1}{\cancel{c}}}=3a$

(2)　$\dfrac{1}{3}x^2y\div\dfrac{5}{6}x=\dfrac{x^2y}{3}\div\dfrac{5x}{6}$

$=\dfrac{x^2y}{3}\times\dfrac{6}{5x}$

$=\dfrac{2}{5}xy$

$\dfrac{5x}{6}$ の逆数 $\dfrac{6}{5x}$ をかける

注意　$9abc\div3bc$ は $9abc\div(3bc)$ の意味で，$9abc\div3\times b\times c$ ではない。

練習 29▸ 次の計算をしなさい。

(1)　$12a^2b\div6ab$　　(2)　$(-9x^2)\div(-3x)$

(3)　$20ab^2\div\dfrac{8}{5}ab$　　(4)　$\dfrac{3}{7}x^2y\div\left(-\dfrac{9}{14}xy^2\right)$

例題 2　$15xy\times(-2x)\div\dfrac{5}{2}xy^2$ を計算しなさい。

解答　$15xy\times(-2x)\div\dfrac{5}{2}xy^2=-\dfrac{15xy\times2x\times2}{5xy^2}$

$=-\dfrac{12x}{y}$　答

練習 30▸ 次の計算をしなさい。

(1)　$2a^2\times6b\div(-4ab)$　　(2)　$8xy^2\div(-12y)\times3x$

(3)　$-12ab\div2a\div\left(-\dfrac{3}{4}b^2\right)$　　(4)　$(-4x)^2\times5x^4y\div\left(-\dfrac{2}{3}x\right)^3$

56　第 2 章　式の計算

(4)　$\dfrac{3}{7}x^2y\div\left(-\dfrac{9}{14}xy^2\right)$

$=\dfrac{3x^2y}{7}\div\left(-\dfrac{9xy^2}{14}\right)=\dfrac{3x^2y}{7}\times\left(-\dfrac{14}{9xy^2}\right)$

$=-\dfrac{3\times x\times x\times y\times14}{7\times9\times x\times y\times y}=\boldsymbol{-\dfrac{2x}{3y}}$

練習 30　(1)　$2a^2\times6b\div(-4ab)=-\dfrac{2a^2\times6b}{4ab}$

$=\boldsymbol{-3a}$

(2)　$8xy^2\div(-12y)\times3x=-\dfrac{8xy^2\times3x}{12y}$

$=\boldsymbol{-2x^2y}$

(3)　$-12ab\div2a\div\left(-\dfrac{3}{4}b^2\right)=\dfrac{12ab\times4}{2a\times3b^2}$

$=\boldsymbol{\dfrac{8}{b}}$

(4)　$(-4x)^2\times5x^4y\div\left(-\dfrac{2}{3}x\right)^3$

$=16x^2\times5x^4y\div\left(-\dfrac{8}{27}x^3\right)$

$=-\dfrac{16x^2\times5x^4y\times27}{8x^3}=\boldsymbol{-270x^3y}$

4．式の値

学習のめあて

文字式の文字の部分に数をあてはめ，その値を計算することができるようになること。

学習のポイント

式の値

式の中の文字を数におきかえることを，文字にその数を **代入する** という。

このとき，おきかえる数をその文字の **値** といい，代入して計算した結果を，その **式の値** という。

テキストの解説

□例 26

○式の値の計算。文字 x の部分に，x の値 -2 を代入する。

○(1)　$3x$ は 3 と x の積であるから

$$3x+5=3\times(-2)+5=-1$$

となる。

$$3x+5=3-2+5=6$$

ではないことに注意する。

○(2)　$x^2=-2^2$ ではないことに注意する。

□練習 31

○負の数を代入するときは，かっこをつけることを忘れないようにする。

○(1)　$5a-1$ → 5 と a の積から 1 をひく

→ 5 と -3 の積から 1 をひく

→ $5\times(-3)-1$

□練習 32

○式の値を利用した計算。$331+0.6x$ の x に，与えられた気温を代入すればよい。

雷が光ってから音がするまで，少し時間がかかりますね。
これは雷の音が進む速さによるものです。

4．式の値

1 冊 150 円のノートを x 冊と 1 個 80 円の消しゴムを 1 個買うとき，代金の合計は，$(150x+80)$ 円である。

このとき，ノートを 3 冊買ったとすると，代金の合計は，$150x+80$ の x に 3 をあてはめて　$150\times3+80=530$

よって，530 円となる。

$150x+80$ ↑ 3

このように，式の中の文字を数におきかえることを，文字にその数を **代入する** という。上の場合，3 を文字 x の **値** といい，代入して計算した結果を，$x=3$ のときの **式の値** という。

第2章

例 26　(1)　$x=-2$ のとき，$3x+5$ の値は

$3x+5=3\times(-2)+5$
$=-6+5$
$=-1$

$3x+5$
$=3\times(-2)+5$

(2)　$x=-2$ のとき，x^2 の値は

$x^2=(-2)^2$
$=4$

x^2
$=(-2)^2$

注意　例 26 のように，負の数を代入するときは，かっこをつける。

練習 31　$a=-3$ のとき，次の式の値を求めなさい。

(1)　$5a-1$　　(2)　$4-a^2$　　(3)　a^3-a　　(4)　$\dfrac{9}{a}$

練習 32　空気中を伝わる音の速さは気温によって変わり，気温が x°C のときの音の速さは秒速 $(331+0.6x)$ m である。気温が次のとき，音の速さを求めなさい。

(1)　0°C　　(2)　20°C　　(3)　-5°C

4. 式の値　57

テキストの解答

練習 31　(1)　$5a-1=5\times(-3)-1$
$=-15-1=\mathbf{-16}$

(2)　$4-a^2=4-(-3)^2=4-9$
$=\mathbf{-5}$

(3)　$a^3-a=(-3)^3-(-3)=-27+3$
$=\mathbf{-24}$

(4)　$\dfrac{9}{a}=\dfrac{9}{-3}=\mathbf{-3}$

練習 32　(1)　$x=0$ を $331+0.6x$ に代入すると

$331+0.6\times0=331$

よって　**秒速 331 m**

(2)　$x=20$ を $331+0.6x$ に代入すると

$331+0.6\times20=343$

よって　**秒速 343 m**

(3)　$x=-5$ を $331+0.6x$ に代入すると

$331+0.6\times(-5)=328$

よって　**秒速 328 m**

学習のめあて

いろいろな式の値を求めることができるようになること。

学習のポイント

複雑な式の値

複雑な式の値は，式を簡単にしてから数を代入する。

2 文字以上の式の値も，前のページと同じように考えればよい。

例 27 $a=3$，$b=-4$ のとき，$5a-2b$ の値は

$5a-2b=5\times3-2\times(-4)$

$=15+8$

$=23$

$5a-2b$
$=5\times3-2\times(-4)$

練習 33 $x=-2$，$y=3$ のとき，次の式の値を求めなさい。

(1) $4x+3y$　(2) $-xy$

(3) $-\dfrac{6x}{y}$　(4) x^2-2y

複雑な式の値は，式を簡単にしてから数を代入すると，計算しやすくなる。

例題 3 $x=-8$，$y=11$ のとき，次の式の値を求めなさい。

$3(x+2y)-2(3x-y)$

考え方 まず，$3(x+2y)-2(3x-y)$ を簡単にしてから数を代入する。

解答 $3(x+2y)-2(3x-y)=3x+6y-6x+2y$

$=-3x+8y$

$-3x+8y$ に $x=-8$，$y=11$ を代入して

$-3x+8y=-3\times(-8)+8\times11$

$=112$ 答

練習 34 $a=9$，$b=-7$ のとき，次の式の値を求めなさい。

(1) $(2a-b)-(6a-3b)$　(2) $2(3a+b)-6(a+2b)$

(3) $6ab\div(-3b^2)$　(4) $12b\times(-a^2b)\div(-4ab)$

58 第 2 章 式の計算

テキストの解説

□例 27

○2 種類の文字を含む式の値の計算。a に 3 を，b に -4 をそれぞれ代入する。

○負の数を代入するときは，かっこをつけることを忘れないようにする。

□練習 33

○例 27 にならって，x に -2 を，y に 3 をそれぞれ代入する。

□例題 3

○複雑な式の値。まず，式 $3(x+2y)-2(3x-y)$ を簡単にする。

○式を簡単にしないで，そのまま代入してもよいが，計算が少したいへんになる。

$3(-8+2\times11)-2\{3\times(-8)-11\}$

$=3\times14-2\times(-35)=42+70=112$

□練習 34

○まず，式を簡単にしてから数を代入する。

テキストの解答

練習 33 (1) $4x+3y=4\times(-2)+3\times3$

$=-8+9=\mathbf{1}$

(2) $-xy=-(-2)\times3=\mathbf{6}$

(3) $-\dfrac{6x}{y}=-\dfrac{6\times(-2)}{3}=\mathbf{4}$

(4) $x^2-2y=(-2)^2-2\times3$

$=4-6=\mathbf{-2}$

練習 34 (1) $(2a-b)-(6a-3b)$

$=2a-b-6a+3b=-4a+2b$

$-4a+2b$ に $a=9$，$b=-7$ を代入して

$-4a+2b=-4\times9+2\times(-7)=\mathbf{-50}$

(2) $2(3a+b)-6(a+2b)$

$=6a+2b-6a-12b=-10b$

$-10b$ に $b=-7$ を代入して

$-10b=-10\times(-7)=\mathbf{70}$

(3) $6ab\div(-3b^2)=-\dfrac{6ab}{3b^2}=-\dfrac{2a}{b}$

$-\dfrac{2a}{b}$ に $a=9$，$b=-7$ を代入して

$-\dfrac{2a}{b}=-\dfrac{2\times9}{-7}=\mathbf{\dfrac{18}{7}}$

(4) $12b\times(-a^2b)\div(-4ab)=\dfrac{12b\times a^2b}{4ab}$

$=3ab$

$3ab$ に $a=9$，$b=-7$ を代入して

$3ab=3\times9\times(-7)=\mathbf{-189}$

5．文字式の利用

学習のめあて

文字を用いて，数の性質を説明することができるようになること。

学習のポイント

文字を用いて偶数と奇数を表す

偶数は 2 でわり切れる数であるから，m を整数として，$2m$ と表すことができる。
奇数は偶数に 1 を加えた数であるから，n を整数として，$2n+1$ と表すことができる。

5. 文字式の利用

数に関する問題への利用

偶数は 2 でわり切れる数であるから，m を整数として，$2m$ と表すことができる。また，奇数は偶数に 1 を加えた数であるから，n を整数として，$2n+1$ と表すことができる。

これからは，偶数，奇数を，負の数を含めて考える。

偶数　……，-6，-4，-2，0，2，4，6，……　←2×(整数)

奇数　……，-5，-3，-1，1，3，5，……　←2×(整数)+1

また，倍数は，0 や負の数を含めて考える。

第2章

例題 4　2 つの奇数の和は偶数である。そのわけを，文字を用いて説明しなさい。

解答　2 つの奇数は，m，n を整数とすると

$2m+1$，　$2n+1$

と表される。

この 2 つの数の和は

$$(2m+1)+(2n+1)=2m+2n+2$$
$$=2(m+n+1)$$

$m+n+1$ は整数であるから，$2(m+n+1)$ は偶数である。

よって，2 つの奇数の和は偶数である。　終

練習 35　奇数と偶数の和は奇数である。そのわけを，文字を用いて説明しなさい。

練習 36　連続する 3 つの整数の和は 3 の倍数である。そのわけを，文字を用いて説明しなさい。

テキストの解説

□例題 4

○ $5+9=14$，$11+25=36$ などから，2 つの奇数の和は，偶数になることが予想される。

○ m を整数とすると，$2m+1$ はすべての奇数を表す。たとえば，奇数 3 は $m=1$ のときであり，奇数 9 は $m=4$ のときである。どんな奇数も，整数 m を決めることで表すことができる。

○偶数，奇数には負の数も含めて考えるから，m は負の整数でもよい。

○偶数は，2×□ の形に表される数であるから，□にあてはまる数はどんな整数でもよい。
m，n を整数とすると，$m+n+1$ も整数になるから，$2(m+n+1)$ は偶数になる。

□練習 35

○まず，奇数と偶数を文字 m，n を用いて表し，それらの和を計算する。

○ 1 つの文字 m を用いて，奇数を $2m+1$，偶数を $2m$ と表してはいけない。この場合，奇数と偶数はとなり合う 2 つの整数になり，すべての奇数と偶数について説明したことにはならない。

□練習 36

○n，$n+1$，$n+2$ や $n-1$，n，$n+1$ のように，連続する 3 つの整数を文字を用いて表す。

テキストの解答

練習 35　奇数と偶数は，m，n を整数とすると，
それぞれ　$2m+1$，$2n$
と表される。この 2 つの数の和は

$$(2m+1)+2n=2m+2n+1$$
$$=2(m+n)+1$$

$m+n$ は整数であるから，$2(m+n)+1$ は奇数である。
よって，奇数と偶数の和は奇数である。

練習 36　連続する 3 つの整数は，n を整数とすると　$n-1$，n，$n+1$
と表される。この 3 つの数の和は

$$(n-1)+n+(n+1)=3n$$

$3n$ は 3 の倍数であるから，連続する 3 つの整数の和は 3 の倍数である。

学習のめあて

自然数の各位の数を文字で表し，それを用いて数の性質を説明することができるようになること。

学習のポイント

各位の数を文字で表した自然数

たとえば，百の位の数が x，十の位の数が y，一の位の数が z である 3 けたの自然数は

$$100x+10y+z$$

3 けたの自然数を文字を用いて表してみよう。

百の位（くらい）の数を x
十の位の数を y
一の位の数を z

$274=100\times 2+10\times 7+4$
$100\times x+10\times y+z$

とすると，3 けたの自然数は，$100x+10y+z$ と表される。このとき，x は 1 から 9 までの整数であり，y，z は 0 から 9 までの整数である。

例題 5 2 けたの自然数から，この自然数の十の位の数と一の位の数を入れかえた数をひくと，その結果は 9 の倍数である。そのわけを説明しなさい。

解答 もとの自然数の十の位の数を x，一の位の数を y とすると
もとの自然数は $10x+y$，入れかえた数は $10y+x$
と表される。
もとの数から入れかえた数をひくと
$(10x+y)-(10y+x)=9x-9y$
$=9(x-y)$
$x-y$ は整数であるから，$9(x-y)$ は 9 の倍数である。
よって，もとの数から入れかえた数をひいた結果は，9 の倍数である。 終

例題 4，例題 5 のような問題では，具体的な数で説明しても，すべての数について説明したことにはならない。このような場合，文字を用いて数を一般的に表すと，すべての数について説明することができる。

練習 37 3 けたの自然数から，この自然数の百の位の数と一の位の数を入れかえた数をひくと，その結果は 99 の倍数である。そのわけを説明しなさい。

60 第 2 章 式の計算

テキストの解説

□例題 5

○私たちが普段使っている自然数は，1，10，100，…… を位取りの基礎とした 10 進数とよばれるものである。

○たとえば，もとの自然数を

41 とすると　$41-14=27=9\times3$

29 とすると　$29-92=-63=9\times(-7)$

となって，いずれも計算の結果は 9 の倍数になる。

○どんな 2 けたの自然数についても，計算の結果が 9 の倍数になることを説明するには，文字を用いて 2 けたの自然数を一般的に表せばよい。

○十の位の数と一の位の数が問題になるから，それらを x，y として，2 けたの自然数を x，y を用いて表す。

○倍数は，0 や負の数を含めて考えるから，$x-y$ は 0 や負の数であってもかまわない。

□練習 37

○例題 5 にならって考える。テキストの例題 5 の上で述べたように，3 けたの自然数は，その百の位の数を x，十の位の数を y，一の位の数を z とすると，$100x+10y+z$ と表される。

テキストの解答

練習 37 もとの自然数の百の位の数を x，十の位の数を y，一の位の数を z とすると

もとの自然数は　$100x+10y+z$

入れかえた数は　$100z+10y+x$

と表される。

もとの数から入れかえた数をひくと

$(100x+10y+z)-(100z+10y+x)$

$=99x-99z=99(x-z)$

$x-z$ は整数であるから，$99(x-z)$ は 99 の倍数である。

よって，もとの数から入れかえた数をひいた結果は，99 の倍数である。

確かめの問題　解答は本書 203 ページ

1　2 けたの自然数に，この自然数の十の位の数と一の位の数を入れかえた数をたすと，その結果はどんな数になるか説明しなさい。

テキスト 61 ページ

学習のめあて

式の計算を利用して，図形の性質を説明することができるようになること。

学習のポイント

図形に関する問題への利用

図形に関する数量を文字を用いて表す
→文字を用いた式の計算を利用して，図形に関する性質を説明する

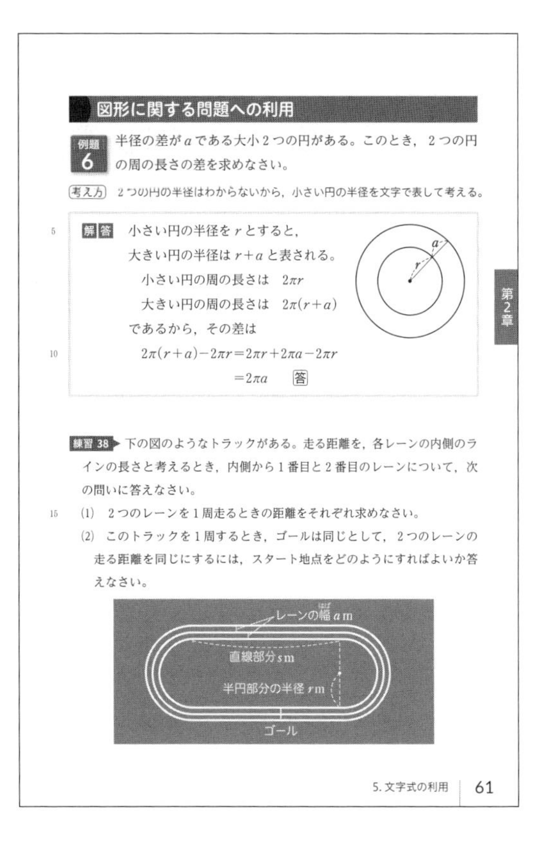

図形に関する問題への利用

例題 6　半径の差が a である大小 2 つの円がある。このとき，2 つの円の周の長さの差を求めなさい。

考え方　2 つの円の半径はわからないから，小さい円の半径を文字で表して考える。

解答　小さい円の半径を r とすると，
大きい円の半径は $r+a$ と表される。
小さい円の周の長さは　$2\pi r$
大きい円の周の長さは　$2\pi(r+a)$
であるから，その差は
$2\pi(r+a)-2\pi r=2\pi r+2\pi a-2\pi r$
$=2\pi a$　答

練習 38　下の図のようなトラックがある。走る距離を，各レーンの内側のラインの長さと考えるとき，内側から 1 番目と 2 番目のレーンについて，次の問いに答えなさい。
(1)　2 つのレーンを 1 周走るときの距離をそれぞれ求めなさい。
(2)　このトラックを 1 周するとき，ゴールは同じとして，2 つのレーンの走る距離を同じにするには，スタート地点をどのようにすればよいか答えなさい。

テキストの解説

□例題 6

○文字を用いた式の計算を利用して，円の性質を説明することを考える。

○半径の差は a であるが，半径そのものがわからない。そこで，半径を適当な文字で表すことから始める。

○説明の方針が立ちにくいときは，具体的な半径でいくつかの場合を計算してみるとよい。
半径が 1 cm　$2\pi(1+a)-2\pi\times1=2\pi a$ (cm)
半径が 2 cm　$2\pi(2+a)-2\pi\times2=2\pi a$ (cm)
半径が 3 cm　$2\pi(3+a)-2\pi\times3=2\pi a$ (cm)
これらの結果から，半径に関係なく，周の長さの差は $2\pi a$ であると予想することができる。

わからない数量は，とりあえず文字で表して考えるとよいね。

□練習 38

○陸上のトラックでは，内側のレーンほど 1 周を走るときの距離は短くなる。そのため，ゴール地点を同じにするには，スタート地点をどれだけずらすかが問題になる。

○直線部分は，内側のレーンも外側のレーンも，走る距離に違いはない。距離が異なるのは，半円部分であり，この部分の差は，例題 6 と同じようにして考えればよい。

テキストの解答

練習 38　(1)　内側から 1 番目のレーンの走る距離は，半径 r m の円の周の長さに，s m の直線 2 本分を加えたものであるから

$$(2\pi r+2s)\ \text{m}$$

内側から 2 番目のレーンの走る距離は，半径 $(r+a)$ m の円の周の長さに，s m の直線 2 本分を加えたものであるから

$$\{2\pi(r+a)+2s\}\ \text{m}$$

(2)　(1) より，2 つのレーンの走る距離の差は　$\{2\pi(r+a)+2s\}-(2\pi r+2s)=2\pi a$
よって，$2\pi a$ m である。
つまり，内側から 2 番目のレーンの走る距離は，1 番目のレーンの走る距離よりも $2\pi a$ m 長いということがわかる。
したがって，**内側から 2 番目のレーンのスタート地点をゴール地点から $2\pi a$ m 先に設定すればよい。**

テキスト 62 ページ

学習のめあて

式の計算を利用して，いろいろな問題を解決することができるようになること。

学習のポイント

文字式を利用したことがらの説明

[1]　わからない数量を，文字を用いて一般的に表す。

[2]　説明したいことがらを，文字を用いた式で表す。その式を計算して，計算結果が示す意味を考える。

テキストの解説

□文字式を利用したことがらの説明

○テキスト 40 ページに示した，次の数あてゲームの仕組みを，文字式を使って説明する。

○ 2 けたの自然数を 1 つ思い浮かべる。

① 思い浮かべた数に，その数の一の位の数を 9 倍した数を加える。

② ①で求めた数を 10 でわる。

③ ②で求めた数に，①で加えた数と同じ数をもう一度加える。

○このとき，どんな自然数を思い浮かべても，③の計算結果は，最初に思い浮かべた数の十の位の数と一の位の数を入れかえた数になる。この仕組みを知っていれば，相手が思い浮かべた数が何であっても，③の結果から，それをあてることができるわけである。

○同じような数あての問題には，いろいろなものがある。次はその一例である。

(その 1)　自然数を 1 つ思い浮かべ，次のルールに従って計算をする。

① 思い浮かべた数に 2 を加えて 3 倍する。

② ①で求めた数に 6 を加えて 3 でわる。

③ ②で求めた数から，思い浮かべた数をひく。

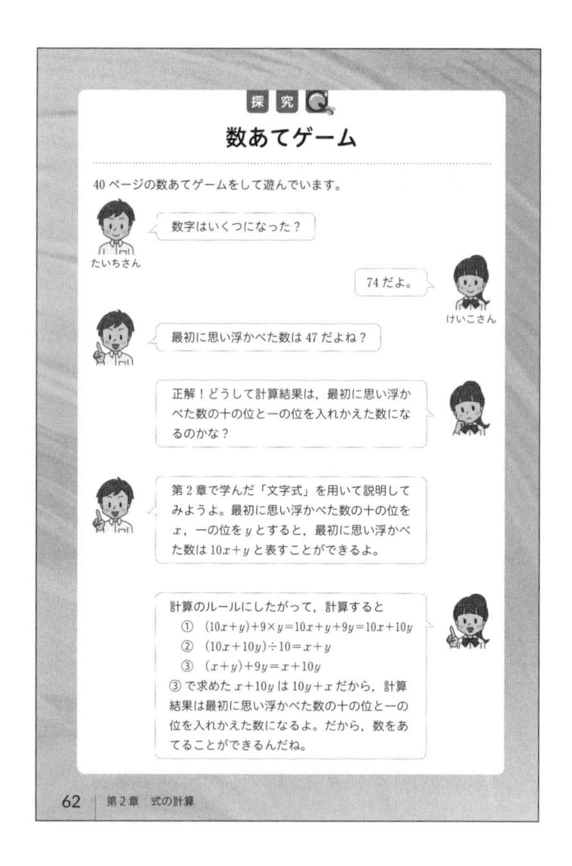

探究

数あてゲーム

40 ページの数あてゲームをして遊んでいます。

たいちさん「数字はいくつになった？」

けいこさん「74 だよ。」

たいちさん「最初に思い浮かべた数は 47 だよね？」

けいこさん「正解！どうして計算結果は，最初に思い浮かべた数の十の位と一の位を入れかえた数になるのかな？」

たいちさん「第 2 章で学んだ「文字式」を用いて説明してみようよ。最初に思い浮かべた数の十の位を x，一の位を y とすると，最初に思い浮かべた数は $10x+y$ と表すことができるよ。」

けいこさん「計算のルールにしたがって，計算すると

① $(10x+y)+9\times y=10x+y+9y=10x+10y$

② $(10x+10y)\div 10=x+y$

③ $(x+y)+9y=x+10y$

③で求めた $x+10y$ は $10y+x$ だから，計算結果は最初に思い浮かべた数の十の位と一の位を入れかえた数になるよ。だから，数をあてることができるんだね。」

62　第 2 章　式の計算

このとき，どんな自然数を思い浮かべても，③の結果は 4 になる。したがって，相手が思い浮かべた数を聞かなくても，計算結果 4 をあてることができる。

→思い浮かべた数を x とすると

$$\{(x+2)\times 3+6\}\div 3-x=4$$

(その 2)　2 けたの自然数を 1 つ思い浮かべ，次のルールに従って計算をする。

① 思い浮かべた数の十の位の数を 5 倍して，その数から 2 をひく。

② ①で求めた数を 2 倍する。

③ ②で求めた数に，思い浮かべた数の一の位の数を加える。

このとき，どんな自然数を思い浮かべても，③の結果は，思い浮かべた数から 4 をひいた数になる。したがって，③の結果を聞いて，それに 4 を加えた数を答えればよい。

→思い浮かべた数を $10x+y$ とすると

$$(x\times 5-2)\times 2+y=10x+y-4$$

テキスト 63 ページ

確認問題

確認問題

第2章

1 次の数量を，文字式の表し方にしたがって書きなさい。

(1) 1 個 m g の荷物 5 個と，1 個 n kg の荷物 2 個の重さの合計

(2) x km の道のりを時速 10 km で走り，y km の道のりを時速 3 km で歩いたときにかかる時間の合計

(3) あるテストで，男子 5 人の得点の平均が a 点，女子 8 人の得点の平均が b 点のとき，男子，女子全体の得点の平均

2 次の単項式，多項式の次数を答えなさい。

(1) $-3x^2y^3$　　(2) a^2+3abc　　(3) $2x^4+xy^3+5$

3 次の計算をしなさい。

(1) $(8x-3)+(-2x+1)$　　(2) $(5a-2b)-(9a+3b)$

(3) $5(3a-2)+2(2a+3)$　　(4) $3(2x+5y)-4(x-3y)$

4 次の計算をしなさい。

(1) $5x^2\times(-2x^2y)$　　(2) $(-3ab)^2\times\frac{2}{3}a$

(3) $-28xy^2\div4xy$　　(4) $8a^2b\div(-2ab^2)\times4b$

5 $a=-6$，$b=8$ のとき，次の式の値を求めなさい。

(1) $-3a-4b$　　(2) $-12a^2b\div(-6b^2)$

6 A，B，C の 3 人は，いくらかずつお金を持っていて，B の所持金はAの所持金の 2 倍，C の所持金はBの所持金の 1.5 倍である。このとき，3 人の所持金の合計は，A の所持金の何倍か答えなさい。

第 2 章　式の計算　63

テキストの解説

□問題 1

○数量を文字式の決まりに従って表す。

○(1)　荷物の重さの単位が m g，n kg と異なることに注意する。異なる単位はそろえる。

○(3)　(全体の得点)÷(全体の人数) を求める。全体の人数は $5+8=13$ (人) で，全体の得点は，男子 5 人の得点の平均と，女子 8 人の得点の平均から求めることができる。$(a+b)\div13$ ではないことに注意する。

□問題 2

○単項式，多項式の次数。

○単項式の次数　→　かけ合わされている文字の個数

多項式の次数　→　各項の次数のうち最も高いもの

□問題 3

○多項式の計算。かっこをはずしてから同類項をまとめる。

○減法では，ひく方の多項式の符号を変えてかっこをはずすことに注意。

□問題 4

○単項式の乗法と除法。

○乗法では，係数の積に文字の積をかける。

○除法では，数どうし，文字どうしで約分する。

□問題 5

○式の値。負の数を代入するとき，かっこをつけることを忘れない。

○(2)　まず，式を簡単にする。

□問題 6

○文字式を利用した問題。まず，Aの所持金を文字を用いて表し，その文字を用いて，B，C の所持金を表す。

○求めるものは

(3 人の所持金の合計)÷(Aの所持金)

3 人はいくらかずつお金を持っているから，A の所持金は 0 でない。

実力を試す問題　解答は本書 209 ページ

1　次の計算をしなさい。

(1) $x-\frac{2x-y}{3}+\frac{3x+2y}{4}$

(2) $\frac{4x-y+2}{9}-\frac{5x-4y+1}{12}$

(3) $\frac{a+2b}{3}-\frac{6a-b}{5}+\frac{6a-4b}{7}$

(4) $\frac{2}{3}ab^2\div\left(-\frac{4}{3}ab\right)^2\times(-2a^2b^3)$

(5) $\left(-\frac{3}{2}xy^2\right)^2\times2xy^2\div\left(-\frac{1}{2}xy\right)^3$

テキスト 64 ページ

演習問題A

演習問題 A

1 次の計算をしなさい。

(1) $\dfrac{-2x+5y+3}{4}\times(-8)$　　(2) $(9a-21b+3)\div(-3)$

(3) $2(a^2+3a-1)+3(2a^2-a-5)$　　(4) $\dfrac{1}{3}(5x-3y)-\dfrac{1}{4}(-12x+9y)$

5　(5) $\dfrac{x-5y}{2}+\dfrac{4x-y}{3}$　　(6) $\dfrac{2a+7b-1}{5}-\dfrac{a-2b+1}{3}$

2 次の計算をしなさい。

(1) $-\dfrac{5}{12}x^2\times\dfrac{8}{25}xy^2$　　(2) $(-21ab)\div\dfrac{7}{3}ab$

(3) $16a^2b\div(-2a)^3$　　(4) $6x^2\times4xy^3\div(-28x^2y)$

(5) $-3x\times6xy\div\left(-\dfrac{9}{5}x^2\right)$　　(6) $\dfrac{18}{7}a\div(-3b^3)^2\div ab^2$

10　**3** $a=\dfrac{1}{3}$，$b=-\dfrac{1}{2}$ のとき，次の式の値を求めなさい。

(1) $9a-8b$　　(2) a^2+4ab

(3) $3(2a-4b)-4(3a+2b)$　　(4) $18ab\div(-9a^2)\times3a^2b$

(5) $\dfrac{7a-b}{5}-\dfrac{a+2b}{2}$　　(6) $\dfrac{1}{a}-\dfrac{1}{b}$

4 連続する 3 つの奇数の和は，3 の倍数である。そのわけを説明しなさい。

15　**5** 右の図のように，自然数が並んでおり，✚で囲まれた 5 つの数の合計は，枠をどこにとっても 5 の倍数になる。そのわけを説明しなさい。

1	2	3	4	5	6	7
8	9	10	11	12	13	14
15	16	17	18	19	20	21
22	23	24	25	26	27	28
29	30	31	32	33	34	35
⋮	⋮	⋮	⋮	⋮	⋮	⋮

64　第 2 章　式の計算

テキストの解説

□問題 1

○多項式の計算。

[1]　同類項があればまとめる。

[2]　多項式と数の乗法は，分配法則を用いて，各項に数をかける。除法は逆数をかける。

○(5), (6)　分数を含む多項式の計算。分子にかっこをつけて通分する。

□問題 2

○単項式の乗法と除法。乗法と除法の混じった計算は，乗法だけの式になおして計算する。

○乗法，除法と累乗の混じった計算では，まず累乗を先に計算する。

○符号，係数，文字の順に計算すると，まちがいが少なくなる。たとえば，(4) の場合

符号　→　$-$

係数　→　$6\times4\div28$

文字　→　$x^2\times xy^3\div x^2y$

□問題 3

○式の値の計算。

○(3) ～ (5)　式を簡単にしてから代入する。

○(6)　次のように考えるとよい。

$\dfrac{1}{a}$ は a の逆数　→　$\dfrac{1}{3}$ の逆数は　3

$\dfrac{1}{b}$ は b の逆数　→　$-\dfrac{1}{2}$ の逆数は　-2

□問題 4

○文字を用いて整数の性質を説明する。

○n を整数とすると，奇数は $2n+1$ と表される。連続する 2 つの奇数の差は 2 であるから，

これより 1 つ前の奇数　→　$(2n+1)-2$

1 つ後の奇数　→　$(2n+1)+2$

○3 の倍数　→　$3n$ (n は整数) と表される数

$6n=3\times2\times n=3(2n)$ で，$2n$ は整数であるから，$6n$ は 3 の倍数である。

○連続する 3 つの偶数は

$2n-2$，$2n$，$2n+2$　(n は整数)

と表されるから，その和は

$(2n-2)+2n+(2n+2)=6n$

で，必ず 6 の倍数になる。

一方，連続する 3 つの奇数の和は，3 の倍数になるが，6 の倍数にはならない。

□問題 5

○枠で囲まれた部分の 5 つの自然数の関係を考えて，これらを文字で表す。

○横に並んだ 3 つの数は，連続する自然数であるから，真ん中の数を a とすると

$a-1$，a，$a+1$

縦に並んだ数の差は，どの 2 つも 7 であるから，真ん中の数を a とすると

$a-7$，a，$a+7$

テキスト 65 ページ

演習問題B

テキストの解説

□問題 6

○紙が 2 枚の場合，のりしろは 1 か所，
紙が 3 枚の場合，のりしろは 2 か所，…… で，のりしろの数は紙の枚数より 1 少なくなる。

○与えられた長さの単位は cm で，求める長さの単位は m であることに注意する。

□問題 7

○A，B の式に，a，b の式を代入して計算する。数の代入と同じように，A に $2a-5b$ を，B に $-4a+b$ をそれぞれあてはめて計算すればよい。

○(2)　まず，A，B の多項式を計算し，その結果に a，b の式を代入する。

□問題 8

○文字式を利用した問題。2 つの円柱の体積を，文字 a，b，r を用いて表す。

○次の 2 つの円柱の体積を比べる。
底面の半径が a cm，高さが b cm の円柱
底面の半径が ar cm，高さが $\dfrac{b}{r}$ cm の円柱

文字は，いろいろなことがらを説明することにも利用できて，便利ですね。

文字式のいろいろな計算について学びましたが，ほかにも文字式を使う場面はないのですか。

次の章では，方程式について学習をします。文字を用いることのよさが，さらに実感できると思いますよ。

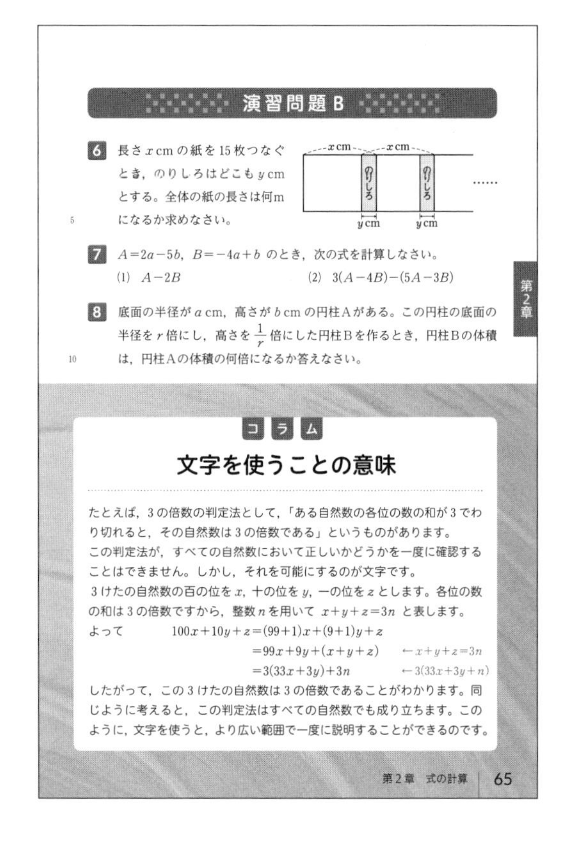

演習問題 B

6 長さ x cm の紙を 15 枚つなぐとき，のりしろはどこも y cm とする。全体の紙の長さは何 m になるか求めなさい。

7 $A=2a-5b$，$B=-4a+b$ のとき，次の式を計算しなさい。
(1)　$A-2B$　　(2)　$3(A-4B)-(5A-3B)$

8 底面の半径が a cm，高さが b cm の円柱Aがある。この円柱の底面の半径を r 倍にし，高さを $\dfrac{1}{r}$ 倍にした円柱Bを作るとき，円柱Bの体積は，円柱Aの体積の何倍になるか答えなさい。

第2章

コラム

文字を使うことの意味

たとえば，3 の倍数の判定法として，「ある自然数の各位の数の和が 3 でわり切れると，その自然数は 3 の倍数である」というものがあります。
この判定法が，すべての自然数において正しいかどうかを一度に確認することはできません。しかし，それを可能にするのが文字です。
3 けたの自然数の百の位を x，十の位を y，一の位を z とします。各位の数の和は 3 の倍数ですから，整数 n を用いて $x+y+z=3n$ と表します。

よって　$100x+10y+z=(99+1)x+(9+1)y+z$
$=99x+9y+(x+y+z)$　← $x+y+z=3n$
$=3(33x+3y)+3n$　← $3(33x+3y+n)$

したがって，この 3 けたの自然数は 3 の倍数であることがわかります。同じように考えると，この判定法はすべての自然数でも成り立ちます。このように，文字を使うと，より広い範囲で一度に説明することができるのです。

第 2 章　式の計算　65

実力を試す問題　解答は本書 209 ページ

1　N は 3 けたの自然数とする。N の百の位の数を x，十の位の数を y，一の位の数を z とするとき，$x+y+z$ が 9 の倍数ならば，N も 9 の倍数であることを説明しなさい。

2　百の位の数が一の位の数より大きい 3 けたの自然数がある。はじめに，百の位の数と一の位の数を入れかえた数を考える。たとえば，340 の場合，入れかえると 043 になる。ただし，043 は 43 と考える。次に，もとの数から入れかえた数をひいた差を P とする。もとの数の百の位の数を a，十の位の数を b，一の位の数を c とする。

(1)　数 P の一の位の数を a と c を用いて表しなさい。

(2)　数 P の十の位の数を求めなさい。

(3)　数 P の各位の数の和が 18 になることを説明しなさい。

テキスト 66 ページ

第3章　方程式

この章で学ぶこと

1．方程式とその解（68～71 ページ）

方程式とその解の意味について学びます。
また，等式の性質を利用して，簡単な方程式を解けるようにします。

新しい用語と記号

等式，左辺，右辺，両辺，方程式，解，解く

2．1次方程式の解き方（72～76 ページ）

移項を利用した1次方程式の解き方を学びます。また，かっこを含む方程式，係数に分数や小数を含む方程式を解く方法についても考えます。

新しい用語と記号

移項，分母をはらう，1次方程式

3．1次方程式の利用（77～85 ページ）

1次方程式を利用して，いろいろな問題を解く方法を考えます。方程式を利用すると，過不足算や旅人算の問題などを，簡単に解くことができるようになります。
また，方程式と解の関係や，比例式について学ぶとともに，等式を変形する方法についても考えます。

新しい用語と記号

比例式，～について解く

4．連立方程式（86～93 ページ）

連立方程式とその解の意味について学びます。
また，代入法，加減法を利用した連立方程式の解き方を学ぶとともに，いろいろな形の連立方程式（かっこを含むもの，係数に分数や小数を含むもの，$A=B=C$ の形をしたもの）の解き方について考えます。

新しい用語と記号

2元1次方程式，連立方程式，解，解く，
消去する，代入法，加減法，3元1次方程式

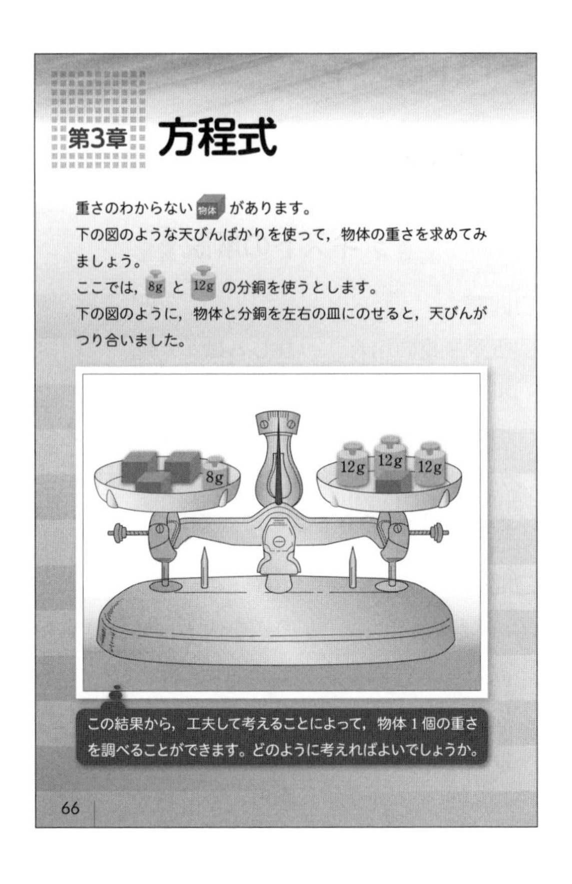

5．連立方程式の利用（94～102 ページ）

連立方程式を利用して，いろいろな問題を解く方法を学びます。連立方程式を利用すると，さらに複雑な問題も見通しよく解けるようになります。
また，連立方程式と解の関係についても考えます。

テキストの解説

□天びんばかり

○天びんばかりは，左右の重さが等しくなったときつり合う。
　つり合う　→　(左の重さ)＝(右の重さ)
○つり合った状態の天びんばかりに対して
　①　左右に同じ重さのものをのせる
　②　左右から同じ重さのものを取る
を行っても，つり合ったままである。
○このような性質などを用いると，わからないものの重さを知ることができる。

テキストの解説

□天びんばかり（前ページの続き）

○テキスト前ページの天びんばかりは，次のような状態でつり合っている。

【左の皿】 重さのわからない物体 3 個と 8 g の分銅 1 個がのっている。

【右の皿】 重さのわからない物体 1 個と 12 g の分銅 3 個がのっている。

○たとえば，一方の皿だけに分銅をのせたり，一方の皿だけから物体を取ったりすれば，天びんはつり合わなくなる。物体の重さを知るためには，天びんがつり合っていることが必要である。

○第 2 章で学んだ文字を用いて，重さのわからない物体 1 個の重さを x g とする。

このとき，テキストの図で

左の皿の重さは　$3x+8$ (g)

右の皿の重さは　$x+36$ (g)

この天びんばかりに対して，次の操作を行う。

左の皿 $3x+8$ (g)　右の皿 $x+36$ (g)

↓ 両方の皿から物体を 1 個取る。つり合いは保たれる。

左の皿 $2x+8$ (g)　右の皿 36 (g)

↓ 両方の皿から 8 g の分銅を取る。右の皿に 8 g の分銅はないが，計算のうえで 8 g を除く。つり合いは保たれる。

左の皿 $2x$ (g)　右の皿 28 (g)

↓ 両方の皿にあるものをそれぞれ半分にする。右の皿の 28 g 分の分銅も，計算のうえで半分にする。つり合いは保たれる。

左の皿 x (g)　右の皿 14 (g)

○このことは，物体 1 個の重さが 14 g であることを示している。

○上では，図に文字式を対応させて天びんの状態を考えた。この章では，同じように，等しい関係に着目し，文字式を変形することで，わからない数量を求める方法を学習する。

文字を使って式をつくると，とても考えやすくなりますね。

文字を使ってつくった式を利用すると，いろいろな問題が解けるようになりますよ。

□代数

○「アル=ジャブル」におけるジャブルとは，ばらばらのものを復元してまとめるといった意味を表すアラビア語である（アルは，英語における「the」のようなもの）。

「アル=ジャブル」は，代数学を意味する英語「アルジェブラ」の語源となっている。

○代数とは，「数」に代わるものとして「文字」を用いることである。文字式が一般的に用いられるのは 16 世紀以降のことであるが，これによって，数学の世界は大きく発展することになる。

1．方程式とその解

学習のめあて

等しい数量の関係を式に表すこと。

学習のポイント

等式

等号を用いて数量が等しい関係を表した式を **等式** という。等式で，等号の左側の式を **左辺**，右側の式を **右辺**，左辺と右辺を合わせて **両辺** という。

テキストの解説

□例 1

○第 2 章では，数量を文字を用いて式に表すことを学んだ。たとえば，20 km の道のりを時速 6 km で a 時間走ったとき，残りの道のりは $(20-6a)$ km と表される。

○ここでは，数量が等しいという関係を，文字を用いた等式に表す。

○道のり (km) に着目すると

全体の道のり → 20

走った道のり → $6a$，残りの道のり → b

○道のりの関係をことばの式に表すと

(残りの道のり)＝(全体)−(走った道のり)

○全体の道のりに着目すると，等式

$6a+b=20$ が得られる。

□練習 1

○等しい数量を 2 通りに表して等号で結ぶ。

○等しい数量に着目すると

(1) ページ数 (ページ)

全体 → 300　　読んだ分 → $7x$

残った分 → y

(2) 道のり (km)

走った分 → $9a$　　歩いた分 → $3b$

全体 → 10

(3) 重さ (g)

3 個の重さ → x，y，15

3 個の重さの平均 → z

テキストの解答

練習 1 (1) 300 ページの本を，1 日に x ページずつ 7 日間読んだとき，残ったページ数は　$300-x\times7=300-7x$

よって，等式は　$\boldsymbol{300-7x=y}$

(2) 時速 9 km で a 時間走ったあと，時速 3 km で b 時間歩くとき，進んだ道のりは　$9\times a+3\times b=9a+3b$

よって，等式は　$\boldsymbol{9a+3b=10}$

(3) 重さが，それぞれ x g，y g，15 g である 3 個のおもりの重さの平均は

$$(x+y+15)\div3=\frac{x+y+15}{3}$$

よって，等式は　$\boldsymbol{\frac{x+y+15}{3}=z}$

---

1. 方程式とその解

等　式

数量が等しいという関係を式で表してみよう。

1 個 a 円のケーキを 2 個と，1 個 b 円のクッキーを 5 個買ったとき，代金の合計は 1200 円であった。

このとき，代金の関係は，等号 ＝ を用いて

$$2a+5b=1200$$

と表すことができる。

このように，等号を用いて数量が等しいという関係を表した式を **等式** という。等式において，等号の左側の式を **左辺**，右側の式を **右辺**，左辺と右辺を合わせて **両辺** という。

等式
$2a+5b$ ＝ 1200
左辺　右辺
両辺

例 1 20 km の道のりを，時速 6 km で a 時間走ると，残りが b km であった。残りの道のりについて，等式で表すと

$$20-6a=b$$

また，全体の道のりについて，等式で表すと

$$6a+b=20$$

練習 1 次の数量の関係を等式で表しなさい。

(1) 300 ページの本を，1 日に x ページずつ 7 日間読むと，y ページ残った。

(2) 時速 9 km で a 時間走ったあと，時速 3 km で b 時間歩くと，合わせて 10 km 進んだ。

(3) 3 個のおもりがある。おもりの重さはそれぞれ x g，y g，15 g で，その重さの平均は z g であった。

68 | 第 3 章　方程式

テキスト 69 ページ

学習のめあて

数を代入して，方程式の解を見つける方法を理解すること。

学習のポイント

方程式とその解

文字の値によって，成り立ったり成り立たなかったりする等式を，その文字についての **方程式** という。

方程式を成り立たせる文字の値を，その方程式の **解** といい，解を求めることを，方程式を **解く** という。

方程式

ある自然数xを4倍して3をひくと17になった。

この関係は，等号を用いて

$$4x-3=17 \quad \cdots\cdots ①$$

と表すことができる。

①の等式の左辺のxに，自然数を代入すると，$4x-3$の値は右の表のようになる。

x	1	2	3	4	5	6	7	…
$4x-3$	1	5	9	13	17	21	25	…

$x=5$ のとき，①について
(左辺)$=4\times5-3=17$
(右辺)$=17$ となる。

表から，$x=5$ のとき，
①の等式の左辺と右辺の値が等しくなり，等式は成り立つ。

すなわち，5は①の等式を成り立たせるxの値である。

①のように，xの値によって，成り立ったり成り立たなかったりする等式を，xについての **方程式**（ほうていしき） という。

また，方程式を成り立たせる文字の値を，その方程式の **解**（かい） といい，解を求めることを，方程式を **解く**（と） という。

つまり，5は，方程式①の解である。

練習 2 ▶ 次の方程式のうち，-3が解であるものを選びなさい。

(ア) $2x+5=-3$　　(イ) $-3x=-x+6$

(ウ) $x-1=3x+5$　　(エ) $2(x-1)=4x-3$

方程式の解は整数とは限らない。そのため，いろいろな値を代入しても，解がなかなか見つからないことがある。これからは，等式の性質を用いることも考えてみよう。

第3章

1. 方程式とその解　69

テキストの解説

□等式と方程式

○次の2つの式は，ともに等式である。

[1]　$3(x+2)=3x+6$　　[2]　$3x+2=5$

○[1]は，左辺を分配法則を用いて計算すると，右辺になる。したがって，どんな数もこの等式を満たす。

○一方，[2]の等式は $x=1$ のとき成り立つが，それ以外のxの値では成り立たない。
この章では，このような等式を満たす文字の値の求め方について学ぶ。

□練習 2

○各式のxに，$x=-3$ を代入して，その式の値を求める。両辺の式の値が等しくなれば，$x=-3$ は方程式の解である。

○負の数を代入するときは，かっこをつけることを忘れないようにする。

テキストの解答

練習 2　(ア)　$2x+5=-3$ の左辺に $x=-3$ を代入すると　$2\times(-3)+5=-1$
よって，等式は成り立たないから，-3はこの方程式の解ではない。

(イ)　$-3x=-x+6$ の両辺に $x=-3$ を代入すると，
左辺は　$-3\times(-3)=9$
右辺は　$-(-3)+6=9$
よって，等式は成り立つから，-3はこの方程式の解である。

(ウ)　$x-1=3x+5$ の両辺に $x=-3$ を代入すると，
左辺は　$-3-1=-4$
右辺は　$3\times(-3)+5=-4$
よって，等式は成り立つから，-3はこの方程式の解である。

(エ)　$2(x-1)=4x-3$ の両辺に $x=-3$ を代入すると，
左辺は　$2\times(-3-1)=-8$
右辺は　$4\times(-3)-3=-15$
よって，等式は成り立たないから，-3はこの方程式の解ではない。

したがって，-3が解であるのは **(イ)，(ウ)**

テキスト70ページ

学習のめあて

等式の性質について理解すること。

学習のポイント

等式の性質

等式には，次の性質がある。

[1] 等式の両辺に同じ数をたしても，等式は成り立つ。

$A=B$ ならば $A+C=B+C$

[2] 等式の両辺から同じ数をひいても，等式は成り立つ。

$A=B$ ならば $A-C=B-C$

[3] 等式の両辺に同じ数をかけても，等式は成り立つ。

$A=B$ ならば $AC=BC$

[4] 等式の両辺を同じ数でわっても，等式は成り立つ。

$A=B$ ならば $\frac{A}{C}=\frac{B}{C}$

ただし，$C \neq 0$

また，等式の両辺を入れかえても，その等式は成り立つ。

$A=B$ ならば $B=A$

右の図のようにつり合っている天びんについて，左右の皿に同じ重さのものをのせたり，左右の皿から同じ重さのものを取り除いたりしても，天びんはつり合ったままである。

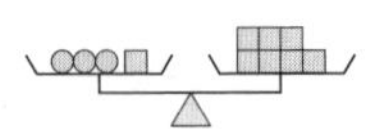

また，左右の皿にのっているものをそれぞれ2倍，3倍，…… としたり，それぞれ2でわる，3でわる，…… としたりしても，天びんはつり合ったままである。

等式も，つり合っている天びんと同じような性質をもっている。

一般に，等式には次の性質がある。

等式の性質

[1] 等式の両辺に同じ数をたしても，等式は成り立つ。
$A=B$ ならば $A+C=B+C$

[2] 等式の両辺から同じ数をひいても，等式は成り立つ。
$A=B$ ならば $A-C=B-C$

[3] 等式の両辺に同じ数をかけても，等式は成り立つ。
$A=B$ ならば $AC=BC$

[4] 等式の両辺を同じ数でわっても，等式は成り立つ。
$A=B$ ならば $\frac{A}{C}=\frac{B}{C}$ ただし，$C \neq 0$

注意 [4]の $C \neq 0$ は，C が0に等しくないことを表す。

また，等式の両辺を入れかえても，その等式は成り立つ。
$A=B$ ならば $B=A$

70 第3章 方程式

テキストの解説

□等式の性質

○方程式の解を求めるとき，いろいろな値を代入して解かどうかを調べるのでは，解がなかなか見つからないことがある。

○たとえば，テキスト前ページで考えた方程式 $4x-3=17$ は，x の値として1，2，3，…… を順に代入することで，解 $x=5$ を見つけることができた。

○たとえば，方程式 $4x-3=18$ に対し，x にいくら整数を代入しても，左辺と右辺が等しくなることはない。したがって，このような方法では，解を見つけることがむずかしい。

○そのようなときは，このページで学習する等式の性質を利用するとよい。

○たとえば，つり合っている天びんばかりの左右の皿に同じ重さのものをのせても，天びんはつり合ったままになる。
また，左右の皿から同じ重さのものを取り除いても，天びんはつり合ったままになる。

○これは，等式の性質[1]，[2]が成り立つことと同じである。

○同じように，その他の等式の性質も，天びんばかりを利用して考えることができる。

左右の皿にのったものを，それぞれ2倍にしたり，半分にしたりしても，天びんはつり合ったままだね。

左右の皿にのったものを入れかえても，天びんはつり合ったままになるね。

学習のめあて

等式の性質を利用して，簡単な方程式を解くことができるようになること。

学習のポイント

方程式の解き方

等式の性質を用いて，$x=\square$ の形にする。

方程式は，等式の性質を用いて，$x=\square$ の形になるように変形して解くことができる。

例 2　方程式 $x+3=2$ を解く。
両辺から 3 をひくと

$$x+3-3=2-3 \quad \leftarrow 等式の性質[2]$$

$$x=-1$$

注意　例 2 は，等式の性質[1] を用いて，両辺に -3 をたしてもよい。

例 2 において，方程式 $x+3=2$ の左辺に，$x=-1$ を代入すると 2 になるから，-1 が方程式 $x+3=2$ の解であることが確かめられる。

練習 3　次の方程式を解きなさい。
(1) $x+4=8$　(2) $x-9=-2$　(3) $-5+x=1$

例 3　方程式 $4x=-12$ を解く。
両辺を 4 でわると

$$\frac{4x}{4}=\frac{-12}{4} \quad \leftarrow 等式の性質[4]$$

$$x=-3$$

注意　例 3 は，等式の性質[3] を用いて，両辺に $\frac{1}{4}$ をかけてもよい。

練習 4　次の方程式を解きなさい。
(1) $-2x=10$　(2) $6x=-4$
(3) $\frac{x}{3}=-2$　(4) $-\frac{3}{4}x=-9$

1. 方程式とその解　71

テキストの解説

□例 2

○等式の性質[2]を用いた方程式の解き方。

○等式の両辺から同じ数をひいても，等式は成り立つ。そこで，等式の両辺から 3 をひいて，左辺，右辺をそれぞれ計算する。

□練習 3

○方程式の両辺に同じ数をたしたり，両辺から同じ数をひいたりして，$x=\square$ の形にする。

□例 3

○等式の性質[4]を用いた方程式の解き方。

○等式の両辺を同じ数でわっても，等式は成り立つ。そこで，等式の両辺を 4 でわる。

□練習 4

○方程式の両辺に同じ数をかけたり，両辺を同じ数でわったりして，$x=\square$ の形にする。

テキストの解答

練習 3　(1)　$x+4=8$

両辺から 4 をひくと　$x+4-4=8-4$

$$\boldsymbol{x=4}$$

(2)　$x-9=-2$

両辺に 9 をたすと　$x-9+9=-2+9$

$$\boldsymbol{x=7}$$

(3)　$-5+x=1$

両辺に 5 をたすと　$-5+x+5=1+5$

$$\boldsymbol{x=6}$$

練習 4　(1)　$-2x=10$

両辺を -2 でわると　$\frac{-2x}{-2}=\frac{10}{-2}$

$$\boldsymbol{x=-5}$$

(2)　$6x=-4$

両辺を 6 でわると　$\frac{6x}{6}=\frac{-4}{6}$

$$\boldsymbol{x=-\frac{2}{3}}$$

(3)　$\frac{x}{3}=-2$

両辺に 3 をかけると　$\frac{x}{3}\times3=-2\times3$

$$\boldsymbol{x=-6}$$

(4)　$-\frac{3}{4}x=-9$

両辺に $-\frac{4}{3}$ をかけると

$$-\frac{3}{4}x\times\left(-\frac{4}{3}\right)=-9\times\left(-\frac{4}{3}\right)$$

$$\boldsymbol{x=12}$$

2. 1次方程式の解き方

学習のめあて

移項を利用して，方程式を解くことができるようになること。

学習のポイント

移項

等式において，一方の辺にある項を，符号を変えて他方の辺に移すことを，**移項** するという。

テキストの解説

□例 4

○移項を利用して方程式を解く。

○(1) 両辺から $3x$ をひくと

$$5x-3x=3x-6-3x$$

$$5x-3x=-6$$

このように，文字を含む項も，符号を変えて移すことができる。

○(2) 左辺の -19 を移項した後に，右辺の $2x$ を移項しても，その結果は $6x-2x=5+19$ となる。したがって，両辺の項は，同時に移項することができる。

テキストの解答

練習 5 (1) $4x+5=-15$

5 を移項すると $4x=-15-5$

$$4x=-20$$

$$\boldsymbol{x=-5}$$

(2) $3x=32-5x$

$-5x$ を移項すると $3x+5x=32$

$$8x=32$$

$$\boldsymbol{x=4}$$

(3) $-1=6x+5$

-1，$6x$ をそれぞれ移項すると

2. 1次方程式の解き方

移項を利用した方程式の解き方

方程式 $3x-8=10$ を解いてみよう。

$3x-8=10$ ……①

両辺に 8 をたすと $3x-8+8=10+8$

$3x=10+8$ ……②

$3x=18$

両辺を 3 でわると $x=6$

上の ① と ② の式を比べると，① の左辺にあった -8 は，② では符号を変えて右辺に移り，$+8$ になったと見ることができる。

$3x-8=10$ → $3x=10+8$

このように，等式では，一方の辺の項を，符号を変えて他方の辺に移すことができる。このことを **移項**（いこう） するという。

移項を利用して，方程式を解いてみよう。

例 4 (1) $5x=3x-6$

$3x$ を移項すると

$5x-3x=-6$ ←文字を含む項も移項できる

$2x=-6$

$x=-3$

(2) $6x-19=2x+5$

-19 と $2x$ をそれぞれ移項すると

$6x-2x=5+19$ ←2 つの項を同時に移項してもよい

$4x=24$

$x=6$

72 第3章 方程式

$$-6x=5+1$$

$$-6x=6$$

$$\boldsymbol{x=-1}$$

(4) $8x+11=3x-4$

11，$3x$ をそれぞれ移項すると

$$8x-3x=-4-11$$

$$5x=-15$$

$$\boldsymbol{x=-3}$$

(5) $5x-13=-2x+15$

-13，$-2x$ をそれぞれ移項すると

$$5x+2x=15+13$$

$$7x=28$$

$$\boldsymbol{x=4}$$

(6) $5-3x=7x+12$

5，$7x$ をそれぞれ移項すると

$$-3x-7x=12-5$$

$$-10x=7$$

$$\boldsymbol{x=-\frac{7}{10}}$$

(練習 5 は次ページの問題)

テキスト 73 ページ

前のページの例 4 のように，x についての方程式を解くには，

x を含む項を左辺に，

数の項を右辺に移項するとよい。

$\square x = \bigcirc$
（↑ x を含む項　↑ 数の項）

練習 5 次の方程式を解きなさい。

(1) $4x+5=-15$　(2) $3x=32-5x$

(3) $-1=6x+5$　(4) $8x+11=3x-4$

(5) $5x-13=-2x+15$　(6) $5-3x=7x+12$

いろいろな方程式

例題 1 次の方程式を解きなさい。

$$7x-4(3x+5)=5$$

考え方　まず，かっこをはずしてから解く。

解答　$7x-4(3x+5)=5$

かっこをはずすと

$$7x-12x-20=5$$
$$7x-12x=5+20$$
$$-5x=25$$
$$x=-5 \quad \text{答}$$

練習 6 次の方程式を解きなさい。

(1) $3(x+3)=8x+19$　(2) $x-2(2-3x)=17$

(3) $5-3(4x-3)=-10$　(4) $4(2x-1)=-3(x-6)$

第3章

2. 1次方程式の解き方　73

学習のめあて

移項して，方程式を解くことができるようになること。また，かっこを含む方程式を解くことができるようになること。

学習のポイント

かっこを含む方程式

かっこをはずして，方程式を簡単にする。

テキストの解説

□練習 5

○移項を利用した方程式の解き方。

○左辺→右辺，右辺→左辺の移項を同時に行い，文字の項を一方の辺 (左辺) に，数の項を他方の辺 (右辺) に集める。

○(3)　等式の両辺を入れかえても，その等式は成り立つから，方程式 $-1=6x+5$ は

$$6x+5=-1$$

と同じである。したがって，この方程式を解いてもよい。

□例題 1，練習 6

○かっこを含む方程式の解き方。

[1]　かっこをはずし，両辺を簡単にする。

[2]　移項をして，$\square x=\bigcirc$ の形にする。

○かっこをはずすとき，項の符号をまちがえないように注意する。

テキストの解答

(練習 5 の解答は前ページ)

練習 6　(1)　$3(x+3)=8x+19$

かっこをはずすと

$$3x+9=8x+19$$
$$3x-8x=19-9$$
$$-5x=10$$
$$\boldsymbol{x=-2}$$

(2)　$x-2(2-3x)=17$

かっこをはずすと

$$x-4+6x=17$$
$$x+6x=17+4$$
$$7x=21$$
$$\boldsymbol{x=3}$$

(3)　$5-3(4x-3)=-10$

かっこをはずすと

$$5-12x+9=-10$$
$$14-12x=-10$$
$$-12x=-10-14$$
$$-12x=-24$$
$$\boldsymbol{x=2}$$

(4)　$4(2x-1)=-3(x-6)$

かっこをはずすと

$$8x-4=-3x+18$$
$$8x+3x=18+4$$
$$11x=22$$
$$\boldsymbol{x=2}$$

係数に分数を含む方程式は，両辺に分母の公倍数をかけて，分数を含まない式になおしてから解くとよい。

このように変形することを **分母をはらう** という。

例題 2 次の方程式を解きなさい。

$$\frac{1}{2}x=\frac{1}{3}x-\frac{5}{4}$$

解答

$$\frac{1}{2}x=\frac{1}{3}x-\frac{5}{4}$$

両辺に 12 をかけると

$$\frac{1}{2}x\times12=\left(\frac{1}{3}x-\frac{5}{4}\right)\times12$$

$$6x=4x-15$$

$$6x-4x=-15$$

$$2x=-15$$

$$x=-\frac{15}{2}$$ 答

分母をはらわずに解くと

$$\frac{1}{2}x=\frac{1}{3}x-\frac{5}{4}$$

$$\frac{1}{2}x-\frac{1}{3}x=-\frac{5}{4}$$

$$\frac{3x-2x}{6}=-\frac{5}{4}$$

$$\frac{x}{6}=-\frac{5}{4}$$

$$x=-\frac{5}{4}\times6$$

$$x=-\frac{15}{2}$$

例題 2 のような方程式は，右の解答のように，分母をはらわずに解くこともできるが，複雑な計算が必要となることがある。そこで，左の解答のように，分母をはらうことで係数を整数になおしてから解くとよい。

注意 分母の最小公倍数を使うと，より計算が簡単になる。

練習 7 次の方程式を解きなさい。

(1) $\frac{2}{3}x=\frac{1}{4}x+5$　　(2) $\frac{1}{2}x-3=\frac{1}{5}x$

(3) $\frac{x-4}{2}=\frac{5x-2}{6}$　　(4) $\frac{3x+2}{5}=\frac{x-4}{4}$

(5) $\frac{1}{4}x-\frac{1}{2}=\frac{2}{3}x-1$　　(6) $\frac{2x+5}{3}=\frac{2}{9}x-\frac{x+2}{3}$

74　第 3 章　方程式

学習のめあて

係数に分数を含む方程式を解くことができるようになること。

学習のポイント

係数に分数を含む方程式

係数に分数を含む方程式は，両辺に分母の公倍数をかけて，分数を含まない形になおしてから解くとよい。

このような変形を **分母をはらう** という。

テキストの解説

□例題 2

○係数に分数を含む方程式。分母をはらって，係数を整数になおすと，計算が簡単になる。

○分母は 2，3，4 であるから，その最小公倍数 12 を両辺にかける。

□練習 7

○例題 2 にならって解く。

○分母をはらうと，かっこを含む方程式になるものは，かっこをはずす。

○左辺の全体，右辺の全体にそれぞれ数をかけて分母をはらう。たとえば，(1) の分母をはらうとき　$\frac{2}{3}x\times12=\frac{1}{4}x\times12+5$

などと誤らないように注意する。

テキストの解答

練習 7　(1)　$\frac{2}{3}x=\frac{1}{4}x+5$

両辺に 12 をかけると

$$\frac{2}{3}x\times12=\left(\frac{1}{4}x+5\right)\times12$$

$$8x=3x+60$$

$$8x-3x=60$$

$$5x=60$$

$$\boldsymbol{x=12}$$

(2)　$\frac{1}{2}x-3=\frac{1}{5}x$

両辺に 10 をかけると

$$\left(\frac{1}{2}x-3\right)\times10=\frac{1}{5}x\times10$$

$$5x-30=2x$$

$$5x-2x=30$$

$$3x=30$$

$$\boldsymbol{x=10}$$

(3)　$\frac{x-4}{2}=\frac{5x-2}{6}$

両辺に 6 をかけると

$$\frac{x-4}{2}\times6=\frac{5x-2}{6}\times6$$

$$3(x-4)=5x-2$$

$$3x-12=5x-2$$

$$3x-5x=-2+12$$

$$-2x=10$$

$$\boldsymbol{x=-5}$$

((4) ～ (6) の解答は 76 ページ)

学習のめあて

係数に小数を含む方程式を解くことができるようになること。

学習のポイント

係数に小数を含む方程式

両辺に 10, 100, 1000 などをかけて，小数を含まない形になおしてから解くとよい。

1 次方程式

移項して整理すると，$ax+b=0$ ($a \neq 0$) の形になる方程式を x についての **1 次方程式** という。1 次方程式は，$\square x=\bigcirc$ の形を目指して変形する。

係数に小数を含む方程式は，両辺に 10, 100, 1000 などをかけて，小数を含まない式になおしてから解くとよい。

例題 3 次の方程式を解きなさい。

$$0.3x-1.7=0.4$$

解答

$$0.3x-1.7=0.4$$

両辺に 10 をかけると

$$(0.3x-1.7)\times 10=0.4\times 10$$
$$3x-17=4$$
$$3x=21$$
$$x=7 \quad \text{答}$$

練習 8 次の方程式を解きなさい。

(1) $0.07-0.13x=-0.19$　(2) $1.1x+1.8=0.5x$

(3) $x-0.3=0.8x+1.1$　(4) $0.22x-0.4=0.3x-0.08$

(5) $0.5(3x-8)=1.8x-1.3$　(6) $1.6x=0.05(5x-9)$

これまで学んだ方程式は，すべての項を左辺に移項して整理すると

$$ax+b=0 \quad (\text{ただし，} a \neq 0)$$

の形に変形できる。このような方程式を x についての **1 次方程式** という。

1 次方程式の解き方

[1] 係数に分数や小数がある方程式は，両辺を何倍かして分数や小数をなくす。かっこのある式は，かっこをはずす。
[2] x を含む項を左辺に，数の項を右辺に移項する。
[3] $ax=b$ の形に整理する。
[4] $ax=b$ の両辺を，x の係数 a でわる。

2. 1 次方程式の解き方　75

テキストの解説

□例題 3，練習 8

○係数に小数を含む方程式は，係数が整数になるように変形すると，計算が簡単になる。

テキストの解答

練習 8 (1)

$$0.07-0.13x=-0.19$$

両辺に 100 をかけると

$$(0.07-0.13x)\times 100=-0.19\times 100$$
$$7-13x=-19$$
$$-13x=-26$$
$$\boldsymbol{x=2}$$

(2)

$$1.1x+1.8=0.5x$$

両辺に 10 をかけると

$$(1.1x+1.8)\times 10=0.5x\times 10$$
$$11x+18=5x$$
$$6x=-18$$
$$\boldsymbol{x=-3}$$

(3)

$$x-0.3=0.8x+1.1$$

両辺に 10 をかけると

$$10x-3=8x+11$$
$$2x=14$$
$$\boldsymbol{x=7}$$

(4)

$$0.22x-0.4=0.3x-0.08$$

両辺に 100 をかけると

$$22x-40=30x-8$$
$$-8x=32$$
$$\boldsymbol{x=-4}$$

(5)

$$0.5(3x-8)=1.8x-1.3$$

両辺に 10 をかけると

$$5(3x-8)=18x-13$$
$$15x-40=18x-13$$
$$-3x=27$$
$$\boldsymbol{x=-9}$$

(6)

$$1.6x=0.05(5x-9)$$

両辺に 100 をかけると

$$160x=5(5x-9)$$
$$160x=25x-45$$
$$135x=-45$$
$$\boldsymbol{x=-\frac{1}{3}}$$

別解 (5)，(6) は，初めにかっこをはずしてから，係数を整数にしてもよい。

テキスト 76 ページ

学習のめあて

多項式と方程式のちがいを理解し，式の変形をまちがいなくできるようになること。

学習のポイント

多項式と方程式

係数が分数の式は

多項式　→　通分する

方程式　→　分母をはらう

テキストの解説

□多項式と方程式のちがい

○まず，式（多項式）と等式（方程式）のちがいに注意する。

○たとえば，$\frac{5}{3}x-\frac{3}{4}x+\frac{1}{2}$ は式（多項式）であり，式 $\frac{5}{3}x-\frac{3}{4}x$ と数 $-\frac{1}{2}$ を等号で結んだ $\frac{5}{3}x-\frac{3}{4}x=-\frac{1}{2}$ は等式（方程式）である。

○多項式の計算では，分母をはらうことはできない。方程式を習ったあとに，このような誤りをすることが多いため，十分注意する。

○多項式を計算するときも，方程式を解くときも，計算まちがいを減らすために，等号の位置を縦にそろえて見やすくするとよい。

テキストの解答

（練習 7 は 74 ページの問題）

練習 7　(4)　$\frac{3x+2}{5}=\frac{x-4}{4}$

両辺に 20 をかけると

$$\frac{3x+2}{5}\times20=\frac{x-4}{4}\times20$$

$$4(3x+2)=5(x-4)$$

$$12x+8=5x-20$$

$$7x=-28$$

$$\boldsymbol{x=-4}$$

コラム

多項式と方程式のちがい

第 2 章で学んだ多項式の計算と，第 3 章で学んでいる方程式の解き方のちがいについて，考えてみましょう。

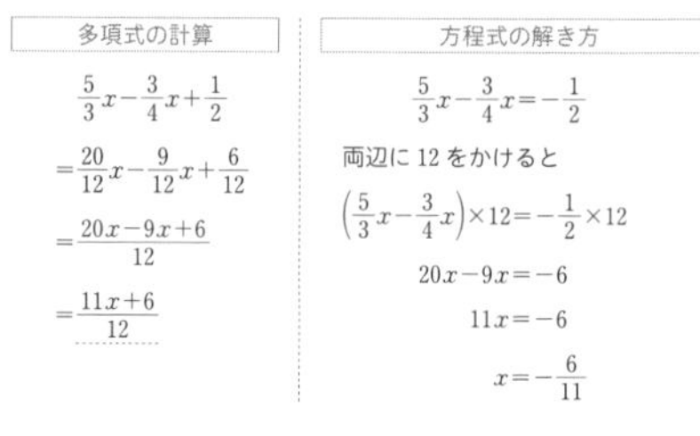

多項式の計算

$\frac{5}{3}x-\frac{3}{4}x+\frac{1}{2}$

$=\frac{20}{12}x-\frac{9}{12}x+\frac{6}{12}$

$=\frac{20x-9x+6}{12}$

$=\frac{11x+6}{12}$

方程式の解き方

$\frac{5}{3}x-\frac{3}{4}x=-\frac{1}{2}$

両辺に 12 をかけると

$\left(\frac{5}{3}x-\frac{3}{4}x\right)\times12=-\frac{1}{2}\times12$

$20x-9x=-6$

$11x=-6$

$x=-\frac{6}{11}$

方程式を解くときには，両辺に同じ数をかけて分母をはらい，係数を整数になおしてから解くことがあります。

一方，多項式を次のように変形すると，間違った答えになります。

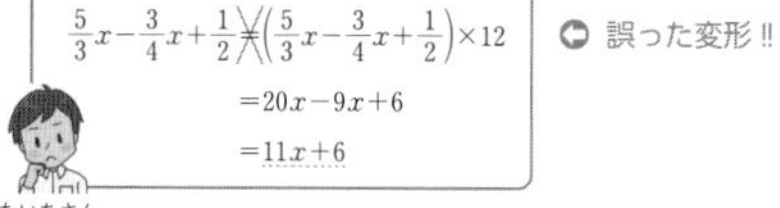

$\frac{5}{3}x-\frac{3}{4}x+\frac{1}{2}\neq\left(\frac{5}{3}x-\frac{3}{4}x+\frac{1}{2}\right)\times12$

$=20x-9x+6$

$=11x+6$

このページでは，多項式の計算と，方程式の解き方のちがいを学びました。このちがいに十分注意して，誤った変形を行わないようにしましょう。

76　第 3 章　方程式

(5)　$\frac{1}{4}x-\frac{1}{2}=\frac{2}{3}x-1$

両辺に 12 をかけると

$$\left(\frac{1}{4}x-\frac{1}{2}\right)\times12=\left(\frac{2}{3}x-1\right)\times12$$

$$3x-6=8x-12$$

$$-5x=-6$$

$$\boldsymbol{x=\frac{6}{5}}$$

(6)　$\frac{2x+5}{3}=\frac{2}{9}x-\frac{x+2}{3}$

両辺に 9 をかけると

$$\frac{2x+5}{3}\times9=\left(\frac{2}{9}x-\frac{x+2}{3}\right)\times9$$

$$3(2x+5)=2x-3(x+2)$$

$$6x+15=2x-3x-6$$

$$6x+15=-x-6$$

$$7x=-21$$

$$\boldsymbol{x=-3}$$

テキスト 77 ページ

3. 1次方程式の利用

学習のめあて

1次方程式を利用して，問題を解決する方法を知ること。

学習のポイント

1次方程式を利用した問題の解き方

[1] 求める数量を文字で表す。

[2] 等しい数量の関係を見つけて，方程式をつくる。

[3] 方程式を解く。

[4] 解が実際の問題に適しているか確かめる。

テキストの解説

□文章題と1次方程式

○文章題の中には，小学校で学んだ算数の考えを使って解くことができるものもある。

○鉛筆を4本と，110円のノートを1冊買ったときの代金の合計が350円であるとすると，

鉛筆4本の代金は　$350-110=240$ (円)

鉛筆1本の値段は　$240\div4=60$ (円)

○これを方程式を利用して解くと，テキストのようになる。

□練習9，練習10

○個数と代金の問題。問題の内容を方程式に表して，それを解く。テキストに示した [1] ～ [4] の順にそって考える。

○練習10は，いわゆる「つるかめ算」の問題。

12個全部がみかんであるとすると，代金は

$$80\times12=960 \text{ (円)}$$

代金の合計1260円との差は300円で，りんごとみかんの値段の差は60円であるから，

りんごの個数は　$300\div60=5$ (個)

みかんの個数は　$12-5=7$ (個)

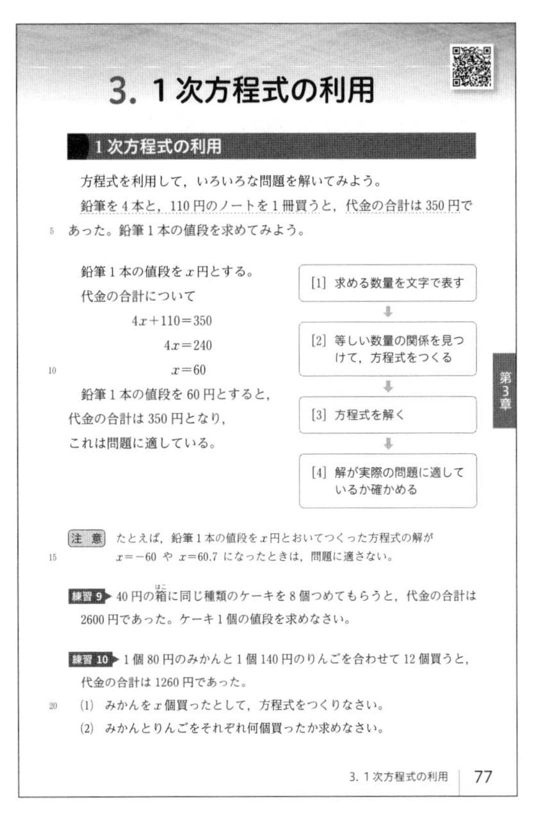

3. 1次方程式の利用

1次方程式の利用

方程式を利用して，いろいろな問題を解いてみよう。

鉛筆を4本と，110円のノートを1冊買うと，代金の合計は350円であった。鉛筆1本の値段を求めてみよう。

鉛筆1本の値段をx円とする。
代金の合計について

$$4x+110=350$$
$$4x=240$$
$$x=60$$

鉛筆1本の値段を60円とすると，代金の合計は350円となり，これは問題に適している。

[1] 求める数量を文字で表す
↓
[2] 等しい数量の関係を見つけて，方程式をつくる
↓
[3] 方程式を解く
↓
[4] 解が実際の問題に適しているか確かめる

注意　たとえば，鉛筆1本の値段をx円とおいてつくった方程式の解が$x=-60$ や $x=60.7$ になったときは，問題に適さない。

練習9　40円の箱に同じ種類のケーキを8個つめてもらうと，代金の合計は2600円であった。ケーキ1個の値段を求めなさい。

練習10　1個80円のみかんと1個140円のりんごを合わせて12個買うと，代金の合計は1260円であった。

(1) みかんをx個買ったとして，方程式をつくりなさい。

(2) みかんとりんごをそれぞれ何個買ったか求めなさい。

第3章

3. 1次方程式の利用　77

テキストの解答

練習9　ケーキ1個の値段をx円とすると，代金の合計の関係から，方程式は

$$40+8x=2600$$

これを解くと　$8x=2560$

$$x=320$$

これは問題に適している。

よって，ケーキ1個の値段は　**320円**

練習10　(1) みかんをx個買ったとき，りんごは$(12-x)$個買ったことになる。

代金の合計の関係から，方程式は

$$\mathbf{80x+140(12-x)=1260}$$

(2) (1)の方程式を解くと

$$80x+1680-140x=1260$$
$$-60x=-420$$
$$x=7$$

これは問題に適している。

よって，**みかんは　7個，**

りんごは　$12-7=$**5(個)**

学習のめあて

過不足の問題を，1次方程式を利用して解くことができるようになること。

学習のポイント

問題文から1次方程式をつくる

1つの数量を2通りの式で表して，方程式をつくる。

1つの数量を2通りの式で表して，方程式をつくってみよう。

例題 4 何人かの子どもにお菓子(かし)を分ける。1人に4個ずつ分けると2個余り，1人に5個ずつ分けると5個たりない。子どもの人数とお菓子の個数を求めなさい。

5 考え方 2通りの分け方から，お菓子の個数を式で表し，方程式をつくる。

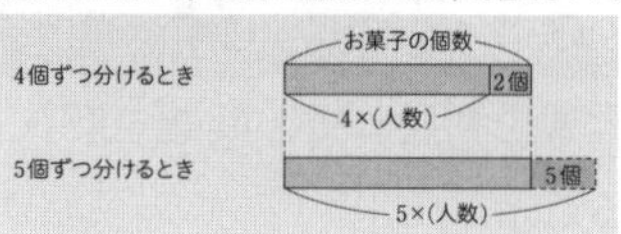

解答 子どもの人数をx人とすると

$$4x+2=5x-5$$
$$4x-5x=-5-2$$
$$-x=-7$$
10 $$x=7$$ 5×7−5=30 でもよい

4×7+2=30 より，お菓子の個数は30個となる。

これらは問題に適している。

答 子どもの人数 7人，お菓子の個数 30個

例題4において，お菓子の個数をx個とすると，子どもの人数について

15 $$\frac{x-2}{4}=\frac{x+5}{5}$$

と表すことができる。ただし，少し計算が複雑になる。

練習 11 生徒が長いすに座るのに，1脚(きゃく)に5人ずつ座ると10人が座れなくなり，1脚に7人ずつ座ると長いすがちょうど2脚余る。長いすの数と生徒の人数を求めなさい。

78 | 第3章 方程式

テキストの解説

□例題 4

○求めるものは「人数」と「個数」である。まず，そのどちらかを文字で表し，問題の関係を方程式に表す。

○例題4はいわゆる「過不足算」の問題。図(面積図)を用いて解くと，次のようになる。

初めに2個余り，次に5個不足したから，全体の差は

$2+5=7$ (個)

1人分の差は

$5-4=1$ (個)

1人5個
1人4個
人数
2個
5個

よって，子どもの人数は　$7\div1=7$ (人)

お菓子の個数は　$4\times7+2=30$ (個)

○一方，子どもの人数をx人として，2通りの分け方に着目すると，お菓子の個数に関する方程式が得られる。

○このときも，お菓子の個数の関係を図(線分図)に表すと，方程式がつくりやすくなる。

□練習 11

○長いすの数をx脚として，生徒の人数についての方程式をつくる。

1脚に5人ずつ座ると10人が座れない

→ 生徒の人数は　$5x+10$

1脚に7人ずつ座ると長いすが2脚余る

→ 生徒の人数は　$7(x-2)$

テキストの解答

練習 11 長いすの数をx脚とすると

$$5x+10=7(x-2)$$

これを解くと　$5x+10=7x-14$

$$-2x=-24$$
$$x=12$$

$5\times12+10=70$ より，生徒の人数は70人となる。

これらは問題に適している。

よって，長いすの数は　**12脚**

生徒の人数は　**70人**

確かめの問題　解答は本書203ページ

1 クラス会を開くのに，1人600円ずつ集めると1500円余り，1人550円ずつ集めると300円たりない。

クラス会に参加する予定の人数とクラス会の費用を求めなさい。

学習のめあて

速さの問題を，1次方程式を利用して解くことができるようになるとともに，解の確かめの意味について知ること。

学習のポイント

速さの問題

速さ，時間，道のりの関係に着目する。
1つの数量を2通りの式で表して，方程式をつくる。

テキストの解説

□例題5

○いわゆる「旅人算」の問題。算数の考えで解くと，次のようになる。

姉と妹の間の道のりは　$70\times12=840$ (m)

姉と妹の速さの差は 分速 $210-70=140$ (m)

2人は1分間に140mずつ近づいていくから，姉が妹に追いつくのは

$$840\div140=6\ (\text{分後})$$

○一方，姉が出発してからx分後に，妹に追いつくとして，2人が進んだ道のりをそれぞれ式に表すと，方程式が得られる。

○このときも，2人が進んだ道のりの関係を図に表すと，方程式がつくりやすくなる。

○方程式を利用して問題を解くときの手順「解が実際の問題に適しているか確かめる」にも注意する。

家から駅までの道のり1.5kmは，方程式には無関係である。しかし，この条件によって，妹が駅に着くまでに，姉が妹に追いつくことを確かめることができる。

□練習12

○求めるものは分速80mで歩いた道のりであるから，これをxmとおく。このとき，分速200mで走った道のりは　$(2000-x)$m

---

速さに関する問題を解いてみよう。

例題5　妹が家から1.5km離れた駅に向かって出発した。妹が出発してから12分後に，姉が自転車で同じ道を追いかけた。妹の歩く速さは分速70m，姉の自転車の速さは分速210mであるとき，姉は出発してから何分後に妹に追いつくか求めなさい。

考え方　姉が妹に追いついたとき，2人が進んだ道のりは等しくなる。

解答　姉が出発してからx分後に，妹に追いつくとすると

$$210x=70(12+x)$$

これを解くと　$x=6$

このとき，2人が進んだ道のりはともに1260mとなり，家と駅との道のりより短いから，問題に適している。

└妹が駅に着くまでに，姉は妹に追いつくことを確認

答　6分後

練習12　家から2km離れた図書館に行くのに，はじめは分速80mで歩き，途中から分速200mで走ったら，19分かかった。分速80mで歩いた道のりを求めなさい。

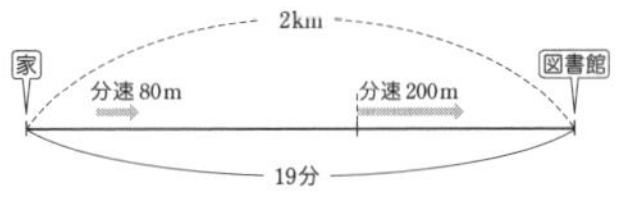

3. 1次方程式の利用　79

テキストの解答

練習12　分速80mで歩いた道のりをxmとすると

$$\frac{x}{80}+\frac{2000-x}{200}=19$$

両辺に400をかけると

$$5x+2(2000-x)=7600$$
$$5x+4000-2x=7600$$
$$3x=3600$$
$$x=1200$$

これは問題に適している。

よって，分速80mで歩いた道のりは

1200 m　　(1.2kmでもよい)

1200mの道のりを分速80mで歩き，残りの800mの道のりを分速200mで走ると，ちょうど19分かかるね。

学習のめあて

食塩水の濃度の問題を，1 次方程式を利用して解くことができるようになること。

学習のポイント

食塩水の濃度

$$(\text{食塩水の濃度 [\%]})=\frac{\text{食塩の重さ}}{\text{食塩水の重さ}}\times 100$$

(食塩水の重さ)=(食塩の重さ)+(水の重さ)

たとえば，食塩水 100 g の中に食塩が 9 g 含まれるとき，この食塩水の濃度(のうど)は 9 % であるといい，この食塩水を「9 % の食塩水」という。

一般に，食塩水の濃度は，次の式で表される。

$$(\text{食塩水の濃度 [\%]})=\frac{\text{食塩の重さ}}{\text{食塩水の重さ}}\times 100$$

ただし　(食塩水の重さ)=(食塩の重さ)+(水の重さ)

例題 6　9 % の食塩水 400 g に，水を加えて 6 % の食塩水を作った。加えた水の重さを求めなさい。

考え方　水を x g 加えたとし，食塩の重さの関係から，方程式をつくる。
食塩水の重さの関係と食塩の重さの関係は，次のようになる。

	9 % の食塩水	6 % の食塩水
食塩水の重さ (g)	400	$400+x$
食塩の重さ (g)	$400\times\frac{9}{100}$	$(400+x)\times\frac{6}{100}$

解答　加えた水の重さを x g とすると

$$(400+x)\times\frac{6}{100}=400\times\frac{9}{100}$$

両辺に 100 をかけると　$6(400+x)=3600$

$400+x=600$

$x=200$

これは問題に適している。

答　200 g

練習 13　12 % の食塩水 500 g に，水を加えて 8 % の食塩水を作った。加えた水の重さを求めなさい。

80　第 3 章　方程式

テキストの解説

□例題 6

○求めるものは加えた水の重さであるから，これを x g とおく。

○水を x g 加えると，食塩水の重さは $(400+x)$ g になるが，食塩水の重さの関係を表す方程式は見つからない。

○一方，9 % の食塩水も 6 % の食塩水も，食塩水に含まれる食塩の重さは変わらない。そこで，この等しい関係に着目して，食塩の重さについての方程式をつくる。

○方程式を利用して解く問題は，問題の内容を図や表にまとめて考えるとわかりやすい。

○ 9 % の食塩水 400 g に含まれる食塩の重さは

$$400\times\frac{9}{100}=36\ (\text{g})$$

この食塩水に 200 g の水を加えた食塩水 600 g の濃度は　$\frac{36}{600}\times 100=6\ (\%)$

したがって，9 % の食塩水に 200 g の水を加えると，確かに 6 % の食塩水ができる。

□練習 13

○例題 6 にならって解く。水を x g 加えたとすると，重さの関係は次の表のようになる。

	12 % の食塩水	8 % の食塩水
食塩水 (g)	500	$500+x$
食塩 (g)	$500\times\frac{12}{100}$	$(500+x)\times\frac{8}{100}$

テキストの解答

練習 13　加えた水の重さを x g とする。

12 % の食塩水 500 g に含まれる食塩の重さは　$\left(500\times\frac{12}{100}\right)$ g

この食塩の重さが，食塩水 $(500+x)$ g の 8 % にあたるから

$$(500+x)\times\frac{8}{100}=500\times\frac{12}{100}$$

両辺に 100 をかけると

$$8(500+x)=6000$$

$$500+x=750$$

$$x=250$$

これは問題に適している。

よって，加えた水の重さは　**250 g**

テキスト81ページ

学習のめあて

方程式の解から，方程式の係数などを求めることができるようになること。
また，比例式の性質について知ること。

学習のポイント

方程式と解

○が解 → ○を代入した式が成り立つ

比例式

比が等しいことを表す式を **比例式** という。
比例式には，次の性質がある。

$a:b=c:d$ のとき $ad=bc$

方程式と解

例題 7 x についての方程式 $ax-9=2x$ の解が3であるとき，a の値を求めなさい。

考え方 方程式の解が3であるから，方程式に $x=3$ を代入した式が成り立つ。

解答 解が3であるから，$x=3$ を方程式 $ax-9=2x$ に代入すると

$a\times3-9=2\times3$

$3a-9=6$

これを解くと $a=5$ 答

練習 14 x についての方程式 $ax=3x-4$ の解が -2 であるとき，a の値を求めなさい。

練習 15 x についての2つの方程式 $12-2(3x-1)=x$，$ax-9=-3x+a$ の解が等しいとき，a の値を求めなさい。

比例式

比 $a:b$ と $c:d$ が等しいことを表す式

$a:b=c:d$ ……①

を **比例式** という。比が等しいとき，それぞれの比の値も等しく，①は，次の②と同じことを表している。

$\frac{a}{b}=\frac{c}{d}$ ……② ←○：□の比の値は $\frac{○}{□}$

また，②の両辺に bd をかけると $ad=bc$ であるから，次のことが成り立つ。

$a:b=c:d$ のとき $ad=bc$

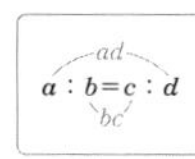

テキストの解説

□例題 7

○方程式の解から，その方程式の係数を求める。

○方程式の解は，その等式を成り立たせるから

3 を左辺に代入した $a\times3-9=3a-9$

3 を右辺に代入した $2\times3=6$

は等しくなる。

□練習 14

○例題7にならって，解を方程式に代入する。

□練習 15

○2つの方程式の解が等しいならば，一方の方程式の解は，他方の方程式の解でもある。

○方程式 $12-2(3x-1)=x$ を解くことで，方程式 $ax-9=-3x+a$ の解が何であるかがわかる。

□比例式

○$a:b$ の a，b に同じ数をかけたり，同じ数でわったりしても，もとの比と変わらない。

○たとえば，次のことが成り立つ。

$2:3=4:6$，$15:9=5:3$

このとき，$2\times6=3\times4$，$15\times3=9\times5$ で，外側の項の積と内側の項の積は等しくなる。

○比例式の性質「$a:b=c:d$ のとき $ad=bc$」は重要であるから，しっかり覚えておく。

テキストの解答

練習 14 解が -2 であるから，$x=-2$ を方程式 $ax=3x-4$ に代入すると

$a\times(-2)=3\times(-2)-4$

$-2a=-10$

$\boldsymbol{a=5}$

練習 15 方程式 $12-2(3x-1)=x$ を解くと

$12-6x+2=x$

$-7x=-14$

$x=2$

よって，2は，方程式 $ax-9=-3x+a$ の解でもある。

$x=2$ をこの方程式に代入すると

$a\times2-9=-3\times2+a$

$2a-9=-6+a$

$\boldsymbol{a=3}$

学習のめあて

比例式の性質を利用して，いろいろな問題が解けるようになること。

学習のポイント

比例式の性質の利用

次の性質を利用して，式を変形する。

$$\boldsymbol{a : b = c : d} \quad \textbf{のとき} \quad \boldsymbol{ad = bc}$$

(外側の項の積と内側の項の積は等しい)

テキストの解説

□例 5

○比例式の性質を利用して，x の値を求める。

○次の比の性質からも，$x=4$ は求まる。

$$7 : 2 = (7 \times 2) : (2 \times 2) = 14 : 4$$

□練習 16

○比例式の性質を利用して，x の方程式の形に表し，それを解く。

□例題 8，練習 17

○比に関する 2 つの条件から比例式をつくり，比例式の性質を利用して，それを解く。

○練習 17 で求めるものは 2 つの自然数であるが，その一方を x とおけばよい。

テキストの解答

練習 16 (1) $x : 8 = 5 : 4$ であるから

$$x \times 4 = 8 \times 5$$

これを解くと $\boldsymbol{x=10}$

(2) $4 : 7 = 2 : 3x$ であるから

$$4 \times 3x = 7 \times 2$$

これを解くと $\boldsymbol{x=\frac{7}{6}}$

(3) $6 : (x+1) = 2 : 5$ であるから

$$6 \times 5 = (x+1) \times 2$$

これを解くと $x+1=15$

$$\boldsymbol{x=14}$$

$x : 4 = 7 : 2$ であるとき

$$x \times 2 = 4 \times 7$$

これを解くと　$x=14$

練習 16 次の比例式を満たす x の値を求めなさい。

5 (1) $x : 8 = 5 : 4$　　(2) $4 : 7 = 2 : 3x$

(3) $6 : (x+1) = 2 : 5$　　(4) $(2x+5) : 6x = 4 : 3$

例題 8 赤玉と白玉の個数の比が 3 : 5 で入っている袋の中に，赤玉を 12 個入れたところ，赤玉と白玉の個数の比が 11 : 15 となった。白玉の個数を求めなさい。

10 **解答** 白玉の個数を x 個とすると，はじめに袋の中にあった赤玉の個数は $\frac{3}{5}x$ 個とおける。

袋の中に赤玉を 12 個入れたとき

$$\left(\frac{3}{5}x+12\right) : x = 11 : 15$$

$$\left(\frac{3}{5}x+12\right) \times 15 = x \times 11$$

15 これを解くと　$x=90$

これは問題に適している。　**答** 90 個

例題 8 は，自然数 n を用いて，はじめに袋の中にあった赤玉と白玉の個数をそれぞれ $3n$ 個，$5n$ 個とおくこともできる。

このとき，$(3n+12) : 5n = 11 : 15$ で，これを満たす n を求める。

20 **練習 17** 数の比が 3 : 4 である 2 つの自然数がある。この自然数の小さい方に 14 を加えた数と，大きい方から 12 をひいた数の比が 8 : 3 であるとき，もとの 2 つの自然数を求めなさい。

82 | 第 3 章 方程式

(4) $(2x+5) : 6x = 4 : 3$ であるから

$$(2x+5) \times 3 = 6x \times 4$$

これを解くと $2x+5=8x$

$$-6x=-5$$

$$\boldsymbol{x=\frac{5}{6}}$$

練習 17 小さい方の自然数を x とすると，大きい方の自然数は $\frac{4}{3}x$ とおける。

問題文から

$$(x+14) : \left(\frac{4}{3}x-12\right) = 8 : 3$$

$$(x+14) \times 3 = \left(\frac{4}{3}x-12\right) \times 8$$

$$3x+42 = \frac{32}{3}x-96$$

これを解くと　$x=18$

$18 \times \frac{4}{3} = 24$ より，大きい方の自然数は 24

これらは問題に適している。

よって，求める 2 つの自然数は **18，24** である。

テキスト83ページ

学習のめあて

等式を変形する方法について理解すること。

学習のポイント

等式の変形

等式を変形して，たとえば「$y=\sim$」の形の等式を導くことを，等式を **y について解く** という。

（y 以外の文字は数と同じように考え，y の方程式を解く要領で変形する）

テキストの解説

□等式の変形

○70 ページで学んだように，等式には，次の性質がある。

［1］ $A=B$ ならば $A+C=B+C$

［2］ $A=B$ ならば $A-C=B-C$

［3］ $A=B$ ならば $AC=BC$

［4］ $A=B$ ならば $\dfrac{A}{C}=\dfrac{B}{C}$ （$C \neq 0$）

また $A=B$ ならば $B=A$

○72 ページでは，等式の一方の辺の項を，符号を変えて他方の辺に移しても，等式は成り立つことを学んだ（移項）。

○ 1 個 150 円のパンを x 個，1 個 100 円のお菓子を y 個買ったときの代金の合計が 1000 円であるとすると，次の等式が成り立つ。

$$150x+100y=1000$$

この等式において，x と y はいろいろな値をとることができるが，x の値が決まると y の値も決まる。

○たとえば，パンを 1 個買ったとすると

$$150+100y=1000$$

これを解くと　　$y=\dfrac{17}{2}$

したがって，パンを 1 個だけ買うような買い方はできない（お菓子の個数は整数）。

等式の変形

1 個 150 円のパンを何個かと 1 個 100 円のお菓子を何個か買って，代金の合計を 1000 円にしたい。

パンを x 個，お菓子を y 個買うとすると，次の等式が成り立つ。

5　$150x+100y=1000$ ……①

x の値を決めたとき，y の値を求める式は次のようになる。

$150x+100y=1000$

$100y=1000-150x$ （150x を移項する）

$y=10-\dfrac{3}{2}x$ ……② （両辺を 100 でわる）

10　パンの個数 x がわかっていて，お菓子の個数 y を求めるとき，① の式よりも ② の式を利用した方が計算しやすい。

このように，① の等式を変形して，② のような「$y=\sim$」の形の等式を導（みちび）くことを，等式 ① を **y について解く** という。

例 6　(1) 等式 $3x-5y=-9$ を x について解く。

15　$3x-5y=-9$

$-5y$ を移項すると　$3x=-9+5y$

両辺を 3 でわると　$x=-3+\dfrac{5}{3}y$ ←$x=\dfrac{-9+5y}{3}$ でもよい

(2) 等式 $c=\dfrac{a-2b}{5}$ を a について解く。

$c=\dfrac{a-2b}{5}$

20　両辺に 5 をかけると　$5c=a-2b$

$-2b$ を移項すると　$5c+2b=a$

よって　$a=2b+5c$ （両辺を入れかえる）

第3章

3. 1 次方程式の利用　83

また，パンを 2 個買ったとすると

$$300+100y=1000$$

これを解くと　　$y=7$

したがって，パンを 2 個買うと，お菓子は 7 個買えることになる。

同じように，x の値がわかると，y の方程式を解いて，y の値を知ることができる。

○このような場合，等式 $150x+100y=1000$ を

$$y=10-\frac{3}{2}x$$

と変形しておくと，いちいち方程式を解かなくても，x の値に応じて，y の値を簡単に求めることができる。

□例 6

○等式の変形。方程式を解く要領で，$x=\sim$，$a=\sim$ の形にする。

テキスト 84 ページ

学習のめあて

いろいろな等式を変形することができるようになること。

学習のポイント

●について解く
→ ●以外の文字は数と同じように考えて，●＝～ の形の式を導く

練習 18 次の等式を［ ］の中の文字について解きなさい。

(1) $2x+y=5$ ［x］　(2) $3x-4y=12$ ［y］
(3) $c=\frac{2a-b}{7}$ ［a］　(4) $a=\frac{1}{3}b-2c$ ［b］
(5) $z=4(x+y)-3$ ［x］　(6) $d=\frac{2}{5}(a-2b)+c$ ［b］

図形の面積や体積などの関係式を変形してみよう。

例 7 底辺が a cm，高さが b cm である平行四辺形の面積が S cm² であるとき，$S=ab$ が成り立つ。この等式を a について解くと

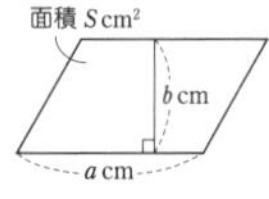

$S=ab$
$ab=S$ 　両辺を入れかえる
$a=\frac{S}{b}$ 　両辺を b でわる

例 7 で求めた式は，面積と高さから底辺の長さを求める式である。

練習 19 次の問いに答えなさい。

(1) 底辺が a cm，高さが h cm の三角形の面積を S cm² とするとき，h を a，S を用いて表しなさい。
(2) 縦が a cm，横が b cm，高さが c cm である直方体の体積を V cm³ とするとき，c を a，b，V を用いて表しなさい。
(3) 上底が a cm，下底が b cm，高さが h cm である台形の面積を S cm² とするとき，b を a，h，S を用いて表しなさい。

84 | 第 3 章　方程式

テキストの解説

□練習 18

○等式の変形。方程式を解く要領で，$x=$～，$y=$～，$a=$～，$b=$～ の形にする。

□例 7，練習 19

○文字を用いた公式と等式の変形。
○まず，公式を文字を用いて表す。

テキストの解答

練習 18 (1) $2x+y=5$

y を移項すると　$2x=5-y$

両辺を 2 でわると　$\boldsymbol{x=\frac{5}{2}-\frac{y}{2}}$

(2) $3x-4y=12$

$3x$ を移項すると　$-4y=12-3x$

両辺を -4 でわると　$\boldsymbol{y=-3+\frac{3}{4}x}$

(3) $c=\frac{2a-b}{7}$

両辺に 7 をかけると　$7c=2a-b$

$-b$ を移項すると　$b+7c=2a$

両辺を 2 でわると　$\frac{1}{2}b+\frac{7}{2}c=a$

よって　$\boldsymbol{a=\frac{1}{2}b+\frac{7}{2}c}$

(4) $a=\frac{1}{3}b-2c$

両辺に 3 をかけると　$3a=b-6c$

$-6c$ を移項すると　$3a+6c=b$

よって　$\boldsymbol{b=3a+6c}$

(5) $z=4(x+y)-3$

かっこをはずすと　$z=4x+4y-3$

$4x$，z をそれぞれ移項すると

$-4x=4y-z-3$

両辺を -4 でわると　$\boldsymbol{x=-y+\frac{1}{4}z+\frac{3}{4}}$

(6) $d=\frac{2}{5}(a-2b)+c$

両辺に 5 をかけると　$5d=2(a-2b)+5c$

かっこをはずすと　$5d=2a-4b+5c$

$-4b$，$5d$ をそれぞれ移項すると

$4b=2a+5c-5d$

両辺を 4 でわると　$\boldsymbol{b=\frac{1}{2}a+\frac{5}{4}c-\frac{5}{4}d}$

（注意） (1)，(2) は次のように答えてもよい。

(1) $x=\frac{5-y}{2}$　(2) $y=\frac{-12+3x}{4}$

(3)，(5)，(6) も同様。

（練習 19 の解答は次ページ）

テキスト 85 ページ

学習のめあて

歴史的な話題を通して，方程式を利用することのよさを知ること。

学習のポイント

方程式の利用

複雑な問題は，問題の内容を図や表に整理して，方程式をつくる。

テキストの解説

□ディオファントスの一生

○ディオファントスは 3 世紀の数学者である。彼は「算術」という名の本を記したが，彼の研究は後の数学の発展に影響を与えた。

○ディオファントスが x 歳まで生きたとする。墓に書かれた文章を方程式に表すと

$$x=\frac{1}{6}x+\frac{1}{12}x+\frac{1}{7}x+5+\frac{1}{2}x+4$$

$$x=\frac{1}{6}x+\frac{1}{12}x+\frac{1}{7}x+\frac{1}{2}x+9$$

両辺に 6, 12, 7, 2 の最小公倍数 84 をかけると

$$84x=14x+7x+12x+42x+756$$

$$9x=756$$

$$x=84$$

したがって，ディオファントスは 84 歳まで生きたことがわかる。

○少年時代，青年時代，青年時代の後から結婚までの年，息子の一生は，すべて整数であると考えられるから

$\frac{1}{6}x$, $\frac{1}{12}x$, $\frac{1}{7}x$, $\frac{1}{2}x$ は整数

→ x は 6, 12, 7, 2 の倍数

→ x は 84 の倍数

x はディオファントスが生きた年数を表すから，方程式の解は $x=84$ であると考えることができる。

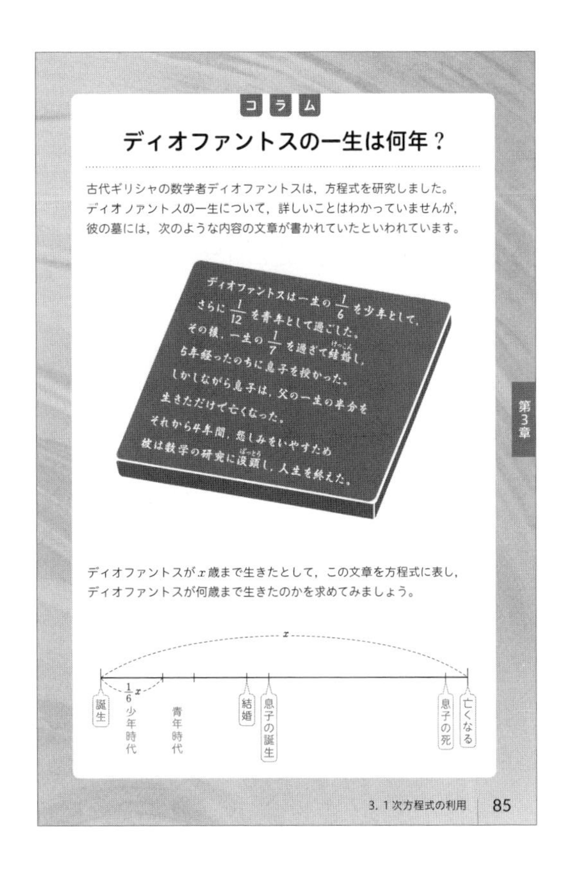

コラム

ディオファントスの一生は何年？

古代ギリシャの数学者ディオファントスは，方程式を研究しました。ディオファントスの一生について，詳しいことはわかっていませんが，彼の墓には，次のような内容の文章が書かれていたといわれています。

ディオファントスが x 歳まで生きたとして，この文章を方程式に表し，ディオファントスが何歳まで生きたのかを求めてみましょう。

第3章

3. 1次方程式の利用　85

テキストの解答

（練習 19 は前ページの問題）

練習 19 (1) (三角形の面積)$=\frac{1}{2}\times$(底辺)$\times$(高さ)

であるから　$S=\frac{1}{2}ah$

両辺を $\frac{1}{2}a$ でわると　$\boldsymbol{h=\frac{2S}{a}}$

(2) (直方体の体積)$=$(縦)$\times$(横)$\times$(高さ)

であるから　$V=abc$

両辺を ab でわると　$\boldsymbol{c=\frac{V}{ab}}$

(3) (台形の面積)$=\frac{1}{2}\times$(上底$+$下底)$\times$(高さ)

であるから　$S=\frac{1}{2}(a+b)h$

両辺に 2 をかけると　$2S=(a+b)h$

かっこをはずすと　$2S=ah+bh$

ah を移項すると　$2S-ah=bh$

両辺を h でわると　$\boldsymbol{b=\frac{2S}{h}-a}$

$\left(b=\frac{2S-ah}{h}\right.$ でもよい$\left.\right)$

テキスト 86 ページ

4．連立方程式

学習のめあて

連立方程式とその解の意味を知ること。

学習のポイント

2 元 1 次方程式

2 つの文字を含み，それぞれについて 1 次の方程式であるものを **2 元 1 次方程式** という。

例　$x+y=9$，$100x+50y=700$ は，ともに 2 元 1 次方程式である。

連立方程式とその解

方程式をいくつか組にしたものを **連立方程式** という。それらのどの方程式も成り立たせる文字の値の組を，連立方程式の **解** といい，その解を求めることを，連立方程式を **解く** という。

例　$\begin{cases} x+y=9 \\ 100x+50y=700 \end{cases}$ は連立方程式である。

テキストの解説

□連立方程式とその解

○100 円硬貨と 50 円硬貨が，合わせて 9 枚あり，金額の合計が 700 円であるとする。このとき，100 円硬貨の枚数を x 枚とすると，50 円硬貨の枚数は $(9-x)$ 枚になるから，次の 1 次方程式が得られる。

$$100x+50(9-x)=700$$

○一方，100 円硬貨の枚数を x 枚，50 円硬貨の枚数を y 枚とすると，テキストの方程式 ①，② が得られる。

○求めるものが 2 つあるとき，それぞれを x，y で表すと，文章にそった式を立てやすくなることが多い。

4. 連立方程式

連立方程式とその解

100 円硬貨(こうか)と 50 円硬貨が，合わせて 9 枚あり，金額の合計が 700 円であるとする。100 円硬貨の枚数を x 枚，50 円硬貨の枚数を y 枚とすると，次の等式が成り立つ。

硬貨の枚数について　$x+y=9$　……①

金額の合計について　$100x+50y=700$　……②

①，② の等式はともに方程式である。このように，2 つの文字を含み，それぞれについて 1 次の方程式であるものを，**2 元(げん) 1 次方程式** という。

① の方程式を成り立たせる x，y の値の組は，右の表のようになる。

x	0	1	2	3	4	5	6	7	8	9
y	9	8	7	6	5	4	3	2	1	0

また，② の方程式を成り立たせる x，y の値の組は，右の表のようになる。

x	0	1	2	3	4	5	6	7
y	14	12	10	8	6	4	2	0

これらの表から，$x=5$，$y=4$ は，2 つの 2 元 1 次方程式

$$(*)\quad \begin{cases} x+y=9 & \cdots\cdots ① \\ 100x+50y=700 & \cdots\cdots ② \end{cases}$$

の両方を同時に成り立たせる x，y の値の組であることがわかる。

$(*)$ のように，方程式をいくつか組にしたものを **連立(れんりつ)方程式** という。それらのどの方程式も成り立たせる文字の値の組を，連立方程式の **解** といい，その解を求めることを，連立方程式を **解く** という。

注意　解 $x=5$，$y=4$ を，$(x,\ y)=(5,\ 4)$ や $\begin{cases} x=5 \\ y=4 \end{cases}$ と書く場合もある。

86　第 3 章　方程式

○x，y は硬貨の枚数であるから，0 以上の整数である。よって，① を満たす x，y の値は，簡単に知ることができる。

○② を満たす x，y の値を求めるには，たとえば，② を y について解いて考えればよい。

$100x+50y=700$ から　$2x+y=14$

$$y=14-2x$$

これより，$x=0$，1，……，7 のときの y の値を求めることができる。

○ $x=5$，$y=4$ は，方程式 ①，② をともに満たすから，連立方程式 $\begin{cases} x+y=9 \\ 100x+50y=700 \end{cases}$ の解である。

確かめの問題

解答は本書 204 ページ

1　次の中から，連立方程式 $\begin{cases} 2x+y=2 \\ x-3y=15 \end{cases}$ の解を選びなさい。

① $x=1$，$y=0$　　② $x=6$，$y=-3$

③ $x=3$，$y=-4$

テキスト 87 ページ

学習のめあて

代入法を利用して，連立方程式を解くことができるようになること。

学習のポイント

代入法

文字 x，y についての連立方程式から，y を含まない方程式をつくることを，y を **消去する** という。代入によって文字を消去して解く方法を **代入法** という。

テキストの解説

□例 8

○連立方程式を変形して，文字が 1 つの方程式をつくることができれば，その連立方程式は解くことができる。この文字が 1 つの方程式をつくる方法に，代入法と加減法がある。

○例 8 の連立方程式には，初めから「$y=\sim$」の形をした式があるため，この式をもう一方の式に代入する。

○テキスト 57 ページでは，文字の部分に数を代入して，式の値を求める方法を学んだ。
ここでは，文字の部分に式を代入して，その式を簡単にする。

(数を代入)

$y=-3$ を $3x-2\underline{y}$ に代入すると

$$3x-2\underline{y}=3x-2\times\underline{(-3)}$$

(式を代入)

$y=x-3$ を $3x-2\underline{y}=7$ に代入すると

$$3x-2\underline{(x-3)}=7$$

□練習 20

○代入法を利用して連立方程式を解く。

○(1)　$y=\sim$ の形をした式に着目して，y を消去する。

○(2)　$x=\sim$ の形をした式に着目して，x を消去する。

連立方程式の解き方

文字が 1 つの 1 次方程式の解き方はすでに学んだ。

連立方程式を解くには，与えられた式を変形して，文字が 1 つの 1 次方程式をつくればよい。その方法について考えてみよう。

●代入法●

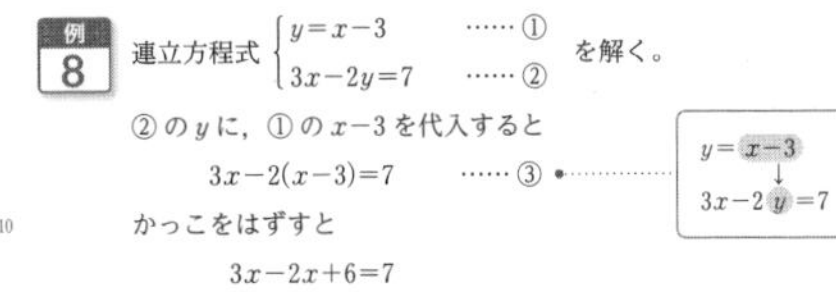

例 8　連立方程式 $\begin{cases} y=x-3 & \cdots\cdots ① \\ 3x-2y=7 & \cdots\cdots ② \end{cases}$ を解く。

② の y に，① の $x-3$ を代入すると

$$3x-2(x-3)=7 \quad \cdots\cdots ③$$

$y=\underline{x-3}$ ↓ $3x-2\underline{y}=7$

かっこをはずすと

$$3x-2x+6=7$$
$$x=1$$

$x=1$ を ① に代入すると　$y=1-3=-2$

よって，この連立方程式の解は，$x=1$，$y=-2$ である。

注意　例 8 で，$x=1$ を ② に代入しても，$y=-2$ が得られる。
また，$x=1$，$y=-2$ が連立方程式の解であるかどうかを確かめるには，もとの 2 つの方程式に値を代入して調べればよい。

例 8 の ③ のように，文字 x，y についての連立方程式から，y を含まない方程式をつくることを，y を **消去する** という。このように，代入によって 1 つの文字を消去して解く方法を **代入法** という。

練習 20　次の連立方程式を解きなさい。

(1) $\begin{cases} y=3x-5 \\ 2x+y=5 \end{cases}$　　(2) $\begin{cases} 3x-y=-11 \\ x=-2y+1 \end{cases}$

4. 連立方程式　87

テキストの解答

練習 20　(1) $\begin{cases} y=3x-5 & \cdots\cdots ① \\ 2x+y=5 & \cdots\cdots ② \end{cases}$

① を ② に代入すると

$$2x+(3x-5)=5$$
$$5x=10$$
$$x=2$$

$x=2$ を ① に代入すると

$$y=3\times2-5=1$$

よって　$\boldsymbol{x=2,\ y=1}$

(2) $\begin{cases} 3x-y=-11 & \cdots\cdots ① \\ x=-2y+1 & \cdots\cdots ② \end{cases}$

② を ① に代入すると

$$3(-2y+1)-y=-11$$
$$-7y=-14$$
$$y=2$$

$y=2$ を ② に代入すると

$$x=-2\times2+1=-3$$

よって　$\boldsymbol{x=-3,\ y=2}$

学習のめあて

加減法を利用して，簡単な連立方程式を解くことができるようになること。

学習のポイント

加減法

2 つの方程式の 1 つの文字の係数について

[1]　係数が等しい

→　左辺どうし，右辺どうしをひく

[2]　係数の絶対値が等しく，符号が反対

→　左辺どうし，右辺どうしをたす

● 加減法 ●

例 9　連立方程式 $\begin{cases} 5x+y=12 & \cdots\cdots ① \\ 3x+y=6 & \cdots\cdots ② \end{cases}$ を解く。

① と ② の式で，y の係数が等しいことに着目する。

①，② の左辺どうし，右辺どうしをひくと

$$\begin{array}{rr} & 5x+y=12 \\ -) & 3x+y=6 \\ \hline & 2x\quad\ =6 \\ & x=3 \end{array}$$

$$\begin{array}{rl} & A=B \\ -) & C=D \\ \hline & A-C=B-D \end{array}$$

$x=3$ を ① に代入すると　$5\times3+y=12$

$y=-3$

よって，この連立方程式の解は，$x=3$，$y=-3$ である。

例 10　連立方程式 $\begin{cases} 3x+5y=13 & \cdots\cdots ① \\ -3x+2y=1 & \cdots\cdots ② \end{cases}$ を解く。

① と ② の式で，x の係数の絶対値が等しく，符号が反対になっていることに着目する。

①，② の左辺どうし，右辺どうしをたすと

$$\begin{array}{rr} & 3x+5y=13 \\ +) & -3x+2y=1 \\ \hline & 7y=14 \\ & y=2 \end{array}$$

$$\begin{array}{rl} & A=B \\ +) & C=D \\ \hline & A+C=B+D \end{array}$$

$y=2$ を ① に代入すると　$3x+5\times2=13$

$3x=3$

$x=1$

よって，この連立方程式の解は，$x=1$，$y=2$ である。

88　第 3 章　方程式

テキストの解説

□例 9

○ 1 つの文字 (y) の係数が等しい連立方程式。

○左辺どうし，右辺どうしをひくと，1 つの文字 (y) を消去することができる。

○縦書きの計算では，文字の部分や等号の位置を，縦にそろえておくとわかりやすい。

□例 10

○ 1 つの文字 (x) の係数の絶対値が等しく符号が反対である連立方程式。

○左辺どうし，右辺どうしをたすと，1 つの文字 (x) を消去することができる。

テキストの解答

(練習 21 は次ページの問題)

練習 21　(1)　$\begin{cases} 2x-y=1 & \cdots\cdots ① \\ 2x-3y=7 & \cdots\cdots ② \end{cases}$

$$\begin{array}{lrr} ① & & 2x-\ y=1 \\ ② & -) & 2x-3y=7 \\ \hline & & 2y=-6 \\ & & y=-3 \end{array}$$

$y=-3$ を ① に代入すると

$2x-(-3)=1$

$x=-1$

よって　$\boldsymbol{x=-1,\ y=-3}$

(2)　$\begin{cases} x-2y=-4 & \cdots\cdots ① \\ 5x+2y=16 & \cdots\cdots ② \end{cases}$

$$\begin{array}{lrr} ① & & x-2y=-4 \\ ② & +) & 5x+2y=16 \\ \hline & & 6x\qquad=12 \\ & & x=2 \end{array}$$

$x=2$ を ② に代入すると

$5\times2+2y=16$

$y=3$

よって　$\boldsymbol{x=2,\ y=3}$

(3)　$\begin{cases} 7x+3y=10 & \cdots\cdots ① \\ -7x-8y=20 & \cdots\cdots ② \end{cases}$

$$\begin{array}{lrr} ① & & 7x+3y=10 \\ ② & +) & -7x-8y=20 \\ \hline & & -5y=30 \\ & & y=-6 \end{array}$$

$y=-6$ を ① に代入すると

$7x+3\times(-6)=10$

$x=4$

よって　$\boldsymbol{x=4,\ y=-6}$

学習のめあて

2つの式の両辺をそれぞれそのままたしたり，ひいたりしても文字が消去できない連立方程式が解けるようになること。

学習のポイント

加減法

1つの文字の係数の絶対値をそろえ，両辺をそれぞれたしたりひいたりして，文字を消去して解く方法を **加減法** という。

テキストの解説

□練習 21

○x，y の係数に着目して，左辺どうし，右辺どうしを，そのままひいたり，たしたりする。

□例 11，練習 22

○係数の絶対値が等しくない連立方程式。このような場合は，一方の式の両辺を何倍かして，係数の絶対値をそろえる。

○例 11 において，x の係数をそろえると，次のようになる。

$$\begin{array}{lrl} ① & & 3x-\ \ y=7 \\ ②\times 3 & -) & 3x-6y=12 \\ \hline & & 5y=-5 \end{array}$$
← x が消去できた

テキストの解答

(練習 21 の解答は前ページ)

練習 22 (1) $\begin{cases} x+3y=3 & \cdots\cdots ① \\ 2x-y=-8 & \cdots\cdots ② \end{cases}$

$$\begin{array}{lrl} ①\times 2 & & 2x+6y=6 \\ ② & -) & 2x-\ \ y=-8 \\ \hline & & 7y=14 \end{array}$$

$y=2$

$y=2$ を ① に代入すると

$x+3\times 2=3$

$x=-3$

よって　**$x=-3$，$y=2$**

(2) $\begin{cases} 2x+3y=-4 & \cdots\cdots ① \\ 5x-y=7 & \cdots\cdots ② \end{cases}$

$$\begin{array}{lrl} ① & & 2x+3y=-4 \\ ②\times 3 & +) & 15x-3y=21 \\ \hline & & 17x\ \ \ \ \ =17 \end{array}$$

$x=1$

$x=1$ を ② に代入すると

$5\times 1-y=7$

$y=-2$

よって　**$x=1$，$y=-2$**

(3) $\begin{cases} 3x-4y=-3 & \cdots\cdots ① \\ 5x-2y=-19 & \cdots\cdots ② \end{cases}$

$$\begin{array}{lrl} ① & & 3x-4y=-3 \\ ②\times 2 & -) & 10x-4y=-38 \\ \hline & & -7x\ \ \ \ \ =35 \end{array}$$

$x=-5$

$x=-5$ を ① に代入すると

$3\times(-5)-4y=-3$

$y=-3$

よって　**$x=-5$，$y=-3$**

練習 21 次の連立方程式を解きなさい。

(1) $\begin{cases} 2x-y=1 \\ 2x-3y=7 \end{cases}$　(2) $\begin{cases} x-2y=-4 \\ 5x+2y=16 \end{cases}$　(3) $\begin{cases} 7x+3y=10 \\ -7x-8y=20 \end{cases}$

連立方程式で，2つの式の両辺をそれぞれそのままたしたり，ひいたりしても文字を消去できない場合について考えてみよう。

例 11 連立方程式 $\begin{cases} 3x-y=7 & \cdots\cdots ① \\ x-2y=4 & \cdots\cdots ② \end{cases}$ を解く。

1つの文字を消去するために，消去する文字の係数の絶対値が等しくなるようにする。ここでは，y を消去する。

$$\begin{array}{lrl} ①\times 2 & & 6x-2y=14 \\ ② & -) & x-2y=4 \\ \hline & & 5x\ \ \ \ \ =10 \end{array}\quad (*)$$

$x=2$

$x=2$ を ① に代入すると　$3\times 2-y=7$

$y=-1$

よって，この連立方程式の解は，$x=2$，$y=-1$ である。

このように，1つの文字の係数の絶対値をそろえ，両辺をそれぞれたしたりひいたりして，1つの文字を消去して解く方法を **加減法**（かげんほう） という。

加減法では，計算が簡単になる文字を選んで消去するとよい。

注意 (*)のような計算を「①×2−② より $5x=10$」と書くことがある。

練習 22 次の連立方程式を解きなさい。

(1) $\begin{cases} x+3y=3 \\ 2x-y=-8 \end{cases}$　(2) $\begin{cases} 2x+3y=-4 \\ 5x-y=7 \end{cases}$　(3) $\begin{cases} 3x-4y=-3 \\ 5x-2y=-19 \end{cases}$

第3章

4. 連立方程式　89

テキスト 90 ページ

学習のめあて

いろいろな連立方程式が解けるようになること。

学習のポイント

かっこを含む連立方程式

かっこをはずして，方程式を簡単にする。

テキストの解説

□例題 9

○一方の式だけを整数倍しても，1つの文字を消去することができない連立方程式。このような場合は，両方の式をそれぞれ何倍かして，1つの文字を消去する。

○係数はできるだけ小さい方が，計算まちがいは少なくなる。そこで，x の係数 3, 8 と y の係数 2, -3 を比べて，y の係数の絶対値を 6 にそろえる。

□練習 23

○例題 9 にならって解く。係数が小さくなるように考えて，一方の文字を消去する。

□例題 10

○かっこを含む連立方程式の解き方。かっこを含む方程式は，かっこをはずして簡単にする。

テキストの解答

練習 23 (1) $\begin{cases} 5x+2y=1 & \cdots\cdots ① \\ 4x-3y=-13 & \cdots\cdots ② \end{cases}$

$$\begin{array}{lrl} ①\times 3 & 15x+6y & =3 \\ ②\times 2 & +)\ \ 8x-6y & =-26 \\ \hline & 23x \quad\quad & =-23 \end{array}$$

$x=-1$

$x=-1$ を ① に代入すると

$5\times(-1)+2y=1$

$y=3$

よって　**$x=-1$, $y=3$**

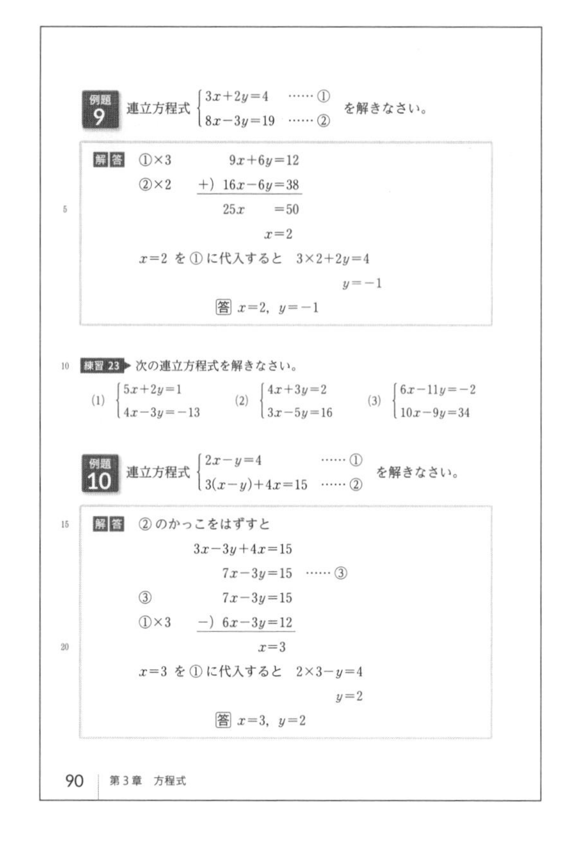

例題 9 連立方程式 $\begin{cases} 3x+2y=4 & \cdots\cdots ① \\ 8x-3y=19 & \cdots\cdots ② \end{cases}$ を解きなさい。

解答

$$\begin{array}{lrl} ①\times 3 & 9x+6y & =12 \\ ②\times 2 & +)\ 16x-6y & =38 \\ \hline & 25x \quad\quad & =50 \end{array}$$

$x=2$

$x=2$ を ① に代入すると　$3\times 2+2y=4$

$y=-1$

答　$x=2$, $y=-1$

練習 23 次の連立方程式を解きなさい。

(1) $\begin{cases} 5x+2y=1 \\ 4x-3y=-13 \end{cases}$　(2) $\begin{cases} 4x+3y=2 \\ 3x-5y=16 \end{cases}$　(3) $\begin{cases} 6x-11y=-2 \\ 10x-9y=34 \end{cases}$

例題 10 連立方程式 $\begin{cases} 2x-y=4 & \cdots\cdots ① \\ 3(x-y)+4x=15 & \cdots\cdots ② \end{cases}$ を解きなさい。

解答　② のかっこをはずすと

$3x-3y+4x=15$

$7x-3y=15$ ……③

$$\begin{array}{lrl} ③ & 7x-3y & =15 \\ ①\times 3 & -)\ 6x-3y & =12 \\ \hline & x \quad\quad & =3 \end{array}$$

$x=3$ を ① に代入すると　$2\times 3-y=4$

$y=2$

答　$x=3$, $y=2$

90 | 第 3 章　方程式

(2) $\begin{cases} 4x+3y=2 & \cdots\cdots ① \\ 3x-5y=16 & \cdots\cdots ② \end{cases}$

$$\begin{array}{lrl} ①\times 3 & 12x+\ 9y & =6 \\ ②\times 4 & -)\ 12x-20y & =64 \\ \hline & 29y & =-58 \end{array}$$

$y=-2$

$y=-2$ を ① に代入すると

$4x+3\times(-2)=2$

$x=2$

よって　**$x=2$, $y=-2$**

(3) $\begin{cases} 6x-11y=-2 & \cdots\cdots ① \\ 10x-9y=34 & \cdots\cdots ② \end{cases}$

$$\begin{array}{lrl} ①\times 5 & 30x-55y & =-10 \\ ②\times 3 & -)\ 30x-27y & =102 \\ \hline & -28y & =-112 \end{array}$$

$y=4$

$y=4$ を ① に代入すると

$6x-11\times 4=-2$

$x=7$

よって　**$x=7$, $y=4$**

学習のめあて

係数に分数や小数を含む連立方程式が解けるようになること。

学習のポイント

係数に分数や小数を含む連立方程式

係数を整数にする。

分数 → 両辺の分母をはらう

小数 → 両辺を 10 倍，100 倍などする

練習 24 次の連立方程式を解きなさい。

(1) $\begin{cases} y=5x-3(x+4) \\ x-2y=15 \end{cases}$　(2) $\begin{cases} 5x-8y=14 \\ x+2(x-2y)=6 \end{cases}$

係数に分数や小数を含む連立方程式は，両辺に適当な数をかけて，係数を整数にしてから解くとよい。

例題 11 連立方程式 $\begin{cases} \dfrac{x}{3}-\dfrac{y}{4}=1 & \cdots\cdots ① \\ x-2y=-2 & \cdots\cdots ② \end{cases}$ を解きなさい。

解答 ①×12　$4x-3y=12$ ……③

③　$4x-3y=12$

②×4　$-)\ 4x-8y=-8$

$5y=20$

$y=4$

$y=4$ を ② に代入すると　$x-2\times4=-2$

$x=6$

答 $x=6,\ y=4$

練習 25 次の連立方程式を解きなさい。

(1) $\begin{cases} y=2x+3 \\ \dfrac{x}{3}+\dfrac{y}{9}=2 \end{cases}$　(2) $\begin{cases} \dfrac{1}{6}x+\dfrac{3}{4}y=-1 \\ 7x+3y=2x+9 \end{cases}$

(3) $\begin{cases} \dfrac{x-1}{3}+\dfrac{y+3}{2}=2 \\ 4x+5y=8 \end{cases}$　(4) $\begin{cases} 1.2x-0.7y=-1.3 \\ 0.4x-0.5y=0.9 \end{cases}$

4. 連立方程式　91

テキストの解説

□練習 24

○かっこをはずして，方程式を簡単にする。

□例題 11

○係数に分数を含む連立方程式。分母の公倍数（3 と 4 →12）を両辺にかけて，分母をはらう。

□練習 25

○係数に分数や小数を含む方程式は，両辺を何倍かして，まず，係数を整数にする。

テキストの解答

練習 24 (1) $\begin{cases} y=5x-3(x+4) & \cdots\cdots ① \\ x-2y=15 & \cdots\cdots ② \end{cases}$

① のかっこをはずすと

$y=5x-3x-12$

$y=2x-12$ ……③

③ を ② に代入すると

$x-2(2x-12)=15$

$x=3$

$x=3$ を ③ に代入すると

$y=2\times3-12=-6$

よって　$\boldsymbol{x=3,\ y=-6}$

(2) $\begin{cases} 5x-8y=14 & \cdots\cdots ① \\ x+2(x-2y)=6 & \cdots\cdots ② \end{cases}$

② のかっこをはずすと

$x+2x-4y=6$

$3x-4y=6$ ……③

③×2　$6x-8y=12$

①　$-)\ 5x-8y=14$

$x\quad=-2$

$x=-2$ を ③ に代入すると

$3\times(-2)-4y=6$

$y=-3$

よって　$\boldsymbol{x=-2,\ y=-3}$

練習 25 (1) $\begin{cases} y=2x+3 & \cdots\cdots ① \\ \dfrac{x}{3}+\dfrac{y}{9}=2 & \cdots\cdots ② \end{cases}$

②×9　$3x+y=18$ ……③

① を ③ に代入すると

$3x+(2x+3)=18$

$5x=15$

$x=3$

$x=3$ を ① に代入すると

$y=2\times3+3=9$

よって　$\boldsymbol{x=3,\ y=9}$

((2)～(4) の解答は 102，103 ページ)

テキスト 92 ページ

学習のめあて

$A=B=C$ の形をした方程式の意味を理解して，それが解けるようになること。

学習のポイント

$A=B=C$ の形をした方程式

次のいずれかの形の連立方程式を解く。

$$\begin{cases}A=B\\B=C\end{cases}\quad\begin{cases}A=B\\A=C\end{cases}\quad\begin{cases}A=C\\B=C\end{cases}$$

$A=B=C$ の形をした方程式

たとえば，$x+2y=4x+7y=1$ のような

$A=B=C$

の形をした方程式は，連立方程式を使って解くことができる。$A=B=C$ の形をした方程式は

$$\begin{cases}A=B\\B=C\end{cases}\quad\begin{cases}A=B\\A=C\end{cases}\quad\begin{cases}A=C\\B=C\end{cases}$$

の，どの組み合わせを使って解いてもよい。

$A=B=C$ ⬇ $A=B$　$B=C$　$A=C$

例題 12　次の方程式を解きなさい。

$x+2y=4x+7y=1$

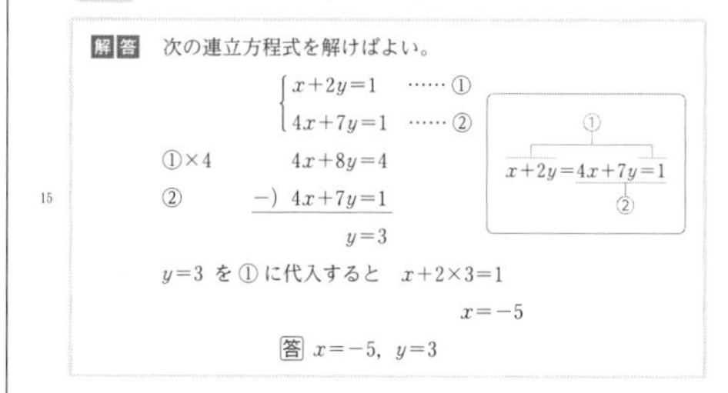
解答　次の連立方程式を解けばよい。

$$\begin{cases}x+2y=1 & \cdots\cdots ①\\4x+7y=1 & \cdots\cdots ②\end{cases}$$

①×4　　$4x+8y=4$

②　　$-)\ 4x+7y=1$

　　　$y=3$

$y=3$ を ① に代入すると　$x+2\times3=1$

$x=-5$

答　$x=-5,\ y=3$

練習 26　次の方程式を解きなさい。

(1) $2x-5y=4x+3y=13$

(2) $5x+3y=3x+2y-4=-9$

(3) $x-2y=7x=5x-y-1$

テキストの解説

□例題 12，練習 26

○$A=B=C$ の形をした方程式。次の 3 組のうち，最も簡単になる場合を選んで解く。

$$\begin{cases}A=B\\B=C\end{cases}\quad\begin{cases}A=B\\A=C\end{cases}\quad\begin{cases}A=C\\B=C\end{cases}$$

片方の辺が数になる場合を考えるとよい。

テキストの解答

練習 26　(1)　$2x-5y=4x+3y=13$

は，次の連立方程式を解けばよい。

$$\begin{cases}2x-5y=13 & \cdots\cdots ①\\4x+3y=13 & \cdots\cdots ②\end{cases}$$

②　　　$4x+\ 3y=13$

①×2　$-)\ 4x-10y=26$

　　　$13y=-13$

$y=-1$

$y=-1$ を ① に代入すると

$2x-5\times(-1)=13$

$x=4$

よって　　**$x=4,\ y=-1$**

(2)　$5x+3y=3x+2y-4=-9$

は，次の連立方程式を解けばよい。

$$\begin{cases}5x+3y=-9 & \cdots\cdots ①\\3x+2y-4=-9 & \cdots\cdots ②\end{cases}$$

② より　$3x+2y=-5$　$\cdots\cdots$ ③

①×2　　$10x+6y=-18$

③×3　$-)\ 9x+6y=-15$

　　　$x\qquad=-3$

$x=-3$ を ③ に代入すると

$3\times(-3)+2y=-5$

$y=2$

よって　　**$x=-3,\ y=2$**

(3)　$x-2y=7x=5x-y-1$

は，次の連立方程式を解けばよい。

$$\begin{cases}x-2y=7x & \cdots\cdots ①\\7x=5x-y-1 & \cdots\cdots ②\end{cases}$$

① より　　$y=-3x$　$\cdots\cdots$ ③

② より　　$2x+y=-1$

これに ③ を代入すると

$2x+(-3x)=-1$

$x=1$

$x=1$ を ③ に代入すると

$y=-3\times1=-3$

よって　　**$x=1,\ y=-3$**

学習のめあて

3つの文字を含む連立方程式が解けるようになること。

学習のポイント

連立3元1次方程式

3つの文字を含む1次方程式を **3元1次方程式** という。連立3元1次方程式を解くには，まず1つの文字を消去して，他の2つの文字の連立方程式を導く。

連立3元1次方程式

3つの文字を含む1次方程式を **3元1次方程式** という。

このような方程式を連立させた連立方程式を解くには，まず1つの文字を消去して，他の2つの文字の連立方程式を導き，それを解けばよい。

例題13 次の連立3元1次方程式を解きなさい。

$$\begin{cases} x+y+z=0 & \cdots\cdots ① \\ 3x+4y+2z=-1 & \cdots\cdots ② \\ 3x-y+z=10 & \cdots\cdots ③ \end{cases}$$

解答 まず，z を消去する。

② $3x+4y+2z=-1$

①×2 $-)\ 2x+2y+2z=0$

$x+2y=-1$ ……④

③ $3x-y+z=10$

① $-)\ x+y+z=0$

$2x-2y=10$

よって $x-y=5$ ……⑤

④，⑤より $x=3,\ y=-2$

これらを①に代入して解くと $z=-1$

答 $x=3,\ y=-2,\ z=-1$

練習27 次の連立3元1次方程式を解きなさい。

(1) $\begin{cases} x-y+z=8 \\ 2x+2y+z=-6 \\ 3x+y+4z=6 \end{cases}$ (2) $\begin{cases} 2x+3y+2z=8 \\ x-2y+z=-3 \\ 4x-y+3z=2 \end{cases}$

4. 連立方程式 93

テキストの解説

□例題13

○連立3元1次方程式の解き方。

○次の順に，文字を1つずつ消去していく。

$\begin{cases} ① \\ ② \end{cases} \xrightarrow{z\text{を消去}} ④$，$\begin{cases} ① \\ ③ \end{cases} \xrightarrow{z\text{を消去}} ⑤$ $\xrightarrow{x,\ y\text{の連立方程式}} \begin{cases} ④ \\ ⑤ \end{cases}$

初めに他の文字を消去しても解は同じである。

○解は，$(x,\ y,\ z)=(3,\ -2,\ -1)$ などのように書いてもよい。

□練習27

○1つの文字を消去して，他の2つの文字の連立方程式を導く。

○(2) 2つの方程式からすぐに y の値が求まる。

テキストの解答

練習27 (1) $\begin{cases} x-y+z=8 & \cdots\cdots ① \\ 2x+2y+z=-6 & \cdots\cdots ② \\ 3x+y+4z=6 & \cdots\cdots ③ \end{cases}$

②−①より $x+3y=-14$ ……④

①×4 $4x-4y+4z=32$

③ $-)\ 3x+y+4z=6$

$x-5y=26$ ……⑤

④，⑤より $x=1,\ y=-5$

①から $z=2$

以上から **$x=1,\ y=-5,\ z=2$**

(2) $\begin{cases} 2x+3y+2z=8 & \cdots\cdots ① \\ x-2y+z=-3 & \cdots\cdots ② \\ 4x-y+3z=2 & \cdots\cdots ③ \end{cases}$

① $2x+3y+2z=8$

②×2 $-)\ 2x-4y+2z=-6$

$7y=14$

$y=2$

②×3 $3x-6y+3z=-9$

③ $-)\ 4x-y+3z=2$

$-x-5y=-11$ …④

④に $y=2$ を代入して $x=1$

②から $z=0$

以上から **$x=1,\ y=2,\ z=0$**

連立3元1次方程式は計算がたいへんだから，焦らずていねいに解いていきましょう。

5．連立方程式の利用

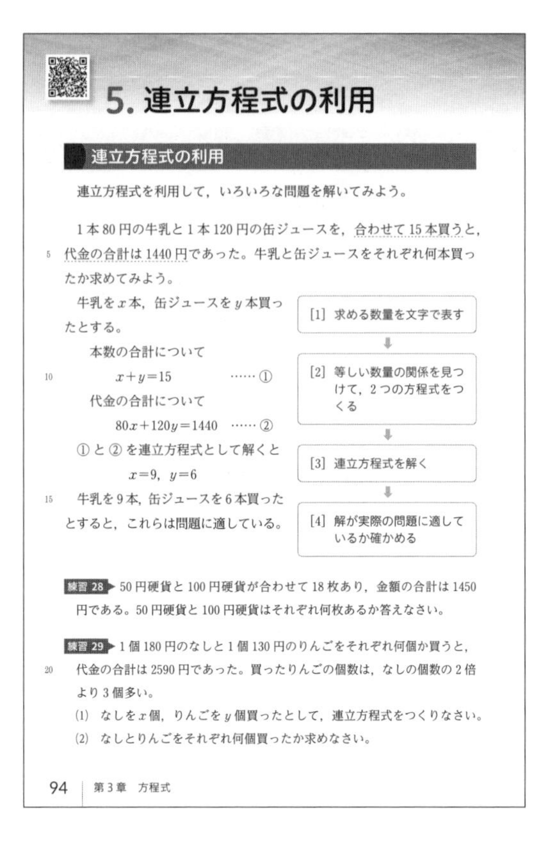

5. 連立方程式の利用

連立方程式の利用

連立方程式を利用して，いろいろな問題を解いてみよう。

1本80円の牛乳と1本120円の缶ジュースを，合わせて15本買うと，代金の合計は1440円であった。牛乳と缶ジュースをそれぞれ何本買ったか求めてみよう。

牛乳をx本，缶ジュースをy本買ったとする。

本数の合計について

$x+y=15$ ……①

代金の合計について

$80x+120y=1440$ ……②

①と②を連立方程式として解くと

$x=9$，$y=6$

牛乳を9本，缶ジュースを6本買ったとすると，これらは問題に適している。

[1] 求める数量を文字で表す

[2] 等しい数量の関係を見つけて，2つの方程式をつくる

[3] 連立方程式を解く

[4] 解が実際の問題に適しているか確かめる

練習 28 50円硬貨と100円硬貨が合わせて18枚あり，金額の合計は1450円である。50円硬貨と100円硬貨はそれぞれ何枚あるか答えなさい。

練習 29 1個180円のなしと1個130円のりんごをそれぞれ何個か買うと，代金の合計は2590円であった。買ったりんごの個数は，なしの個数の2倍より3個多い。

(1) なしをx個，りんごをy個買ったとして，連立方程式をつくりなさい。

(2) なしとりんごをそれぞれ何個買ったか求めなさい。

94 第3章 方程式

学習のめあて

連立方程式を利用して，問題を解決する方法を知ること。

学習のポイント

連立方程式を利用した問題の解き方

[1] 求める数量を文字で表す。

[2] 等しい数量の関係を見つけて，2つの方程式をつくる。

[3] 連立方程式を解く。

[4] 解が実際の問題に適しているか確かめる。

テキストの解説

□練習 28，練習 29

○連立方程式を利用して文章題を解く。
連立方程式を利用した問題の解き方の手順にそって考える。

○それぞれわからない数量をx，yとおいて，連立方程式をつくる。いずれも1つの文字で方程式をつくることはできるが，文字を2つ使う方が，方程式はつくりやすい。

テキストの解答

練習 28 50円硬貨の枚数をx枚，100円硬貨の枚数をy枚とする。

枚数の合計について　$x+y=18$ ……①

金額の合計について

$50x+100y=1450$ ……②

②÷50　$x+2y=29$ ……③

$$\begin{array}{lr} ③ & x+2y=29 \\ ① & -)\ x+\ y=18 \\ \hline & y=11 \end{array}$$

$y=11$ を①に代入して解くと　$x=7$

これらは問題に適している。

よって，**50円硬貨は7枚，100円硬貨は11枚** ある。

練習 29 (1) 代金の合計について

$180x+130y=2590$

個数について　$y=2x+3$

よって，連立方程式は

$$\begin{cases} \boldsymbol{180x+130y=2590} \\ \boldsymbol{y=2x+3} \end{cases}$$

(2) (1)より $\begin{cases} 180x+130y=2590 & ……① \\ y=2x+3 & ……② \end{cases}$

①÷10　$18x+13y=259$ ……③

②を③に代入すると

$18x+13(2x+3)=259$

$44x=220$

$x=5$

$x=5$ を②に代入すると　$y=13$

これらは問題に適している。

よって，**なしは5個，りんごは13個** 買った。

テキスト 95 ページ

学習のめあて

連立方程式を利用して，いろいろな問題を解くことができるようになること。

学習のポイント

連立方程式を利用した問題の解き方

わからない 2 つの数量を x，y とおいて連立方程式をつくり，それを解く。
解が問題に適しているかどうかを確かめる。

> **例題 14** 2 種類の品物 A，B がある。A 3 個と B 1 個の重さは 880 g，A 1 個と B 2 個の重さは 560 g である。A，B それぞれの 1 個の重さを求めなさい。
>
> **解答** A 1 個の重さを x g，B 1 個の重さを y g とすると
>
> $$\begin{cases} 3x+y=880 & \cdots\cdots ① \\ x+2y=560 & \cdots\cdots ② \end{cases}$$
>
> ①×2　$6x+2y=1760$
> ②　$-)\ x+2y=560$
> $5x=1200$
> $x=240$
>
> $x=240$ を ① に代入すると　$3\times240+y=880$
> $y=160$
>
> これらは問題に適している。
> 答 A 1 個 240 g，B 1 個 160 g
>
> **練習 30** 2 種類のケーキ A，B がある。A 3 個と B 2 個の代金の合計は 1000 円，A 4 個と B 6 個の代金の合計は 2100 円である。A，B それぞれの 1 個の値段を求めなさい。
>
> **練習 31** ノート 8 冊と，消しゴム 3 個をそれぞれ定価どおりで買うと，代金の合計は 2000 円であるが，ノートが定価の 30% 引き，消しゴムが定価の半額であるときに，ノートを 10 冊，消しゴムを 4 個買うと，代金の合計は 1700 円である。ノート 1 冊の定価と消しゴム 1 個の定価をそれぞれ求めなさい。
>
> 第3章
>
> 5. 連立方程式の利用　95

テキストの解説

□例題 14

○1 つの文字だけでは方程式がつくりにくいもので，連立方程式を利用することのよさがわかる問題。

○手順に従って解いていく。

［1］　わからない 2 つの数量を文字でおく。
［2］　連立方程式をつくる。
［3］　連立方程式を解く。
［4］　解を確かめる。

□練習 30

○例題 14 にならって，連立方程式をつくる。

□練習 31

○定価と売価の関係に注意して，連立方程式をつくる。たとえば

（ノートの売価）＝（定価）×（1－0.3）

テキストの解答

練習 30　ケーキ A 1 個の値段を x 円，ケーキ B 1 個の値段を y 円とすると

$$\begin{cases} 3x+2y=1000 & \cdots\cdots ① \\ 4x+6y=2100 & \cdots\cdots ② \end{cases}$$

①×3　$9x+6y=3000$
②　$-)\ 4x+6y=2100$
$5x=900$
$x=180$

$x=180$ を ① に代入して解くと　$y=230$
これらは問題に適している。
よって，**A 1 個の値段は　180 円，**
B 1 個の値段は　230 円

練習 31　ノート 1 冊の定価を x 円，消しゴム 1 個の定価を y 円とすると

$$\begin{cases} 8x+3y=2000 & \cdots\cdots ① \\ \dfrac{70}{100}x\times10+\dfrac{50}{100}y\times4=1700 & \cdots\cdots ② \end{cases}$$

② を整理すると

$7x+2y=1700$　……③

①×2　$16x+6y=4000$
③×3　$-)\ 21x+6y=5100$
$-5x=-1100$
$x=220$

$x=220$ を ① に代入して解くと　$y=80$
これらは問題に適している。
よって，**ノート 1 冊の定価は　220 円，**
消しゴム 1 個の定価は　80 円

テキスト 96 ページ

学習のめあて

連立方程式を利用して，速さの問題を解くことができるようになること。

学習のポイント

連立方程式を利用した速さの問題

速さや時間，道のりの関係を，図や表に表して考えると，方程式がつくりやすくなる。

テキストの解説

□例題 15

○道のりの関係と時間の関係から，方程式をつくる。これらの関係は，テキストにある図のようにまとめるとわかりやすい。

○表の形にまとめると，次のようになる。この表からも，道のりの関係 $x+y=10$，時間の関係 $\frac{x}{4}+\frac{y}{3}=3$ を見てとることができる。

	A～C	C～B	合計
道のり (km)	x	y	10
速さ (km/h)	4	3	
時間 (時間)	$\frac{x}{4}$	$\frac{y}{3}$	3

km/h は時速を表す

○A，C 間にかかった時間を x 時間，C，B 間にかかった時間を y 時間とすると

$$\begin{cases} x+y=3 \\ 4x+3y=10 \end{cases}$$ 解くと　$x=1$，$y=2$

よって，A，C 間の道のりは　$4\times1=4$ (km)

C，B 間の道のりは　$3\times2=6$ (km)

□練習 32

○走った道のりを x km，歩いた道のりを y km とすると，道のりの関係と時間の関係は，次の図のようにまとめることができる。

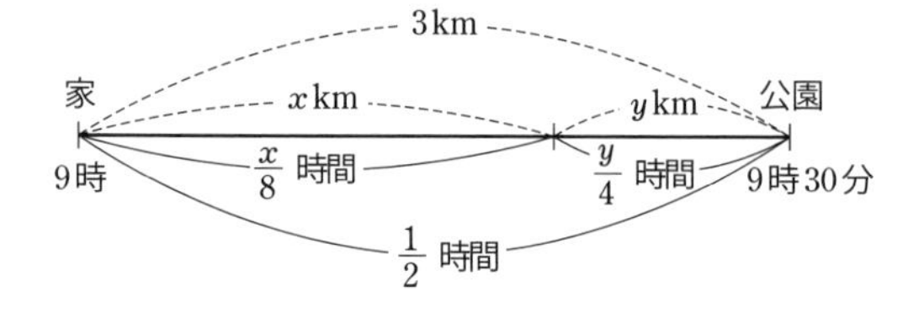

例題 15　A 地点から 10 km 離れた B 地点まで行くのに，A から途中(とちゅう)の C 地点までは時速 4 km で，C から B までは時速 3 km で歩いたところ，3 時間かかった。A，C 間の道のりと C，B 間の道のりをそれぞれ求めなさい。

5　考え方　道のりの関係と時間の関係から，方程式を 2 つつくる。

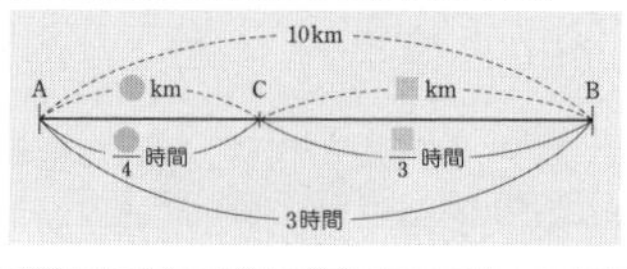

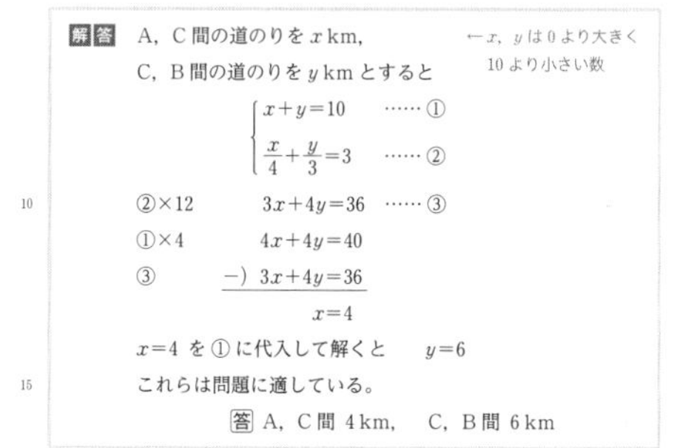

解答　A，C 間の道のりを x km，C，B 間の道のりを y km とすると　←x，y は 0 より大きく 10 より小さい数

$$\begin{cases} x+y=10 & \cdots\cdots ① \\ \frac{x}{4}+\frac{y}{3}=3 & \cdots\cdots ② \end{cases}$$

10　②×12　$3x+4y=36$　……③

①×4　$4x+4y=40$

③　$-)\ 3x+4y=36$

$x=4$

$x=4$ を ① に代入して解くと　$y=6$

15　これらは問題に適している。

答　A，C 間 4 km，　C，B 間 6 km

練習 32　A さんは 9 時に家を出発して，3 km 離れた公園に向かった。はじめは時速 8 km で走り，途中から時速 4 km で歩いたところ，公園には 9 時 30 分に到着した。走った道のりと歩いた道のりをそれぞれ求めなさい。

96 | 第 3 章　方程式

○図も参考にすると，道のりの関係と時間の関係の方程式はつくりやすくなる。

テキストの解答

練習 32　走った道のりを x km，歩いた道のりを y km とすると

$$\begin{cases} x+y=3 \\ \frac{x}{8}+\frac{y}{4}=\frac{30}{60} \end{cases}$$

すなわち
$$\begin{cases} x+y=3 & \cdots\cdots ① \\ \frac{x}{8}+\frac{y}{4}=\frac{1}{2} & \cdots\cdots ② \end{cases}$$

②×8　$x+2y=4$

①　$-)\ x+\ y=3$

$y=1$

$y=1$ を ① に代入して解くと　$x=2$

これらは問題に適している。

よって，**走った道のりは　2 km，**

歩いた道のりは　1 km

学習のめあて

連立方程式を利用して，食塩水の濃度の問題を解くことができるようになること。

学習のポイント

連立方程式を利用した濃度の問題

$$(\text{食塩水の濃度}\,[\%])=\frac{\text{食塩の重さ}}{\text{食塩水の重さ}}\times 100$$

(食塩水の重さ)＝(食塩の重さ)＋(水の重さ)

例題 16 10 % の食塩水と 6 % の食塩水を混ぜ合わせて，7 % の食塩水を 600 g 作りたい。食塩水は，それぞれ何 g ずつ混ぜ合わせればよいか答えなさい。

考え方 10 % の食塩水を x g，6 % の食塩水を y g 混ぜるとすると，食塩水の重さの関係と食塩の重さの関係は，次のようになる。

	10 % の食塩水	6 % の食塩水	7 % の食塩水
食塩水の重さ (g)	x	y	600
食塩の重さ (g)	$x\times\frac{10}{100}$	$y\times\frac{6}{100}$	$600\times\frac{7}{100}$

解答 10 % の食塩水を x g，6 % の食塩水を y g 混ぜるとすると

$$\begin{cases} x+y=600 & \cdots\cdots ① \\ x\times\frac{10}{100}+y\times\frac{6}{100}=600\times\frac{7}{100} & \cdots\cdots ② \end{cases}$$

② を整理すると　$5x+3y=2100$　……③

$$\begin{array}{lr} ③ & 5x+3y=2100 \\ ①\times 3 & -)\ 3x+3y=1800 \\ \hline & 2x \quad\ =300 \end{array}$$

$x=150$

$x=150$ を ① に代入して解くと　$y=450$

これらは問題に適している。

答　10 % の食塩水 150 g，　6 % の食塩水 450 g

練習 33 12 % の食塩水と 9 % の食塩水を混ぜ合わせて，10 % の食塩水を 300 g 作りたい。食塩水は，それぞれ何 g ずつ混ぜ合わせればよいか答えなさい。

5. 連立方程式の利用　97

テキストの解説

□例題 16

○テキスト 80 ページで述べたように，食塩水の濃度とは，食塩水に含まれる食塩の割合である。たとえば，食塩水 100 g の中に食塩が 10 g 含まれるとき，この食塩水の濃度は，

$\frac{10}{100}=0.1$ より 10% になる。

○食塩水の重さと食塩の重さに着目して，方程式を 2 つつくる。このとき，食塩水の重さと，食塩の重さの関係を，表にまとめて考えるとよい。

□練習 33

○12% の食塩水を x g，9 % の食塩水を y g 混ぜるとすると，食塩水の重さと食塩の重さは，次の表のようにまとめることができる。

	12%	9 %	10%
食塩水 (g)	x	y	300
食塩 (g)	$x\times\frac{12}{100}$	$y\times\frac{9}{100}$	$300\times\frac{10}{100}$

テキストの解答

練習 33　12% の食塩水を x g，9 % の食塩水を y g 混ぜるとすると

$$\begin{cases} x+y=300 & \cdots\cdots ① \\ x\times\frac{12}{100}+y\times\frac{9}{100}=300\times\frac{10}{100} & \cdots\cdots ② \end{cases}$$

②を整理すると　$4x+3y=1000$　……③

$$\begin{array}{lr} ③ & 4x+3y=1000 \\ ①\times 3 & -)\ 3x+3y=900 \\ \hline & x \quad\ =100 \end{array}$$

$x=100$ を ① に代入して解くと　$y=200$

これらは問題に適している。

よって，**12% の食塩水は　100 g，**

9 % の食塩水は　200 g

確かめの問題　　解答は本書 204 ページ

1　食塩水A 100 g と食塩水B 50 g を混ぜ合わせると 13% の食塩水ができる。

また，A 100 g とB 100 g を混ぜ合わせると 13.5% の食塩水ができる。

このとき，A，B の濃度はそれぞれ何%であるか答えなさい。

Aの濃度を x%，B の濃度を y% とおいて，連立方程式をつくってみよう。

テキスト 98 ページ

学習のめあて

連立方程式を利用して，少し複雑な問題も解くことができるようになること。

学習のポイント

複雑な問題

問題文に与えられた数量の関係を，図や表に整理して考える。

テキストの解説

□例題 17

○求めるものは昨年の男子，女子の生徒数であるから，これらの生徒数をそれぞれ x，y とおく。

○問題文をよく読んで，昨年の生徒数と今年の生徒数について，それぞれ方程式をつくる。

今年は昨年に比べると 3 人増えているから，

今年の生徒数は　$265+3=268$（人）

となる。

○今年の生徒数については，その増減に着目して方程式をつくることもできる。

男子は増加し，女子は減少しているから

（男子の増加人数）−（女子の減少人数）$=3$

方程式に表すと

$$\frac{8}{100}x-\frac{5}{100}y=3$$

すなわち　$8x-5y=300$

この式と，昨年の生徒数を表す方程式

$$x+y=265$$

を連立させて解いても，結果は同じである。

□練習 34

○(1) は例題 17 にならって解けばよい。(2) は (1) の結果を利用して計算することができる。

○(2) の今年の部員数を求める場合に，今年の男子，女子の部員数をそれぞれ x，y とおいて直接求めようとすると，計算が複雑になる。（次ページの解説参照）

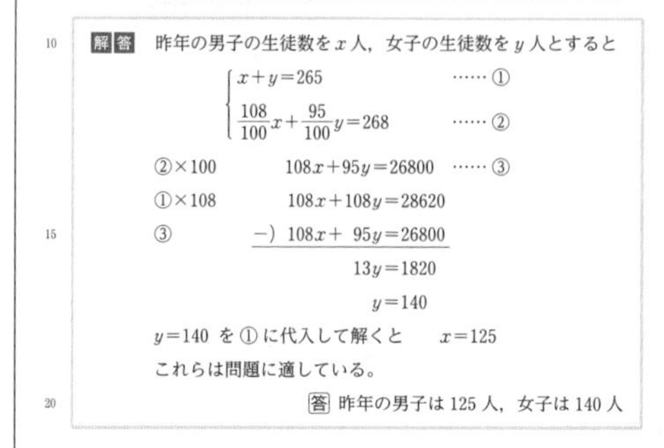

例題 17　ある中学校の昨年の 1 年生の生徒数は 265 人であった。今年は，昨年に比べると，男子は 8% 増加し，女子は 5% 減少して，全体では 3 人増加した。昨年の男子，女子の生徒数はそれぞれ何人か答えなさい。

考え方　昨年の男子の生徒数を x 人，女子の生徒数を y 人とすると，昨年の生徒数の関係と今年の生徒数の関係は，次のようになる。

	男子	女子	合計
昨年の生徒数（人）	x	y	265
今年の生徒数（人）	$x\times\frac{108}{100}$	$y\times\frac{95}{100}$	268

解答　昨年の男子の生徒数を x 人，女子の生徒数を y 人とすると

$$\begin{cases} x+y=265 & \cdots\cdots ① \\ \frac{108}{100}x+\frac{95}{100}y=268 & \cdots\cdots ② \end{cases}$$

②×100　$108x+95y=26800$ ……③

①×108　$108x+108y=28620$

③　$-)\ 108x+95y=26800$

$13y=1820$

$y=140$

$y=140$ を ① に代入して解くと　$x=125$

これらは問題に適している。

答　昨年の男子は 125 人，女子は 140 人

練習 34　あるクラブの昨年の部員数は 110 人であった。今年は，昨年に比べると，男子は 15% 減少し，女子は 10% 増加して，全体では 4 人減少した。

(1)　昨年の男子と女子の部員数をそれぞれ求めなさい。

(2)　今年の男子と女子の部員数をそれぞれ求めなさい。

98　第 3 章　方程式

テキストの解答

練習 34　(1)　昨年の男子の部員数を x 人，女子の部員数を y 人とすると

$$\begin{cases} x+y=110 & \cdots\cdots ① \\ \frac{85}{100}x+\frac{110}{100}y=106 & \cdots\cdots ② \end{cases}$$

②×100　$85x+110y=10600$ ……③

①×110　$110x+110y=12100$

③　$-)\ 85x+110y=10600$

$25x=1500$

$x=60$

$x=60$ を ① に代入して解くと　$y=50$

これらは問題に適している。

よって，昨年の **男子は 60 人，女子は 50 人**

(2)　今年の男子の部員数は

$$60\times\frac{85}{100}=51$$

今年の女子の部員数は

$$50\times\frac{110}{100}=55$$

よって，今年の **男子は 51 人，女子は 55 人**

テキスト 99 ページ

学習のめあて

どの数量を文字でおくかによって，方程式を解く手間が変わることを理解すること。

学習のポイント

計算のくふう

求めるものを x, y とおいて方程式を解く

→ 計算が複雑になる

→ 他のものを x, y とおいて方程式をつくる

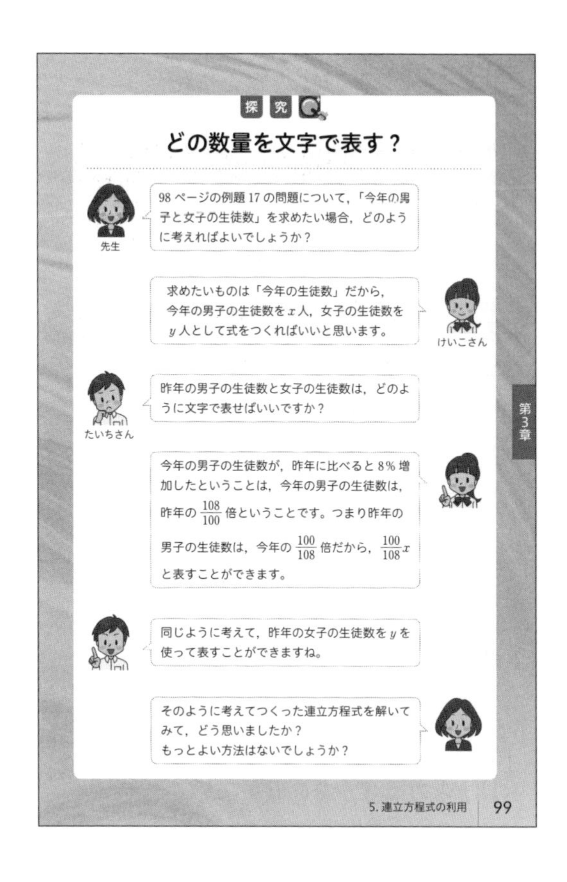

テキストの解説

□方程式と文字のおき方

○98 ページの例題 17 では，昨年の男子と女子の生徒数を求めた。そのため，昨年の男子，女子の生徒数を，それぞれ x, y とした。

○このとき，$x=125$, $y=140$ となるから

昨年の男子は 125 人，女子は 140 人

で，今年の男子と女子の生徒数は，次のようになることがわかる。

男子は　$125\times\frac{108}{100}=135$ (人)

女子は　$140\times\frac{95}{100}=133$ (人)

○一方，初めから今年の男子，女子の生徒数を求めるのであれば，今年の男子，女子の生徒数をそれぞれ x, y とおくのが自然である。すると，今年の生徒数の関係と昨年の生徒数の関係は，次のようにまとめられる。

	男子	女子	合計
今年の生徒数 (人)	x	y	268
昨年の生徒数 (人)	$x\times\frac{100}{108}$	$y\times\frac{100}{95}$	265

○このとき，連立方程式は

$$\begin{cases} x+y=268 & \cdots\cdots ① \\ \frac{100}{108}x+\frac{100}{95}y=265 & \cdots\cdots ② \end{cases}$$

② の両辺に 108×95 (108 と 95 の最小公倍数) をかけて，分母をはらうと

$$9500x+10800y=2718900$$

したがって，連立方程式

$$\begin{cases} x+y=268 \\ 9500x+10800y=2718900 \end{cases}$$

を解けばよいことになるが，例題 17 に比べて，その計算はめんどうである。

② の分母をはらうのもめんどうだね。

○このような場合，多少遠回りにはなるが，昨年の生徒数を文字でおいた方が，計算まちがいが少なくなってよい。

○一般に，比較の問題では，基準となる方を文字でおくとよい。例題 17 では昨年を基準としているから，求めるものが今年の生徒数であったとしても，昨年の生徒数を文字でおいた方がよい。

テキスト100ページ

学習のめあて

連立3元1次方程式を利用して，文章題を解くことができるようになること。

学習のポイント

連立3元1次方程式の利用

わからない数量が3つあるとき，それらをx，y，zとおいて，3つの方程式をつくることを考える。

連立3元1次方程式を用いて，文章題を解いてみよう。

例題18　3種類の切手A，B，Cがある。

Aを2枚，Bを3枚，Cを1枚買うと647円
Aを3枚，Bを2枚，Cを2枚買うと958円
Aを1枚，Bを5枚，Cを3枚買うと1269円

であるという。
A，B，Cの1枚の値段をそれぞれ求めなさい。

解答　A，B，Cの1枚の値段をそれぞれx円，y円，z円とすると

$$\begin{cases} 2x+3y+z=647 & \cdots\cdots ① \\ 3x+2y+2z=958 & \cdots\cdots ② \\ x+5y+3z=1269 & \cdots\cdots ③ \end{cases}$$

まず，zを消去する。
①×2−② より　$x+4y=336$　……④
①×3−③ より　$5x+4y=672$　……⑤
④，⑤ より　$x=84$，$y=63$
これらを ① に代入して解くと　$z=290$
これらは問題に適している。

答　Aは84円，Bは63円，Cは290円

練習35　A，B，Cの3人が，チョコレート，ガム，アメを買った。
Aは，チョコレート1個とガム1個とアメ6個を買い，60円支払った。
Bは，チョコレート2個とガム3個とアメ4個を買い，90円支払った。
Cは，チョコレート3個とガム5個とアメ3個を買い，125円支払った。
チョコレート，ガム，アメの1個の値段をそれぞれ求めなさい。

100　第3章　方程式

テキストの解説

□例題18

○わからない数量が3つあるときも，解き方は同じ。次の手順で考える。

[1]　求める3つの数量を文字で表す。

[2]　等しい数量の関係を3つ見つけて，3つの方程式をつくる。

[3]　連立3元1次方程式を解く。

[4]　連立3元1次方程式の解が，実際の問題に適しているか確かめる。

○わからない数量が1つ増えるごとに，方程式も1つ増える。

○解答は簡潔にまとめているが，①×2−② と ①×3−③ の計算を縦書きで行うと，それぞれ次のようになる。

$$\begin{array}{lrl} ①\times 2 & & 4x+6y+2z=1294 \\ ② & -) & 3x+2y+2z=958 \\ \hline & & x+4y \quad\quad =336 \end{array}$$

$$\begin{array}{lrl} ①\times 3 & & 6x+9y+3z=1941 \\ ③ & -) & x+5y+3z=1269 \\ \hline & & 5x+4y \quad\quad =672 \end{array}$$

○連立3元1次方程式を解くのはたいへんなため，ていねいに計算を進めるようにする。

□練習35

○チョコレート，ガム，アメ1個の値段をそれぞれx円，y円，z円として方程式をつくる。連立方程式を正しく解くことがポイント。

テキストの解答

練習35　チョコレート，ガム，アメの1個の値段をそれぞれx円，y円，z円とすると

$$\begin{cases} x+y+6z=60 & \cdots\cdots ① \\ 2x+3y+4z=90 & \cdots\cdots ② \\ 3x+5y+3z=125 & \cdots\cdots ③ \end{cases}$$

①×2−② より

$-y+8z=30$　……④

①×3−③ より

$-2y+15z=55$　……⑤

④，⑤ より　$y=10$，$z=5$

これらを ① に代入して解くと　$x=20$

これらは問題に適している。

よって，**チョコレートは20円，**
ガムは10円，
アメは5円

テキスト101ページ

学習のめあて

連立方程式の解から，方程式の係数などを求めることができるようになること。

学習のポイント

連立方程式と解

x，y についての連立方程式について

$x=p$，$y=q$ が連立方程式の解

→ $x=p$，$y=q$ を代入した式が成り立つ

テキストの解説

□例題 19

○連立方程式は 4 つの文字 a，b，x，y を含んでいる。このうちの x，y の値を利用して，a，b の値を求める。

○81 ページの例題 7 で，次のことを学んだ。

x についての方程式 $ax-9=2x$ の解が 3

→ 方程式の x に 3 を代入した式が成り立つ

→ $a\times3-9=2\times3$

例題 19 も，考え方はまったく同じである。

○方程式 $ax+by=1$ の解が $x=3$，$y=2$

→ 方程式に $x=3$，$y=2$ を代入した式が成り立つ

→ $a\times3+b\times2=1$

方程式 $bx-ay=8$ の解が $x=3$，$y=2$

→ 方程式に $x=3$，$y=2$ を代入した式が成り立つ

→ $b\times3-a\times2=8$

したがって $\begin{cases}3a+2b=1\\3b-2a=8\end{cases}$

○a，b の値は，この連立方程式を解いて求めることができる。

○$a=-1$，$b=2$ のとき，連立方程式は

$$\begin{cases}-x+2y=1\\2x+y=8\end{cases}$$

で，この解は，確かに $x=3$，$y=2$ になる。

連立方程式と解

解が与(あた)えられた連立方程式について考えてみよう。

x，y の連立方程式について，解が $x=p$，$y=q$ であるとき，これらをもとの連立方程式に代入した式が成り立つ。

このことを用いて，次の問題を考えてみよう。

例題 19 連立方程式 $\begin{cases}ax+by=1\\bx-ay=8\end{cases}$ の解が，$x=3$，$y=2$ であるとき，a，b の値を求めなさい。

解答 解が $x=3$，$y=2$ であるから，これらを連立方程式 $\begin{cases}ax+by=1\\bx-ay=8\end{cases}$ に代入すると

$$\begin{cases}3a+2b=1 & \cdots\cdots①\\3b-2a=8 & \cdots\cdots②\end{cases}$$

$$\begin{array}{lrl}①\times3 & 9a+6b= & 3\\②\times2 & -)\ -4a+6b= & 16\\\hline & 13a\qquad = & -13\\ & a= & -1\end{array}$$

$a=-1$ を ① に代入して解くと $b=2$

答 $a=-1$，$b=2$

練習 36 連立方程式 $\begin{cases}ax-by=9\\bx+2ay=-16\end{cases}$ の解が $x=1$，$y=-3$ であるとき，a，b の値を求めなさい。

5. 連立方程式の利用 101

□練習 36

○連立方程式の x，y に，解である $x=1$，$y=-3$ を代入して，a，b についての連立方程式をつくる。

テキストの解答

練習 36 解が $x=1$，$y=-3$ であるから，これらを連立方程式 $\begin{cases}ax-by=9\\bx+2ay=-16\end{cases}$ に代入すると

$$\begin{cases}a+3b=9 & \cdots\cdots①\\b-6a=-16 & \cdots\cdots②\end{cases}$$

$$\begin{array}{lrl}① & a+3b= & 9\\②\times3 & -)\ -18a+3b= & -48\\\hline & 19a\qquad = & 57\\ & a= & 3\end{array}$$

$a=3$ を ① に代入して解くと $b=2$

よって $\boldsymbol{a=3}$，$\boldsymbol{b=2}$

テキスト 102 ページ

学習のめあて

方程式を利用した文章題の解き方において，解の確かめの意味を理解すること。

学習のポイント

解の確かめ

方程式の解が，実際の問題に適しているか確かめる。実際の問題に適していない場合は，改めて問題の意味を考える。

テキストの解説

□解の確かめ

○テキストにおける「たいち」さんと「けいこ」さんがつくった問題は，次のようになる。

（たいちさんの問題）

ペン 3 本とノート 5 冊の代金の合計が 1000 円で，ペン 4 本とノート 1 冊の代金の合計が 880 円であるとき，ペン 1 本とノート 1 冊の値段を求めなさい。

（けいこさんの問題）

ペン 3 本とノート 5 冊の代金の合計が 1000 円で，ペン 5 本とノート 2 冊の代金の合計が 1200 円であるとき，ペン 1 本とノート 1 冊の値段を求めなさい。

○ペン 1 本の値段を x 円，ノート 1 冊の値段を y 円とする。たいちさんの問題では，$x=200$，$y=80$ となって，これらは方程式の解であるだけでなく，問題の解にもなっている。

一方，けいこさんの問題では，x，y の値がともに分数となってしまう。ペンが $\frac{4000}{19}$ 円ということはありえないため，方程式の解を問題の解とすることはできない。

○これは，けいこさんの問題のような場合が，実際には起こりえないことを表していて，けいこさんがつくった問題は，適切ではないということができる。

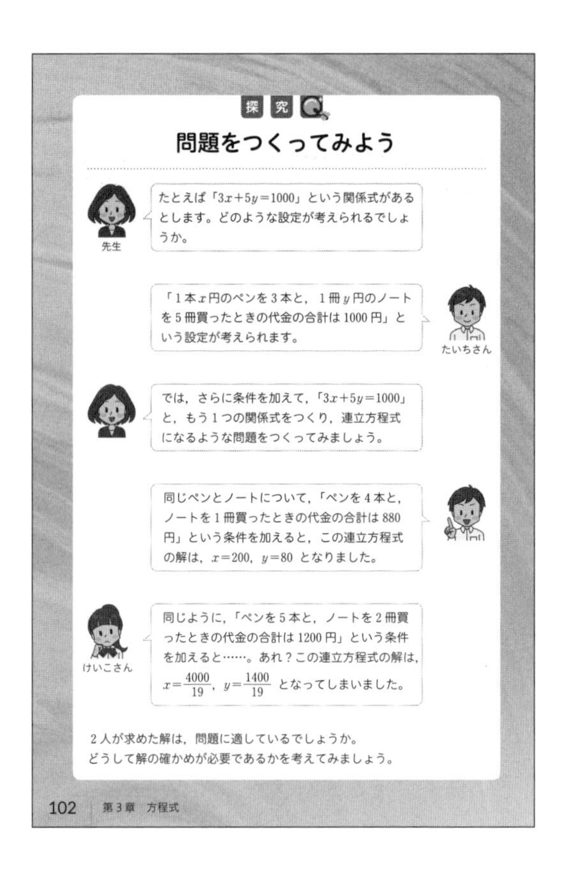

探究

問題をつくってみよう

先生：たとえば「$3x+5y=1000$」という関係式があるとします。どのような設定が考えられるでしょうか。

たいちさん：「1 本 x 円のペンを 3 本と，1 冊 y 円のノートを 5 冊買ったときの代金の合計は 1000 円」という設定が考えられます。

先生：では，さらに条件を加えて，「$3x+5y=1000$」と，もう 1 つの関係式をつくり，連立方程式になるような問題をつくってみましょう。

たいちさん：同じペンとノートについて，「ペンを 4 本と，ノートを 1 冊買ったときの代金の合計は 880 円」という条件を加えると，この連立方程式の解は，$x=200$，$y=80$ となりました。

けいこさん：同じように，「ペンを 5 本と，ノートを 2 冊買ったときの代金の合計は 1200 円」という条件を加えると……。あれ？この連立方程式の解は，$x=\frac{4000}{19}$，$y=\frac{1400}{19}$ となってしまいました。

2 人が求めた解は，問題に適しているでしょうか。
どうして解の確かめが必要であるかを考えてみましょう。

102　第 3 章　方程式

○このように，解の確かめは，方程式の解が実際の問題に適しているかどうかを確認するための作業である。

テキストの解答

（練習 25 は 91 ページの問題）

練習 25　(2)
$$\begin{cases} \frac{1}{6}x+\frac{3}{4}y=-1 & \cdots\cdots ① \\ 7x+3y=2x+9 & \cdots\cdots ② \end{cases}$$

①×12　$2x+9y=-12$　……③

② より　$5x+3y=9$　……④

$$\begin{array}{lrl} ④\times 3 & 15x+9y & =27 \\ ③ & -)\quad 2x+9y & =-12 \\ \hline & 13x\qquad & =39 \end{array}$$

$x=3$

$x=3$ を ④ に代入すると

$5\times 3+3y=9$

$y=-2$

よって　$\boldsymbol{x=3,\ y=-2}$

テキスト 103 ページ

確認問題

確認問題

1 次の数量の関係を等式で表しなさい。

(1) 鉛筆 x 本を，1 人に 4 本ずつ a 人に配ろうとしたが，b 本たりなかった。

(2) 昨年の生徒数は x 人であったが，今年は 7% 増えて y 人になった。

2 次の方程式を解きなさい。

(1) $4x-1=9x+24$　　(2) $x-2(5x-4)=-10$

(3) $\frac{x}{3}-1=\frac{x-3}{9}$　　(4) $0.8x-4=1.5x+0.2$

3 一の位の数が 8 である 2 けたの正の整数がある。この整数の十の位の数と一の位の数を入れかえた数は，もとの整数の 3 倍より 2 小さくなる。もとの整数を求めなさい。

4 次の等式を〔　〕の中の文字について解きなさい。

(1) $9a-12b=21$ 〔b〕　　(2) $y=-\frac{1}{4}x+3$ 〔x〕

5 次の連立方程式を解きなさい。

(1) $\begin{cases} 3x-2y=-7 \\ y=5x+7 \end{cases}$　　(2) $\begin{cases} x=3(2y+5) \\ 4x-y=14 \end{cases}$

(3) $\begin{cases} 5x+3y=-1 \\ 7x+2y=-8 \end{cases}$　　(4) $\begin{cases} x-2y+z=8 \\ 2x-y-z=1 \\ 3x+6y+2z=-3 \end{cases}$

6 3000 円の予算でバラとかすみ草を買いに行った。バラ 9 本とかすみ草 3 本では 120 円たりず，バラ 7 本とかすみ草 4 本では 190 円余る。バラ 1 本，かすみ草 1 本の値段を，それぞれ求めなさい。

第3章

テキストの解説

□問題 1

○数量の関係を等式に表す。それぞれの関係を図に表して考えるとわかりやすい。

(1)

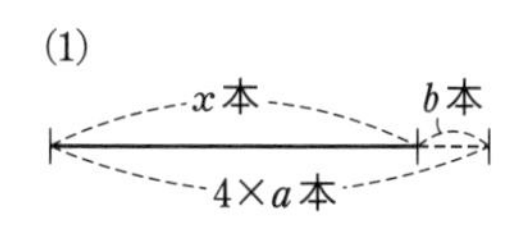

(2)

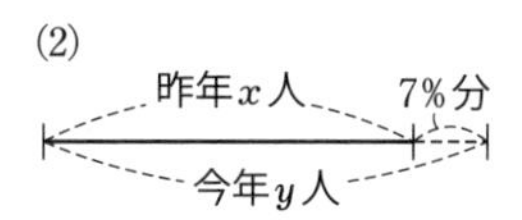

□問題 2

○ 1 次方程式の解き方。かっこがあればかっこをはずし，係数に分数や小数を含むものは，まず係数を整数にする。

□問題 3

○一の位の数はわかっているから，十の位の数を x とおいて方程式をつくる。

□問題 4

○等式の変形。$b=\sim$，$x=\sim$ の形にする。

□問題 5

○連立方程式の解き方。(1)，(2) は，$y=\sim$，$x=\sim$ の式があるから，代入法を利用する。

□問題 6

○バラ 9 本とかすみ草 3 本，バラ 7 本とかすみ草 4 本の代金を考えて，連立方程式をつくる。

テキストの解答

(練習 25 は 91 ページの問題)

練習 25　(3) $\begin{cases} \frac{x-1}{3}+\frac{y+3}{2}=2 & \cdots\cdots ① \\ 4x+5y=8 & \cdots\cdots ② \end{cases}$

①×6　　$2(x-1)+3(y+3)=12$

整理して　　$2x+3y=5$　……③

③×2　　$4x+6y=10$

②　　$-)\ 4x+5y=8$

$y=2$

$y=2$ を ② に代入すると

$4x+5\times2=8$

$x=-\frac{1}{2}$

よって　　$x=-\frac{1}{2}$，$y=2$

(4) $\begin{cases} 1.2x-0.7y=-1.3 & \cdots\cdots ① \\ 0.4x-0.5y=0.9 & \cdots\cdots ② \end{cases}$

①×10　　$12x-7y=-13$　……③

②×10　　$4x-5y=9$　……④

③　　$12x-7y=-13$

④×3　$-)\ 12x-15y=27$

$8y=-40$

$y=-5$

$y=-5$ を ④ に代入すると

$4x-5\times(-5)=9$

$x=-4$

よって　　$x=-4$，$y=-5$

演習問題A

> **演習問題 A**
>
> **1** 次の方程式を解きなさい。
>
> (1) $\dfrac{x-4}{3}=\dfrac{3-x}{4}+2$　　(2) $0.8(0.1x+3)-0.1x=0.04x$
>
> **2** 自動車でA地点からB地点まで行くのに，時速 60 km で走ると，時速 40 km で走るより 45 分早く着く。A 地点からB地点までの道のりを求めなさい。
>
> **3** ある商品に原価の 40% 増しの定価をつけて販売した。しかし，売れ残ったので，定価の 10% 引きで売ったところ，312 円の利益を得た。この商品の原価を求めなさい。
>
> **4** 次の連立方程式を解きなさい。
>
> (1) $\begin{cases} \dfrac{3}{4}x-\dfrac{2}{3}y=1 \\ 3x-2y=6 \end{cases}$　　(2) $\begin{cases} 0.4x+0.1y=1 \\ 0.16x-0.03y=0.54 \end{cases}$
>
> **5** 方程式 $x+3y=7x-5y=3x+11$ を解きなさい。
>
> **6** 次のような形の式も，連立方程式と考えることができる。次の連立方程式を解きなさい。
>
> (1) $\begin{cases} 7x-3y=36 \\ x:y=3:4 \end{cases}$　　(2) $\begin{cases} (x-2):(y+3)=3:2 \\ 4x-5y=67 \end{cases}$
>
> **7** 周囲が 9 km の池を，Aは自転車で，Bは徒歩で同じところを出発して反対の方向にまわる。2 人が同時に出発すると，30 分後にAとBは出会う。また，AがBよりも 18 分おくれて出発すると，Aが出発してから 26 分後にAとBは出会う。A，B の速さはそれぞれ時速何 km か答えなさい。
>
> 104 | 第 3 章　方程式

テキストの解説

□問題 1

○かっこや，小数，分数を含む方程式の解き方。

○(1)　両辺に 12 をかけて分母をはらう。右辺の 2 にも 12 をかけることを忘れないようにする。

○(2)　かっこをはずす前に，係数を整数にする。両辺に 100 をかける。

□問題 2

○速さの問題。A地点からB地点までの道のりを x km として，時間についての方程式をつくる。

○単位を時間にそろえる。45 分 → $\dfrac{45}{60}$ 時間

□問題 3

○割合の問題。原価，定価，売価の関係をつかんで，方程式をつくる。

□問題 4

○いろいろな連立方程式の解き方。1 次方程式の場合と同じように，係数に分数や小数を含む方程式は，まず，係数を整数にする。

□問題 5

○$A=B=C$ の形をした方程式。等式を 2 つつくり，それらを連立させて解く。

□問題 6

○比例式を含む連立方程式。次の性質を利用して，比例式を普通の等式の形に表す。

$a:b=c:d$　のとき　$ad=bc$

○(1) は次のように考えることもできる。

$x:y=3:4$ であるから，$x=3n$，$y=4n$ とおくと　　$7\times3n-3\times4n=36$

これを解くと　　$n=4$

よって　　$x=3\times4=12$，$y=4\times4=16$

□問題 7

○問題の意味を正しくつかんで，連立方程式をつくる。

○出会う　→　2 人が進んだ道のりの和は，池 1 周分の道のりに等しい

確かめの問題　解答は本書 204 ページ

1　次の方程式，連立方程式を解きなさい。

(1)　$3x+1=5x-3$

(2)　$\dfrac{4a+3}{3}=-2a+6$

(3)　$\begin{cases} 5x+2y=9 \\ 4x-3y=21 \end{cases}$

(4)　$\begin{cases} 2(x-3)+3y=7 \\ 3x-4(y+3)=16 \end{cases}$

(5)　$\begin{cases} a+2b=3 \\ a:b=4:1 \end{cases}$

(6)　$\begin{cases} \dfrac{x}{3}+\dfrac{y}{2}=1 \\ 0.3x-0.6y=-7.5 \end{cases}$

演習問題B

テキストの解説

□問題8

○ディオファントスの問題（テキスト85ページ）と同じタイプの問題。Aさんが最初に持っていたお菓子の個数をx個とすると

弟→$\frac{3}{10}x$個，妹→$\frac{2}{5}x$個，自分→$\frac{1}{4}x$個

○$\frac{3}{10}x$，$\frac{2}{5}x$，$\frac{1}{4}x$は整数であるから，xは10，5，4の倍数，すなわち20の倍数である。

問題9

○同じような問題は，79ページの例題5でも考えた。例題5の解答と比べて，どこがちがっているかを考えてみるとよい。

○$x=9$は，方程式$80x=60(3+x)$の解であるが，問題の解であるとは限らない。

□問題10

○同じ解をもつ2つの連立方程式。

○2つの連立方程式の解が同じならば，4つの方程式の解も同じである。

→$2x+y=4$，$3x+4y=1$の解も同じ。

□問題11

○次のようにして，列車の速さは求まるが，列車の長さをx m，列車の速さを秒速y mとおくと，方程式がつくりやすくなる。

○トンネルの長さと鉄橋の長さの差は　1800 m
列車は1800 mを進むのに$130-40=90$（秒）かかるから，列車の速さは　秒速20 m

□問題12

○実際の人数を文字でおくと，計算がめんどうになる。予想した男性の人数をx人，女性の人数をy人として方程式をつくる。

演習問題B

8 Aさんはお菓子をいくつか持っており，その中の$\frac{3}{10}$を弟に，$\frac{2}{5}$を妹にあげ，$\frac{1}{4}$を食べたところ，お菓子は3個残った。Aさんが最初に持っていたお菓子の個数を求めなさい。

9 弟が，家を出て700 m離れた学校に歩いて向かった。その3分後に，兄が同じ道を歩いて弟を追いかけた。弟の速さは分速60 m，兄の速さは分速80 mである。兄は何分後に弟に追いつくか求めなさい。

上の問題に対して，Aさんは次のように解答した。

（解答）　兄がx分後に弟に追いつくとすると
$$80x=60(3+x)$$
これを解いて　$x=9$
よって，兄が弟に追いつくのは　9分後

Aさんの解答にはよくない点がある。それがどのような点か答えなさい。

10 2つの連立方程式$\begin{cases}2x+y=4\\ax+by=16\end{cases}$と$\begin{cases}3x+4y=1\\bx+ay=-19\end{cases}$が同じ解をもつとき，$a$，$b$の値を求めなさい。

11 ある列車が，一定の速さで長さ700 mの鉄橋を渡り始めてから渡り終わるまでに40秒かかった。また，この列車が同じ速さで長さ2500 mのトンネルに入り始めてから，出終わるまでに，130秒かかった。この列車の長さを求めなさい。

12 ある競技の観客数は，予想した人数より50人少なかった。そのうち男性の観客は予想より10％少なく，女性の観客は予想より10％多く，全体としては予想より1％少なかった。実際の男性の観客数を求めなさい。

第3章　方程式　105

実力を試す問題　解答は本書209ページ

1　次の連立方程式を解きなさい。

(1) $\begin{cases}\frac{1}{x}+\frac{2}{y}=3\\ \frac{2}{x}+\frac{3}{y}=2\end{cases}$　(2) $\begin{cases}\frac{1}{x}-\frac{1}{y}=1\\ \frac{5}{x}+\frac{3}{y}=6\end{cases}$

2　A，B 2つのビーカーがある。Aには濃度x％の食塩水400 gが，Bには濃度y％の食塩水500 gがそれぞれ入っている。このとき，Aから100 gの食塩水をBに移してよくかき混ぜた後に，Bから200 gの食塩水をAにもどしてよくかき混ぜたところ，Aの食塩水の濃度が7％，Bの食塩水の濃度が8.5％になった。x，yの値をそれぞれ求めなさい。

ヒント　**1**　$\frac{1}{x}=X$，$\frac{1}{y}=Y$とおいて，X，Yの連立方程式にする。

テキスト 106 ページ

第4章　不等式

この章で学ぶこと

1．不等式の性質（108～111 ページ）

不等式の意味とその性質について学びます。

不等式には等式と同じような性質もありますが，等式にはない性質もあるため，注意が必要です。

新しい用語と記号

不等式，≧，≦，解，解く

2．不等式の解き方（112～115 ページ）

不等式の性質を利用して，1 次不等式を解く方法を学びます。

また，方程式と同じように，かっこを含む不等式や，係数に分数や小数を含む不等式を解く方法についても考えます。

新しい用語と記号

1 次不等式

3．不等式の利用（116～118 ページ）

1 次不等式を利用して，いろいろな問題を解くことを考えます。個数と代金の問題や，割合，速さの問題などを，不等式を利用して解く方法も学びます。

4．連立不等式（119～122 ページ）

連立不等式の意味とその解き方について学びます。

また，連立不等式を利用して，いろいろな問題を解くことを考えます。

新しい用語と記号

連立不等式，解，解く

テキストの天びんばかりの問題は，66 ページでも考えたね。

第4章　不等式

第 3 章の 66，67 ページでは，重さのわからない 物体 の重さを天びんばかりを使って求めました。

物体の重さを xg とすると，下の図のように，天びんがつり合っている状態を等式で表してみましょう。

では，ここで左の皿の物体を 1 つ取ります。天びんはどうなるでしょうか。また，そこからどのようなことがわかりますか？

106

テキストの解説

□天びんばかり

○テキストのイラストにおいて，天びんばかりの左右の皿には，次のようなものがのっている。そして，天びんばかりはつり合っている。

左の皿　　物体 3 個と 8 g の分銅 1 個

右の皿　　物体 1 個と 12 g の分銅 3 個

このとき，物体 1 個の重さを x g とすると，この関係は，次の等式で表すことができる。

$$3x+8=x+36$$

○この状態から，左の皿の物体 1 個を取ると，左の皿の方が軽くなり，天びんばかりは右に傾く。このとき，

左の皿にのったものの重さは　$(2x+8)$ g

右の皿にのったものの重さは　$(x+36)$ g

であり，

(左の皿の重さ)<(右の皿の重さ)

となるから，次の関係が得られる。

$$2x+8<x+36$$

テキスト107ページ

テキストの解説

□天びんばかり（前ページの続き）

○等式の性質でも考えたように，つり合った状態の天びんばかりに対して
　① 左右に同じ重さのものをのせる
　② 左右から同じ重さのものを取る
を行っても，天びんはつり合ったままである。

○また，傾いた状態の天びんばかりに対して
　① 左右に同じ重さのものをのせる
　② 左右から同じ重さのものを取る
を行っても，天びんは傾いたままである。
たとえば，左に傾いていれば，左に傾いたままであり，右に傾いていれば，右に傾いたままである。

○このことをもとにして，前ページの関係

$$2x+8<x+36$$

をとらえると，次のようなことがいえる。

左の皿 $2x+8$ (g)　　右の皿 $x+36$ (g)

↓ 両方の皿から物体を1個取る。
右に傾いた状態は保たれる。

左の皿 $x+8$ (g)　　右の皿 36 (g)

↓ 両方の皿から8gの分銅を取る。右の皿に8gの分銅はないが，計算のうえで8gを除く。
右に傾いた状態は保たれる。

左の皿 x (g)　　右の皿 28 (g)

このことは，$2x+8<x+36$ が成り立つとき，$x<28$ であることを意味している。

○私たちのまわりには，「等しい」という関係だけでなく，「等しくない」すなわち「大きい，小さい」という関係で表されることがらもたくさんある。

○第3章では，等式の性質を利用して，方程式を解くことを考えた。この章では，不等式の性質を利用して，不等式を解くことを考える。

不等式には，等式とは異なる性質もあるから，注意が必要だよ。

この章では，「不等式」を学びます。
大小関係を式で表して解くことの便利さを実感してみましょう。

不等号<, >は，イギリスの数学者トマス・ハリオットが初めて使ったといわれています。このことは，トマス・ハリオットが亡くなってから発行された書物で明らかになりました。

第4章

Thomas Harriot

⇑トマス・ハリオット（1560–1621）
イギリスの数学者，天文学者

107

□不等式と不等号

○この章で学ぶ不等式は，数と数だけでなく，数と式，式と式の大小関係を，不等号を用いて表したものである。

○これらの大小関係を表す記号 < や > は，イギリスの数学者トマス・ハリオットが初めて使ったといわれている。

○大小関係には，次のようなものもある。
　　「～は……以上である」
　　「～は……以下である」
これらの関係は，記号≦や≧で表される。
「≦」は「<または=」を表し，「≧」は「>または=」を表す便利な記号であるが，これらが用いられるようになったのは，さらに後のことである。

1．不等式の性質

学習のめあて

大小関係と不等式の意味について知ること。

学習のポイント

不等式

数量の大小関係を，不等号を用いて表した式を **不等式** という。不等式で，不等号の左側の式を左辺，右側の式を右辺といい，左辺と右辺を合わせて両辺という。

数量の大小関係と不等式

x が a **より大きい** → $x>a$

x が a **より小さい** → $x<a$

x が a **以上** である → $x \geqq a$

x が a **以下** である → $x \leqq a$

x が a **未満** である → $x<a$

テキストの解説

□練習 1

○ 2 つの数量の大小関係を不等式に表す。

○英語の得点と数学の得点の平均を文字の式で表し，「より高い」を意味する不等式に表す。

□不等式の表し方

○数のとりうる値の範囲を表す用語には，いろいろなものがある。

○このうち，「以上」「以下」はその数を含むことに注意する。

○「$x \geqq a$」は「$x>a$ または $x=a$」を表し，「$x \leqq a$」は「$x<a$ または $x=a$」を表す。

不等号「≧」と「≦」は，数どうしの大小関係を表すときには用いることのなかった記号である。

□練習 2

○「以上」「未満」の関係にある 2 つの数量の大小関係を不等式に表す。

1. 不等式の性質

不等式

重さ 1 kg の箱に，1 個 2 kg の品物を何個か入れて，全体の重さを 10 kg より少なくしたい。

品物を x 個入れるとすると，大小関係は不等号を用いて，次のように表すことができる。

$$2x+1<10$$

このように，数量の大小関係を，不等号を用いて表した式を **不等式**（ふとうしき） という。

不等式でも，等式の場合と同じく，左辺，右辺，両辺という用語を使う。

不等式

$2x+1 < 10$

左辺　右辺

両辺

練習 1 ある生徒の英語と数学のテストの得点はそれぞれ x 点と y 点である。得点の平均が 60 点より高くなるとき，その関係を不等式で表しなさい。

不等式の表し方には次のようなものがある。

表し方	意味
$x>a$	x が a **より大きい**（a は含まない）
$x \geqq a$	x が a **以上**（$x>a$ または $x=a$）
$x<a$	x が a **より小さい**（a は含まない），x が a **未満**
$x \leqq a$	x が a **以下**（$x<a$ または $x=a$）

練習 2 次の数量の関係を不等式で表しなさい。

(1) 1 本 a 円の鉛筆を 3 本と，1 個 b 円の消しゴムを 2 個買うと，代金の合計は 300 円以上となる。

(2) 家から x km 離れた A 地点まで，時速 5 km で歩くと，2 時間未満で A 地点に着く。

108　第 4 章　不等式

テキストの解答

練習 1 ある生徒の英語と数学のテストの得点は，それぞれ x 点，y 点で，その平均は

$$(x+y) \div 2 = \frac{x+y}{2}$$

この点数が 60 点より高くなるから，不等式は $\boldsymbol{\frac{x+y}{2}>60}$

練習 2 (1) 1 本 a 円の鉛筆 3 本と，1 個 b 円の消しゴム 2 個を買うと，代金の合計は

$$a \times 3 + b \times 2 = 3a+2b$$

この金額が 300 円以上となるから，不等式は $\boldsymbol{3a+2b \geqq 300}$

(2) 家から x km 離れた A 地点まで，時速 5 km で歩くと，かかった時間は $\frac{x}{5}$

このかかった時間が 2 時間未満であるから，不等式は $\boldsymbol{\frac{x}{5}<2}$

テキスト 109 ページ

学習のめあて

不等式の性質について理解すること。

学習のポイント

不等式の性質

具体的な数の大小関係を用いて，等式と同じような性質が成り立つかどうかを考える。

例　不等式 $1<3$ に対し

$1+2<3+2$，　$1-2<3-2$

$1\times2<3\times2$，$1\times(-2)>3\times(-2)$

テキストの解説

□不等式の性質

○不等式の両辺に同じ数をたしたり，同じ数をかけたりして，不等式がそのまま成り立つかどうかを考える。

○不等式 $1<3$ の両辺に同じ負の数をかけたとき，不等号の向きが変わることがわかる。これは，テキストの図で，矢印が交差している場合である。

○負の数でわることは，その数の逆数である負の数をかけることと同じであるから，負の数でわると，やはり不等号の向きは変わる。

○たとえば，天びんばかりの左の皿に 1 g の物体がのっていて，右の皿に 3 g の物体がのっているとする。このとき，天びんは右に傾いていて，このことは，不等式 $1<3$ が成り立つことを表している。

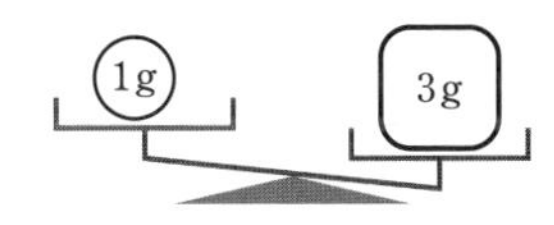

○この天びんばかりの左右の皿に，それぞれ 2 g の物体をのせても，天びんの傾きは変わらない。また，左右の皿の物体をそれぞれ 2 倍にしても，天びんの傾きは変わらない。このことは，不等式 $1+2<3+2$，$1\times2<3\times2$ が成り立つことを表していると考えることができる。

不等式の性質

不等式でも，70 ページの等式の性質と同じようなことが成り立つかどうかを調べてみよう。

不等式 $1<3$ の両辺に 2 をたすと

$1+2<3+2$

よって，大小関係は変わらない。

不等式 $1<3$ の両辺から 2 をひくと

$1-2<3-2$

よって，大小関係は変わらない。

不等式 $1<3$ の両辺に 2 をかけると

$1\times2<3\times2$

よって，大小関係は変わらない。

不等式 $1<3$ の両辺に -2 をかけると

$1\times(-2)>3\times(-2)$

よって，大小関係が変わる。

練習 3　$-2<4$ に対して，次の □ にあてはまる不等号（$<$ または $>$）を入れなさい。

(1)　$-2+3$ □ $4+3$　　(2)　$-2-3$ □ $4-3$

(3)　$-2\times(-1)$ □ $4\times(-1)$　　(4)　$\dfrac{-2}{-2}$ □ $\dfrac{4}{-2}$

1. 不等式の性質　109

□練習 3

○具体的な数の大小関係を用いて，不等式の性質を確認する。両辺をそれぞれ計算すれば，不等号の向きはすぐにわかる。

テキストの解答

練習 3　(1)　$-2<4$ の両辺に 3 をたすと

$-2+3<4+3$

よって　$<$

(2)　$-2<4$ の両辺から 3 をひくと

$-2-3<4-3$

よって　$<$

(3)　$-2<4$ の両辺に -1 をかけると

$-2\times(-1)>4\times(-1)$

よって　$>$

(4)　$-2<4$ の両辺を -2 でわると

$$\frac{-2}{-2}>\frac{4}{-2}$$

よって　$>$

テキスト 110 ページ

学習のめあて

不等式の性質について理解すること。

学習のポイント

不等式の性質

[1]　$A<B$　ならば $\begin{cases} A+C<B+C \\ A-C<B-C \end{cases}$

[2]　$A<B,\ C>0$ ならば $\begin{cases} AC<BC \\ \dfrac{A}{C}<\dfrac{B}{C} \end{cases}$

[3]　$A<B,\ C<0$ ならば $\begin{cases} AC>BC \\ \dfrac{A}{C}>\dfrac{B}{C} \end{cases}$

不等式では，両辺に同じ負の数をかけたり，両辺を同じ負の数でわったりすると，不等号の向きが変わる。

テキストの解説

□不等式の性質

○性質[1]は，等式の性質と同じである。

$A=B$	$A<B$
↓	↓
$A+C=B+C$	$A+C<B+C$
$A-C=B-C$	$A-C<B-C$
等号はそのまま	不等号はそのまま

○性質[2]，[3]は，等式の性質とは異なるものである。不等式では特に，両辺に負の数をかける場合や，両辺を負の数でわる場合に注意する。

□練習 4

○不等式の性質に従って，不等号の向きを決める。

テキストの解答

練習 4　(1)　$a<b$ の両辺に 9 をたすと

$$a+9<b+9$$

よって　$<$

一般に，不等式には次の性質がある。

不等式の性質

[1]　不等式の両辺に同じ数をたしたり，両辺から同じ数をひいたりしても，大小関係は変わらない。

$A<B$　ならば $\begin{cases} A+C<B+C \\ A-C<B-C \end{cases}$

[2]　不等式の両辺に同じ正の数をかけたり，両辺を同じ正の数でわったりしても，大小関係は変わらない。

$A<B,\ C>0$　ならば $\begin{cases} AC<BC \\ \dfrac{A}{C}<\dfrac{B}{C} \end{cases}$

[3]　不等式の両辺に同じ負の数をかけたり，両辺を同じ負の数でわったりすると，大小関係が変わる。

$A<B,\ C<0$　ならば $\begin{cases} AC>BC \\ \dfrac{A}{C}>\dfrac{B}{C} \end{cases}$

不等式の性質 [1]，[2] は，70 ページの等式の性質 [1] ～ [4] における等号 = を，不等号 < に変えただけである。

しかし，不等式の性質 [3] については，不等号の向きが変わるので，注意が必要である。

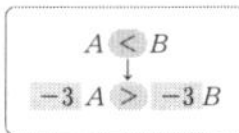

練習 4　$a<b$ のとき，次の□にあてはまる不等号（< または >）を入れなさい。

(1)　$a+9\ \square\ b+9$　　(2)　$a-3\ \square\ b-3$

(3)　$\frac{1}{2}a\ \square\ \frac{1}{2}b$　　(4)　$\frac{a}{-4}\ \square\ \frac{b}{-4}$

110　第 4 章　不等式

---

(2)　$a<b$ の両辺から 3 をひくと

$$a-3<b-3$$

よって　$<$

(3)　$a<b$ の両辺に $\dfrac{1}{2}$ をかけると

$$\frac{1}{2}a<\frac{1}{2}b$$

よって　$<$

(4)　$a<b$ の両辺を -4 でわると

$$\frac{a}{-4}>\frac{b}{-4}$$

よって　$>$

確かめの問題　　解答は本書 205 ページ

1　$a<b$ のとき，$\dfrac{1-a}{2}$ と $\dfrac{1-b}{2}$ はどちらが大きいか答えなさい。

学習のめあて

不等式を成り立たせる文字の値の範囲について知ること。

学習のポイント

不等式の解

不等式を成り立たせる文字の値を，その不等式の **解** という。不等式のすべての解を求めることを，その不等式を **解く** という。

不等式の解

108 ページの不等式

$$2x+1<10 \quad \cdots\cdots ①$$

について，$x=3$ のとき，$2x+1$ の値は

$$2\times3+1=7$$

である。

7 は 10 より小さいから，$x=3$ のとき ① の不等式は成り立つ。

x が他の値をとる場合についても調べてみよう。

① の左辺の x に自然数を代入すると，$2x+1$ の値は右の表のようになる。

x	1	2	3	4	5	6	…
$2x+1$	3	5	7	9	11	13	…

表からわかるように，① の不等式は，x の値が

1，2，3，4

のいずれであっても成り立つ。

このように，不等式を成り立たせる文字の値を，その不等式の **解** という。1，2，3，4 は，いずれも不等式 ① の解である。

練習 5 次の値は，不等式 $4x-3>13$ の解であるかどうかを調べなさい。

(ア) $x=5$　(イ) $x=-1$　(ウ) $x=4$　(エ) $x=\frac{1}{2}$

不等式のすべての解を求める，つまり不等式を成り立たせる文字の値の範囲を求めることを，その不等式を **解く** という。

第4章

1. 不等式の性質　111

テキストの解説

□不等式の解

○不等式 $2x+1<10$ を満たす数 x の値を考えると，$x=1$，2，3，4 は不等式を満たすが，$x=5$ は不等式を満たさない。

○したがって，$x=1$，2，3，4 は不等式の解であり，$x=5$ は不等式の解ではない。

○方程式の解は，その数を方程式に代入して，等式が成り立つかどうかで調べることができた。不等式の解も同じように，その数を不等式に代入して，不等式が成り立つかどうかで調べることができる。

○不等式を解くとは，不等式のすべての解を求めることである。1 次方程式の解は 1 つであるが，不等式の解は 1 つであるとは限らない。そのため，単に数を代入するだけでは不等式を解くことはできない。

□練習 5

○x の値を代入して調べる。

○(ウ)　$x=4$ のとき　$4x-3=4\times4-3=13$

不等号≧は，「>または=」を表すから，不等式 $13\geqq13$ は成り立つが，不等式 $13>13$ は成り立たない。

テキストの解答

練習 5　不等式 $4x-3>13$ について

(ア)　左辺に $x=5$ を代入すると

$$4\times5-3=17$$

$17>13$ であるから，$x=5$ は不等式の **解である。**

(イ)　左辺に $x=-1$ を代入すると

$$4\times(-1)-3=-7$$

$-7<13$ であるから，$x=-1$ は不等式の **解ではない。**

(ウ)　左辺に $x=4$ を代入すると

$$4\times4-3=13$$

$13=13$ であるから，$x=4$ は不等式の **解ではない。**

(エ)　左辺に $x=\frac{1}{2}$ を代入すると

$$4\times\frac{1}{2}-3=-1$$

$-1<13$ であるから，$x=\frac{1}{2}$ は不等式の **解ではない。**

テキスト 112 ページ

2．不等式の解き方

学習のめあて

不等式の性質を利用して，不等式を解くことができるようになること。

学習のポイント

不等式の解き方

不等式の性質[1]～[3]を利用して，不等式を $x>a$ などの形に変形する。

テキストの解説

□不等式の解き方

○不等式の性質[1]より，不等式の両辺に同じ数をたしても不等号の向きは変わらないから

$x-3<-1$　ならば　$x-3+3<-1+3$

○不等式の解は，x のとりうる値の範囲になるから，数直線を用いて表すと理解しやすい。

□例 1

○不等式の性質[1]より，不等式の両辺から同じ数をひいても，不等号の向きは変わらない。したがって

$x+7 \geqq 4$　ならば　$x+7-7 \geqq 4-7$

○≧や≦を用いた不等式についても，不等式の性質はそのまま成り立つことに注意する。

テキストの解答

(練習 6，練習 7 は次ページの問題)

練習 6　(1)　$x-5>8$

両辺に 5 をたすと

$x-5+5>8+5$

$\boldsymbol{x>13}$

(2)　$x+10 \leqq 4$

両辺から 10 をひくと

$x+10-10 \leqq 4-10$

$\boldsymbol{x \leqq -6}$

---

2. 不等式の解き方

不等式の性質を用いて，不等式 $x-3<-1$ ……① を解いてみよう。
① の両辺に 3 をたすと

$x-3+3<-1+3$　← 不等式の性質 [1]

$x<2$

すなわち，不等式 ① の解は，2 より小さい数すべてである。
このとき，不等式 ① の解は，$x<2$ で表す。

① の解 $x<2$ を数直線に表すと，右のようになる。
図の ○ は，その点の表す数が解に含まれないことを示している。

−3　−2　−1　0　1　2　3　x

例 1　不等式　$x+7 \geqq 4$　を解く。
両辺から 7 をひくと

$x+7-7 \geqq 4-7$　← 不等式の性質 [1]

$x \geqq -3$

例 1 の解 $x \geqq -3$ を数直線に表すと，右のようになる。
図の ● は，その点の表す数が解に含まれていることを示している。

−4　−3　−2　−1　0　1　x

注意　上の 2 つの数直線のように，○ を使うときは，境界の線を斜めにし，● を使うときは，数直線と垂直にするとよい。

112　第 4 章　不等式

---

(3)　$3+x<-2$

両辺から 3 をひくと

$3+x-3<-2-3$

$\boldsymbol{x<-5}$

練習 7　(1)　$5x>-10$

両辺を 5 でわると　$\dfrac{5x}{5}>\dfrac{-10}{5}$

$\boldsymbol{x>-2}$

(2)　$-4x \leqq 12$

両辺を -4 でわると　$\dfrac{-4x}{-4} \geqq \dfrac{12}{-4}$

$\boldsymbol{x \geqq -3}$

(3)　$8x \leqq 40$

両辺を 8 でわると　$\dfrac{8x}{8} \leqq \dfrac{40}{8}$

$\boldsymbol{x \leqq 5}$

(4)　$-3x>-9$

両辺を -3 でわると　$\dfrac{-3x}{-3}<\dfrac{-9}{-3}$

$\boldsymbol{x<3}$

テキスト 113 ページ

学習のめあて

不等式の性質を利用して，不等式を解くことができるようになること。

学習のポイント

不等式の解き方

不等式の両辺を同じ負の数でわると，不等号の向きが変わる。

テキストの解説

□練習 6

○両辺に同じ数をたしたり，両辺から同じ数をひいたりして，$x>a$ などの形に変形する。

□例 2，練習 7

○不等式の両辺を同じ数でわって，$x>a$ などの形に変形する。両辺を同じ負の数でわると，不等号の向きが変わることに注意する。

□例 3

○移項を用いて不等式を解く。移項すると，符号が変わることに注意する。

テキストの解答

(練習 8，練習 9 (1)，(2) は次ページの問題)

練習 8 (1)
$$-5x+3<8$$
3 を移項すると
$$-5x<8-3$$
$$-5x<5$$
$$\boldsymbol{x>-1}$$

(2)
$$5x+8\leqq 3x$$
8，$3x$ を移項すると
$$5x-3x\leqq -8$$
$$2x\leqq -8$$
$$\boldsymbol{x\leqq -4}$$

(3)
$$7x-4\leqq 3x+14$$
-4，$3x$ を移項すると
$$7x-3x\leqq 14+4$$
$$4x\leqq 18$$
$$\boldsymbol{x\leqq \frac{9}{2}}$$

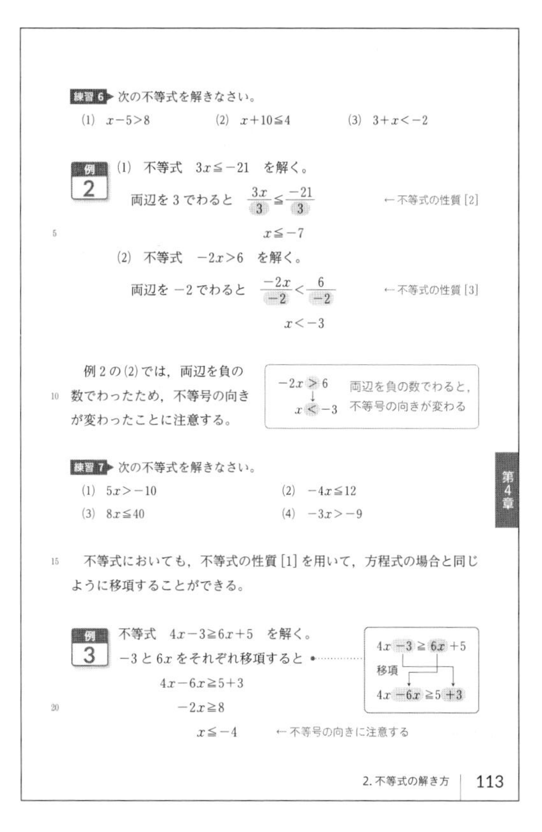

練習 6 次の不等式を解きなさい。

(1) $x-5>8$　(2) $x+10\leqq 4$　(3) $3+x<-2$

例 2 (1) 不等式 $3x\leqq -21$ を解く。

両辺を 3 でわると $\frac{3x}{3}\leqq\frac{-21}{3}$　←不等式の性質 [2]

$x\leqq -7$

(2) 不等式 $-2x>6$ を解く。

両辺を -2 でわると $\frac{-2x}{-2}<\frac{6}{-2}$　←不等式の性質 [3]

$x<-3$

例 2 の (2) では，両辺を負の数でわったため，不等号の向きが変わったことに注意する。

$-2x>6$ → $x<-3$　両辺を負の数でわると，不等号の向きが変わる

練習 7 次の不等式を解きなさい。

(1) $5x>-10$　(2) $-4x\leqq 12$

(3) $8x\leqq 40$　(4) $-3x>-9$

不等式においても，不等式の性質 [1] を用いて，方程式の場合と同じように移項することができる。

例 3 不等式 $4x-3\geqq 6x+5$ を解く。

-3 と $6x$ をそれぞれ移項すると

$4x-6x\geqq 5+3$

$-2x\geqq 8$

$x\leqq -4$　←不等号の向きに注意する

$4x-3\geqq 6x+5$ 移項 $4x-6x\geqq 5+3$

第4章

2. 不等式の解き方　113

(4)
$$x+12<8x-9$$
12，$8x$ を移項すると
$$x-8x<-9-12$$
$$-7x<-21$$
$$\boldsymbol{x>3}$$

(5)
$$4x+15\geqq 3-2x$$
15，$-2x$ を移項すると
$$4x+2x\geqq 3-15$$
$$6x\geqq -12$$
$$\boldsymbol{x\geqq -2}$$

(6)
$$2x+9>5x-6$$
9，$5x$ を移項すると
$$2x-5x>-6-9$$
$$-3x>-15$$
$$\boldsymbol{x<5}$$

練習 9 (1)
$$4(2x-5)\leqq 3x$$
かっこをはずすと
$$8x-20\leqq 3x$$
$$5x\leqq 20$$
$$\boldsymbol{x\leqq 4}$$

(2)
$$2(3x+1)>x-8$$
かっこをはずすと
$$6x+2>x-8$$
$$5x>-10$$
$$\boldsymbol{x>-2}$$

テキスト 114 ページ

学習のめあて

いろいろな不等式が解けるようになること。

学習のポイント

いろいろな不等式の解き方

かっこを含む → かっこをはずす

係数が分数 → 係数を整数にする

テキストの解説

□練習 8，練習 9

○いろいろな不等式の解き方。移項して $ax>b$ などの形にする。

○かっこがあれば，まず，かっこをはずす。

□例題 1，練習 10

○係数に分数を含む不等式。方程式と同じように，分母をはらって，係数を整数にする。

練習 8 次の不等式を解きなさい。

(1) $-5x+3<8$　(2) $5x+8\leqq 3x$　(3) $7x-4\leqq 3x+14$

(4) $x+12<8x-9$　(5) $4x+15\geqq 3-2x$　(6) $2x+9>5x-6$

かっこのある不等式は，まず，かっこをはずしてから解く。

練習 9 次の不等式を解きなさい。

(1) $4(2x-5)\leqq 3x$　(2) $2(3x+1)>x-8$

(3) $8-3(4x-3)\geqq 5$　(4) $3x-23\leqq -2(1-5x)$

係数に分数を含む不等式は，分母をはらってから解くとよい。

例題 1 不等式 $\frac{1}{3}x-1\leqq\frac{1}{2}x-\frac{2}{3}$ を解きなさい。

解答

$$\frac{1}{3}x-1\leqq\frac{1}{2}x-\frac{2}{3}$$

両辺に 6 をかけると

$$\left(\frac{1}{3}x-1\right)\times 6\leqq\left(\frac{1}{2}x-\frac{2}{3}\right)\times 6$$

$$2x-6\leqq 3x-4$$

$$-x\leqq 2$$

$$x\geqq -2 \quad \text{答}$$

練習 10 次の不等式を解きなさい。

(1) $x-4\geqq\frac{2x-5}{3}$　(2) $\frac{x-2}{4}<\frac{3}{8}x$

(3) $\frac{1}{5}x+\frac{1}{15}>\frac{2}{3}$　(4) $\frac{2}{3}x+\frac{1}{2}\leqq\frac{1}{4}x-2$

114　第4章　不等式

テキストの解答

(練習 8，練習 9 (1)，(2) の解答は前ページ)

練習 9 (3)

$$8-3(4x-3)\geqq 5$$

かっこをはずすと

$$8-12x+9\geqq 5$$

$$-12x\geqq -12$$

$$\boldsymbol{x\leqq 1}$$

(4)

$$3x-23\leqq -2(1-5x)$$

かっこをはずすと

$$3x-23\leqq -2+10x$$

$$-7x\leqq 21$$

$$\boldsymbol{x\geqq -3}$$

練習 10 (1)

$$x-4\geqq\frac{2x-5}{3}$$

両辺に 3 をかけると

$$(x-4)\times 3\geqq\frac{2x-5}{3}\times 3$$

$$3x-12\geqq 2x-5$$

$$\boldsymbol{x\geqq 7}$$

(2)

$$\frac{x-2}{4}<\frac{3}{8}x$$

両辺に 8 をかけると

$$\frac{x-2}{4}\times 8<\frac{3}{8}x\times 8$$

$$2x-4<3x$$

$$-x<4$$

$$\boldsymbol{x>-4}$$

(3)

$$\frac{1}{5}x+\frac{1}{15}>\frac{2}{3}$$

両辺に 15 をかけると

$$\left(\frac{1}{5}x+\frac{1}{15}\right)\times 15>\frac{2}{3}\times 15$$

$$3x+1>10$$

$$3x>9$$

$$\boldsymbol{x>3}$$

(4)

$$\frac{2}{3}x+\frac{1}{2}\leqq\frac{1}{4}x-2$$

両辺に 12 をかけると

$$\left(\frac{2}{3}x+\frac{1}{2}\right)\times 12\leqq\left(\frac{1}{4}x-2\right)\times 12$$

$$8x+6\leqq 3x-24$$

$$5x\leqq -30$$

$$\boldsymbol{x\leqq -6}$$

テキスト 115 ページ

係数に小数を含む不等式は，両辺に 10，100，1000 などをかけて，小数を含まない式になおしてから解くとよい。

例題 2 不等式 $0.2x+1>0.5x-0.8$ を解きなさい。

解答

$$0.2x+1>0.5x-0.8$$

両辺に 10 をかけると

$$(0.2x+1)\times10>(0.5x-0.8)\times10$$
$$2x+10>5x-8$$
$$-3x>-18$$
$$x<6 \quad 答$$

練習 11 次の不等式を解きなさい。

(1) $0.4x\geqq1.3x+9$ (2) $x-0.3>0.8x+0.7$

(3) $2-0.1x\leqq0.2x+1.1$ (4) $0.04x-0.03<0.12-0.01x$

これまで学んだ不等式は，すべての項を左辺に移項して整理すると

$ax+b>0$，$ax+b<0$，$ax+b\geqq0$，$ax+b\leqq0$ （ただし，$a\neq0$）

のいずれかの形に変形できる。

このような不等式を，x についての **1 次不等式** という。

1 次不等式の解き方

[1] 係数に分数や小数がある不等式は，両辺を何倍かして分数や小数をなくす。かっこのある式は，かっこをはずす。

[2] x を含む項を左辺に，数の項を右辺に移項する。

[3] $ax>b$，$ax\leqq b$ などの形に整理する。

[4] [3] の両辺を，x の係数 a でわる。(不等号の向きに注意する)

第4章

2. 不等式の解き方 115

学習のめあて

いろいろな不等式が解けるようになること。

学習のポイント

係数に小数を含む不等式の解き方

両辺に 10，100，1000 などをかけて，係数を整数にする。

1 次不等式の解き方

移項して整理すると，$ax+b>0$，$ax+b\leqq0$ などのような形になる不等式を，x についての **1 次不等式** という。1 次不等式は，次の手順に従って解けばよい。

[1] 係数に分数や小数がある不等式は，両辺を何倍かして分数や小数をなくす。かっこのある式は，かっこをはずす。

[2] x を含む項を一方の辺（左辺）に，数の項を他方の辺（右辺）に移項する。

[3] $ax>b$，$ax\leqq b$ などの形に整理する。

[4] [3] の両辺を a でわる（a の符号に注意）。

テキストの解説

□例題 2

○係数に小数を含む不等式。係数が 0.2，0.5 であるから，両辺を 10 倍する。

○両辺を負の数でわるとき，不等号の向きが変わることに注意する。

□練習 11

○両辺を 10 倍，100 倍して，係数を整数にする。

テキストの解答

練習 11 (1) $0.4x\geqq1.3x+9$

両辺に 10 をかけると

$$0.4x\times10\geqq(1.3x+9)\times10$$
$$4x\geqq13x+90$$
$$-9x\geqq90$$
$$\boldsymbol{x\leqq-10}$$

(2) $x-0.3>0.8x+0.7$

両辺に 10 をかけると

$$(x-0.3)\times10>(0.8x+0.7)\times10$$
$$10x-3>8x+7$$
$$2x>10$$
$$\boldsymbol{x>5}$$

(3) $2-0.1x\leqq0.2x+1.1$

両辺に 10 をかけると

$$(2-0.1x)\times10\leqq(0.2x+1.1)\times10$$
$$20-x\leqq2x+11$$
$$-3x\leqq-9$$
$$\boldsymbol{x\geqq3}$$

(4) $0.04x-0.03<0.12-0.01x$

両辺に 100 をかけると

$$(0.04x-0.03)\times100<(0.12-0.01x)\times100$$
$$4x-3<12-x$$
$$5x<15$$
$$\boldsymbol{x<3}$$

テキスト116ページ

3. 不等式の利用

学習のめあて

不等式を満たす整数や自然数について考えることができるようになること。

学習のポイント

不等式を満たす整数

不等式を満たす数のうち，最も大きい整数や最も小さい整数を求める。

→ 不等式の端の値に着目する

テキストの解説

□例題3

○不等式を解いて，その不等式を満たす数のうち，最も大きい整数を求める。まずは，不等式の解き方を誤らないように注意する。

○不等式を満たす数は，4.4以下の数であるから，最も大きい整数は4になる。

○不等式が端の値を含むか含まないかによって，次のような違いがあることにも注意する。

不等式 $x \leqq 4$ を満たす最大の整数は　4

不等式 $x < 4$ を満たす最大の整数は　3

□練習12

○不等式を満たす数のうち，最も小さい整数を求める。

○不等式を解くと　　$x > 5$

不等式を満たす数は5より大きい数で，5は含まれないから，最も小さい整数は6である。

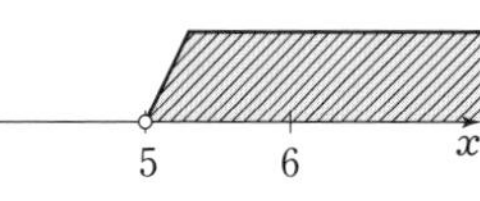

□練習13

○不等式を満たす自然数の個数。

○不等式を解いて，自然数1，2，3，……のうち，不等式を満たすものの個数を調べる。

3. 不等式の利用

不等式を利用して，いろいろな問題を解いてみよう。

例題3　不等式　$x+13 \geqq 3(2x-3)$　を満たす数のうち，最も大きい整数を求めなさい。

考え方　まず，x についての不等式を解く。次に，整数であることに注意して，最も大きい整数を求める。

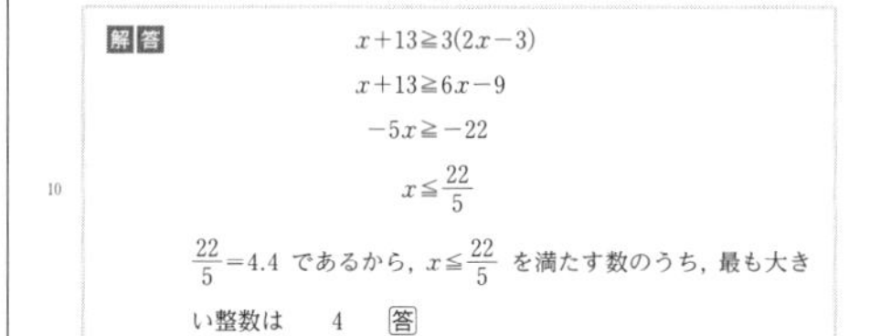

解答

$$x+13 \geqq 3(2x-3)$$
$$x+13 \geqq 6x-9$$
$$-5x \geqq -22$$
$$x \leqq \frac{22}{5}$$

$\frac{22}{5}=4.4$ であるから，$x \leqq \frac{22}{5}$ を満たす数のうち，最も大きい整数は　4　答

不等式を満たす整数などを求めるときは，数直線を利用するとよい。

たとえば，例題3で数直線を利用すると，右の図のようになる。

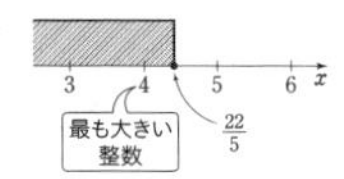

練習12　不等式 $2x+5<5(x-2)$ を満たす数のうち，最も小さい整数を求めなさい。

練習13　次の不等式を満たす数のうち，自然数は何個あるか答えなさい。

(1)　$5-4x \geqq 2x-15$　　　(2)　$\frac{2}{3}x+4>\frac{3}{2}x-1$

116　第4章　不等式

テキストの解答

練習12

$$2x+5<5(x-2)$$
$$2x+5<5x-10$$
$$-3x<-15$$
$$x>5$$

よって，最も小さい整数は　**6**

練習13　(1)

$$5-4x \geqq 2x-15$$
$$-6x \geqq -20$$
$$x \leqq \frac{10}{3}$$

$\frac{10}{3}=3.3\cdots$ であるから，$x \leqq \frac{10}{3}$ を満たす自然数は　1，2，3

よって　**3個**

(2)

$$\frac{2}{3}x+4>\frac{3}{2}x-1$$
$$4x+24>9x-6$$
$$-5x>-30$$
$$x<6$$

これを満たす自然数は　1，2，3，4，5

よって　**5個**

学習のめあて

不等式を利用して，個数と代金の問題が解決できるようになること。

学習のポイント

不等式の文章題の解き方

[1]　求める数量をxとおいて不等式をつくり，それを解く。

[2]　不等式の解を利用して，問題の解を求める。xに条件があれば，それも利用する。

テキストの解説

□例題4

○不等式を利用して，個数と代金の問題を考える。求めるものはパンフレットの枚数であるから，パンフレットの枚数をxとおく。

○$x>100$であることに注意して
100枚まで4000円，101枚目以降1枚32円であることから，不等式をつくる。

○不等式の解から，問題の解を求める。xは整数であることに注意する。

○たとえば，1枚あたりの費用を42円以下にするとして，同じように不等式をつくると

$$4000+32(x-100)\leqq 42x$$

これを解くと　　$x\geqq 80$

しかし，パンフレットを80枚印刷したとき，1枚あたりの費用は　　$4000\div 80=50$(円)

であり，42円以下にはならない。

これは，$x=80$ が $x>100$ を満たしていないためである。

(1枚あたりの費用が42円以下になるのは

$$4000\div 42=95.2\cdots\cdots$$

より，96枚以上印刷したときである。)

不等式を利用するときも，解の確かめは必要だね。

例題 4　パンフレットを作ることになった。印刷の費用は100枚までは4000円，100枚をこえた分は1枚につき32円である。1枚あたりの印刷の費用を35円以下にするためには，パンフレットを何枚以上作ればよいか答えなさい。

5　考え方　パンフレットをx枚作るとすると，次の関係が成り立つ。

(x枚作るときにかかる印刷の費用)$\leqq 35\times x$

ここで，パンフレットを100枚作るとすると，1枚あたりの印刷の費用は

$$4000\div 100=40 \text{ (円)}$$

よって，1枚あたりの印刷の費用を35円以下とするためには　$x>100$

10　解答　パンフレットが100枚までの場合，1枚あたりの印刷の費用は40円以上かかる。よって，1枚あたりの印刷の費用を35円以下にするためには，パンフレットを100枚より多く作らなければならない。$x>100$とし，x枚作るとすると

$$4000+32(x-100)\leqq 35x$$

15

$$4000+32x-3200\leqq 35x$$

$$-3x\leqq -800$$

$$x\geqq\frac{800}{3}$$

$\frac{800}{3}=266.6\cdots$ で，xは整数であるから，パンフレットを267枚以上作ればよい。　←$x>100$を満たす

20　これは問題に適している。　答　267枚以上

練習 14　ある店で売っている1冊150円のノートは，買う冊数が10冊をこえると，こえた分は1冊の値段が2割引きになる。このノートを何冊か買って，その代金が140円のノートを同じ冊数買うときよりも安くなるようにしたい。150円のノートを何冊以上買えばよいか答えなさい。ただし，
25　140円のノートには値引きはないものとする。

第4章

□練習14

○例題4と同じタイプの問題。10冊までは1冊150円であるから，買うノートの冊数をx冊とすると，$x>10$ である。

テキストの解答

練習14　$x>10$として，150円のノートをx冊買うとする。

10冊までは各150円，$(x-10)$冊は

$150\times\frac{8}{10}=120$ より，各120円である。

合計金額が$140x$円よりも安くなるから

$$150\times 10+120(x-10)<140x$$

$$1500+120x-1200<140x$$

$$-20x<-300$$

$$x>15$$

xは整数であるから，**16冊以上** 買えばよい。これは問題に適している。

テキスト118ページ

学習のめあて

不等式を利用して，割合や速さの問題が解決できるようになること。

学習のポイント

不等式の文章題の解き方

[1] 不等式をつくり，それを解く。

[2] 不等式の解から，問題の解を求める。

テキストの解説

□練習 15

○問題の関係を不等式に表す。

(売価の合計)−(原価の合計)≧15000

□例題 5

○原価，定価，売価の関係から不等式をつくる。

原価を x 円とすると

定価は $1.25x$ 円，売価は $(1.25x-540)$ 円

□練習 16

○問題の関係を不等式に表す。

(定価)−(値引き額)≧(原価)×1.2

□練習 17

○速さの問題。方程式をつくるときと同じ要領で不等式をつくる。

○単位はそろえる。2時間半は時間で表す。

テキストの解答

練習 15 $x>20$ として，コップを x 個仕入れるとすると

$$400(x-20)-240x\geqq 15000$$
$$400x-8000-240x\geqq 15000$$
$$160x\geqq 23000$$
$$x\geqq\frac{575}{4}$$

$\frac{575}{4}=143.75$ で，x は整数であるから，コップを **144個以上** 仕入れればよい。

練習 15▶ コップを1個240円で何個か仕入れ，これを1個400円で売ったとき，そのうち，20個が割れても15000円以上の利益が出るようにしたい。コップを何個以上仕入れればよいか答えなさい。

例題 5 原価の25％の利益を見込んで定価をつけた商品を，特売日に540円値引いて売っても，原価の7％以上の利益があった。この商品の原価は何円以上だったか求めなさい。

考え方 利益について，次の関係が成り立つ。

{(定価)−540}−(原価)≧(原価の7％)

解答 原価を x 円とすると

$$(1.25x-540)-x\geqq 0.07x$$
$$0.25x-540\geqq 0.07x$$

両辺に100をかけると

$$25x-54000\geqq 7x$$
$$18x\geqq 54000$$
$$x\geqq 3000$$

よって，この商品の原価は3000円以上である。

これは問題に適している。

答 3000円以上

練習 16▶ 原価500円の商品に30％の利益を見込んで定価をつけた。特売日にこの商品を値引きして売るとき，原価の20％以上の利益を確保するためには，いくらまで値引きすることができるか答えなさい。

練習 17▶ A地点から9km離れたB地点まで行くのに，はじめは時速5km，途中から時速3kmで歩いたところ，所要時間が2時間半以内であった。時速5kmで歩いた道のりは何km以上であるか答えなさい。

118 | 第4章 不等式

これは問題に適している。

練習 16 x 円値引きすると考えると

$$(500\times 1.3-x)-500\geqq 500\times 0.2$$
$$150-x\geqq 100$$
$$x\leqq 50$$

よって，**50円まで** 値引きすることができる。これは問題に適している。

練習 17 時速5kmで歩いた道のりを x km とすると $\frac{x}{5}+\frac{9-x}{3}\leqq 2.5$

$$6x+10(9-x)\leqq 75$$
$$6x+90-10x\leqq 75$$
$$-4x\leqq -15$$
$$x\geqq\frac{15}{4}$$

よって，時速5kmで歩いた道のりは，

$\frac{15}{4}$ **km以上** である。

これは問題に適している。

テキスト 119 ページ

4．連立不等式

学習のめあて

連立不等式とその解の意味を知ること。

学習のポイント

連立不等式とその解

いくつかの不等式を組み合わせたものを **連立不等式** という。それらの不等式の解に共通する範囲を，連立不等式の **解** といい，解を求めることを，連立不等式を **解く** という。

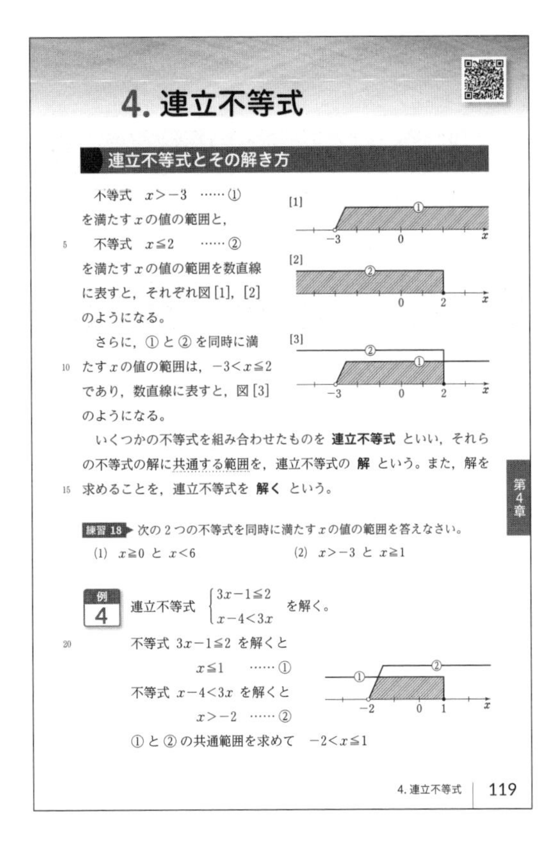

テキストの解説

□連立不等式の解

○連立方程式の解は，それぞれの方程式をともに満たすものであった。

○同じように，連立不等式の解は，それぞれの不等式をともに満たすものであり，それぞれの解に共通する範囲である。

○テキスト 11 ページで学んだように，x の値が 2 つの関係

$$-3<x,\ x \leqq 2$$

を同時に満たすとき，それらはまとめて，次のように表すことができる。

$$-3<x \leqq 2$$

□練習 18

○ 2 つの不等式を同時に満たす x の値の範囲を求める。

○ 2 つの不等式を満たす x の値の範囲を，数直線上に図示して考えるとわかりやすい。

○(1) と (2) の違いに注意する。(2) で，x の値は -3 より大きく，さらに 1 以上であるから，結局，1 以上の数になる。

□例 4

○次の手順で連立不等式を解く。

[1]　それぞれの不等式を解く。

[2]　それぞれの解の共通範囲を求める。

○連立不等式の解は，$a<x \leqq b$ のような形になるとは限らない。$x<a$ や $x \geqq b$ のような形の場合もある。

テキストの解答

練習 18　(1)　$x \geqq 0$ と $x<6$ を同時に満たす x の値の範囲は　　$\boldsymbol{0 \leqq x<6}$

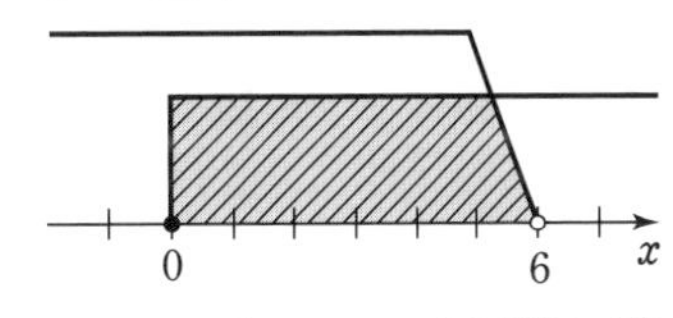

(2)　$x>-3$ と $x \geqq 1$ を同時に満たす x の値の範囲は　　$\boldsymbol{x \geqq 1}$

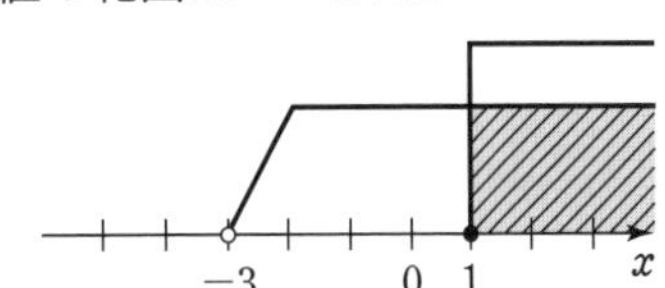

練習 19 次の連立不等式を解きなさい。

(1) $\begin{cases} 2x-9<1 \\ x-3\leqq 4x \end{cases}$　　(2) $\begin{cases} 3x+2\geqq 5x-6 \\ 4x-5<16-3x \end{cases}$

例 5 (1) 連立不等式 $\begin{cases} 2x-3>3x-4 \\ 5x+1\geqq 3x+5 \end{cases}$ を解く。

不等式 $2x-3>3x-4$ を解くと

$x<1$ ……①

不等式 $5x+1\geqq 3x+5$ を解くと

$x\geqq 2$ ……②

①と②は共通範囲をもたないから，解はない。

(2) 連立不等式 $\begin{cases} x-4\geqq 5-2x \\ 3x+4\geqq 4x+1 \end{cases}$ を解く。

不等式 $x-4\geqq 5-2x$ を解くと

$x\geqq 3$ ……①

不等式 $3x+4\geqq 4x+1$ を解くと

$x\leqq 3$ ……②

①と②の共通範囲を求めて　$x=3$

練習 20 次の連立不等式を解きなさい。

(1) $\begin{cases} 2x-6>x-2 \\ 8x+2\leqq 3x+7 \end{cases}$　　(2) $\begin{cases} 4x+1\geqq 2x-5 \\ 3x+5\geqq 4x+8 \end{cases}$

$A<B<C$ の形をした不等式

$A<B<C$ の形をした不等式は，$A<B$ と $B<C$ が同時に成り立つことと同じである。

$A<B<C$

120　第4章　不等式

学習のめあて

いろいろな連立不等式を解くことができるようになること。

学習のポイント

連立不等式の解

連立不等式の解は，いつも範囲を表すとは限らない。解がないことや，ただ1つの数になることもある。

$A<B<C$ の形の不等式

$A<B$，$B<C$ が同時に成り立つ。

テキストの解説

□練習 19

○連立不等式を解く。それぞれの不等式を解いて，その解の共通範囲を求める。

□例 5，練習 20

○連立不等式の解が，範囲にならない問題。

○共通する範囲がない　→　解はない

$x\leqq a$，$x\geqq a$ の共通する範囲　→　$x=a$

○連立不等式 $\begin{cases} x<a \\ x>a \end{cases}$ の解はないことにも注意。

テキストの解答

練習 19 (1) $\begin{cases} 2x-9<1 & \cdots\cdots ① \\ x-3\leqq 4x & \cdots\cdots ② \end{cases}$

①を解くと　$2x<10$

$x<5$ ……③

②を解くと　$-3x\leqq 3$

$x\geqq -1$ ……④

③と④の共通範囲を求めて

$\boldsymbol{-1\leqq x<5}$

(2) $\begin{cases} 3x+2\geqq 5x-6 & \cdots\cdots ① \\ 4x-5<16-3x & \cdots\cdots ② \end{cases}$

①を解くと　$-2x\geqq -8$

$x\leqq 4$ ……③

②を解くと　$7x<21$

$x<3$ ……④

③と④の共通範囲を求めて　$\boldsymbol{x<3}$

練習 20 (1) $\begin{cases} 2x-6>x-2 & \cdots\cdots ① \\ 8x+2\leqq 3x+7 & \cdots\cdots ② \end{cases}$

①を解くと　$x>4$ ……③

②を解くと　$5x\leqq 5$

$x\leqq 1$ ……④

③と④は共通範囲をもたないから，

解はない。

(2) $\begin{cases} 4x+1\geqq 2x-5 & \cdots\cdots ① \\ 3x+5\geqq 4x+8 & \cdots\cdots ② \end{cases}$

①を解くと　$2x\geqq -6$

$x\geqq -3$ ……③

②を解くと　$-x\geqq 3$

$x\leqq -3$ ……④

③と④の共通範囲を求めて　$\boldsymbol{x=-3}$

テキスト121ページ

学習のめあて

$A<B<C$ の形をしたいろいろな不等式が解けるようになること。

学習のポイント

不等式 $A<B<C$（A，C が数）

各辺に同じ数をたしたり，各辺を同じ数でわったりして，不等式を次の形に変形する。

△＜(文字)＜□ ← 不等式の解

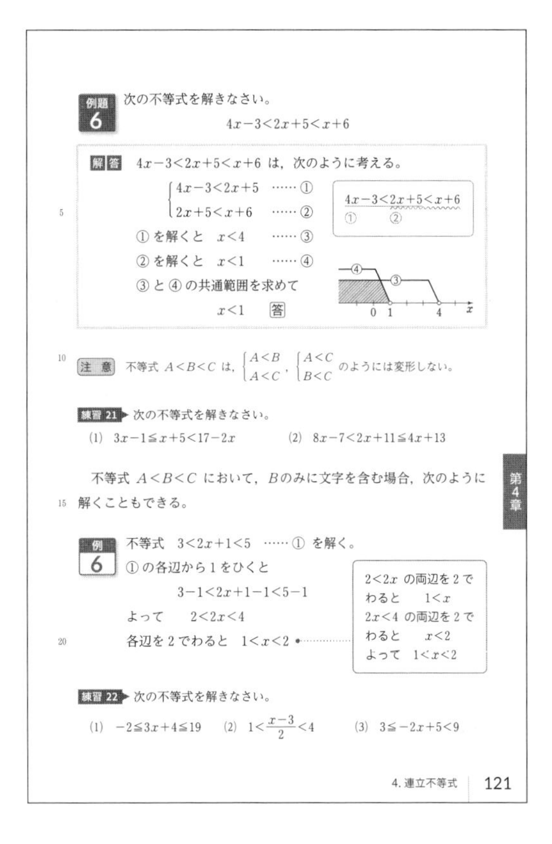

例題 6 次の不等式を解きなさい。

$$4x-3<2x+5<x+6$$

解答 $4x-3<2x+5<x+6$ は，次のように考える。

$$\begin{cases} 4x-3<2x+5 & \cdots\cdots ① \\ 2x+5<x+6 & \cdots\cdots ② \end{cases}$$

① を解くと $x<4$ ……③

② を解くと $x<1$ ……④

③ と ④ の共通範囲を求めて

$x<1$ 答

注意 不等式 $A<B<C$ は，$\begin{cases} A<B \\ A<C \end{cases}$，$\begin{cases} A<C \\ B<C \end{cases}$ のようには変形しない。

練習 21 次の不等式を解きなさい。

(1) $3x-1\leqq x+5<17-2x$　(2) $8x-7<2x+11\leqq 4x+13$

不等式 $A<B<C$ において，Bのみに文字を含む場合，次のように解くこともできる。

例 6 不等式 $3<2x+1<5$ ……① を解く。

① の各辺から1をひくと

$$3-1<2x+1-1<5-1$$

よって $2<2x<4$

各辺を2でわると $1<x<2$

$2<2x$ の両辺を2でわると $1<x$

$2x<4$ の両辺を2でわると $x<2$

よって $1<x<2$

練習 22 次の不等式を解きなさい。

(1) $-2\leqq 3x+4\leqq 19$　(2) $1<\dfrac{x-3}{2}<4$　(3) $3\leqq -2x+5<9$

第4章

4. 連立不等式 121

テキストの解説

□例題 6，練習 21

○連立不等式 $\begin{cases} A<B \\ B<C \end{cases}$ の形に変形してから解く。

○誤って，例題 6 を $\begin{cases} 4x-3<2x+5 \\ 4x-3<x+6 \end{cases}$ と変形して解くことがないように注意する。

□例 6，練習 22

○テキスト 110 ページで学んだ不等式の性質から，次のことが成り立つ。

$A<B<C$ ならば　$A+D<B+D<C+D$

$A<B<C$，$D>0$ ならば　$AD<BD<CD$

○Bだけに文字を含む不等式 $A<B<C$ は，これらの性質を用いて解くことができる。

テキストの解答

練習 21 (1)　$3x-1\leqq x+5<17-2x$

は，次のように考える。

$$\begin{cases} 3x-1\leqq x+5 & \cdots\cdots ① \\ x+5<17-2x & \cdots\cdots ② \end{cases}$$

① を解くと　$2x\leqq 6$

$x\leqq 3$ ……③

② を解くと　$3x<12$

$x<4$ ……④

③ と ④ の共通範囲を求めて

$\boldsymbol{x\leqq 3}$

(2)　$8x-7<2x+11\leqq 4x+13$

は，次のように考える。

$$\begin{cases} 8x-7<2x+11 & \cdots\cdots ① \\ 2x+11\leqq 4x+13 & \cdots\cdots ② \end{cases}$$

① を解くと　$6x<18$

$x<3$ ……③

② を解くと　$-2x\leqq 2$

$x\geqq -1$ ……④

③ と ④ の共通範囲を求めて

$\boldsymbol{-1\leqq x<3}$

練習 22 (1)　$-2\leqq 3x+4\leqq 19$

各辺から 4 をひくと　$-6\leqq 3x\leqq 15$

各辺を 3 でわると　$\boldsymbol{-2\leqq x\leqq 5}$

(2)　$1<\dfrac{x-3}{2}<4$

各辺に 2 をかけると　$2<x-3<8$

各辺に 3 をたすと　$\boldsymbol{5<x<11}$

(3)　$3\leqq -2x+5<9$

各辺から 5 をひくと　$-2\leqq -2x<4$

各辺を -2 でわると　$\boldsymbol{-2<x\leqq 1}$

学習のめあて

連立不等式を利用して，いろいろな問題が解けるようになること。

学習のポイント

連立不等式と文章題

[1]　求める数量を x とおいて連立不等式をつくり，それを解く。

[2]　連立不等式の解を利用して，問題の解を求める。x に条件があれば，それも利用する。

連立不等式の利用

連立不等式を利用して，問題を解いてみよう。

例題 7　ある整数を 2 倍して 7 をたすと 21 より大きくなる。また，もとの整数から 5 をひいて 3 倍すると 12 よりも小さくなる。このとき，もとの整数を求めなさい。

考え方　もとの整数を x として，2 つの不等式をつくる。x は整数であることに注意する。

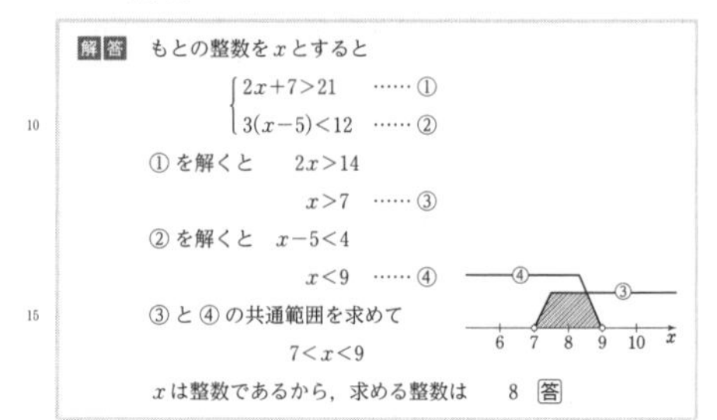

解答　もとの整数を x とすると

$$\begin{cases} 2x+7>21 & \cdots\cdots ① \\ 3(x-5)<12 & \cdots\cdots ② \end{cases}$$

① を解くと　$2x>14$

$x>7$　……③

② を解くと　$x-5<4$

$x<9$　……④

③ と ④ の共通範囲を求めて

$7<x<9$

x は整数であるから，求める整数は　8　答

練習 23　3 からある整数をひいた数は，ある整数を 2 倍して 9 をひいた数より小さくなる。また，ある整数を 5 倍して 1 をひいた数は，ある整数に 10 をたして 2 倍した数よりも小さくなる。このような整数をすべて求めなさい。

練習 24　ジュースが 50 本，お菓子が 130 個ある。何人かの子どもに，ジュースを 2 本ずつ配ると 5 本以上余り，お菓子を 7 個ずつ配ると 3 人分以上不足した。子どもの人数を求めなさい。

122　第 4 章　不等式

テキストの解説

□例題 7

○連立不等式を利用して，条件を満たす整数を求める。

○求めるものはもとの整数であるから，もとの整数を x とおいて連立不等式をつくる。

○連立不等式を解くと，その解は不等式で表されるが，x が整数であるという条件により，x はただ 1 つに定まる。

□練習 23

○例題 7 にならって解く。求める整数は 1 つに定まらないが，連立不等式の解から，それらをすべて求めることができる。

□練習 24

○問題文に与えられた「余る」「不足する」の関係を，それぞれ正しく不等式に表す。

テキストの解答

練習 23　ある整数を x とすると

$$\begin{cases} 3-x<2x-9 & \cdots\cdots ① \\ 5x-1<2(x+10) & \cdots\cdots ② \end{cases}$$

① を解くと　$-3x<-12$

$x>4$　……③

② を解くと　$5x-1<2x+20$

$3x<21$

$x<7$　……④

③ と ④ の共通範囲を求めて　$4<x<7$

x は整数であるから，求める整数は　**5，6**

練習 24　子どもの人数を x 人とすると

$$\begin{cases} 50-2x \geqq 5 & \cdots\cdots ① \\ 7x-130 \geqq 7\times 3 & \cdots\cdots ② \end{cases}$$

① を解くと　$-2x \geqq -45$

$x \leqq \dfrac{45}{2}$　……③

② を解くと　$7x \geqq 151$

$x \geqq \dfrac{151}{7}$　……④

③ と ④ の共通範囲を求めて

$\dfrac{151}{7} \leqq x \leqq \dfrac{45}{2}$

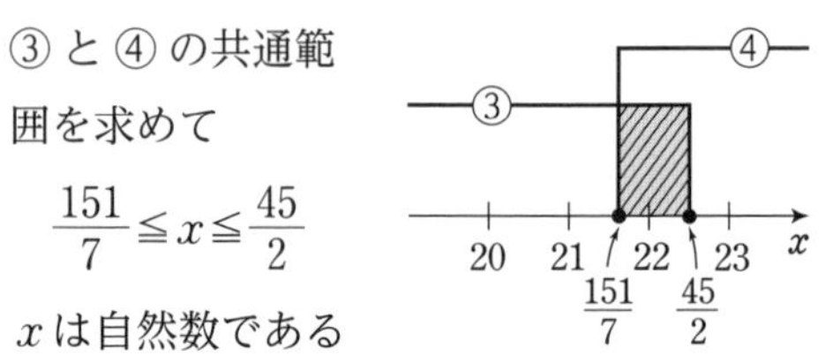

x は自然数であるから，子どもの人数は　**22 人**

確認問題

テキストの解説

□問題1

○不等式の解。$x=3$ をそれぞれの左辺に代入して，不等式が成り立つかどうかを調べる。

○①，②，③ を解くと，順に $x<\frac{9}{2}$，$x<2$，$x>3$ であるから，$x=3$ は ① の解であって，②，③ の解ではない。

□問題2

○いろいろな1次不等式。$ax>b$ などの形に変形して，両辺を a でわる。両辺を負の数でわるときは，不等号の向きが変わることに注意する。

○かっこがある不等式はかっこをはずす。係数に分数，小数を含む不等式は，係数を整数にする。

□問題3

○不等式を満たす最も大きい整数。まず，不等式を解いて，x の値の範囲を求める。

□問題4

○1次不等式の利用。りんごの個数を x 個とすると，みかんの個数は $(20-x)$ 個になるから，代金についての不等式ができる。

○不等式を解いて，x の値の範囲を求める。

□問題5

○いろいろな連立不等式。それぞれの不等式を解いて，それぞれの解に共通な範囲を求める。

○連立不等式の解は，なかったり，ただ1つの数であったりすることにも注意する。

□問題6

○$A<B\leqq C$ の形の不等式。

連立不等式 $\begin{cases} A<B \\ B\leqq C \end{cases}$ になおして解く。

確認問題

1 次の不等式のうち，$x=3$ が解であるものを選びなさい。

① $2x-1<8$　② $-3x+8>2$　③ $5x+3>18$

2 次の不等式を解きなさい。

(1) $4x+11>7$　(2) $6x+10<3x-5$

(3) $3x-13\leqq 9x+7$　(4) $4(3x-2)\geqq 7x+12$

(5) $\frac{1}{2}x-\frac{5}{6}\geqq\frac{2}{3}x-1$　(6) $x-3.1<1.7x+0.4$

3 不等式 $6(x+3)>11x-14$ を満たす数のうち，最も大きい整数を求めなさい。

4 1個140円のりんごと1個70円のみかんを合わせて20個買い，代金の合計を2000円以下にしたい。りんごをできるだけ多く買うとき，最大何個買えるか答えなさい。

5 次の連立不等式を解きなさい。

(1) $\begin{cases} 4x-7<5 \\ 2x-4<5x+2 \end{cases}$　(2) $\begin{cases} 7x+13<2(x-1) \\ x+3\geqq 3x-5 \end{cases}$

6 不等式 $5x-6<2x+3\leqq 7x+13$ を解きなさい。

7 4kmの道のりを，はじめは分速50mで歩き，途中から分速200mで走る。目的地に着くまでにかかる時間を32分以上35分以下にしたい。歩く道のりを何m以上何m以下にすればよいか答えなさい。

第4章

第4章　不等式　123

□問題7

○歩く道のりを x m とすると，$A<B<C$ の形をした不等式が得られる。

○A，C が数であることに着目して，この不等式を解く。

確かめの問題　解答は本書205ページ

1 次の不等式，連立不等式を解きなさい。

(1) $5x+13<6-2x$

(2) $x-9>3(x-1)$

(3) $\frac{4}{3}x+1\leqq\frac{5}{2}x-1$

(4) $\begin{cases} 5x-10<3x \\ x-1\leqq 3x+1 \end{cases}$

(5) $\begin{cases} x+7\geqq 1-2x \\ -4x+17<2x+5 \end{cases}$

(6) $3x-4<2x+6\leqq 9x-1$

演習問題A

演習問題 A

1 次の不等式を解きなさい。

(1) $\frac{2}{5}(x+1)-\frac{2x-1}{3} \geqq \frac{7}{15}x+2$　(2) $2(2x-0.7) \leqq 0.9(5x+4)$

2 x についての不等式 $5x-4>x+a$ の解が $x>3$ であるとき，a の値を求めなさい。

3 A，B 2つのタンクがあり，Aには 4 m³，Bには 2.5 m³ の水が入っている。Aには毎分 0.6 m³，Bには毎分 0.25 m³ の割合で同時に水を入れ始めると，Aの水の量がBの水の量の 2 倍以上になるのは何分以上先か答えなさい。

4 1 個 800 円の品物がある。入会金 500 円を払って会員になると，この品物を 6 % 引きで買うことができる。入会金を払っても，何個以上買えば入会しないで買うより安くなるか答えなさい。

5 連立不等式 $\begin{cases} \frac{x-4}{3} \geqq \frac{3}{2}x+1 \\ 0.2(3x+2)>0.3x-1 \end{cases}$ を解きなさい。

6 不等式 $\frac{x}{3}-2<\frac{x}{2}-\frac{2}{3} \leqq \frac{x+2}{6}$ を解きなさい。

7 a を小数第 1 位で四捨五入すると，2 になった。このとき，次の式のとりうる値の範囲を求めなさい。

(1) a　(2) $5a$　(3) $-3a$　(4) $\frac{a}{2}+1$

8 不等式 $5x-6 \leqq x+12 \leqq 3x+8$ を満たす整数をすべて求めなさい。

124　第 4 章　不等式

テキストの解説

□問題 1

○係数に分数，小数を含む不等式の解き方。

○(1)　分母の最小公倍数 15 を両辺にかける。右辺の 2 にかけ忘れないように注意する。

○(2)　両辺に 10 をかけて小数の係数を整数にする。左辺は，かっこの中を 10 倍する。

□問題 2

○不等式 $5x-4>x+a$ を解くと　$x>\frac{a+4}{4}$

この x の値の範囲が $x>3$ と一致するような a の値を求める。

□問題 3

○1 次不等式の利用。それぞれのタンクの x 分後の水の量は

A　$(4+0.6x)$ m³　　B　$(2.5+0.25x)$ m³

○係数に小数を含む不等式ができるから，係数が整数の不等式になおして解く。

□問題 4

○1 次不等式をつくってそれを解き，問題の解を求める。

○入会金を払うと，この品物 1 個の値段は $800 \times (1-0.06)=752$ (円)　になる。

□問題 5

○やや複雑な連立不等式。各不等式の両辺を何倍かして，分数や小数の係数を整数にする。

□問題 6

○$A<B \leqq C$ の形　→　$\begin{cases} A<B \\ B \leqq C \end{cases}$　を解く。

□問題 7

○四捨五入と不等式。

○(1)　たとえば，2.4 や 1.7 を小数第 1 位で四捨五入すると 2 になる。1.5 以上 2.5 未満の数を小数第 1 位で四捨五入すると 2 になるから，a の値の範囲は，$1.5 \leqq a<2.5$ である。

○(2)～(4)　(1) の結果 $1.5 \leqq a<2.5$ を利用して，それぞれの式がとる値の範囲を求める。不等式の性質を利用して，各辺に同じ数をかけたり，同じ数をたしたりする。

□問題 8

○不等式を満たす整数。まず，連立不等式を解いて，解に含まれる整数を調べる。

実力を試す問題　解答は本書 210 ページ

1　ある整数を 11 倍して 3 をひく。それを 10 でわった値を小数第 1 位で四捨五入すると 6 になるとき，ある整数を求めなさい。

2　ある整数を 50 でわって小数第 2 位を四捨五入すると，4.8 になるという。このような整数のうち，最も大きいものを求めなさい。

テキスト 125 ページ

演習問題B

テキストの解説

□問題 9

○不等式の性質を用いて，4つの数の大小関係を調べる。大小関係がつかみにくいときは，適当な数を用いて，4つの数の大小関係を考えてみるとよい。

○たとえば，$a=\frac{1}{3}$，$b=\frac{1}{2}$ とすると

$$ab=\frac{1}{6},\ a^2=\frac{1}{9},\ b^2=\frac{1}{4}$$

であるから，$a^2<ab<b^2<b$ となることが予想できる。

□問題 10

○まず，与えられた不等式を解く。

○不等式の解がすべて2より小さい

→　不等式の解が，$x<2$ の範囲に含まれる。端の値の関係に注意する。

□問題 11

○お菓子を x 個買うとして，不等式をつくる。

○Bで買う方が代金が安くなるのは，$x>20$ のときである。$x>20$ として，Aで買うときの代金，Bで買うときの代金を，それぞれ式に表す。

□問題 12

○不等式の性質を用いて，式のとりうる値の範囲を求める。

○等式について，次のことが成り立つ。

$A=B,\ C=D$　ならば　$A+C=B+D$

不等式について $A<B,\ C<D$ とすると

$A+C<B+C,\quad C+B<D+B$

であるから，次のことが成り立つ。

$A<B,\ C<D$　ならば　$A+C<B+D$

(2), (3) は，この性質を用いて，各式の値の範囲を求める。

演習問題 B

9　$0<a<b<1$ のとき，次の数の大小を不等号を用いて表しなさい。

$b,\quad ab,\quad a^2,\quad b^2$

10　x についての不等式 $\frac{5}{2}x+1 \leqq \frac{2x+a}{3}$ の解が，すべて2より小さくなるように，a の値の範囲を定めなさい。

5

11　定価150円のお菓子を，A，B 2つの店で売っている。Aでは定価の10%引きで，Bでは20個までは定価どおりで，20個をこえると，こえた分については定価の30%引きになる。何個以上買うと，Bで買う方が代金は安くなるか答えなさい。

10

12　$-2<x<3,\ 1<y<4$ のとき，次の式のとりうる値の範囲を求めなさい。

(1)　$2x-1$　　(2)　$x+3y$　　(3)　$3x-2y$

第4章

13　x についての不等式 $9-x \leqq 2x \leqq 2a$ を満たす自然数 x がちょうど4個あるとき，a の値の範囲を求めなさい。

14　ある中学校の1年生全員が長いすに座るのに，1脚に6人ずつかけていくと15人が座れず，1脚に7人ずつかけていくと，使わない長いすが3脚できる。

15

(1)　長いすの数を x 脚として，7人ずつかけていったときの最後に使った長いすに座っている生徒の人数を x の式で表しなさい。

(2)　長いすの数は何脚以上何脚以下か答えなさい。

第4章　不等式　125

□問題 13

○不等式を満たす自然数。まず，連立不等式を解く。

○それぞれの不等式の解を数直線に表し，その共通範囲に入る自然数を考えるとよい。

□問題 14

○不等式を利用した問題の解き方。

○(2)　(1)の結果を利用する。

実力を試す問題　解答は本書 210 ページ

1　x についての次の連立不等式を満たす整数 x の個数が，ちょうど3個であるような a の値の範囲を求めなさい。

$$\begin{cases} 3x+4 \geqq 6x-8 \\ 2x-a+1>x+3 \end{cases}$$

ヒント　**1**　2つの不等式の解を数直線に表して考えるとよい。

第5章　1次関数

この章で学ぶこと

1．変化と関数（128，129 ページ）

身近な例をもとに，ともなって変わる 2 つの数量の関係や，数量がとる値の範囲について考えます。

新しい用語と記号

y は x の関数である，変数，変域，定義域，値域

2．比例とそのグラフ（130〜137 ページ）

ともなって変わる 2 つの数量の関係として，比例の関係を学びます。

また，平面上の点の位置を表す方法として，座標や座標平面を導入し，比例のグラフを考えます。

新しい用語と記号

y は x に比例する，定数，比例定数，x 軸，横軸，y 軸，縦軸，座標軸，原点，x 座標，y 座標，座標，座標平面，比例のグラフ

3．反比例とそのグラフ（138〜144 ページ）

ともなって変わる 2 つの数量の関係として，反比例の関係を学ぶとともに，身のまわりの具体的な反比例の関係について考察します。

また，反比例のグラフについても考えます。

新しい用語と記号

y は x に反比例する，比例定数，反比例のグラフ，双曲線

4．比例，反比例の利用（145，146 ページ）

比例や反比例の基本的な性質をもとにして，比例や反比例のグラフを用いた応用的な問題を考えます。

5．1次関数とそのグラフ（147〜158 ページ）

1 次関数の関係とその値の変化について学ぶとともに，1 次関数のグラフを，比例のグラフをもとに考えます。

また，いろいろな条件から，1 次関数の式を求める方法についても学びます。

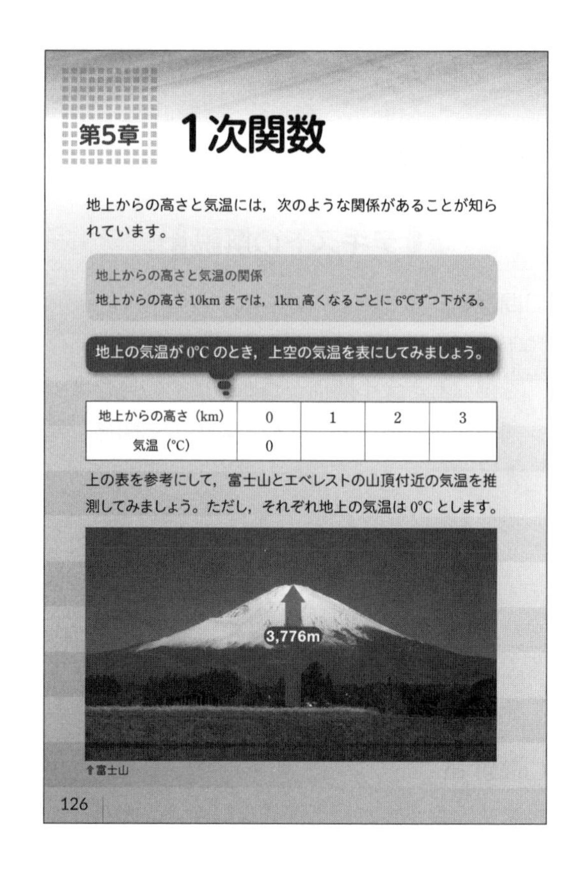

第5章　1次関数

地上からの高さと気温には，次のような関係があることが知られています。

地上からの高さと気温の関係
地上からの高さ 10km までは，1km 高くなるごとに 6°C ずつ下がる。

地上の気温が 0°C のとき，上空の気温を表にしてみましょう。

地上からの高さ（km）	0	1	2	3
気温（°C）	0			

上の表を参考にして，富士山とエベレストの山頂付近の気温を推測してみましょう。ただし，それぞれ地上の気温は 0°C とします。

↑富士山

126

新しい用語と記号

y は x の 1 次関数である，変化の割合，1 次関数のグラフ，切片，傾き，平行移動，直線 $y=ax+b$

6．1次関数と方程式（159〜163 ページ）

2 元 1 次方程式 $ax+by=c$ を満たす点 $(x,\ y)$ の集まりが直線になることを学びます。

また，2 つの直線の交点の座標と連立方程式の解の関係について考えます。

新しい用語と記号

方程式のグラフ

7．1次関数の利用（164〜172 ページ）

1 次関数の性質やグラフを利用して，身のまわりに現れるいろいろな問題を解決する方法を学びます。

また，それまでに学んだことを利用して，座標平面上の直線や図形に関する応用的な問題を解く方法を考えます。やや複雑な問題もありますが，しっかり理解しましょう。

テキストの解説

□ともなって変わる2つの数量

○山に登ると，高く登るほど気温は下がっていくことがわかる。これは，気温が高さにともなって変化していることを示している。

○実際，地上からの高さと気温の間にはある関係があって，地上からの高さが決まると，その高さの地点の気温が決まる。

○テキストに示したように，地上からの高さが10 kmまでは，1 km高くなるごとに，気温は6°Cずつ下がることが知られている。

○たとえば，地上の気温を0°Cとすると

1 kmの地点の気温は　$0-6\times1=-6$

2 kmの地点の気温は　$0-6\times2=-12$

3 kmの地点の気温は　$0-6\times3=-18$

であるから，これらの高さと気温の関係は，次の表のようにまとめられる。

地上からの高さ (km)	0	1	2	3
気温 (°C)	0	−6	−12	−18

○このとき，富士山の高さを3.8 kmとすると，山頂付近の気温は　$0-6\times3.8=-22.8$

より，およそ −23°Cとなる。

また，エベレストの高さを8.8 kmとすると，山頂付近の気温は　$0-6\times8.8=-52.8$

より，およそ −53°Cとなる。

○たとえば，地上の気温が35°Cの場合，地上はとても暑いが，富士山の山頂付近の気温は

$$35-6\times3.8=12.2$$

より，およそ12°Cとなって，とても涼しいことがわかる。

このように，ともなって変わる2つ数量の関係を利用すると，実際の登山をする前に，山頂付近の気温なども知ることができる。

地上が暑くても，防寒対策が必要なことがわかるね。

□関数

○ともなって変わる2つの数量があるとき，その関係を知る第一の方法は，対応する2つの値を表にまとめることである。このように，複数の数量の関係を数表にまとめて表すことは，古代より行われていた。

○その後，17世紀になって文字式が用いられるようになり，ライプニッツによって，関数という言葉が使われるようになった。

○関数の性質を研究する学問を解析学という。私たちが生活を営むうえで，関数の考えはたいへん有用であり，現在でも，解析学は盛んに研究されている。

1．変化と関数

学習のめあて

ともなって変わる2つの数量について，関数の意味を知ること。

学習のポイント

関数

ともなって変わる2つの数量 x，y があり，x の値が決まると，それに対応して y の値がただ1つに決まるとき，**y は x の関数である** という。

また，このxとyのように，いろいろな値をとる文字を **変数** という。

1．変化と関数

関　数

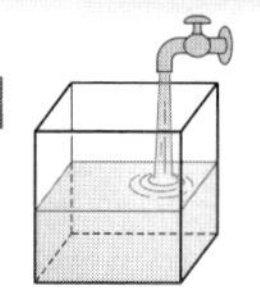

深さが 30 cm である直方体の空の水そうに，水を入れていくと，水を入れ始めてからの時間と水の深さの関係は次の表のようになった。

時間（分）	0	1	2	3	4	5	6	7	8	9	10
水の深さ（cm）	0	3	6	9	12	15	18	21	24	27	30

いま，水を入れ始めてからの時間を x 分，水の深さを y cm とする。

水の深さ y は，時間 x にともなって変わり，時間 x が決まると，それに対応して水の深さ y がただ1つに決まる。

このように，ともなって変わる2つの数量 x，y があり，x の値が決まると，それに対応して y の値がただ1つに決まるとき，**y は x の関数である** という。

また，この x，y のように，いろいろな値をとる文字を **変数** という。

練習 1 次のうち，y が x の関数であるものを答えなさい。

① 分速 60 m で歩くときの歩いた時間 x 分と道のり y m

② 自然数 x の約数 y

③ 1本 80 円のお茶 x 本と，200 円のお菓子1個を買ったときの代金の合計 y 円

上の表で，$x=2$ のとき $y=6$，$x=3$ のとき $y=9$，…… のように，y の値は x の値の3倍であることがわかる。

よって，関係　$y=3x$　が成り立つ。

x（分）	0	1	2	3	4	5	6	……
y（cm）	0	3	6	9	12	15	18	……

3倍

128　第5章　1次関数

テキストの解説

□関数

○ともなって変わる2つの数量があるとき，それらの関係を考察する第一の方法は，2つの数量の対応関係を表に表すことである。

○テキストの上の表において，水の深さ y cm は，水を入れ始めてからの時間 x 分によって決まる。このとき，x の値が決まると，それに対応して y の値もただ1つに決まるから，y は x の関数である。

○ x の値を決めても，それに対応する y の値がただ1つに決まらない場合，y は x の関数ではない。（練習1②参照）

○テキストの表の x と y の関係は，式 $y=3x$ で表されるが，このような簡単な式で表されなくても，y が x の関数になる場合がある。

○たとえば，自然数 x の約数の個数を y とする。このとき，x と y の関係は次の表のようになり，x の値に対応して y の値がただ1つに決まるから，y は x の関数である。

x	1	2	3	4	5	6	…
y	1	2	2	3	2	4	…

□練習1

○ともなって変わる2つの数量と関数。y の値がただ1つに決まるかどうかに注目する。

○①と③の x と y の関係は，それぞれ次の式で表される。

①　$y=60x$　　③　$y=80x+200$

①，③のような関数は，この章でさらに詳しく学習する。

テキストの解答

練習1　①　歩いた時間 x が決まると，それに対応して道のり y がただ1つに決まる。

②　たとえば，自然数4の約数は1，2，4であるから，x の値を決めても，それに対応する y の値はただ1つに決まらない。

③　お茶の本数 x が決まると，それに対応して代金の合計 y がただ1つに決まる。

したがって，y が x の関数であるものは

①，③

学習のめあて

関数の定義域と値域について知ること。

学習のポイント

定義域と値域

変数のとりうる値の範囲を **変域** という。
特に，y が x の関数であるとき，変数 x の変域を **定義域** といい，定義域内の x の値に対応する変数 y の変域を **値域** という。

例 1　28 L の水が入る空の水そうに，毎分 4 L の割合で水を入れる。水を入れ始めてから x 分後の，水そうに入っている水の量を y L とすると，y は x の関数である。
y を x の式で表すと
$y=4x$

x (分)	0	1	2	3	……
y (L)	0	4	8	12	……

4倍

例 1 で，水そうがいっぱいになるのは $28\div4=7$ より，水を入れ始めてから 7 分後である。
よって，変数 x のとりうる値の範囲は，0 以上 7 以下であり，次のように表される。

$0\leqq x\leqq7$

このような，変数のとりうる値の範囲を，その変数の **変域**（へんいき） という。
特に，y が x の関数であるとき，x の変域を，その関数の **定義域**（ていぎいき） といい，定義域内の x の値に対応する y の変域を **値域**（ちいき） という。
また，このときの x，y の関係を
$y=4x\quad(0\leqq x\leqq7)$
のように，定義域をつけ加えて書くこともある。

練習 2　A 地点から 1800 m 離れた B 地点まで，分速 200 m で自転車に乗って行く。出発してから x 分後に，その人が A 地点から進んだ道のりを y m とする。
(1)　y を x の式で表しなさい。　(2)　x の変域を求めなさい。
(3)　y の変域を求めなさい。

第5章　1. 変化と関数　129

テキストの解説

□例 1

○x と y の関係は，次の表のようになる。

x	0	1	2	3	4	5	6	7
y	0	4	8	12	16	20	24	28

x の値を決めると，それに対応して y の値がただ 1 つに決まるから，y は x の関数であり，x と y の関係は，$y=4x$ と表される。

○上の表の右端の数 7 は，水そうがいっぱいになる時間を表している。

□定義域と値域

○関数の関係にある身のまわりの問題を考えるとき，ともなって変わる 2 つの数量のとりうる値の範囲には，一定の制限があることが多い。

○たとえば，例 1 を身のまわりの問題ととらえた場合，水そうがいっぱいになったら水を止めると考えるのが普通である。このとき
x の変域 (定義域) は　$0\leqq x\leqq7$
y の変域 (値域) は　$0\leqq y\leqq28$
となる。

○制限がないとき，関数の定義域，値域は，すべての数になる。

○128 ページの練習 1 ① において，x のとりうる値の範囲は 0 以上の数であり，$x\geqq0$ と表される。
また，③ において，x のとりうる値は 0 以上の整数である。このように，x のとりうる値には，とびとびの値をとるものもある。

□練習 2

○関数と定義域，値域。x がとりうる値の範囲は，A 地点を出発してから B 地点に着くまでの間である。

テキストの解答

練習 2　(1)　道のりは，(速さ)×(時間) で求められるから　$y=200\times x$
よって　$\boldsymbol{y=200x}$

(2)　この人が B 地点に着くのは，
$1800\div200=9$
より，出発してから 9 分後である。
よって，x の変域は　$\boldsymbol{0\leqq x\leqq9}$

(3)　A 地点と B 地点の間の道のりは 1800 m であるから，y の変域は　$\boldsymbol{0\leqq y\leqq1800}$

2．比例とそのグラフ

学習のめあて

比例を表す式の特徴について知ること。

学習のポイント

比例を表す式

y が x の関数で，x と y の関係が次のような式で表されるとき，**y は x に比例する** という。

$y=ax$　（a は定数）

一定の数や，一定の数を表す文字を **定数** という。特に，比例を表す式 $y=ax$ における定数 a を **比例定数** という。

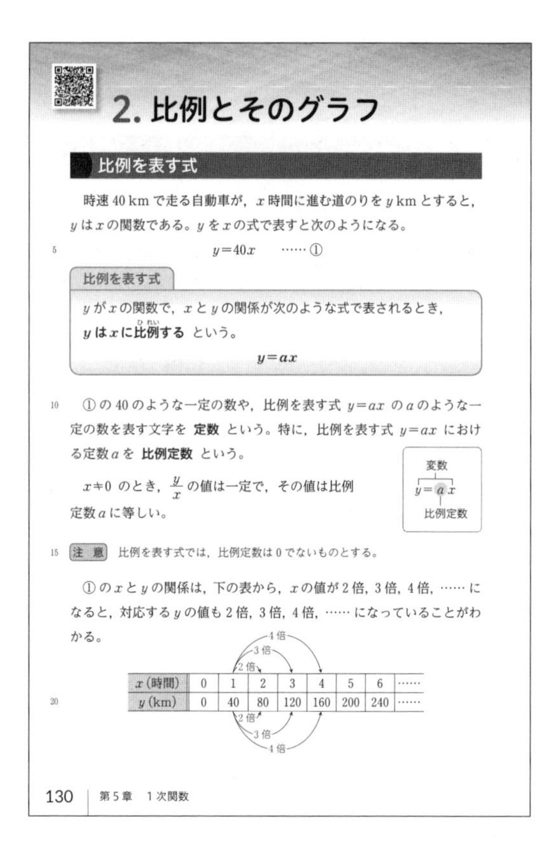

2. 比例とその グラフ

比例を表す式

時速 40 km で走る自動車が，x 時間に進む道のりを y km とすると，y は x の関数である。y を x の式で表すと次のようになる。

$y=40x$　　……①

比例を表す式

y が x の関数で，x と y の関係が次のような式で表されるとき，**y は x に比例する** という。

$y=ax$

①の 40 のような一定の数や，比例を表す式 $y=ax$ の a のような一定の数を表す文字を **定数** という。特に，比例を表す式 $y=ax$ における定数 a を **比例定数** という。

$x \neq 0$ のとき，$\frac{y}{x}$ の値は一定で，その値は比例定数 a に等しい。

注意　比例を表す式では，比例定数は 0 でないものとする。

①の x と y の関係は，下の表から，x の値が 2 倍，3 倍，4 倍，…… になると，対応する y の値も 2 倍，3 倍，4 倍，…… になっていることがわかる。

x（時間）	0	1	2	3	4	5	6	……
y（km）	0	40	80	120	160	200	240	……

130　第 5 章　1 次関数

テキストの解説

□比例

○小学校で学んだ比例とは，次のようなものであった。

> ともなって変わる 2 つの数量について，その一方の値が 2 倍，3 倍，…… になると，他方の値も 2 倍，3 倍，…… になるとき，この 2 つの数量は比例する。

○たとえば，一定の速さで走る自動車では，走った時間が 2 倍，3 倍，…… になると，進んだ道のりも 2 倍，3 倍，…… になるから，進んだ道のりは走った時間に比例する。

○中学校では，x と y の間に $y=ax$ の関係があるとき，y は x に比例するという。道のりと，速さ，時間の間には，次の関係があるから，進んだ道のりは走った時間に比例する。

（道のり y）=（速さ a）×（時間 x）

○速さが時速 40 km であるとき，x 時間に進んだ道のりを y km とすると，x と y の関係は $y=40x$ と表される。

また，x と y の値の関係は，テキストの表のようになり，x の値が 2 倍，3 倍，…… になると，y の値も 2 倍，3 倍，…… になる。

○同じように，x と y の関係が $y=ax$ と表される関数では，x の値が 2 倍，3 倍，…… になると，y の値も 2 倍，3 倍，…… になる。

○比例定数 a は負の数であってもよい（テキスト 132 ページ例題 1 参照）。

たとえば，比例 $y=-2x$ において，x と y の関係は，次の表のようになり，x の値が 2 倍，3 倍，…… になると，y の値も 2 倍，3 倍，…… になる。

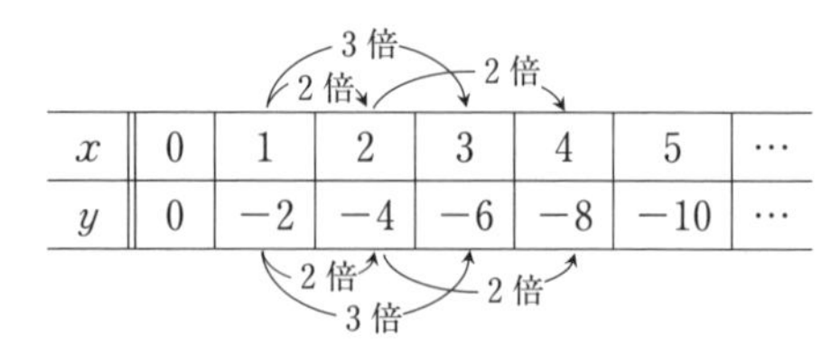

x	0	1	2	3	4	5	…
y	0	-2	-4	-6	-8	-10	…

○比例定数 a は 0 でないものとする。

○比例のことを正比例ともいう。

テキスト131ページ

学習のめあて

比例の関係 $y=ax$ において，x の変域が負の数になる場合について知ること。

学習のポイント

比例 $y=ax$ と x の変域

x の値の範囲に制限がない場合，変数 x は正の値も負の値もとる。

テキストの解説

□練習3

○ y を x の式で表す。x と y の関係が $y=ax$ の形に表されるとき，y は x に比例する。

□変数が負の数になる場合

○次の計算で，x や y の値が負の数になる場合の意味を考える。これは，テキスト20ページの「乗法」で用いた考えと同じものである。

(位置 y)=(速さ a)×(時間 x)

□練習4

○比例 $y=ax$ において，x や y の値が負の数になるときを考える。

○(2) $x=-4$ とそれに対応する $y=-8$ は，それぞれ次のことを意味している。

-4 分後 → 4分前

-8 L減る → 8L増える

○(3) 8時を基準にすると，7時55分は5分前，すなわち -5 分後を意味している。

テキストの解答

練習3 (1) 1冊120円のノートを x 冊買うときの代金は，$120\times x=120x$ より

$120x$ 円

よって，$y=120x$ となるから，y は x に比例する。

このとき，比例定数は **120**

練習3 次の(1)，(2)について，y が x に比例することを，$y=ax$ の形に表すことで示しなさい。また，そのときの比例定数を求めなさい。

(1) 1冊120円のノートを x 冊買うときの代金を y 円とする。

(2) 底辺が x cm，高さが8cmの三角形の面積を y cm² とする。

比例の関係 $y=ax$ において，変数 x が負の数になることもある。

時速40kmで走る自動車が，東へ向かって進んでいる。東を正の方向として，この自動車がO地点を通過してから x 時間後に，O地点から y kmのところにいるとする。

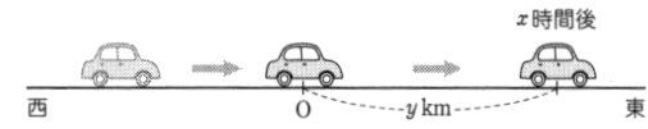

たとえば，自動車はO地点を通過する1時間前に，O地点から西へ40kmの位置にいたことになる。同じように考えると，x と y の関係は，次の表のようになる。

x (時間)	……	-3	-2	-1	0	1	2	3	……
y (km)	……	-120	-80	-40	0	40	80	120	……

よって，変数 x が負の数になる場合でも，y を x の式で表すと $y=40x$ となる。

第5章

練習4 80Lの水が入った水そうから毎分2Lの割合で排水(はいすい)していくと，8時には，水そうに50Lの水が入っていた。8時を基準にして，x 分後までに減る水の量を y Lとする。

(1) y を x の式で表しなさい。

(2) $x=-4$ のときの y の値を求めなさい。

(3) 7時55分に入っている水の量は何Lか答えなさい。

(4) x の変域，y の変域をそれぞれ求めなさい。

2. 比例とそのグラフ　131

(2) 底辺が x cm，高さが8cmの三角形の面積は，$x\times 8\div 2=4x$ より $4x$ cm²

よって，$y=4x$ となるから，y は x に比例する。

このとき，比例定数は **4**

練習4 (1) x 分間で排水される水の量は，

$2\times x=2x$ より $2x$ L

よって **$y=2x$**

(2) $x=-4$ を $y=2x$ に代入すると

$y=2\times(-4)=-8$

(3) $x=-5$ を $y=2x$ に代入すると

$y=2\times(-5)=-10$

よって，7時55分に入っている水の量は，

$50-(-10)=60$ より **60 L**

(4) y の変域は **$-30\leqq y\leqq 50$**

よって $-30\leqq 2x\leqq 50$

x の変域は **$-15\leqq x\leqq 25$**

x や y の値は，負の数になってもいいんだね。

学習のめあて

1組の x, y の値から，比例の式を求めることができるようになること。

学習のポイント

比例の式の決定

比例 $y=ax$ において，$x=○$ のとき $y=□$ であるとすると

$□=a×○$ → a の1次方程式

わかっている1組の x と y の値をもとにして，比例の式を求めよう。

例題 1 y は x に比例し，$x=5$ のとき $y=-15$ である。
(1) y を x の式で表しなさい。
(2) $x=-4$ のときの y の値を求めなさい。

考え方 y が x に比例するとき，$y=ax$ と表すことができる。

解答 (1) y は x に比例するから，比例定数を a とすると，
$y=ax$ と表すことができる。
$x=5$ のとき $y=-15$ であるから
$-15=a×5$
$a=-3$
よって　$y=-3x$ 答
(2) $y=-3x$ に，$x=-4$ を代入すると
$y=-3×(-4)$
$=12$ 答

注意 例題1のように，比例定数が負の数になる場合も考えられる。

練習 5 y は x に比例し，$x=-6$ のとき $y=-3$ である。
(1) y を x の式で表しなさい。
(2) $x=4$ のときの y の値を求めなさい。
(3) $y=-10$ となる x の値を求めなさい。

練習 6 ある自動車が進む道のりは，使ったガソリンの量に比例する。この自動車が 20 L のガソリンで 300 km 走った。自動車が x L のガソリンで y km 進むとして，次の問いに答えなさい。
(1) y を x の式で表しなさい。
(2) 465 km 進むには，何 L のガソリンが必要か答えなさい。

132 第5章 1次関数

テキストの解説

□例題 1

○比例の式は，比例定数によって決まる。そして，比例の式 $y=ax$ を満たす1組の x, y の値がわかると，比例定数 a の値も決まる。

○(1) $x=5$, $y=-15$ が $y=ax$ を満たすから，$y=ax$ に $x=5$, $y=-15$ を代入する。

→ $-15=a×5$ → a の1次方程式

□練習 5

○比例の式の決定。例題1にならって考える。

□練習 6

○まず，問題文を読んで，条件を式に表す。

○自動車の進む道のりが，使ったガソリンの量に比例することから，x と y の関係は $y=ax$ と表すことができる。

テキストの解答

練習 5 (1) y は x に比例するから，比例定数を a とすると，$y=ax$ と表すことができる。

$x=-6$ のとき $y=-3$ であるから

$$-3=a×(-6)$$

$$a=\frac{1}{2}$$

よって　$\boldsymbol{y=\frac{1}{2}x}$

(2) $y=\frac{1}{2}x$ に，$x=4$ を代入すると

$$\boldsymbol{y=\frac{1}{2}×4=2}$$

(3) $y=\frac{1}{2}x$ に，$y=-10$ を代入すると

$$-10=\frac{1}{2}x$$

よって　$\boldsymbol{x=-20}$

練習 6 (1) y は x に比例するから，比例定数を a とすると，$y=ax$ と表すことができる。

$x=20$ のとき $y=300$ であるから

$$300=a×20$$

$$a=15$$

よって　$\boldsymbol{y=15x}$

(2) $y=15x$ に，$y=465$ を代入すると

$$465=15x$$

$$x=31$$

よって，ガソリンは **31 L** 必要である。

テキスト 133 ページ

学習のめあて

平面上の点の位置の表し方について知ること。

学習のポイント

座標軸と座標平面

平面上に 2 つの数直線を点Oで垂直に交わるように引く。このとき，

横の数直線を **x 軸** または **横軸**

縦の数直線を **y 軸** または **縦軸**

x 軸と y 軸を合わせて **座標軸**

という。また，座標軸の交点Oを **原点** といい，座標軸の定められた平面を **座標平面** という。

座標

座標平面上の点Pに対して，Pから x 軸，y 軸に垂線 PA，PB を引く。このとき，

Aの x 軸上の目もりをPの **x 座標**

Bの y 軸上の目もりをPの **y 座標**

といい，2 つを合わせてPの **座標** という。

座標

平面上の点の位置の表し方について考えよう。

右の図のように，平面上に 2 つの数直線を点Oで垂直に交わるように引く。

このとき，

横の数直線を　**x 軸** または **横軸**，

縦の数直線を　**y 軸** または **縦軸**，

x 軸と y 軸を合わせて **座標軸**

という。

また，座標軸の交点Oを **原点** という。

右の図のような点Pの位置を表すには，点Pから x 軸，y 軸に垂線 PA，PB を引き，

Aの x 軸上の目もり　3，

Bの y 軸上の目もり　2

を組み合わせて，(3, 2) とする。

3を　点Pの **x 座標**，

2を　点Pの **y 座標**，

(3, 2) を　点Pの **座標**

という。この点Pを，P(3, 2) と表す。

一般に，x 座標が a，y 座標が b である点Pの座標を $(a,\ b)$，点Pを $P(a,\ b)$ と表す。

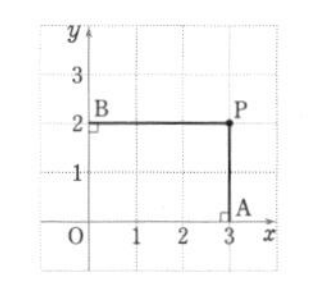

Pの座標
P(3 , 2)
x 座標　y 座標

第5章

注 意　原点Oの座標は (0, 0) である。

このように，座標軸を定めて，点の位置を座標で表すことができる平面を **座標平面** という。

2. 比例とそのグラフ　133

テキストの解説

□平面上の位置の表し方

○中学校の地理で学ぶように，地球上の位置は緯度と経度を使って表すことができる。
緯度は赤道を 0 度として，南北をそれぞれ 90 度に分け，北を北緯，南を南緯として示す。
また，経度は，ロンドンを通る本初子午線を 0 度として，東西をそれぞれ 180 度に分け，東を東経，西を西経として示す。

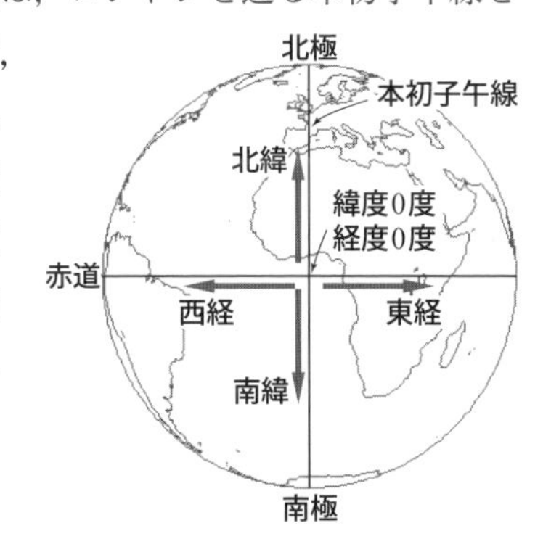

○日本の国土は，およそ北緯 20～46 度，東経 123～154 度の位置にある。また，たとえば東京は，およそ北緯 35 度，東経 140 度の位置にある。

○座標平面上の点は，地球上の位置のこのような表し方を簡略化したもので，数だけで表したものと考えればよい。

○北と東をそれぞれ正の方向として，緯度と経度を考えると，たとえば

「南緯 30 度」 は 「北緯 －30 度」

「西経 80 度」 は 「東経 －80 度」

のように表すことができる。このようにすると，地球上の位置も 2 つの数の組で表すことができる。

○点の座標では，緯度，経度のような言葉はなく，単に，x 座標，y 座標の順に示した 2 つの数の組で表すため，その順に注意する。
たとえば，座標が (3, 2) である点と (2, 3) である点は，まったく別の点である。

学習のめあて

軸や原点に関して対称な点の座標を知ること。

学習のポイント

軸や原点に関して対称な点の座標

点 $(a,\ b)$ について

x 軸に関して対称な点の座標は $(a,\ -b)$

y 軸に関して対称な点の座標は $(-a,\ b)$

原点に関して対称な点の座標は $(-a,\ -b)$

練習7 右の図の点A，B，C，D，Eの座標をそれぞれ答えなさい。

練習8 右の図に，次の4つの点をかき入れなさい。

F$(4,\ 5)$　G$(-2,\ 4)$

H$(3,\ -2)$　I$(-4,\ -5)$

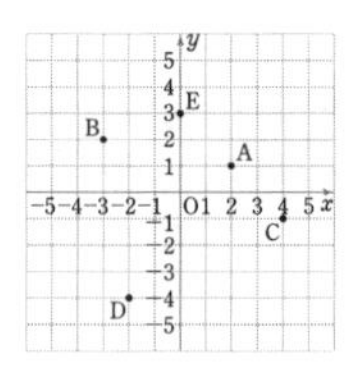

対称な点の座標

点 A$(2,\ 1)$ と対称な点について考えてみよう。

Aと x 軸に関して対称な点の座標は

$(2,\ -1)$

Aと y 軸に関して対称な点の座標は

$(-2,\ 1)$

Aと原点に関して対称な点の座標は

$(-2,\ -1)$

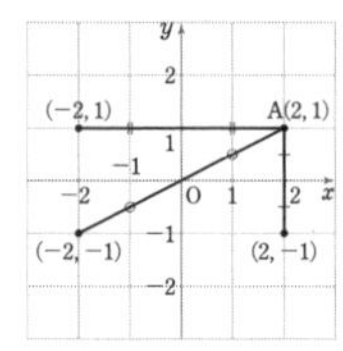

一般に，次のことがいえる。

点 $(a,\ b)$ について

x 軸に関して対称な点の座標は　$(a,\ -b)$

y 軸に関して対称な点の座標は　$(-a,\ b)$

原点に関して対称な点の座標は　$(-a,\ -b)$

練習9 点 $(-3,\ 5)$ について，次の点の座標を求めなさい。

(1) x 軸に関して対称な点　(2) y 軸に関して対称な点

(3) 原点に関して対称な点

テキストの解説

□練習7

○座標平面上の点の座標。それぞれの点について，x 座標と y 座標を読み取る。

□練習8

○座標が与えられた点を，座標平面上に示す。

□軸や原点に関して対称な点の座標

○x 軸，y 軸，原点に関して対称な点の座標。符号が変わる座標に注意する。

○x 軸に関して，点Aと対称な点をBとすると，ABは x 軸と垂直に交わる。また，ABと x 軸の交点をHとすると，AH＝BH が成り立つ。

したがって，AとBの x 座標は等しく，y 座標は符号を変えた数になる。

□練習9

○軸や原点に関して対称な点の座標。右の図のように，座標平面上に示して考えるとわかりやすい。

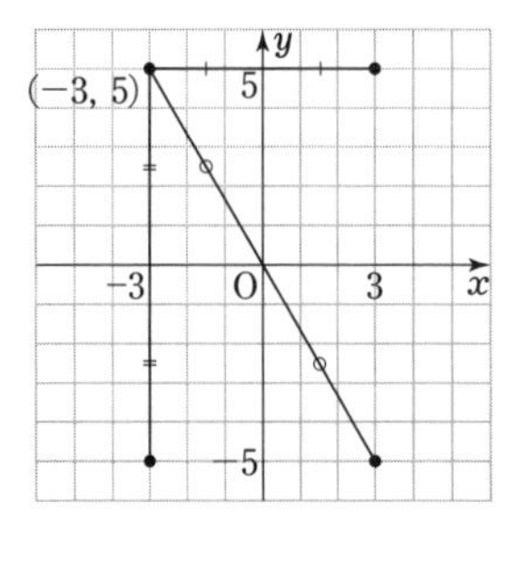

テキストの解答

練習7　Aの座標は　$(2,\ 1)$

Bの座標は　$(-3,\ 2)$

Cの座標は　$(4,\ -1)$

Dの座標は　$(-2,\ -4)$

Eの座標は　$(0,\ 3)$

練習8　点F，G，H，Iをかき入れると，下の図のようになる。

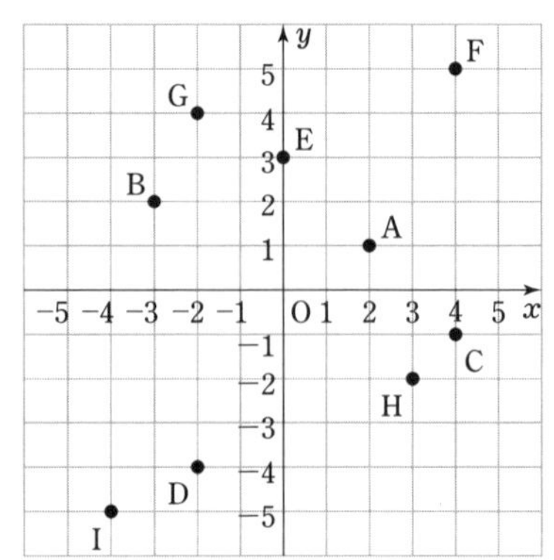

練習9　(1) $(-3,\ -5)$　(2) $(3,\ 5)$

(3) $(3,\ -5)$

学習のめあて

比例のグラフの特徴について知ること。

学習のポイント

比例のグラフ

比例 $y=ax$ のグラフは，原点を通る直線になる。

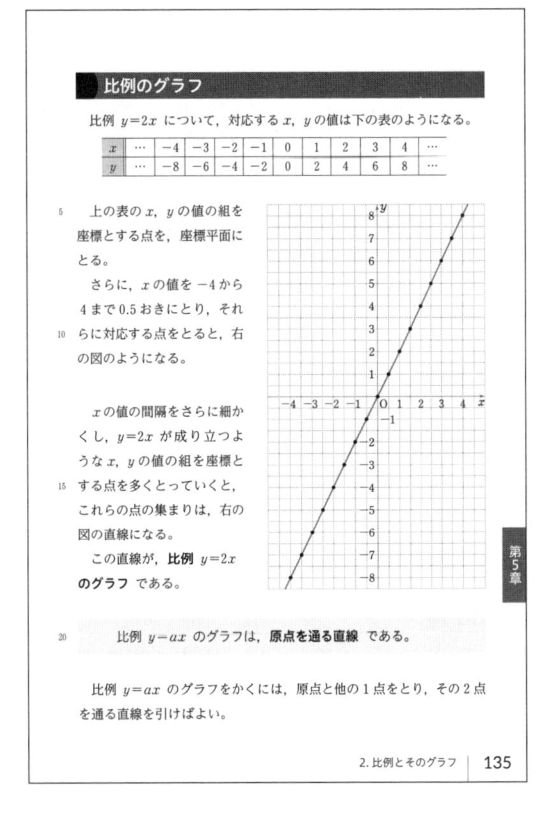

比例のグラフ

比例 $y=2x$ について，対応する x，y の値は下の表のようになる。

x	…	−4	−3	−2	−1	0	1	2	3	4	…
y	…	−8	−6	−4	−2	0	2	4	6	8	…

上の表の x，y の値の組を座標とする点を，座標平面にとる。

さらに，x の値を −4 から 4 まで 0.5 おきにとり，それらに対応する点をとると，右の図のようになる。

x の値の間隔をさらに細かくし，$y=2x$ が成り立つような x，y の値の組を座標とする点を多くとっていくと，これらの点の集まりは，右の図の直線になる。

この直線が，**比例 $y=2x$ のグラフ** である。

比例 $y=ax$ のグラフは，**原点を通る直線** である。

比例 $y=ax$ のグラフをかくには，原点と他の 1 点をとり，その 2 点を通る直線を引けばよい。

2. 比例とそのグラフ　135

テキストの解説

□比例のグラフ

○時速 2 km で進む人の進んだ時間と進んだ道のりの関係は，右の図のように表される。

これは，小学校で学んだ比例のグラフの一例である。

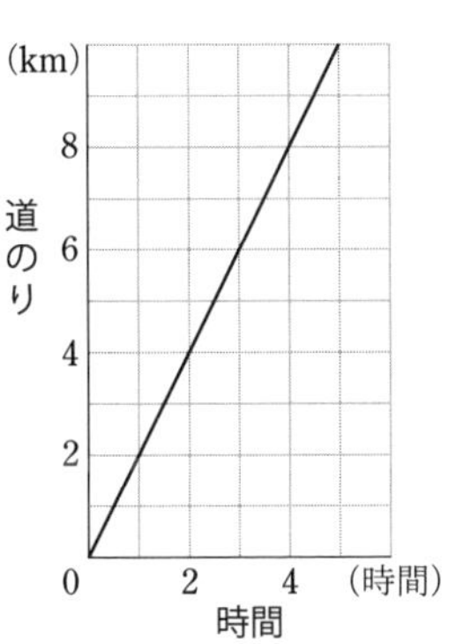

○比例 $y=ax$ では，x や y が負の数をとることもある。そこで，対応する x と y の値の組を座標とする点を座標平面上にとって，グラフがどのようになるかを考える。

○右の図は，比例 $y=2x$ について，x の値を 0.25 刻みにとって，x に対応する y の値を求め，それら x と y の値の組を座標とする点を，座標平面上にとったものである。

○この図からも，比例 $y=2x$ のグラフが直線になることがよくわかる。

○比例 $y=ax$ において，a がどんな値であっても，$x=0$ のとき $y=0$ である。したがって，グラフは原点を通る。

確かめの問題　解答は本書 206 ページ

1　比例 $y=-\frac{1}{2}x$ について，次の表を完成させ，それら x と y の値の組を座標とする点を下の図にかき入れなさい。

x	−4	−3	−2	−1	0	1	2	3	4
y									

テキスト 136 ページ

学習のめあて

比例定数と増加・減少の関係を知ること。

学習のポイント

比例 $y=ax$ の増加と減少

比例 $y=ax$ において，x の値が 1 だけ増加すると，y の値は

$a>0$ のとき　a だけ増加する。

$a<0$ のとき　$|a|$ だけ減少する。

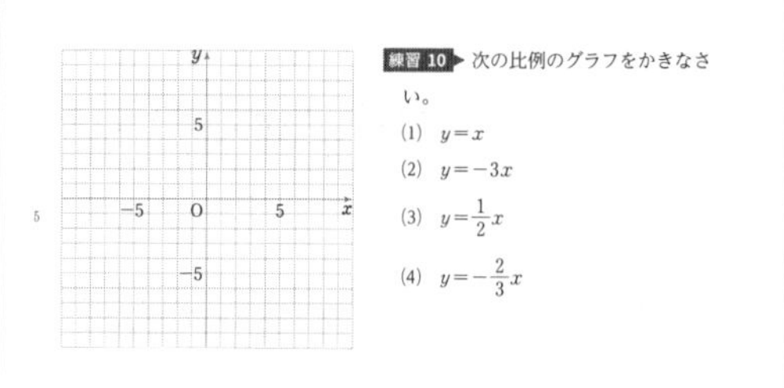
練習 10 次の比例のグラフをかきなさい。

(1) $y=x$

(2) $y=-3x$

(3) $y=\frac{1}{2}x$

(4) $y=-\frac{2}{3}x$

比例 $y=ax$ について，x の値が増加するとき，y の値がどのように変わるかを，下のグラフで調べてみよう。

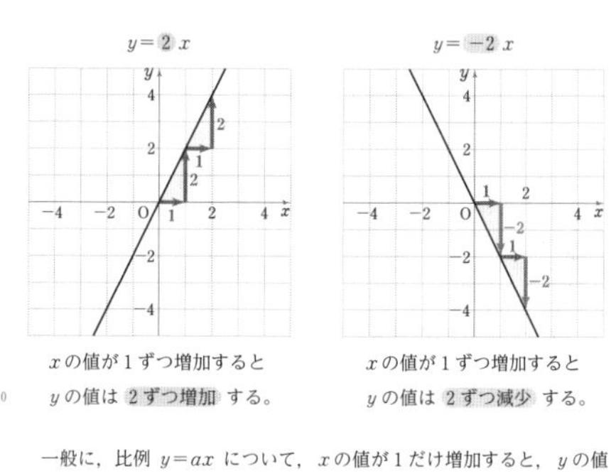

x の値が 1 ずつ増加すると y の値は 2 ずつ増加 する。

x の値が 1 ずつ増加すると y の値は 2 ずつ減少 する。

一般に，比例 $y=ax$ について，x の値が 1 だけ増加すると，y の値は $a>0$ のとき a だけ増加し，$a<0$ のとき $|a|$ だけ減少する。

136　第 5 章　1 次関数

テキストの解説

□練習 10

○比例 $y=ax$ のグラフは，原点を通る直線である。ただし，直線上の多くの点を調べて，それらを通る直線をかくのはめんどうである。

○直線は，通る 2 点がわかると 1 つに決まる。したがって，原点以外に通る 1 点の座標を求めて，原点とその点を通る直線をかけばよい。

○原点以外に通る点は，グラフがかきやすいように，x 座標，y 座標がともに整数である点を考えるとよい。

□比例 $y=ax$ の増加と減少

○比例における増加と減少について考える。

○a は x の値が 1 だけ増加したとき，y の値がどれだけ増加（減少）するかを表している。

○$a>0$ のとき，x の値が 1 だけ増加すると y の値は a だけ増加するから，グラフは右上がりの直線になる。

また，$a<0$ のとき，x の値が 1 だけ増加すると y の値は $|a|$ だけ減少するから，グラフは右下がりの直線になる。

テキストの解答

練習 10 (1) $y=x$ は，$x=1$ のとき $y=1$ であるから，グラフは原点と点 $(1,\ 1)$ を通る直線で，図のようになる。

(2) $y=-3x$ は，$x=1$ のとき $y=-3$ であるから，グラフは原点と点 $(1,\ -3)$ を通る直線で，図のようになる。

(3) $y=\frac{1}{2}x$ は，$x=2$ のとき $y=1$ であるから，グラフは原点と点 $(2,\ 1)$ を通る直線で，図のようになる。

(4) $y=-\frac{2}{3}x$ は，$x=3$ のとき $y=-2$ であるから，グラフは原点と点 $(3,\ -2)$ を通る直線で，図のようになる。

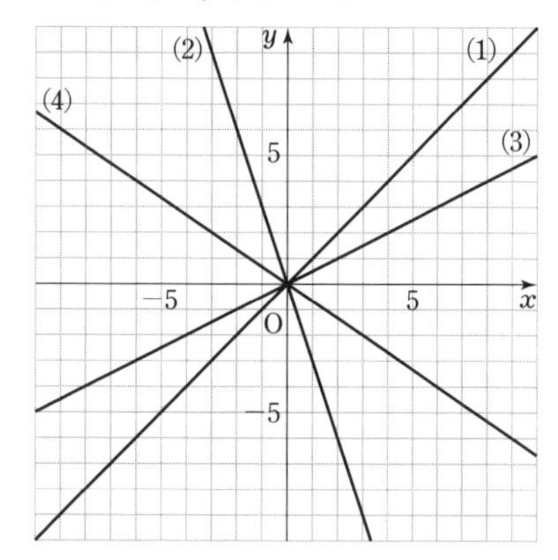

テキスト 137 ページ

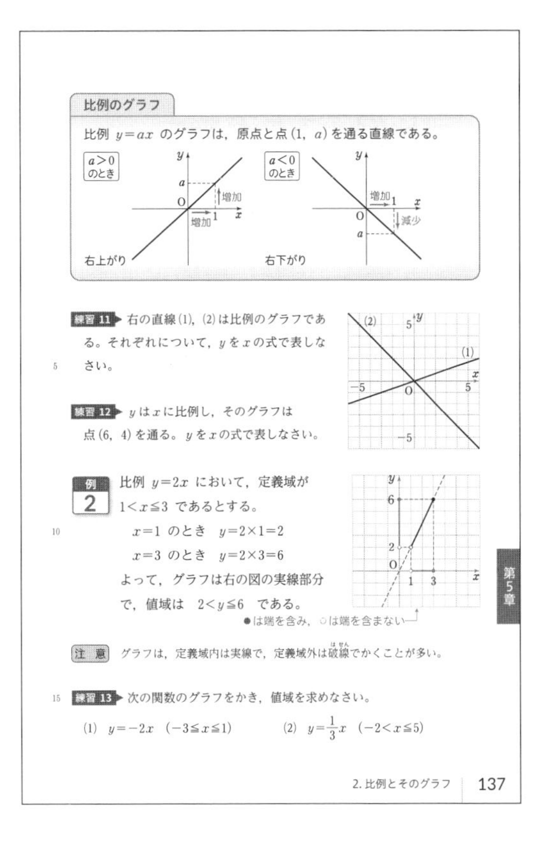

比例のグラフ

比例 $y=ax$ のグラフは，原点と点 $(1,\ a)$ を通る直線である。

練習 11 右の直線 (1)，(2) は比例のグラフである。それぞれについて，y を x の式で表しなさい。

練習 12 y は x に比例し，そのグラフは点 $(6,\ 4)$ を通る。y を x の式で表しなさい。

例 2 比例 $y=2x$ において，定義域が $1<x\leqq 3$ であるとする。

$x=1$ のとき　$y=2\times1=2$

$x=3$ のとき　$y=2\times3=6$

よって，グラフは右の図の実線部分で，値域は　$2<y\leqq6$　である。

注意 グラフは，定義域内は実線で，定義域外は破線でかくことが多い。

練習 13 次の関数のグラフをかき，値域を求めなさい。

(1) $y=-2x$　$(-3\leqq x\leqq1)$　　(2) $y=\frac{1}{3}x$　$(-2<x\leqq5)$

2. 比例とそのグラフ　137

第5章

学習のめあて

比例のグラフから，比例の式を求めることができるようになること。

また，定義域に制限のある比例の関係について，その値域を調べること。

学習のポイント

グラフから比例の式を求める

x の値が 1 だけ増加するとき，y の値がどれだけ増加 (減少) するかを考える。

比例の関係における定義域と値域

定義域の端の値に対応する y の値を求める。

テキストの解説

□練習 11

○グラフから比例の式を求める。たとえば，

x の値が△増加すると y の値が□増加する

ならば，比例の式は　　$y=\frac{□}{△}x$

□練習 12

○グラフが点 $(6,\ 4)$ を通るならば，x の値が 6 増加すると y の値は 4 増加する。

□例 2，練習 13

○値域は定義域に対応する y の値の範囲である。定義域の端の x の値に対応する y の値を求め，グラフを利用して値域を考える。

テキストの解答

練習 11 (1)　x の値が 3 ずつ増加すると y の値は 1 ずつ増加しているから，x の値が 1 ずつ増加すると y の値は $\frac{1}{3}$ ずつ増加する。

よって，求める式は　　$\boldsymbol{y=\frac{1}{3}x}$

(2)　x の値が 1 ずつ増加すると y の値は 1 ずつ減少している。

よって，求める式は　　$\boldsymbol{y=-x}$

練習 12　グラフが点 $(6,\ 4)$ を通るから，x の値が 6 増加すると y の値は 4 増加する。

よって，x の値が 1 ずつ増加すると y の値は $\frac{2}{3}$ ずつ増加する。

したがって，求める式は　$\boldsymbol{y=\frac{2}{3}x}$

練習 13 (1)　$y=-2x$ は

$x=-3$ のとき　$y=-2\times(-3)=6$

$x=1$ のとき　　$y=-2\times1=-2$

よって，グラフは右の図の実線部分で，値域は

$\boldsymbol{-2\leqq y\leqq6}$

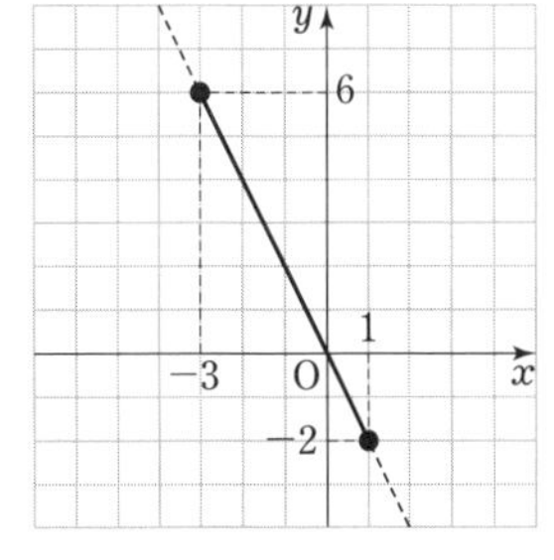

((2) の解答は次ページ)

3．反比例とそのグラフ

学習のめあて

反比例を表す式の特徴について知ること。

学習のポイント

反比例を表す式

y が x の関数で，x と y の関係が次のような式で表されるとき，**y は x に反比例する** という。

$$y=\frac{a}{x} \quad (a \text{ は定数}, \ x \neq 0)$$

また，この定数 a を **比例定数** という。

テキストの解説

□反比例

○小学校で学んだ反比例とは，次のようなものであった。

> ともなって変わる 2 つの数量について，その一方の値が 2 倍，3 倍，…… になると，他方の値が $\frac{1}{2}$ 倍，$\frac{1}{3}$ 倍，…… になるとき，この 2 つの数量は反比例する。

○たとえば，面積が一定である長方形では，横の長さが 2 倍，3 倍，…… になると，縦の長さは $\frac{1}{2}$ 倍，$\frac{1}{3}$ 倍，…… になるから，縦の長さは横の長さに反比例する。

○中学校では，x と y の間に $y=\frac{a}{x}$ の関係があるとき，y は x に反比例するという。長方形の面積と，横の長さ，縦の長さの間には，次の関係があるから，縦の長さは横の長さに反比例する。

(面積 a)=(横の長さ x)×(縦の長さ y)

すなわち　(縦の長さ y)$=\dfrac{\text{面積 } a}{\text{横の長さ } x}$

3．反比例とそのグラフ

反比例を表す式

面積が 12 cm² の長方形の横の長さを x cm，縦の長さを y cm とすると，x と y の関係は

$$xy=12$$

と表される。

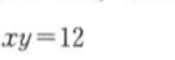

$x$cm　12cm²　$y$cm

x は 0 でないから，y を x の式で表すと次のようになる。

$$y=\frac{12}{x} \quad \cdots\cdots ①$$

① は，x の値が決まると，それに対応して y の値がただ 1 つに決まる。よって，y は x の関数である。

反比例を表す式

y が x の関数で，x と y の関係が次のような式で表されるとき，**y は x に反比例する**(はんぴれい) という。

$$y=\frac{a}{x} \quad (x \neq 0)$$

反比例を表す式 $y=\frac{a}{x}$ における文字 a は定数であり，この定数 a を **比例定数** という。積 xy の値は一定で，その値は比例定数 a に等しい。

注意　比例と同様に，反比例を表す式でも，比例定数は 0 でないものとする。

① の x と y の関係は，次のページの表から，x の値が 2 倍，3 倍，4 倍，…… になると，対応する y の値は $\frac{1}{2}$ 倍，$\frac{1}{3}$ 倍，$\frac{1}{4}$ 倍，…… になっていることがわかる。

138　第 5 章　1 次関数

○比例は，ともなって変わる 2 つの数量の商が一定になる関係であったのに対し，反比例は，2 つの数量の積が一定になる関係である。

テキストの解答

(練習 13 (2) は前ページの問題)

練習 13　(2)　$y=\frac{1}{3}x$ は

$x=-2$ のとき　$y=\frac{1}{3}\times(-2)=-\frac{2}{3}$

$x=5$ のとき　$y=\frac{1}{3}\times5=\frac{5}{3}$

よって，グラフは右の図の実線部分で，値域は

$$-\frac{2}{3}<y\leqq\frac{5}{3}$$

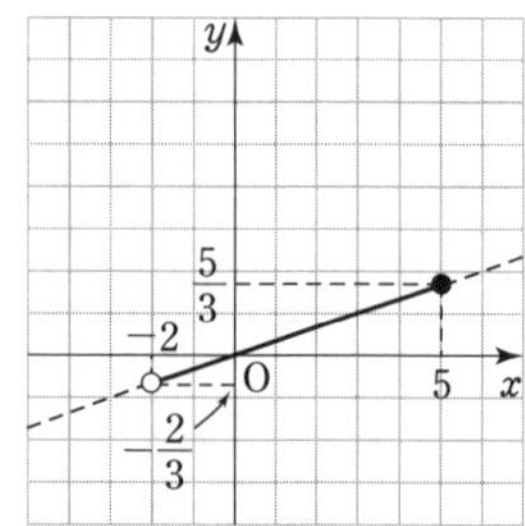

テキスト139ページ

学習のめあて

反比例の関係において，変数が負の数になる場合について知ること。

学習のポイント

反比例 $y=\dfrac{a}{x}$ と x の変域

x の値の範囲に制限がない場合，変数 x は正の値も負の値もとる（0 はとらない）。

テキストの解説

□練習 14

○ y を x の式で表す。x と y の関係が $y=\dfrac{a}{x}$ の形に表されるとき，y は x に反比例する。

○比例定数は，x と y の積（一定）である。

□変数が負の数になる場合

○反比例 $y=\dfrac{a}{x}$ において，特に定義域に制限がなければ，x のとる値は 0 以外のすべての数である。

○テキストに示したように，反比例 $y=\dfrac{12}{x}$ において，x の値が 2 倍，3 倍，…… になると，y の値は $\dfrac{1}{2}$ 倍，$\dfrac{1}{3}$ 倍，…… になる。このことは，x の値が正の数であっても負の数であっても同じである。

○反比例の比例定数も，負の数であってもよい。たとえば，比例定数が -12 である反比例 $y=\dfrac{-12}{x}$ すなわち $y=-\dfrac{12}{x}$ において，x，y の関係は次の表のようになる。

x	…	-6	-5	-4	-3	-2	-1	0	1	2	3	4	5	6	…
y	…	2	2.4	3	4	6	12	×	-12	-6	-4	-3	-2.4	-2	…

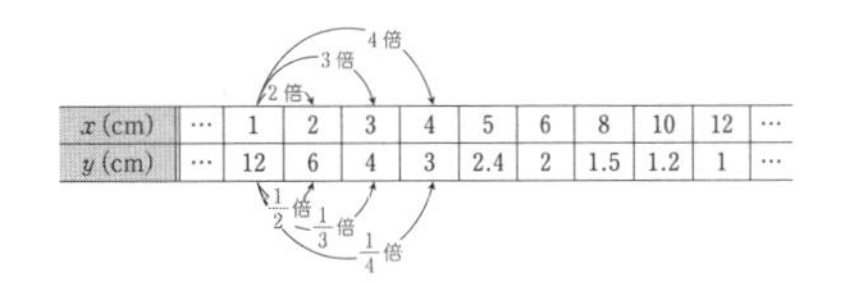

x (cm)	…	1	2	3	4	5	6	8	10	12	…
y (cm)	…	12	6	4	3	2.4	2	1.5	1.2	1	…

練習 14 ▶ 次の (1)，(2) について，y は x に反比例することを，$y=\dfrac{a}{x}$ の形に表すことで示しなさい。また，そのときの比例定数を求めなさい。

5　(1)　2 km の道のりを，分速 x m で歩くときにかかる時間を y 分とする。

(2)　面積が 18 cm² の三角形の底辺を x cm，高さを y cm とする。

反比例の関係 $y=\dfrac{12}{x}$ の x の変域を負の数にまで広げると，対応する x，y の値は次の表のようになる。

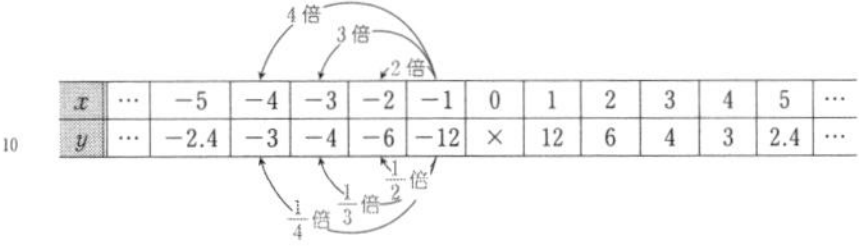

x	…	-5	-4	-3	-2	-1	0	1	2	3	4	5	…
y	…	-2.4	-3	-4	-6	-12	×	12	6	4	3	2.4	…

10

このように，変数 x が負の数になる場合でも，反比例の関係を考えることができる。

第5章

注意　反比例の関係 $y=\dfrac{a}{x}$ では，x の値が 0 のときの y の値は考えない。

3. 反比例とそのグラフ　139

このときも，x の値が 2 倍，3 倍，…… になると，y の値は $\dfrac{1}{2}$ 倍，$\dfrac{1}{3}$ 倍，…… になる。

テキストの解答

練習 14　(1)　かかる時間は，(道のり)÷(速さ) で求められるから

$$2000\div x=\frac{2000}{x} \text{ より}\quad \frac{2000}{x} \text{ 分}$$

よって，$y=\dfrac{2000}{x}$ となるから，y は x に反比例する。

このとき，比例定数は　**2000**

(2)　底辺が x cm，高さが y cm の三角形の面積が 18 cm² であるから

$$\frac{1}{2}\times x\times y=18$$

よって，$\dfrac{xy}{2}=18$ であり，$y=\dfrac{36}{x}$ となるから，y は x に反比例する。

このとき，比例定数は　**36**

テキスト 140 ページ

わかっている1組の x と y の値をもとにして，反比例の式を求めよう。

例題 2 y は x に反比例し，$x=4$ のとき $y=-6$ である。
(1) y を x の式で表しなさい。
(2) $x=-3$ のときの y の値を求めなさい。

考え方 y が x に反比例するとき，$y=\frac{a}{x}$ と表すことができる。

解答 (1) y は x に反比例するから，比例定数を a とすると，
$y=\frac{a}{x}$ と表すことができる。
$x=4$ のとき $y=-6$ であるから $-6=\frac{a}{4}$
$a=-24$
よって $y=-\frac{24}{x}$ 答
(2) $y=-\frac{24}{x}$ に，$x=-3$ を代入すると
$y=-\frac{24}{-3}=8$ 答

注意 例題 2 のように，比例定数が負の数になる場合も考えられる。

練習 15 y は x に反比例し，$x=-3$ のとき $y=6$ である。
(1) y を x の式で表しなさい。
(2) $x=2$ のときの y の値を求めなさい。

練習 16 自転車でA市からB市へ行くとき，分速 200 m で進むと，ちょうど 15 分で着くことができる。分速 x m で進むとき，到着するのに y 分かかるとして，次の問いに答えなさい。
(1) y を x の式で表しなさい。
(2) 分速 150 m で進むと，到着するのに何分かかるか答えなさい。

140 | 第5章 1次関数

学習のめあて

1組の x，y の値から，反比例の式を求めることができるようになること。

学習のポイント

反比例の式の決定

比例の場合と同じように，反比例の式を $y=\frac{a}{x}$ とおいて，x，y の値を代入する。

テキストの解説

□例題 2

○反比例の式は，比例定数によって決まる。そして，反比例の式 $y=\frac{a}{x}$ を満たす1組の x，y の値がわかると，比例定数 a の値も決まる。

○反比例の式が決まると，反比例の式から，ある x の値に対応する y の値や，ある y の値に対応する x の値を求めることができる。

□練習 15

○反比例の式の決定。例題 2 にならって考える。

□練習 16

○まず，問題文を読んで，条件を式に表す。

○(速さ)×(時間)=(道のり) である。
分速 200 m で進むと 15 分で着くことから，A市とB市の間の道のりがわかる。

テキストの解答

練習 15 (1) y は x に反比例するから，比例定数を a とすると，$y=\frac{a}{x}$ と表すことができる。
$x=-3$ のとき $y=6$ であるから

$$6=\frac{a}{-3}$$
$$a=-18$$

よって $\boldsymbol{y=-\frac{18}{x}}$

(2) $y=-\frac{18}{x}$ に，$x=2$ を代入すると

$$\boldsymbol{y=-\frac{18}{2}=-9}$$

練習 16 (1) y は x に反比例するから，比例定数を a とすると，$y=\frac{a}{x}$ と表すことができる。
$x=200$ のとき $y=15$ であるから

$$15=\frac{a}{200}$$
$$a=3000$$

よって $\boldsymbol{y=\frac{3000}{x}}$

(2) $y=\frac{3000}{x}$ に，$x=150$ を代入すると

$$y=\frac{3000}{150}=20$$

よって，**20 分** かかる。

学習のめあて

身のまわりに現れる反比例の関係について知ること。

学習のポイント

反比例の関係

ともなって変わる2つの数量の積が一定であるとき，これら2つの数量は反比例の関係にある。

テキストの解説

□例題3

○2つの歯車A，Bがかみ合っているとき，Aが回転するとBも回転する。

[1]　Aの歯の数とBの歯の数が同じである場合，Aが1回転するとBも1回転する。

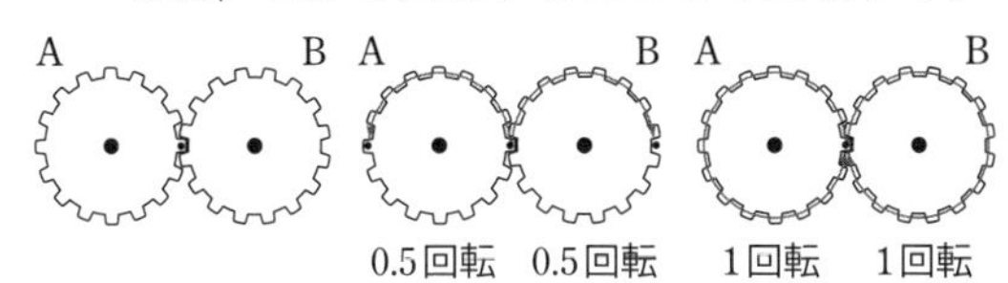

[2]　Bの歯の数がAの歯の数の2倍である場合，Aが1回転するとBは0.5回転する。

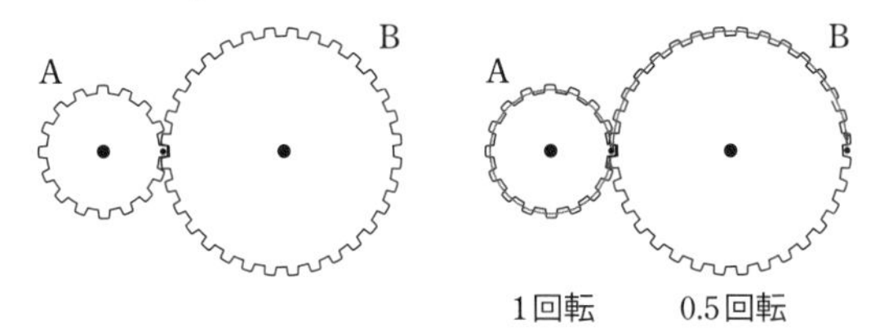

[3]　Bの歯の数がAの歯の数の半分である場合，Aが1回転するとBは2回転する。

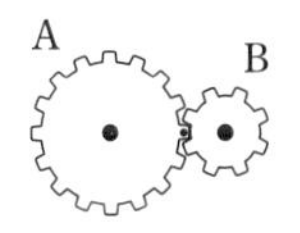

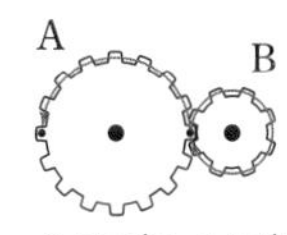

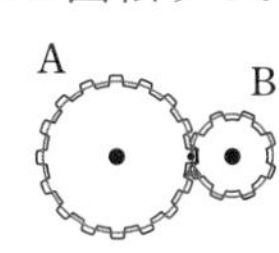

○上の[1]～[3]でAの歯の数をaとすると，Bの歯の数と回転数の積は

[1]　$a\times1=a$　　[2]　$2a\times0.5=a$

[3]　$0.5a\times2=a$

で一定になるから，回転数は歯の数に反比例する。また，この積aは，Aの歯の数aと回転数1の積に等しい。

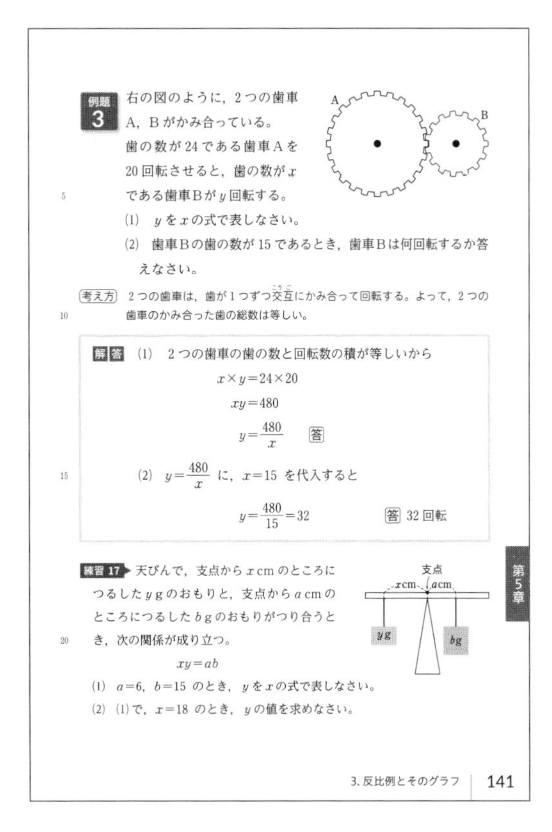

例題3　右の図のように，2つの歯車A，Bがかみ合っている。
歯の数が24である歯車Aを20回転させると，歯の数がxである歯車Bがy回転する。

(1)　yをxの式で表しなさい。

(2)　歯車Bの歯の数が15であるとき，歯車Bは何回転するか答えなさい。

考え方　2つの歯車は，歯が1つずつ交互にかみ合って回転する。よって，2つの歯車のかみ合った歯の総数は等しい。

解答　(1)　2つの歯車の歯の数と回転数の積が等しいから

$x\times y=24\times20$

$xy=480$

$y=\dfrac{480}{x}$　答

(2)　$y=\dfrac{480}{x}$ に，$x=15$ を代入すると

$y=\dfrac{480}{15}=32$　　答　32回転

練習17　天びんで，支点から$x$cmのところにつるしたygのおもりと，支点から$a$cmのところにつるしたbgのおもりがつり合うとき，次の関係が成り立つ。

$xy=ab$

(1)　$a=6$，$b=15$ のとき，yをxの式で表しなさい。

(2)　(1)で，$x=18$ のとき，yの値を求めなさい。

3. 反比例とそのグラフ　141

○同じように考えると，2つの歯車がかみ合っているとき，2つの歯車の歯の数と回転数の積が等しくなるから　$x\times y=24\times20$

□練習17

○$xy=ab$ の関係があるから，abの値が一定であるとき，yはxに反比例する。

○(1)，(2)とも，与えられた数を，xとyの関係式 $xy=ab$ に代入すればよい。

テキストの解答

練習17　(1)　$a=6$，$b=15$ を $xy=ab$ に代入すると　　$xy=6\times15$

よって　　$\boldsymbol{y=\dfrac{90}{x}}$

(2)　$y=\dfrac{90}{x}$ に $x=18$ を代入すると

$\boldsymbol{y=\dfrac{90}{18}=5}$

学習のめあて

反比例のグラフの特徴について知ること。

学習のポイント

反比例のグラフ

反比例のグラフは，2つのなめらかな曲線になる。

テキストの解説

□反比例のグラフ

○面積が 6 cm^2 である長方形の縦の長さと横の長さの関係は，右の図のように表される。これは，小学校で学んだ反比例のグラフの一例である。

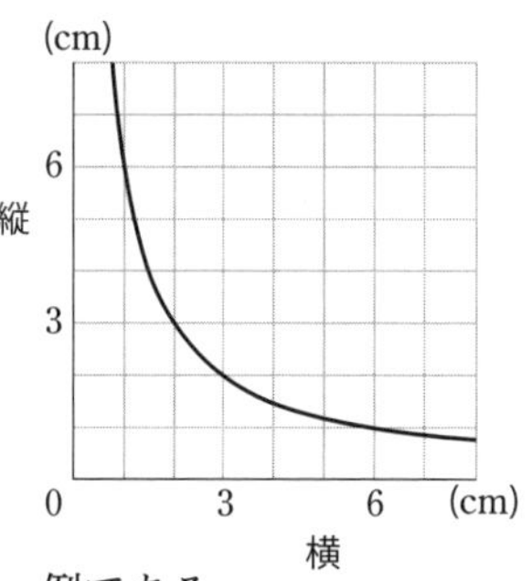

○このグラフは，原点を通らないなめらかな曲線である。

○反比例 $y=\dfrac{a}{x}$ では，x や y が負の数をとることもある。そこで，対応する x と y の値の組を座標とする点を座標平面上にとって，グラフがどのようになるかを考える。

○反比例 $y=\dfrac{6}{x}$ において，$x>0$ のとき $y>0$ であり，$x<0$ のとき $y<0$ である。
したがって，グラフは，2つの分かれた曲線になる。

○反比例 $y=\dfrac{6}{x}$ において

$x=10$　　のとき　$y=0.6$
$x=100$　 のとき　$y=0.06$
$x=1000$　のとき　$y=0.006$
……

x の値が大きくなると y の値はどんどん 0 に近づいていくが，0 になることはなく，また，負の数になることもない。

○したがって，x の値が大きくなっても，グラフが x 軸と重なることはなく，また，x 軸と交わることもない。同じように，グラフは，y 軸に重なることはなく，y 軸と交わることもない。

（まちがった $y=\dfrac{6}{x}$ のグラフ）

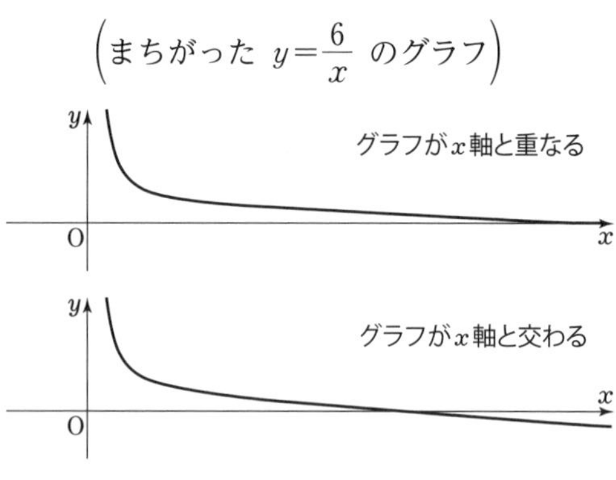

○反比例のグラフをかくときは，次のことに注意する。
・なめらかな曲線をかく。
・座標軸と交わらないようにかく。

反比例のグラフ

反比例 $y=\dfrac{6}{x}$ について，対応する x，y の値は下の表のようになる。

x	…	−6	−3	−2	−1	0	1	2	3	6	…
y	…	−1	−2	−3	−6	×	6	3	2	1	…

上の表の x，y の値の組を座標とする点を，座標平面にとる。

さらに，x の値の間隔を細かくし，$y=\dfrac{6}{x}$ が成り立つような x，y の値の組を座標とする点を多くとっていくと，これらの点の集まりは，右の図の2つのなめらかな曲線になる。

この曲線が，**反比例 $y=\dfrac{6}{x}$ のグラフ** である。

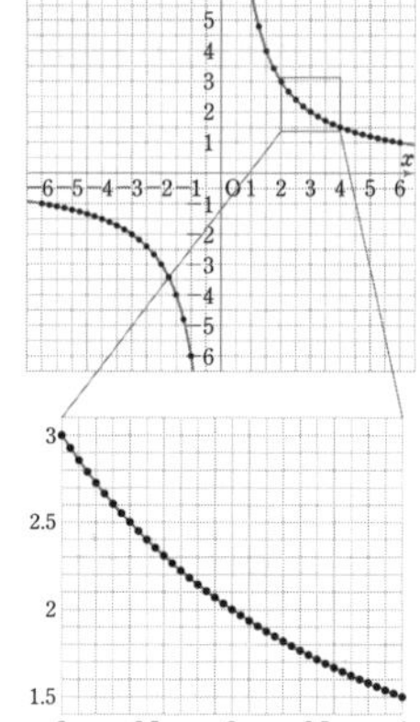

右上の図で，$2 \leqq x \leqq 4$ の部分を拡大してみると，$y=\dfrac{6}{x}$ のグラフは，なめらかな曲線になっていることがわかる。

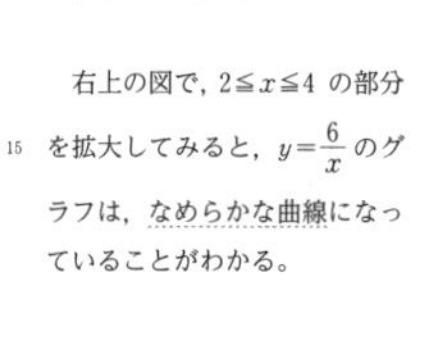

反比例のグラフは，座標軸に近づきながら限りなくのびていくが，座標軸と交わることはない。

142 | 第5章　1次関数

テキスト143ページ

学習のめあて

反比例のグラフの特徴について知ること。

学習のポイント

反比例のグラフ

反比例のグラフは，なめらかな2つの曲線であり，原点に関して対称である。

この曲線を **双曲線** という。

テキストの解説

□練習18

○反比例のグラフ。x 座標，y 座標がともに整数である点を調べ，それらを通るなめらかな曲線をかく。

□反比例の関係と増加，減少

○グラフを利用して，x の値が増加するとき，y の値がどのように変化するかを考える。

テキストの解答

練習18 (1) グラフは，点 $(-8,\ -1)$，$(-2,\ -4)$，$(2,\ 4)$，$(8,\ 1)$ を通る双曲線で，図のようになる。

(2) グラフは，点 $(-5,\ 2)$，$(-2,\ 5)$，$(2,\ -5)$，$(5,\ -2)$ を通る双曲線で，図のようになる。

(3) グラフは，点 $(-6,\ -2)$，$(-3,\ -4)$，$(3,\ 4)$，$(6,\ 2)$ を通る双曲線で，図のようになる。

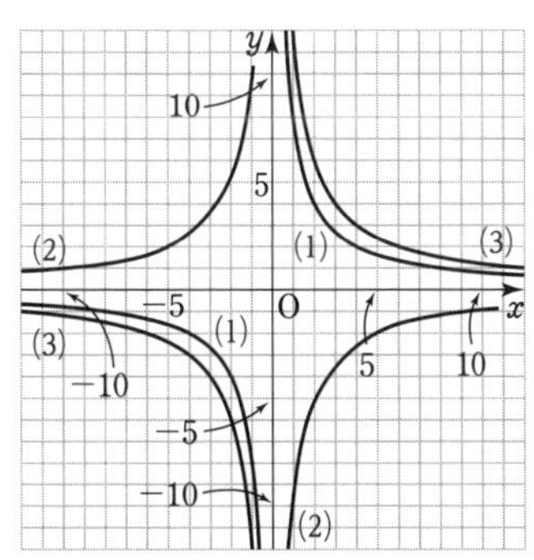

反比例 $y=\frac{a}{x}$ のグラフは，なめらかな2つの曲線であり，この曲線を **双曲線**（そうきょくせん） という。

練習18 次の反比例のグラフをかきなさい。

(1) $y=\frac{8}{x}$

(2) $y=-\frac{10}{x}$

(3) $y=\frac{12}{x}$

反比例 $y=\frac{a}{x}$ について，x の値が増加するとき，y の値がどのように変わるかを，下のグラフで調べてみよう。

$y=\frac{6}{x}$　　　$y=-\frac{6}{x}$

x の値が増加すると y の値は減少する。

x の値が増加すると y の値は増加する。

3. 反比例とそのグラフ　143

第5章

練習19 (1) y は x に反比例するから，比例定数を a とすると，$y=\frac{a}{x}$ と表すことができる。

$x=3$ のとき $y=-4$ であるから

$-4=\frac{a}{3}$

$a=-12$

よって

$\boldsymbol{y=-\frac{12}{x}}$

グラフは，右の図のようになる。

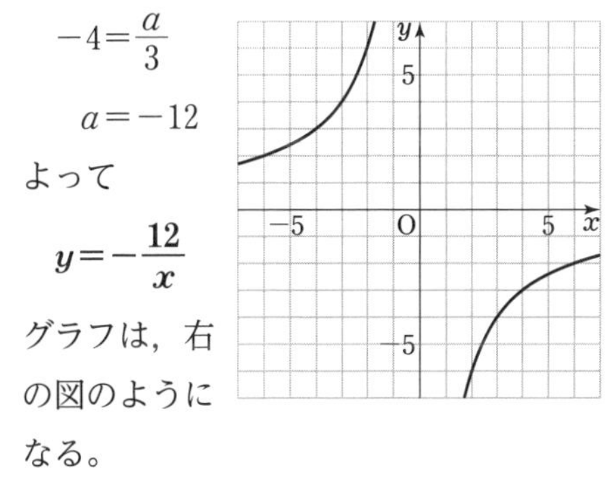

(2) $x=m$ のとき $y=8$ であるから，これらを $y=-\frac{12}{x}$ に代入すると

$$8=-\frac{12}{m}$$

よって　$\boldsymbol{m=-\frac{3}{2}}$

（練習19は次ページの問題）

学習のめあて

反比例のグラフの特徴を理解すること。
また，定義域に制限のある反比例の関係について，その値域を調べること。

学習のポイント

反比例のグラフ

反比例 $y=\dfrac{a}{x}$ のグラフは，原点に関して対称な双曲線である。

反比例の関係における定義域と値域

定義域の端の値に対応する y の値を求める。

テキストの解説

□反比例のグラフ

○反比例のグラフ上にある点と原点に関して対称な点は，同じ反比例のグラフ上にあるから，反比例のグラフは原点に関して対称である。

□練習 19

○グラフと式の関係を考える。

グラフ → 点 $(3,\ -4)$ を通る
式 → $x=3$ のとき $y=-4$

□例 3，練習 20

○定義域に制限のある反比例の関係。比例の場合と同じように，定義域の端の x の値における y の値を求め，グラフを利用して値域を求める。

テキストの解答

(練習 19 の解答は前ページ)

練習 20 (1) $y=\dfrac{10}{x}$ は

$x=-5$ のとき $y=\dfrac{10}{-5}=-2$

$x=-1$ のとき $y=\dfrac{10}{-1}=-10$

反比例 $y=\dfrac{a}{x}$ のグラフについて，次のことがいえる。

反比例のグラフ

反比例 $y=\dfrac{a}{x}$ のグラフは，原点に関して対称な双曲線である。

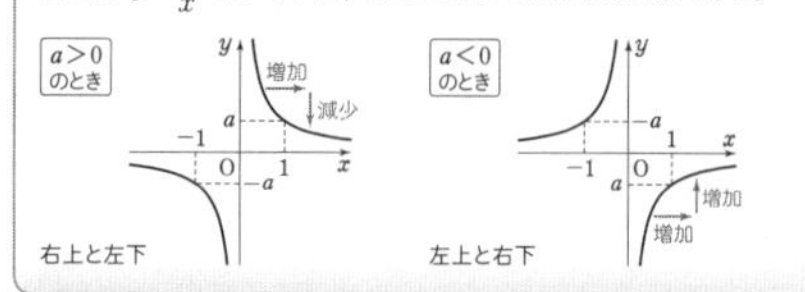

練習 19 y は x に反比例し，そのグラフは点 $(3,\ -4)$ を通る。
(1) y を x の式で表し，グラフをかきなさい。
(2) このグラフが点 $(m,\ 8)$ を通るとき，m の値を求めなさい。

例 3 反比例 $y=-\dfrac{8}{x}$ において，定義域が $-4\leqq x\leqq -1$ であるとする。

$x=-4$ のとき $y=-\dfrac{8}{-4}=2$

$x=-1$ のとき $y=-\dfrac{8}{-1}=8$

よって，グラフは右の図の実線部分で，値域は $2\leqq y\leqq 8$ である。

練習 20 次の関数のグラフをかき，値域を求めなさい。
(1) $y=\dfrac{10}{x}$ $(-5\leqq x<-1)$　(2) $y=-\dfrac{24}{x}$ $(3<x\leqq 8)$

144 | 第 5 章 1 次関数

よって，グラフは右の図の実線部分で，値域は

$-10<y\leqq -2$

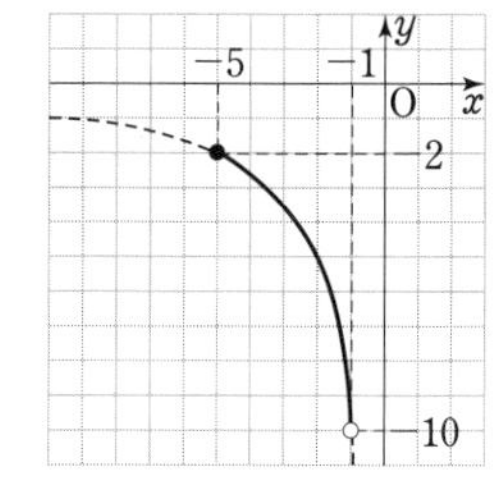

(2) $y=-\dfrac{24}{x}$ は

$x=3$ のとき $y=-\dfrac{24}{3}=-8$

$x=8$ のとき $y=-\dfrac{24}{8}=-3$

よって，グラフは右の図の実線部分で，値域は

$-8<y\leqq -3$

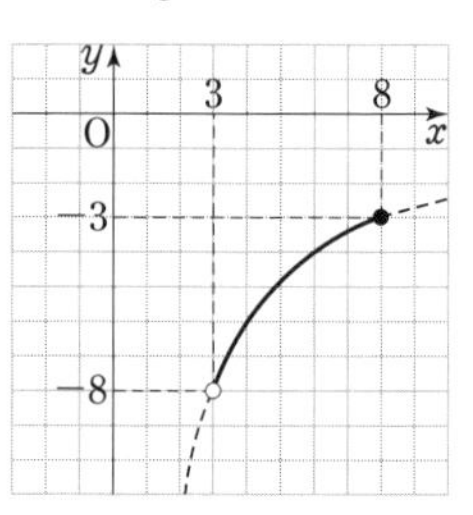

4．比例，反比例の利用

学習のめあて

比例と反比例のグラフの交点の問題について理解を深めること。

学習のポイント

比例と反比例のグラフの交点

点Aが比例と反比例のグラフの交点
→ Aは比例のグラフ上にも反比例のグラフ上にもある

グラフ上の点

点 $(a,\ b)$ が比例，反比例のグラフ上の点
→ $x=a$，$y=b$ を比例，反比例の式に代入した式が成り立つ

4．比例，反比例の利用

比例や反比例のグラフを使った，いろいろな問題を解いてみよう。

例題 4　右の図のように，比例 $y=2x$ のグラフと反比例 $y=\frac{a}{x}$ のグラフが，2点A，Bで交わっている。Aの x 座標が2であるとき，a の値を求めなさい。

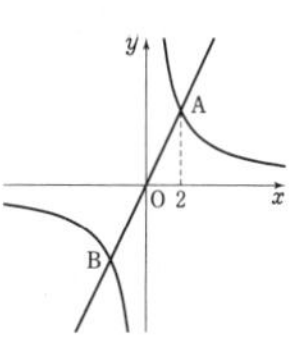

解答　点Aは，比例 $y=2x$ のグラフ上の点であるから，Aの y 座標は，$y=2x$ に $x=2$ を代入して　$y=2\times2=4$
よって，Aの座標は　$(2,\ 4)$
Aは，反比例 $y=\frac{a}{x}$ のグラフ上の点でもあるから，$y=\frac{a}{x}$ に $x=2$，$y=4$ を代入すると　$4=\frac{a}{2}$
$a=8$　**答**

比例のグラフ，反比例のグラフは，原点に関して対称であるから，例題4の点Bは，点Aと原点に関して対称で，座標は $(-2,\ -4)$ である。

第5章

練習 21　右の図のように，比例 $y=ax$ のグラフと反比例 $y=-\frac{3}{x}$ のグラフが，2点A，Bで交わっており，Aの x 座標が -3 である。
(1)　a の値を求めなさい。
(2)　Bの座標を求めなさい。

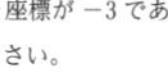
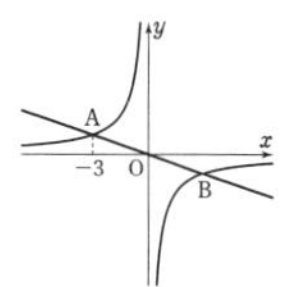

4. 比例，反比例の利用　145

テキストの解説

□例題 4

○比例と反比例のグラフの交点の x 座標から，比例定数を求める。

○点Aは，反比例 $y=\frac{a}{x}$ のグラフ上の点である。したがって，Aの座標がわかれば，テキスト140ページの例題2と同様にして，比例定数 a の値を求めることができる。

○一方，点Aは，比例 $y=2x$ のグラフ上の点でもあるから，Aの x 座標2を用いて，その y 座標を求めることができる。

○比例のグラフと反比例のグラフが交わるとき，交点は2つある。比例のグラフも反比例のグラフも原点に関して対称であるから，2つの交点も原点に関して対称である。

□練習 21

○(1)　点Aの座標（反比例の式を利用）
　→ a の値（比例の式を利用）
の順に考える。

テキストの解答

練習 21　(1)　点Aは，反比例 $y=-\frac{3}{x}$ のグラフ上の点であるから，Aの y 座標は，$y=-\frac{3}{x}$ に $x=-3$ を代入して

$$y=-\frac{3}{-3}=1$$

よって，Aの座標は　$(-3,\ 1)$
Aは，比例 $y=ax$ のグラフ上の点でもあるから，$y=ax$ に $x=-3$，$y=1$ を代入すると　$1=a\times(-3)$
したがって　$\boldsymbol{a=-\frac{1}{3}}$

(2)　点Bは，点Aと原点に関して対称であるから，その座標は

$$\boldsymbol{(3,\ -1)}$$

学習のめあて

グラフ上の点と三角形の面積に関する問題について理解を深めること。

学習のポイント

座標平面上の三角形の面積

軸に平行な辺がある場合

[1]　軸に平行な辺を底辺にとる。

[2]　高さを表す頂点の x 座標，y 座標を利用する。

例題 5　右の図のように，反比例 $y=\frac{8}{x}$ のグラフ上に点Aがあり，x 軸上に点Bがある。Aの x 座標は正の数，Bの x 座標は6で，△OAB の面積は12である。このとき，Aの座標を求めなさい。

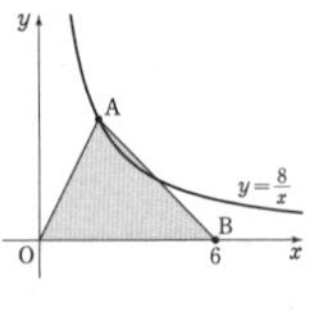

解答　点Aは $y=\frac{8}{x}$ のグラフ上の点であるから，Aの x 座標を t とすると，$t>0$ であり，y 座標は $\frac{8}{t}$ と表すことができる。

また，△OAB の底辺を OB としたときの高さは，Aの y 座標であるから，△OAB の面積について

$$\frac{1}{2}\times6\times\frac{8}{t}=12$$

したがって　$t=2$　　←$t>0$ を満たす

よって，Aの x 座標は　2，

y 座標は　$\frac{8}{2}=4$

すなわち，Aの座標は　(2，4)　**答**

練習 22　右の図のように，反比例 $y=\frac{a}{x}$ ($a>0$) のグラフ上に点Aがあり，x 軸上に点Bがある。Aの x 座標は3，Bの x 座標は5で，△OAB の面積は10である。このとき，a の値を求めなさい。

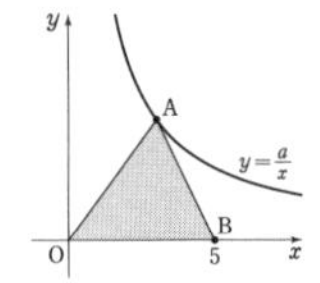

146　第5章　1次関数

テキストの解説

□例題 5

○座標平面上の三角形の面積から，反比例のグラフ上の点の座標を求める。

○三角形の面積は，$\frac{1}{2}\times$(底辺)$\times$(高さ) で求められるから，まず，底辺と高さを考える。

○△OAB において，辺 OB は x 軸上にあるから，この辺を底辺にとる。すると，高さは，点Aの y 座標に等しくなる。

○点Aの x 座標がわかれば，反比例の式を用いて，Aの y 座標を知ることができる。
Aの x 座標が t であるとき，Aの y 座標は，反比例の式の x に t を代入して　$y=\frac{8}{t}$

○高さを $\frac{8}{t}$ と表すことができるのは，$t>0$ で，Aの y 座標 $\frac{8}{t}$ も正の数になるためである。

○△OAB の底辺を OB としたときの高さを h とすると，$\frac{1}{2}\times6\times h=12$ から　$h=4$
このことからも，Aの y 座標が4であることがわかる。

□練習 22

○△OAB の底辺を OB とすると

(高さ)=(A の y 座標)

面積と底辺から，高さが決まる。

○点Aは反比例 $y=\frac{a}{x}$ のグラフ上の点で，その x 座標は3であるから，Aの y 座標は $\frac{a}{3}$ と表される。

テキストの解答

練習 22　点Aは $y=\frac{a}{x}$ のグラフ上の点であり，x 座標は3であるから，y 座標は $\frac{a}{3}$ と表すことができる。
また，△OAB の底辺を OB としたときの高さは，Aの y 座標であるから，△OAB の面積について

$$\frac{1}{2}\times5\times\frac{a}{3}=10$$

$$\frac{5}{6}a=10$$

よって　　$\boldsymbol{a=12}$

テキスト 147 ページ

5．1次関数とそのグラフ

学習のめあて

身のまわりの現象をもとに，1次関数の関係について知ること。

学習のポイント

1次関数

y が x の関数で，y が x の1次式で表されるとき，**y は x の1次関数である** という。

1次関数は次のように表される。

$y=ax+b$　（a，b は定数，$a \neq 0$）

テキストの解説

□1次関数

○テキストの例で，$x=0$，1，2，3，4，5，6 としたときの y の値は，次の表のようになる。

x	0	1	2	3	4	5	6
y	12	15	18	21	24	27	30

この関係で，x の値が1つ決まると，それに対応して y の値もただ1つに決まるから，y は x の関数である。

○この x と y の関係は，次の式で表される。

$$y=3x+12$$

$3x$ ↑ **増えた分の水の高さ**　　12 ↑ **最初の水の高さ**

水の深さは，x に比例して3ずつ増加する。

○比例は，1次関数の特別な場合である。

たとえば，最初の水の深さを0cm（水そうは空）とすると，x と y の関係は $y=3x$ と表され，y は x に比例する。

□練習 23

○一定の割合で短くなるから，y は x の1次関数である。

○x の係数は負の数になる。

○ろうそくがなくなる（0cm になる）のは何分後かを考えると，定義域が求まる。

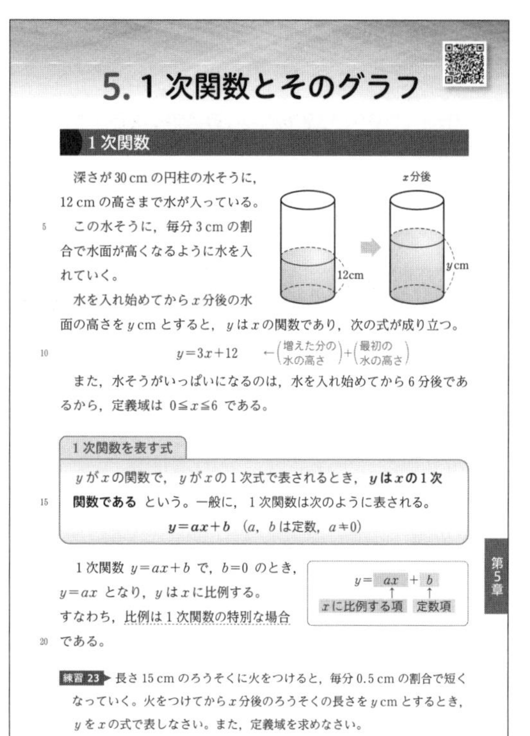

5. 1次関数とそのグラフ

1次関数

深さが30cmの円柱の水そうに，12cmの高さまで水が入っている。

この水そうに，毎分3cmの割合で水面が高くなるように水を入れていく。

水を入れ始めてから x 分後の水面の高さを y cm とすると，y は x の関数であり，次の式が成り立つ。

$y=3x+12$　←（増えた分の水の高さ）＋（最初の水の高さ）

また，水そうがいっぱいになるのは，水を入れ始めてから6分後であるから，定義域は $0 \leqq x \leqq 6$ である。

1次関数を表す式

y が x の関数で，y が x の1次式で表されるとき，**y は x の1次関数である** という。一般に，1次関数は次のように表される。

$y=ax+b$　（a，b は定数，$a \neq 0$）

1次関数 $y=ax+b$ で，$b=0$ のとき，$y=ax$ となり，y は x に比例する。すなわち，比例は1次関数の特別な場合である。

$y=$ ax ＋ b
↑ x に比例する項　↑ 定数項

第5章

練習 23 ▶ 長さ15cmのろうそくに火をつけると，毎分0.5cmの割合で短くなっていく。火をつけてから x 分後のろうそくの長さを y cm とするとき，y を x の式で表しなさい。また，定義域を求めなさい。

5.1次関数とそのグラフ　147

テキストの解答

練習 23　火をつけてから x 分後のろうそくの長さは

$$15-0.5 \times x=15-0.5x$$

より　$(15-0.5x)$ cm

よって　$\boldsymbol{y=15-0.5x}$

火をつけてから，ろうそくがなくなるのは，$15 \div 0.5=30$ より，30分後である。

したがって，定義域は　$\boldsymbol{0 \leqq x \leqq 30}$

確かめの問題　解答は本書 206 ページ

1　y は x の関数で，x と y の関係が次の式で表されるとき，y が x の1次関数であるものを選びなさい。

① $y=4x-1$　　② $y=2x^2+1$

③ $y=-\dfrac{1}{2}x+3$　　④ $y=\dfrac{2}{3x}-5$

⑤ $y=10x$　　⑥ $y=-2(x+1)$

学習のめあて

1次関数の値の変化について，変化の割合の求め方を理解すること。

学習のポイント

変化の割合

xの関数yについて，xの増加量に対するyの増加量の割合を **変化の割合** という。

$$(\text{変化の割合})=\frac{y\text{の増加量}}{x\text{の増加量}}$$

1次関数の値の変化

1次関数 $y=3x+2$ について，xの値が2から6まで増加するとき，xの増加量とyの増加量の関係を調べてみよう。

$x=2$ のとき　$y=3\times2+2=8$

$x=6$ のとき　$y=3\times6+2=20$

であるから，

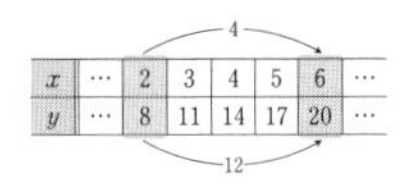

x	…	2	3	4	5	6	…
y	…	8	11	14	17	20	…

xの増加量は　$6-2=4$

yの増加量は　$20-8=12$

ここで，$\dfrac{y\text{の増加量}}{x\text{の増加量}}$ を求めると，$\dfrac{12}{4}=3$ であるから，yの増加量は，xの増加量の3倍であることがわかる。

xの増加量に対するyの増加量の割合を **変化の割合** という。

$$(\text{変化の割合})=\frac{y\text{の増加量}}{x\text{の増加量}}$$

例4 1次関数 $y=-2x+4$ について，xの値が1から4まで増加するときの変化の割合を求める。

$x=1$ のとき　$y=-2\times1+4=2$

$x=4$ のとき　$y=-2\times4+4=-4$

であるから，

xの増加量は　$4-1=3$

yの増加量は　$-4-2=-6$

よって，変化の割合は　$\dfrac{-6}{3}=-2$

練習24 1次関数 $y=-3x+1$ について，xの値が次のように増加するときの変化の割合を求めなさい。

(1)　1から4まで　　(2)　-5から2まで

148　第5章　1次関数

テキストの解説

□1次関数の値の変化

○1次関数 $y=3x+2$ において，xの値が1増加すると，yの値はつねに3増加する。

○また，xの値が2から6まで4増加すると，yの値は8から20まで12増加する。
このときも，yの増加量はxの増加量の3倍になる。

○この「xの増加量」に対する「yの増加量」の割合3が，この場合の変化の割合である。

□例4

○1次関数$y=-2x+4$について，変化の割合を求める。

○変化の割合の計算式に従って，まず，xの値に対応するyの値を計算し，xの増加量とyの増加量を求める。

□練習24

○1次関数 $y=-3x+1$ の変化の割合。

○(2)で，xの増加量を $-5-2=-7$ とまちがわないように注意する。xの増加量は正の数である。

○(1)と(2)の結果は一致する。xが増加する範囲を適当に決めて変化の割合を計算し，その結果とも比べてみるとよい。どんな場合も，変化の割合は同じになる。

テキストの解答

練習24 (1)　1次関数 $y=-3x+1$ について，xの値が1から4まで増加するとき，

xの増加量は

$$4-1=3$$

yの増加量は

$$(-3\times4+1)-(-3\times1+1)=-9$$

よって，変化の割合は　$\dfrac{-9}{3}=\mathbf{-3}$

(2)　1次関数 $y=-3x+1$ について，xの値が -5 から2まで増加するとき，

xの増加量は

$$2-(-5)=7$$

yの増加量は

$$(-3\times2+1)-\{-3\times(-5)+1\}=-21$$

よって，変化の割合は　$\dfrac{-21}{7}=\mathbf{-3}$

テキスト 149 ページ

学習のめあて

1 次関数の式と変化の割合の関係について理解すること。

学習のポイント

1 次関数の変化の割合

1 次関数 $y=ax+b$ において

$$(\text{変化の割合})=\frac{y\text{の増加量}}{x\text{の増加量}}=a \quad (\text{一定})$$

$$(y\text{の増加量})=a\times(x\text{の増加量})$$

テキストの解説

□例 5

○1 次関数 $y=ax+b$ の変化の割合は一定で，その値は a に等しいことを示す。

○x の値が増加する範囲はどんな範囲でもよく，端の値は，小数や分数であってもよい。

たとえば，-1 から 4 まで増加するとき

x の増加量は　$4-(-1)=5$

y の増加量は

$(a\times4+b)-\{a\times(-1)+b\}=5a$

変化の割合は　$\dfrac{5a}{5}=a$

また，2.6 から 8.3 まで増加するとき

x の増加量は　$8.3-2.6=5.7$

y の増加量は

$(a\times8.3+b)-(a\times2.6+b)=5.7a$

変化の割合は　$\dfrac{5.7a}{5.7}=a$

○一般に，p から $q\,(p<q)$ まで増加するとき

x の増加量は　$q-p$

y の増加量は

$(a\times q+b)-(a\times p+b)=a(q-p)$

変化の割合は　$\dfrac{a(q-p)}{q-p}=a$

□練習 25

○1 次関数の変化の割合。1 次関数の式から，変化の割合を答えればよい。

例 5　1 次関数 $y=ax+b$ について，x の値が 2 から 5 まで増加するときの変化の割合を求める。

$x=2$ のとき　$y=a\times2+b=2a+b$

$x=5$ のとき　$y=a\times5+b=5a+b$

であるから，

x の増加量は　$5-2=3$

y の増加量は　$(5a+b)-(2a+b)=3a$

よって，変化の割合は　$\dfrac{3a}{3}=a$

一般に，1 次関数の式と変化の割合について，次のことが成り立つ。

1 次関数の変化の割合

1 次関数 $y=ax+b$ の変化の割合は一定であり，その値は，x の係数 a に等しい。

$y=\boxed{a}\,x+b$
↑
変化の割合

$$(\text{変化の割合})=\frac{y\text{の増加量}}{x\text{の増加量}}=a \quad (\text{一定})$$

1 次関数 $y=ax+b$ の変化の割合 a は，x が 1 だけ増加したときの y の増加量を表している。

第5章

練習 25　次の 1 次関数の変化の割合を答えなさい。

(1)　$y=5x-3$　　(2)　$y=-x$　　(3)　$y=-\dfrac{1}{2}x+4$

変化の割合が a であるとき，$\dfrac{y\text{の増加量}}{x\text{の増加量}}=a$ より，次の式が成り立つ。

$$(y\text{の増加量})=a\times(x\text{の増加量})$$

5.1 次関数とそのグラフ　149

テキストの解答

練習 25　(1)　**5**　　(2)　**−1**　　(3)　$\boldsymbol{-\dfrac{1}{2}}$

練習 26　(1)　1 次関数 $y=4x-2$ の変化の割合は 4 であるから，x の増加量が

$1-(-2)=3$

のとき，y の増加量は

$4\times3=\mathbf{12}$

(2)　1 次関数 $y=-\dfrac{1}{3}x+5$ の変化の割合は $-\dfrac{1}{3}$ であるから，x の増加量が 3 のとき，y の増加量は

$-\dfrac{1}{3}\times3=\mathbf{-1}$

（練習 26 は次ページの問題）

テキスト 150 ページ

練習 26 次の1次関数について，x の値が -2 から1まで増加するときの y の増加量を求めなさい。

(1) $y=4x-2$　　(2) $y=-\frac{1}{3}x+5$

練習 27 気温は，地上から高さ 10 km までは，1 km 高くなるごとに 6°C ずつ下がるという。地上の気温が 25°C のとき，地上から高さ x km のところの気温を y°C とする。

(1) y を x の式で表しなさい。

(2) 地上からの高さが 2 km から 7 km まで増加するとき，気温は何 °C 下がるか答えなさい。

反比例についても，変化の割合を調べてみよう。

反比例 $y=\frac{8}{x}$ について，x の値が1から4まで増加するとき，

右の表から

x の増加量は　$4-1=3$

y の増加量は　$2-8=-6$

x	…	1	2	4	8	…
y	…	8	4	2	1	…

よって，変化の割合は　$\frac{-6}{3}=-2$

同じようにすると，x の値が1から8まで増加するときの変化の割合は

$$\frac{1-8}{8-1}=\frac{-7}{7}=-1$$

このように，反比例の変化の割合は，x の値がどのように増加するかによって異なり，一定ではない。

練習 28 反比例 $y=-\frac{12}{x}$ について，x の値が次のように増加するときの変化の割合を求めなさい。

(1) 1から6　　(2) -4 から -2

150 | 第5章　1次関数

学習のめあて

1次関数の式と変化の割合について理解するとともに，反比例の変化の割合について知ること。

学習のポイント

反比例の変化の割合

1次関数 (比例) の変化の割合は一定である。反比例の変化の割合は一定でない。

テキストの解説

□練習 26

○1次関数における y の増加量。x の増加量と変化の割合から，y の増加量は求まる。

□練習 27

○身のまわりに現れる1次関数と変化の割合。

○(2)　求めるものは y の増加量であるから，次の関係を利用して計算する。

(y の増加量)$=a\times$(x の増加量)

□反比例と変化の割合，練習 28

○テキストの例や練習 28 から，反比例における変化の割合は一定でないことがわかる。

○変化の割合が一定であることは，1次関数がもつ大きな特徴である。

テキストの解答

(練習 26 の解答は前ページ)

練習 27　(1)　地上から高さ x km のところの気温は　　$25-6\times x=25-6x$

よって　　$\boldsymbol{y=25-6x}$

(2)　1次関数 $y=25-6x$ の変化の割合は -6 であるから，x の増加量が $7-2=5$ のとき，y の増加量は

$-6\times5=-30$

したがって，地上からの高さが 2 km から 7 km まで増加するとき，気温は **30°C** 下がる。

練習 28　(1)　反比例 $y=-\frac{12}{x}$ について，x の値が1から6まで増加するとき，

x の増加量は　$6-1=5$

y の増加量は

$$-\frac{12}{6}-\left(-\frac{12}{1}\right)=-2+12=10$$

よって，変化の割合は　　$\boldsymbol{\frac{10}{5}=2}$

(2)　反比例 $y=-\frac{12}{x}$ について，x の値が -4 から -2 まで増加するとき，

x の増加量は　$-2-(-4)=2$

y の増加量は

$$-\frac{12}{-2}-\left(-\frac{12}{-4}\right)=6-3=3$$

よって，変化の割合は　　$\boldsymbol{\frac{3}{2}}$

テキスト 151 ページ

学習のめあて

対応する x と y の値の組を座標とする点を用いて，1 次関数のグラフがどのような図形になるかを知ること。

学習のポイント

1 次関数のグラフ

1 次関数のグラフは直線になる。

1 次関数のグラフ

1 次関数 $y=3x+2$ をグラフに表してみよう。

$y=3x+2$ について，対応する x，y の値は，下の表のようになる。

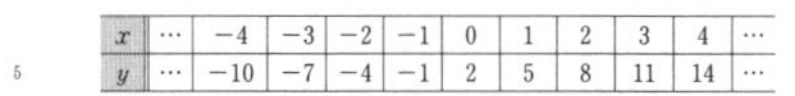

x	…	-4	-3	-2	-1	0	1	2	3	4	…
y	…	-10	-7	-4	-1	2	5	8	11	14	…

上の表の x，y の値の組を座標とする点を，座標平面にとると，下の図 [1] のようになる。

さらに，x の値の間隔を細かくし，$y=3x+2$ が成り立つような x，y の値の組を座標とする点を多くとっていくと，これらの点の集まりは，下の図 [2] のような直線になる。

この直線が，**1 次関数** $y=3x+2$ **のグラフ** である。

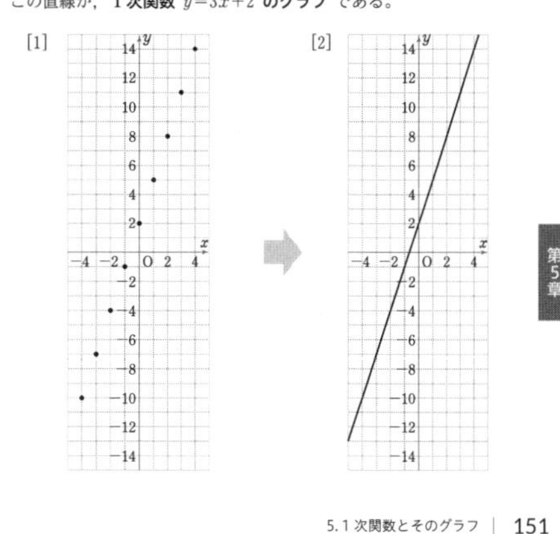

5.1 1次関数とそのグラフ 151

第5章

テキストの解説

□ 1 次関数のグラフ

○比例や反比例の場合と同じように，対応する x と y の値の組を座標とする点を座標平面上にとって，グラフを調べる。

○下の左の図は，1 次関数 $y=3x+2$ について，$x=-4$，-3，……，3，4 に対応する y の値を求め，それら x と y の値の組を座標とする点を，座標平面上にとったものである。

○また，同様にして，x の値を 0.5 刻みにして点をとると，下の右の図のようになる。

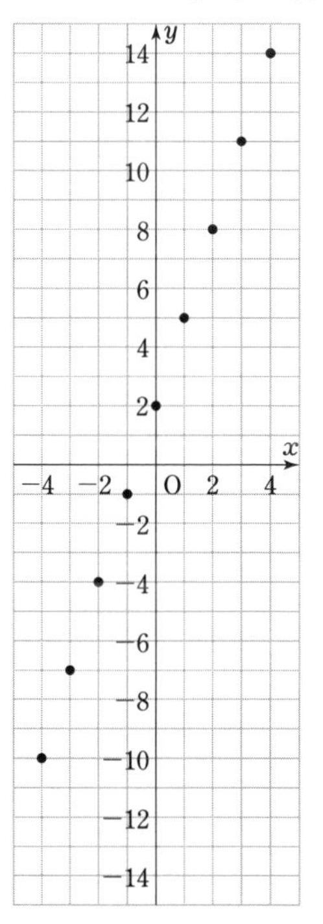

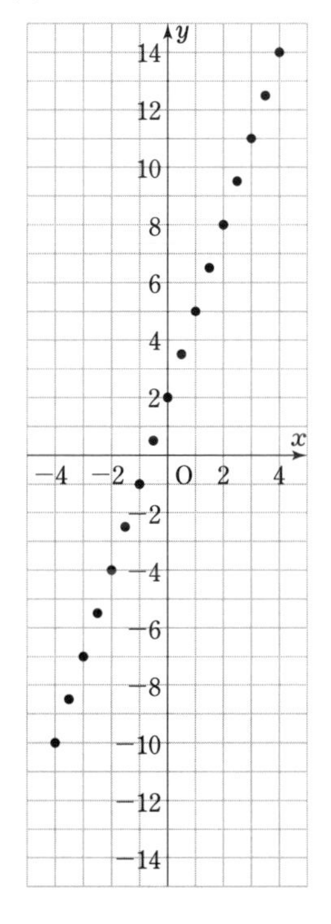

○さらに細かく点をとっていくと，$y=3x+2$ を満たす x，y の値の組を座標とする点の集まりは，直線になることがわかる。

確かめの問題　　解答は本書 206 ページ

1　1 次関数 $y=-\frac{1}{2}x+1$ について，次の表を完成させ，それら x と y の値の組を座標とする点を下の図にかき入れなさい。

x	-6	-4	-2	0	2	4	6
y							

学習のめあて

1 次関数 $y=ax+b$ のグラフと $y=ax$ のグラフの関係について知ること。

学習のポイント

1 次関数のグラフと切片

1 次関数 $y=ax+b$ において，定数 b の値を，グラフの **切片** という。

1 次関数 $y=ax+b$ のグラフは，切片が b で，$y=ax$ のグラフに平行な直線である。

テキストの解説

□1 次関数のグラフ

○1 次関数 $y=3x+2$ のグラフが直線になることは，前ページで学んだ。

○x のどの値についても，それに対応する $3x+2$ の値は $3x$ の値より 2 だけ大きい。
このことは，$y=3x+2$ のグラフ上の各点が $y=3x$ のグラフ上の各点を，2 だけ上に移動したものであることを意味している。よって，$y=3x+2$ のグラフは，$y=3x$ のグラフを 2 だけ上に移動したものであるといえる。

□練習 29

○$y=2x$，$y=2x+4$，$y=2x-5$ について，対応する x，y の値は，下の表のようになる。

x	…	-4	-3	-2	-1	0	1	2	3	4	…
$2x$	…	-8	-6	-4	-2	0	2	4	6	8	…
$2x+4$	…	-4	-2	0	2	4	6	8	10	12	…
$2x-5$	…	-13	-11	-9	-7	-5	-3	-1	1	3	…

○x のどの値についても，$2x+4$ の値は $2x$ の値より 4 だけ大きく，$2x-5$ の値は $2x$ の値より 5 だけ小さい。

次に，下の 2 つの 1 次関数のグラフを比べてみよう。

$$y=3x \quad \cdots\cdots ①,\qquad y=3x+2 \quad \cdots\cdots ②$$

①，② について，対応する x，y の値は，下の表のようになる。

x	…	-4	-3	-2	-1	0	1	2	3	4	…
① $3x$	…	-12	-9	-6	-3	0	3	6	9	12	…
② $3x+2$	…	-10	-7	-4	-1	2	5	8	11	14	…

この表から，① と ② の同じ x の値に対応する y の値は，いつでも ② の方が ① より 2 だけ大きいことがわかる。

このことを，グラフを用いて考えると，② のグラフは，① のグラフを 2 だけ上に移動したものになっている。

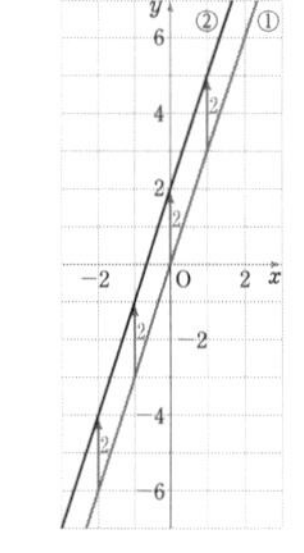

練習 29 次の 1 次関数のグラフを，$y=2x$ のグラフを利用してかきなさい。

(1) $y=2x+4$

(2) $y=2x-5$

1 次関数 $y=ax+b$ において，$x=0$ のとき，$y=b$ となるから，$y=ax+b$ のグラフは，点 $(0,\ b)$ を通る。

1 次関数 $y=ax+b$ のグラフと y 軸との交点 $(0,\ b)$ の y 座標 b の値を，このグラフの **切片**（せっぺん）という。

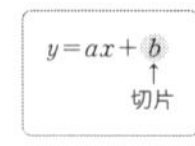

これまで，1 次関数 $y=ax+b$ の定数 a は，変化の割合であることを学んだが，グラフ上ではどのようなことを表しているか考えてみよう。

152 | 第 5 章　1 次関数

○したがって，$y=2x+4$，$y=2x-5$ のグラフは，$y=2x$ のグラフをそれぞれ上，下に移動したものになる。

テキストの解答

練習 29 (1) 1 次関数 $y=2x+4$ のグラフは，$y=2x$ のグラフを 4 だけ上に移動したもので，下の図のようになる。

(2) 1 次関数 $y=2x-5$ のグラフは，$y=2x$ のグラフを 5 だけ下に移動したもので，下の図のようになる。

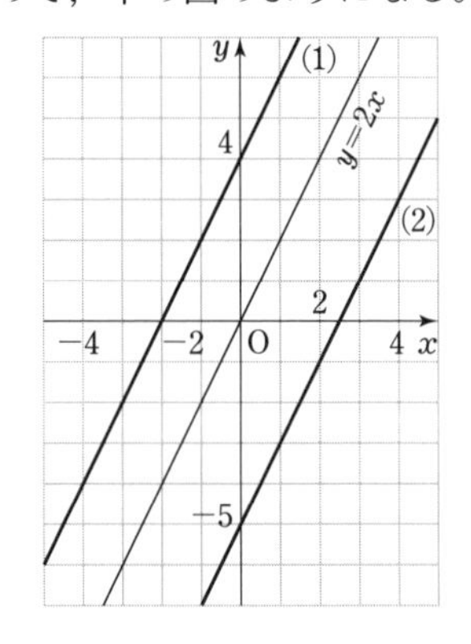

学習のめあて

1次関数 $y=ax+b$ のグラフの傾きについて知ること。

学習のポイント

1次関数のグラフの傾き

1次関数 $y=ax+b$ において，定数 a の値をグラフの **傾き** という。

a は1次関数の変化の割合であり，x が1だけ増加したときの y の増加量でもある。

1次関数 $y=3x+2$ のグラフ上に2点 A(1, 5), B(3, 11) をとると，右の図で，
　x 軸の正の方向に AC=2 だけ進むとき，
　y 軸の正の方向に CB=6 だけ進む。

よって，$\dfrac{\mathrm{CB}}{\mathrm{AC}}=3$ となる。

これは，$y=3x+2$ について，x の値が1から3まで増加するときの変化の割合である。

さらに，1次関数の変化の割合は一定であるから，$\dfrac{\mathrm{CB}}{\mathrm{AC}}$ の値3は，グラフ上の2点A，Bをどこにとっても同じである。

このような，1次関数 $y=ax+b$ の変化の割合 a の値を，このグラフの **傾き**（かたむ） という。

$y=ax+b$ ↑ 傾き

一般に，1次関数 $y=ax+b$ のグラフの傾きぐあいは，傾き a の値によって決まる。

1次関数 $y=ax+b$ のグラフ

[1] $y=ax$ のグラフを y 軸の正の方向に b だけ平行移動した直線

[2] 傾きが a，切片が b の直線

$a>0$ のとき　$y=ax+b$，$y=ax$　右上がり

$a<0$ のとき　$y=ax+b$，$y=ax$　右下がり

注意　図形を，ある方向に一定の長さだけ動かす移動を，**平行移動** という。

5.1次関数とそのグラフ　153

第5章

テキストの解説

□1次関数のグラフの傾き

○1次関数 $y=ax+b$ のグラフは，a と b の値によって決まる。

○このうち，b は，グラフが y 軸と交わる点の y 座標で，$y=ax$ のグラフを y 軸方向にどれだけ平行移動したかを表している。

○右の図は，1次関数 $y=x+2$，$y=2x+2$，$y=3x+2$ のグラフである。これらから，1次関数 $y=ax+b$ における a の値は，直線の傾きぐあいを表していることがわかる。この傾きぐあいを表す数 a が，1次関数 $y=ax+b$ のグラフの傾きである。

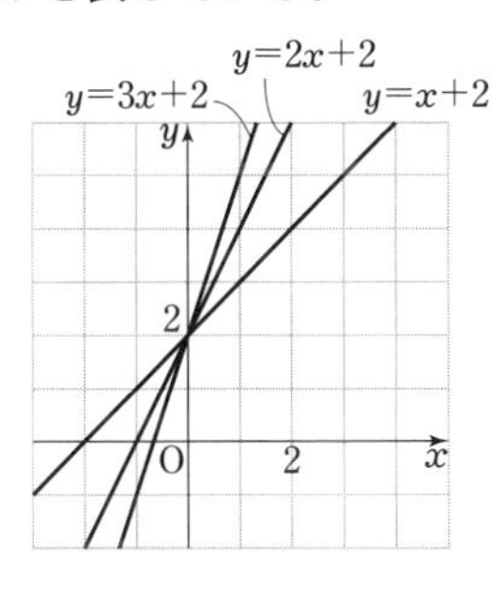

○1次関数 $y=3x+2$ のグラフ上のどこに点をとっても，そこから右へ1，上に3進んだ点は，このグラフ上にある。また，右へ2，上に6進んだ点も，このグラフ上にある。

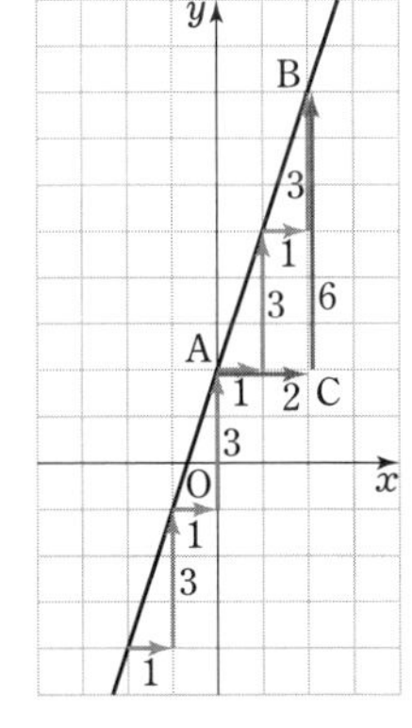

○1次関数 $y=3x+2$ において，3は変化の割合を表している。x が1増加するとき y の増加量は3であり，x が2増加するとき y の増加量は6である。

したがって，左下のグラフにおける $\dfrac{\mathrm{CB}}{\mathrm{AC}}$ の値はどこでも3で一定になる。

○1次関数 $y=ax+b$ において，$a>0$ のとき，a の値が大きいほどグラフである直線の傾きぐあいは大きくなる。

坂道や斜面などの傾きぐあいは，$\dfrac{垂直距離}{水平距離}$ で表すことができます。

それは，100 m 水平に進むと 10 m 垂直に進むような坂の傾き $\dfrac{10}{100}=0.1$ を表していますね。

こんな標識を見たことがあります。

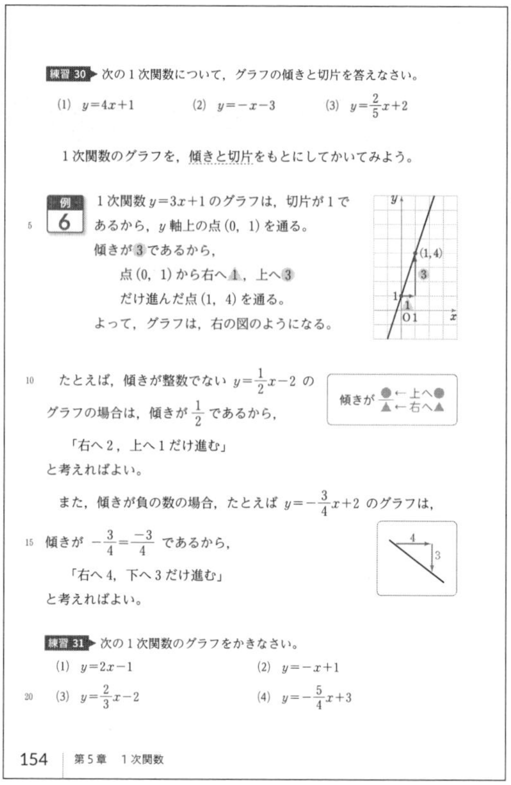

テキスト 154 ページ

練習 30 次の 1 次関数について，グラフの傾きと切片を答えなさい。

(1) $y=4x+1$　　(2) $y=-x-3$　　(3) $y=\frac{2}{5}x+2$

1 次関数のグラフを，傾きと切片をもとにしてかいてみよう。

例 6 1 次関数 $y=3x+1$ のグラフは，切片が 1 であるから，y 軸上の点 $(0,\ 1)$ を通る。
傾きが 3 であるから，
点 $(0,\ 1)$ から右へ 1，上へ 3
だけ進んだ点 $(1,\ 4)$ を通る。
よって，グラフは，右の図のようになる。

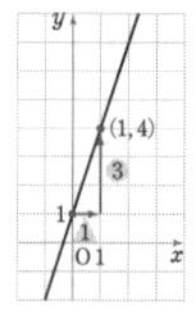

たとえば，傾きが整数でない $y=\frac{1}{2}x-2$ のグラフの場合は，傾きが $\frac{1}{2}$ であるから，
「右へ 2，上へ 1 だけ進む」
と考えればよい。

傾きが ●←上へ● / ▲←右へ▲

また，傾きが負の数の場合，たとえば $y=-\frac{3}{4}x+2$ のグラフは，
傾きが $-\frac{3}{4}=\frac{-3}{4}$ であるから，
「右へ 4，下へ 3 だけ進む」
と考えればよい。

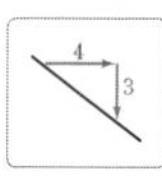

練習 31 次の 1 次関数のグラフをかきなさい。

(1) $y=2x-1$　　(2) $y=-x+1$
(3) $y=\frac{2}{3}x-2$　　(4) $y=-\frac{5}{4}x+3$

154 | 第 5 章　1 次関数

学習のめあて

傾きと切片をもとにして，1 次関数のグラフをかけるようになること。

学習のポイント

1 次関数のグラフ

1 次関数 $y=ax+b$ のグラフは，傾きが a，切片が b の直線である。

テキストの解説

□練習 30

○1 次関数のグラフの傾きと切片。それぞれ，1 次の項の係数と定数項を答えればよい。

□例 6，練習 31

○1 次関数 $y=ax+b$ のグラフのかき方。次の順で考える。

[1]　切片である点 $(0,\ b)$ をとる。

[2]　点 $(0,\ b)$ から右へ 1，上へ a 進んだ点をとる ($a<0$ のときは下へ進む)。

[3]　[1]，[2] でとった点を通る直線をかく。

○上の [2] で，a が分数 $\frac{●}{▲}$ の場合は，右へ▲，上へ●進んだ点をとればよい。

テキストの解答

練習 30　(1)　**傾きは 4，切片は 1**

(2)　**傾きは -1，切片は -3**

(3)　**傾きは $\frac{2}{5}$，切片は 2**

練習 31　(1)　$y=2x-1$ のグラフは，切片が -1 であるから，点 $(0,\ -1)$ を通る。また，傾きは 2 であるから，点 $(1,\ 1)$ を通り，グラフは図のようになる。

(2)　$y=-x+1$ のグラフは，切片が 1 であるから，点 $(0,\ 1)$ を通る。また，傾きは -1 であるから，点 $(1,\ 0)$ を通り，グラフは図のようになる。

(3)　$y=\frac{2}{3}x-2$ のグラフは，切片が -2 であるから，点 $(0,\ -2)$ を通る。また，傾きは $\frac{2}{3}$ であるから，点 $(3,\ 0)$ を通り，グラフは図のようになる。

(4)　$y=-\frac{5}{4}x+3$ のグラフは，切片が 3 であるから，点 $(0,\ 3)$ を通る。また，傾きは $-\frac{5}{4}$ であるから，点 $(4,\ -2)$ を通り，グラフは図のようになる。

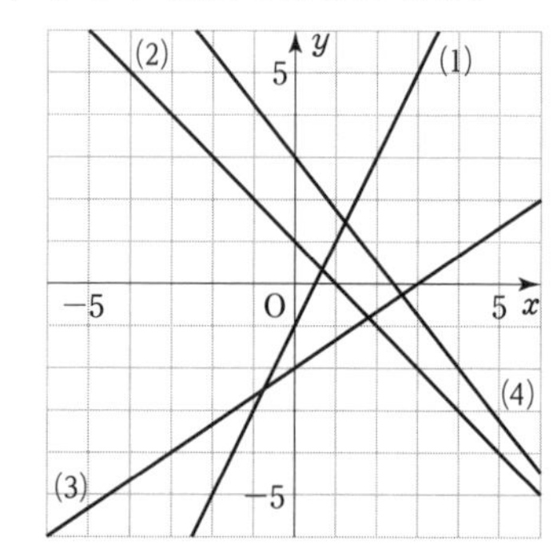

テキスト 155 ページ

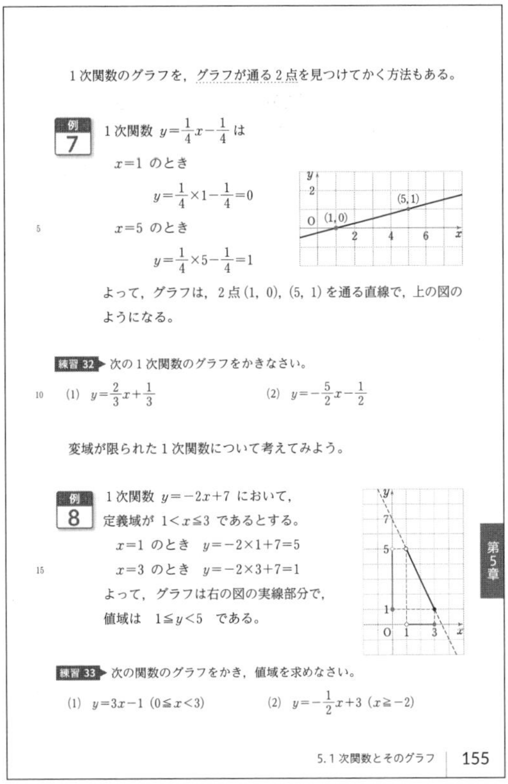

1 次関数のグラフを，グラフが通る 2 点を見つけてかく方法もある。

例 7 1 次関数 $y=\frac{1}{4}x-\frac{1}{4}$ は

$x=1$ のとき

$y=\frac{1}{4}\times1-\frac{1}{4}=0$

$x=5$ のとき

$y=\frac{1}{4}\times5-\frac{1}{4}=1$

よって，グラフは，2 点 (1, 0), (5, 1) を通る直線で，上の図のようになる。

練習 32 次の 1 次関数のグラフをかきなさい。

(1) $y=\frac{2}{3}x+\frac{1}{3}$　　(2) $y=-\frac{5}{2}x-\frac{1}{2}$

変域が限られた 1 次関数について考えてみよう。

例 8 1 次関数 $y=-2x+7$ において，定義域が $1<x\leqq3$ であるとする。

$x=1$ のとき $y=-2\times1+7=5$

$x=3$ のとき $y=-2\times3+7=1$

よって，グラフは右の図の実線部分で，値域は $1\leqq y<5$ である。

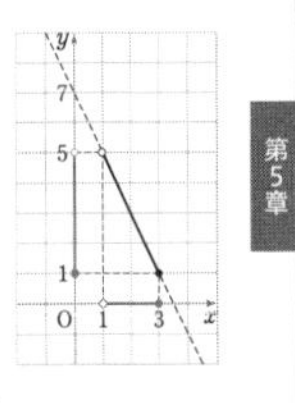

練習 33 次の関数のグラフをかき，値域を求めなさい。

(1) $y=3x-1$ $(0\leqq x<3)$　　(2) $y=-\frac{1}{2}x+3$ $(x\geqq-2)$

第5章

5.1 次関数とそのグラフ　155

学習のめあて

グラフが通る 2 点を利用して，1 次関数のグラフをかけるようになること。

また，1 次関数の値域について知ること。

学習のポイント

1 次関数のグラフのかき方

2 点を通る直線は 1 つに決まる。通る 2 点が見つかると，1 次関数のグラフがかける。

1 次関数の値域

定義域の端の値に対応する y の値を求める。

テキストの解説

□例 7，練習 32

○グラフが通る 2 点を利用する。x 座標，y 座標がともに整数である点を見つける。

○例 7 は，式の形から，点 (1, 0) を通ることがすぐにわかる。もう 1 つの点 (5, 1) は，点 (1, 0) から右へ 4，上へ 1 進んだ点である。

□例 8，練習 33

○値域は定義域に対応する y の値の範囲である。定義域の端の値に着目して考える。

○定義域が $x\geqq c$ の形の場合

変化の割合が正 → 値域は $y\geqq d$ の形

変化の割合が負 → 値域は $y\leqq d$ の形

テキストの解答

練習 32 (1) 1 次関数 $y=\frac{2}{3}x+\frac{1}{3}$ は

$x=1$ のとき $y=1$，$x=4$ のとき $y=3$

よって，グラフは 2 点 (1, 1), (4, 3) を通る直線で，図のようになる。

(2) 1 次関数 $y=-\frac{5}{2}x-\frac{1}{2}$ は

$x=1$ のとき $y=-3$

$x=-1$ のとき $y=2$

よって，グラフは 2 点 (1, −3), (−1, 2) を通る直線で，図のようになる。

練習 33 (1) 1 次関数 $y=3x-1$ は

$x=0$ のとき $y=-1$，$x=3$ のとき $y=8$

よって，グラフは下の図の実線部分で，

値域は　　$\boldsymbol{-1\leqq y<8}$

(2) 1 次関数 $y=-\frac{1}{2}x+3$ は

$x=-2$ のとき $y=4$

よって，グラフは下の図の実線部分で，

値域は　　$\boldsymbol{y\leqq4}$

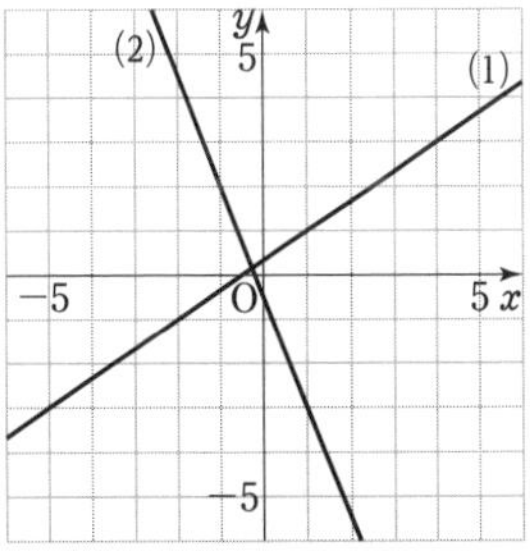

〔練習 32 の図〕

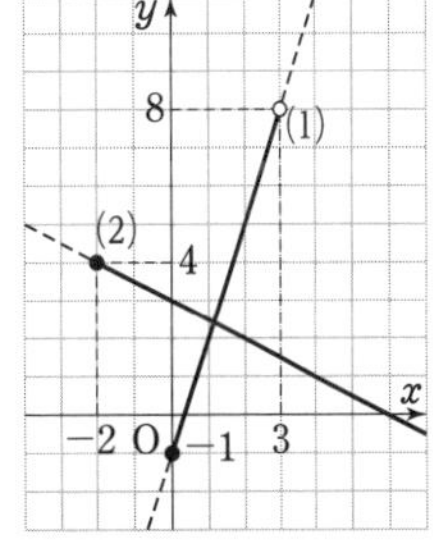

〔練習 33 の図〕

テキスト 156 ページ

これまで学んだ１次関数の表と式とグラフの関係をまとめてみよう。

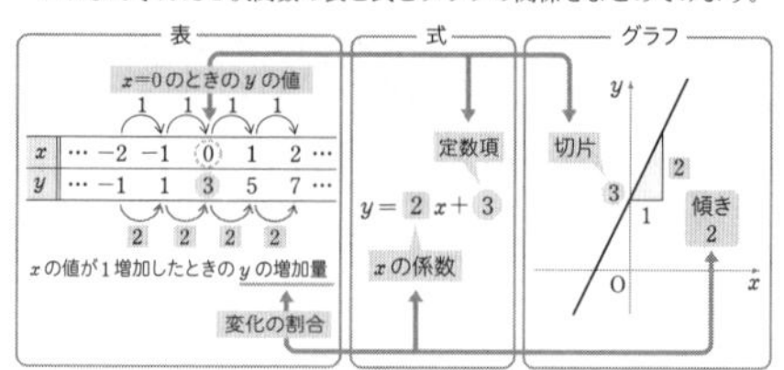

1 次関数の式を求める

１次関数の式のいろいろな求め方を考えてみよう。

● グラフから式を求める ●

例 9 右の図の１次関数のグラフは，点 (0, −2) を通るから，切片は −2 である。また，グラフは，右へ４進むとき，上へ３だけ進むから，傾きは $\frac{3}{4}$ である。

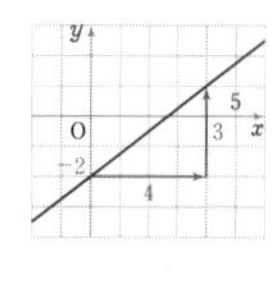

よって，この１次関数の式は $y=\frac{3}{4}x-2$ である。

練習 34 右の図の (1) ~ (3) は，それぞれ１次関数のグラフである。これらの１次関数の式を求めなさい。

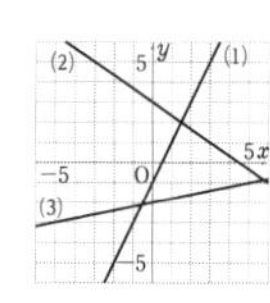

156 第５章 １次関数

学習のめあて

１次関数の表と式とグラフの関係を理解すること。また，グラフから１次関数の式を求めることができるようになること。

学習のポイント

グラフから式を求める

グラフの傾きと切片を読み取ることができると，１次関数の式を求めることができる。

テキストの解説

□例 9

○１次関数のグラフは，切片と傾きで決まる。したがって，グラフから切片と傾きがわかると，１次関数の式を求めることができる。

○点 (0, −2) を通ることから，切片が −2 であることはすぐにわかる。

○点 (0, −2) から右へ１だけ進むとき，上へどれだけ進んだかは読み取ることができない。そこで，点 (0, −2) の近くの点で，x 座標，y 座標がともに整数である点を見つける。

○グラフは，点 (4, 1) を通ることがわかる。点 (4, 1) は，点 (0, −2) から右へ４，上へ３だけ進んだ点であるから，求める１次関数の傾きは $\frac{3}{4}$ である。

○切片が整数ではなく，読み取ることができない場合は，x 座標，y 座標がともに整数である２点を見つける。
２点の座標から１次関数の式を求める方法は，テキスト 158 ページで学習する。

□練習 34

○グラフから，切片と傾きを読み取る。

テキストの解答

練習 34 (1)　グラフは点 (0, −1) を通るから，切片は −1 である。
また，グラフは，右へ１進むとき，上へ２だけ進むから，傾きは２である。
よって，求める１次関数の式は

$$y=2x-1$$

(2)　グラフは点 (0, 3) を通るから，切片は３である。
また，グラフは，右へ３進むとき，下へ２だけ進むから，傾きは $-\frac{2}{3}$ である。
よって，求める１次関数の式は

$$y=-\frac{2}{3}x+3$$

(3)　グラフは点 (0, −2) を通るから，切片は −2 である。
また，グラフは，右へ５進むとき，上へ１だけ進むから，傾きは $\frac{1}{5}$ である。
よって，求める１次関数の式は

$$y=\frac{1}{5}x-2$$

学習のめあて

変化の割合と1組の x, y の値から1次関数の式を求められるようになること。

学習のポイント

変化の割合と1組の x, y の値から式を求める

変化の割合(傾き)●を用いて，求める式を $y=●x+b$ とおき，x, y の値から b の値を求める。

● 変化の割合と1組の x, y の値から式を求める ●

例題 6 変化の割合が -5 で，$x=2$ のとき $y=-6$ となる1次関数の式を求めなさい。

考え方 変化の割合が ● であるとき，1次関数の式は $y=●x+b$ とおける。

解答 変化の割合が -5 であるから，求める1次関数の式は，次のように表すことができる。

$$y=-5x+b$$

$x=2$ のとき $y=-6$ であるから，$x=2$, $y=-6$ をこの式に代入すると　$-6=-5\times2+b$

$$b=4$$

よって　$y=-5x+4$　答

練習 35 次の条件を満たす1次関数の式を求めなさい。

(1) 変化の割合が4で，$x=-1$ のとき $y=-12$

(2) 変化の割合が $-\frac{1}{2}$ で，$x=-4$ のとき $y=7$

1次関数 $y=ax+b$ のグラフを「**直線 $y=ax+b$**」といい，$y=ax+b$ を，この「直線の式」という。

例題6は，傾きが -5 で，点 $(2, -6)$ を通る直線の式を求めることと同じである。

第5章

練習 36 次の条件を満たす直線の式を求めなさい。

(1) 点 $(1, -3)$ を通り，傾きが2

(2) 点 $(-3, 6)$ を通り，直線 $y=-3x+4$ に平行

注意 練習36(2)において，2つの直線が平行となるとき，それらの傾きは等しい。

5.1 次関数とそのグラフ　157

テキストの解説

□例題6，練習35

○変化の割合と1組の x, y の値から，1次関数の式を求める。変化の割合がわかっているから，求める式は $y=●x+b$ とおける。

○次に x, y の値から b の値を求める。

$x=△$, $y=□$ が $y=●x+b$ を満たす

→ $y=●x+b$ に $x=△$, $y=□$ を代入した式が成り立つ

→ b の1次方程式ができる

□練習36

○通る1点と傾きから，直線の式を求める。

○(2) 平行な直線の傾きは等しい。

直線 $y=-3x+4$ に平行 → 傾きは -3

テキストの解答

練習 35 (1) 変化の割合が4であるから，求める1次関数の式は $y=4x+b$ とおける。

$x=-1$ のとき $y=-12$ であるから，これらを $y=4x+b$ に代入すると

$$-12=4\times(-1)+b$$
$$b=-8$$

よって　$\boldsymbol{y=4x-8}$

(2) 変化の割合が $-\frac{1}{2}$ であるから，求める1次関数の式は $y=-\frac{1}{2}x+b$ とおける。

$x=-4$ のとき $y=7$ であるから

$$7=-\frac{1}{2}\times(-4)+b$$
$$b=5$$

よって　$\boldsymbol{y=-\frac{1}{2}x+5}$

練習 36 (1) 傾きが2であるから，求める直線の式は $y=2x+b$ とおける。

$x=1$ のとき $y=-3$ であるから，これらを $y=2x+b$ に代入すると

$$-3=2\times1+b$$
$$b=-5$$

よって　$\boldsymbol{y=2x-5}$

(2) 直線 $y=-3x+4$ に平行であるから，求める直線の式は $y=-3x+b$ とおける。

$x=-3$ のとき $y=6$ であるから

$$6=-3\times(-3)+b$$
$$b=-3$$

よって　$\boldsymbol{y=-3x-3}$

テキスト 158 ページ

学習のめあて

2 組の x, y の値から 1 次関数 (直線) の式を求められるようになること。

学習のポイント

2 組の x, y の値から式を求める

2 組の x, y の値から 1 次関数 (直線) の式 $y=ax+b$ を求めるには, x, y の値を利用して

[1] 傾き a を求めてから, 切片 b を求める。

[2] a, b の連立方程式を導く。

●2 組の x, y の値から式を求める●

例題 7 2 点 $(-1,\ 6)$, $(3,\ -2)$ を通る直線の式を求めなさい。

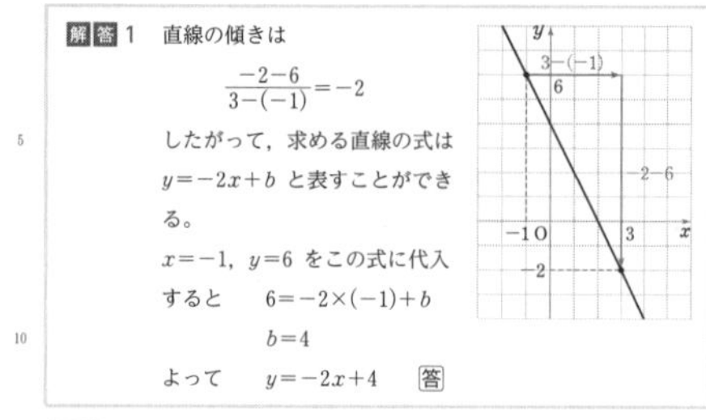
解答 1 直線の傾きは

$$\frac{-2-6}{3-(-1)}=-2$$

したがって, 求める直線の式は $y=-2x+b$ と表すことができる。

$x=-1$, $y=6$ をこの式に代入すると $6=-2\times(-1)+b$

$b=4$

よって $y=-2x+4$ 答

注意 解答 1 において, $x=3$, $y=-2$ を $y=-2x+b$ に代入してもよい。

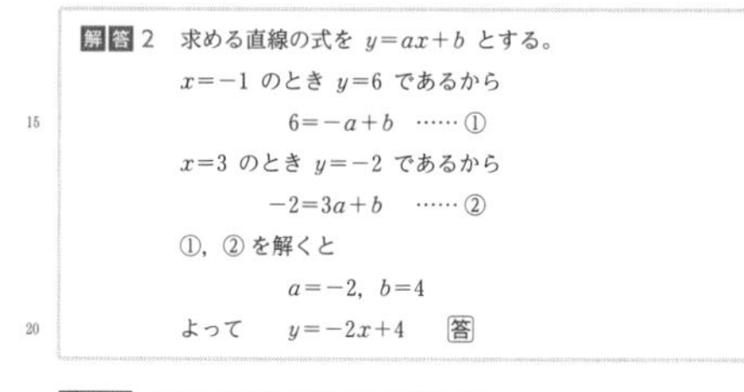
解答 2 求める直線の式を $y=ax+b$ とする。

$x=-1$ のとき $y=6$ であるから

$6=-a+b$ ……①

$x=3$ のとき $y=-2$ であるから

$-2=3a+b$ ……②

①, ② を解くと

$a=-2$, $b=4$

よって $y=-2x+4$ 答

練習 37 次の 2 点を通る直線の式を求めなさい。

(1) $(-2,\ 1)$, $(1,\ 10)$ (2) $(8,\ -11)$, $(-4,\ 19)$

158 第 5 章 1 次関数

テキストの解説

□例題 7, 練習 37

○2 点を通る直線の式。直線の式は切片と傾きで決まる。このうち, 2 点の座標から求まるのは, 傾きである。

○2 点の座標から直線の傾きが求まると, 例題 6 と同じようにして解くことができる。

○解答 2 のように, 求める式を $y=ax+b$ とおいて, a, b の連立方程式を導き, それを解いてもよい。

テキストの解答

練習 37 求める直線の式を $y=ax+b$ とおく。

(1) 傾きは $a=\dfrac{10-1}{1-(-2)}=3$

したがって, 求める直線の式は

$y=3x+b$ と表すことができる。

$x=-2$ のとき $y=1$ であるから

$1=3\times(-2)+b$

$b=7$

よって $\boldsymbol{y=3x+7}$

別解 $x=-2$ のとき $y=1$ であるから

$1=-2a+b$ ……①

$x=1$ のとき $y=10$ であるから

$10=a+b$ ……②

①, ② を解くと $a=3$, $b=7$

よって $\boldsymbol{y=3x+7}$

(2) 傾きは $a=\dfrac{19-(-11)}{(-4)-8}=-\dfrac{5}{2}$

したがって, 求める直線の式は

$y=-\dfrac{5}{2}x+b$ と表すことができる。

$x=8$ のとき $y=-11$ であるから

$-11=-\dfrac{5}{2}\times 8+b$

$b=9$

よって $\boldsymbol{y=-\dfrac{5}{2}x+9}$

別解 $x=8$ のとき $y=-11$ であるから

$-11=8a+b$ ……①

$x=-4$ のとき $y=19$ であるから

$19=-4a+b$ ……②

①, ② を解くと $a=-\dfrac{5}{2}$, $b=9$

よって $\boldsymbol{y=-\dfrac{5}{2}x+9}$

6．1次関数と方程式

学習のめあて

2元1次方程式のグラフとそのかき方について知ること。

学習のポイント

2元1次方程式のグラフ

2元1次方程式 $ax+by=c$ を満たす x, y の値の組を座標とする点の集まりは直線になる。この直線を，**方程式 $ax+by=c$ のグラフ** という。

2元1次方程式のグラフのかき方

直線は通る2点で決まるから，直線が通る2点を用いてその直線をかくことができる。

6.1次関数と方程式

2元1次方程式のグラフ

2元1次方程式 $2x+y=3$ ……①

を y について解くと，

$y=-2x+3$ ……②

となるから，y は x の1次関数である。

このとき，①と②は同じ関係を表しているから，①の解を座標とする点の集まりは，1次関数②のグラフと一致し，直線になる。

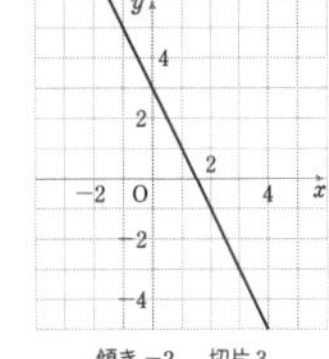

この直線を，**方程式 $2x+y=3$ のグラフ** という。

練習 38 次の方程式を，y について解き，そのグラフをかきなさい。

(1) $x+2y=4$　　(2) $3x-4y=8$

2元1次方程式のグラフは直線であるから，通る2点を見つけてグラフをかくこともできる。x と y の値が簡単になる点を見つけるとよい。

例 10 方程式 $2x-3y=6$ は

$x=0$ のとき　$y=-2$

$y=0$ のとき　$x=3$

よって，方程式 $2x-3y=6$ のグラフは，2点 $(0, -2)$, $(3, 0)$ を通る直線で，右の図のようになる。

練習 39 次の方程式のグラフを，通る2点を見つけてかきなさい。

(1) $4x+3y=-12$　　(2) $-2x+5y=20$　　(3) $-\frac{1}{2}x+\frac{1}{3}y=1$

6.1次関数と方程式　159

テキストの解説

□2元1次方程式のグラフ

○次の2つの式①，②は同じ式を表す。

$2x+y=3$ ……①，$y=-2x+3$ ……②

したがって，①を満たすすべての x, y は②を満たし，②を満たすすべての x, y は①を満たす。

○このことは，①と②が同じ図形を表すことを意味している。すなわち，①が表す図形は1次関数のグラフと同じであり，直線になる。

□練習 38

○まず，与えられた2元1次方程式を y について解き，1次関数の形に表す。

□例 10，練習 39

○2元1次方程式のグラフ。方程式を満たす2組の x, y の値を考える。

○このとき，x, y の値が整数になる場合を考えるとよい。このうち，どちらかが0の場合は，1次関数のグラフと軸の交点になる。

テキストの解答

練習 38 (1) $x+2y=4$ を y について解くと

$$y=-\frac{1}{2}x+2$$

このグラフは，傾きが $-\frac{1}{2}$，切片が2の直線であるから，図のようになる。

(2) $3x-4y=8$ を y について解くと

$$y=\frac{3}{4}x-2$$

このグラフは，傾きが $\frac{3}{4}$，切片が -2 の直線であるから，図のようになる。

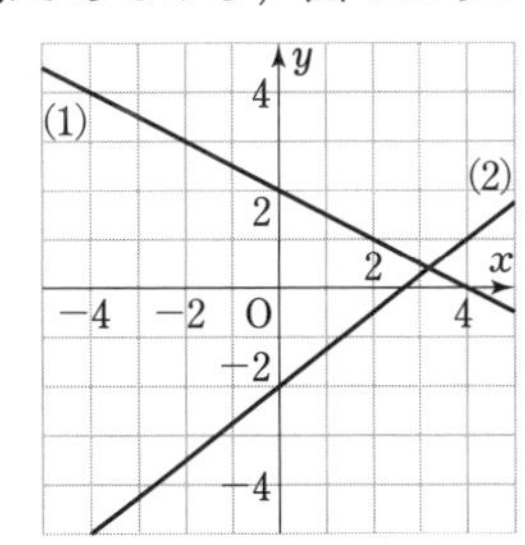

（練習 39 の解答は次ページ）

学習のめあて

2元1次方程式のグラフである直線について，理解を深めること。

学習のポイント

x 軸，y 軸に平行な直線

2元1次方程式 $ax+by=c$ のグラフは

$a=0$ の場合　x 軸に平行な直線

$b=0$ の場合　y 軸に平行な直線

テキストの解説

□方程式 $ax+by=c$ で $a=0$ や $b=0$ の場合

○$a=0$，$b=1$，$c=2$ の場合，方程式は

$$0\times x+y=2 \quad \cdots\cdots ①$$

① を満たす x，y の値の組は，たとえば

$(-2,\ 2)$，$(-1,\ 2)$，$(0,\ 2)$，$(1,\ 2)$，$(2,\ 2)$

これらを座標とする点は，x 軸に平行な直線上にある。この直線が，方程式 $y=2$ のグラフである。

○$b=0$ の場合も，同様に考えることができる。

○方程式 $y=p$ のグラフは，点 $(0,\ p)$ を通り，x 軸に平行な直線である。

方程式 $x=q$ のグラフは，点 $(q,\ 0)$ を通り，y 軸に平行な直線である。

□練習 40

○x 軸，y 軸に平行な直線。まず，x や y について解いて，$x=\sim$，$y=\sim$ の形に表す。

テキストの解答

（練習 39 は前ページの問題）

練習 39　(1)　方程式 $4x+3y=-12$ は

$x=0$ のとき　$y=-4$

$y=0$ のとき　$x=-3$

よって，このグラフは，2点 $(0,\ -4)$，$(-3,\ 0)$ を通る直線で，図のようになる。

x 軸，y 軸に平行な直線

方程式 $ax+by=c$ で，$a=0$ や $b=0$ の場合について考えよう。

[1]　$a=0$ の場合

たとえば，$a=0$，$b=1$，$c=2$ とすると，

方程式は　　$y=2$

このとき，x がどのような値であっても，y の値はつねに 2 であるから，方程式 $y=2$ のグラフは，点 $(0,\ 2)$ を通り，x 軸に平行な直線になる。

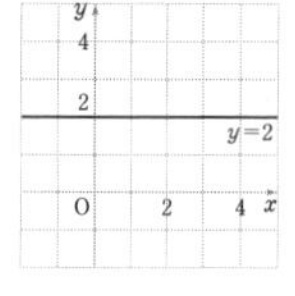

[2]　$b=0$ の場合

たとえば，$a=1$，$b=0$，$c=3$ とすると，

方程式は　　$x=3$

このとき，y がどのような値であっても，x の値はつねに 3 であるから，方程式 $x=3$ のグラフは，点 $(3,\ 0)$ を通り，y 軸に平行な直線になる。

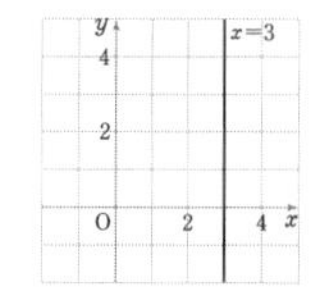

2元1次方程式のグラフ

2元1次方程式 $ax+by=c$ のグラフは直線である。
特に，$a=0$ の場合は，x 軸に平行であり，
$b=0$ の場合は，y 軸に平行である。
（ただし，a，b のうち少なくとも一方は 0 でない）

練習 40　次の方程式のグラフをかきなさい。

(1)　$3x=-6$　　(2)　$2y=6$　　(3)　$-4x+16=0$

160　第5章　1次関数

(2)　方程式 $-2x+5y=20$ は

$x=0$ のとき　$y=4$

$y=0$ のとき　$x=-10$

よって，このグラフは，2点 $(0,\ 4)$，$(-10,\ 0)$ を通る直線で，図のようになる。

(3)　方程式 $-\dfrac{1}{2}x+\dfrac{1}{3}y=1$ は

$x=0$ のとき　$y=3$

$y=0$ のとき　$x=-2$

よって，このグラフは，2点 $(0,\ 3)$，$(-2,\ 0)$ を通る直線で，図のようになる。

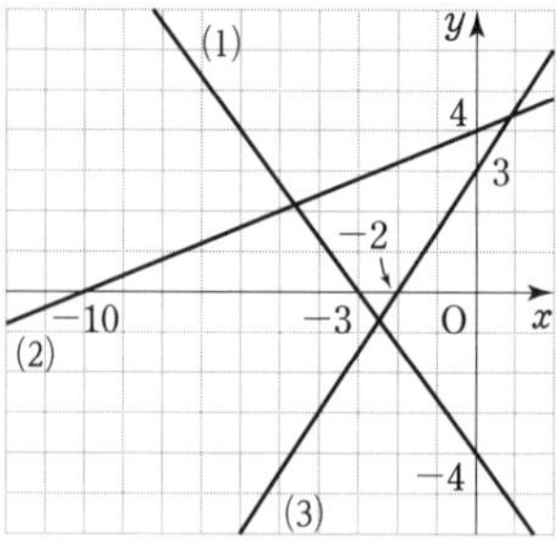

（練習 40 の解答は次ページ）

連立方程式とグラフ

連立方程式の解を，グラフを用いて求めてみよう。

$$\begin{cases} 2x-y=5 & \cdots\cdots ① \\ x+y=4 & \cdots\cdots ② \end{cases}$$

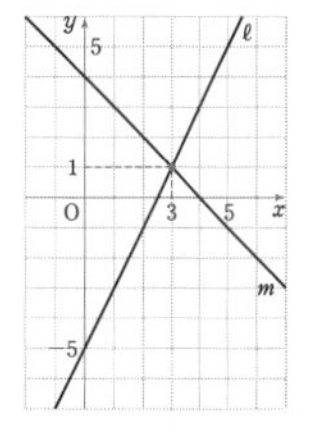

5　①と②のそれぞれの解を座標とする点の集まりは直線になる。その直線をそれぞれ ℓ，m とする。このとき，直線 ℓ と m の交点を表す x，y の値の組 (3, 1) は，①と②をともに満たすから，両方の解である。

10　すなわち，$x=3$，$y=1$ は，上の連立方程式の解である。

連立方程式の解とグラフ

x，y についての連立方程式の解は，それぞれの方程式のグラフの交点の x 座標，y 座標の組である。

15　**練習 41** 上の連立方程式を解き，ℓ，m の交点の座標が (3, 1) であることを確かめなさい。

練習 42 連立方程式 $\begin{cases} 2x+y=1 \\ 4x+y=-1 \end{cases}$ の解を，グラフを用いて求めなさい。

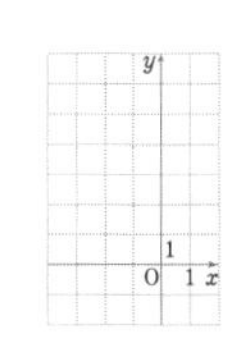

第5章

学習のめあて

2 直線の交点の座標と連立方程式の解の関係について知ること。

学習のポイント

連立方程式の解とグラフ

x，y についての連立方程式の解は，それぞれの方程式のグラフの交点の x 座標，y 座標の組である。

テキストの解説

□連立方程式とグラフ

○ 2 直線の交点の座標は，それぞれの直線の式をともに満たす。したがって，2 直線の式からつくった連立方程式の解になる。

□練習 41

○ y の係数の絶対値が等しいことに着目する。

□練習 42

○ 2 つの方程式 $2x+y=1$，$4x+y=-1$ のグラフをかいて，その交点の座標を読みとる。

テキストの解答

(練習 40 は前ページの問題)

練習 40　(1)　$3x=-6$ を x について解くと

$$x=-2$$

このグラフは，点 $(-2, 0)$ を通り，y 軸に平行な直線で，図のようになる。

(2)　$2y=6$ を y について解くと　　$y=3$

このグラフは，点 $(0, 3)$ を通り，x 軸に平行な直線で，図のようになる。

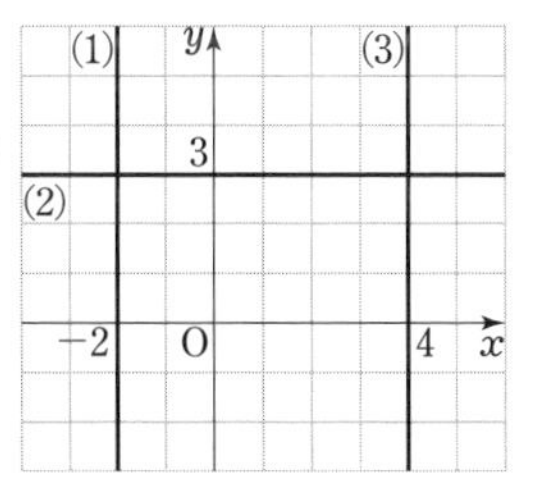

(3)　$-4x+16=0$ を x について解くと

$$x=4$$

このグラフは，点 $(4, 0)$ を通り，y 軸に平行な直線で，図のようになる。

練習 41　①+② から　　$3x=9$

したがって　　　$x=3$

$x=3$ を②に代入して解くと　　$y=1$

連立方程式の解が $x=3$，$y=1$ であるから，直線 ℓ，m の交点の座標は (3, 1) である。

練習 42　$\begin{cases} 2x+y=1 & \cdots\cdots ① \\ 4x+y=-1 & \cdots\cdots ② \end{cases}$

①を y について解くと　　$y=-2x+1$

②を y について解くと　　$y=-4x-1$

よって，①，②のグラフをかくと，それぞれ右の図の直線 ℓ，m のようになる。

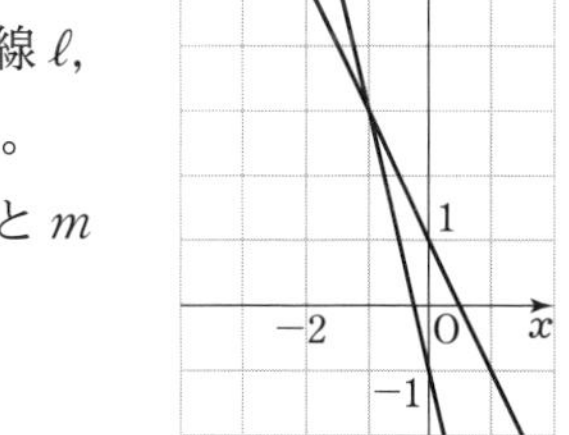

図より，直線 ℓ と m の交点の座標は

$$(-1, 3)$$

したがって，連立方程式の解は　　$\boldsymbol{x=-1}$，$\boldsymbol{y=3}$

テキスト 162 ページ

学習のめあて

グラフから直線の式を読みとり，連立方程式を解いて，2 直線の交点の座標を求めることができるようになること。

学習のポイント

連立方程式の解とグラフ

グラフの交点の座標は，連立方程式の解で与えられるから，グラフからそれぞれの直線の式を読みとって，連立方程式をつくる。

テキストの解説

□例題 8

○交点の x 座標，y 座標が整数ではないため，グラフから交点の座標を読みとることができない問題。

○一方，グラフから，2 直線の式は読みとることができる。

直線 ℓ → 切片が -1，傾きが 2

→ ℓ の式は　$y=2x-1$

直線 m → 切片が 3，傾きが -1

→ m の式は　$y=-x+3$

○方程式の形に着目して，y を消去する。

□練習 43

○ 2 直線の式からつくった連立方程式を解いて，交点の座標を求める。

○まず，切片と傾きに着目して，各直線の式を求める。

テキストの解答

練習 43 (1)　直線 ℓ の式は

$$y=-3x+4 \quad \cdots\cdots ①$$

直線 m の式は

$$y=x-3 \quad \cdots\cdots ②$$

①，② を解くと

$$-3x+4=x-3$$

例題 8　右の図において，2 直線 ℓ，m の交点の座標を求めなさい。

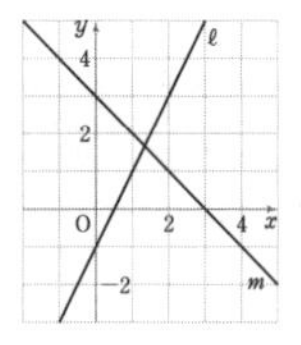

考え方　グラフから，交点の座標を読みとることは難しい。そこで，直線 ℓ，m の式を求め，それらを連立方程式として解き，交点の座標を求める。

5

解答　直線 ℓ の式は　$y=2x-1$　……①

直線 m の式は　$y=-x+3$　……②

①，② を解くと

10

$$2x-1=-x+3$$

$$x=\frac{4}{3}$$

$x=\frac{4}{3}$ を ① に代入して解くと　$y=\frac{5}{3}$

よって，交点の座標は　$\left(\frac{4}{3},\ \frac{5}{3}\right)$　答

練習 43 ▶ 次の図において，2 直線 ℓ，m の交点の座標をそれぞれ求めなさい。

(1)

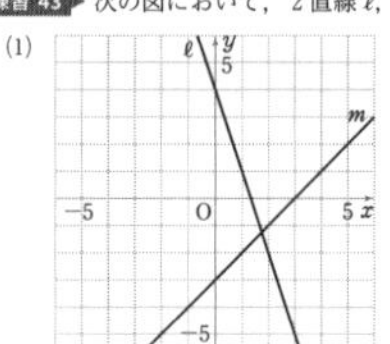

(2)

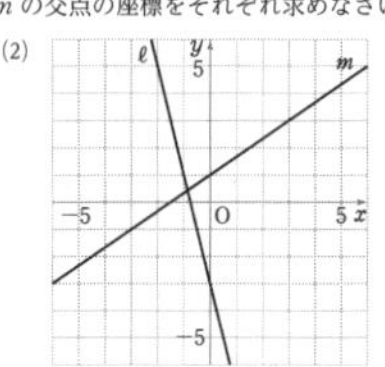

162 | 第 5 章　1 次関数

$$x=\frac{7}{4}$$

これを ② に代入して解くと　$y=-\frac{5}{4}$

よって，交点の座標は　$\left(\boldsymbol{\frac{7}{4}},\ \boldsymbol{-\frac{5}{4}}\right)$

(2)　直線 ℓ の式は

$$y=-4x-3 \quad \cdots\cdots ①$$

直線 m の式は

$$y=\frac{2}{3}x+1 \quad \cdots\cdots ②$$

①，② を解くと

$$-4x-3=\frac{2}{3}x+1$$

$$x=-\frac{6}{7}$$

これを ① に代入して解くと　$y=\frac{3}{7}$

よって，交点の座標は　$\left(\boldsymbol{-\frac{6}{7}},\ \boldsymbol{\frac{3}{7}}\right)$

テキスト 163 ページ

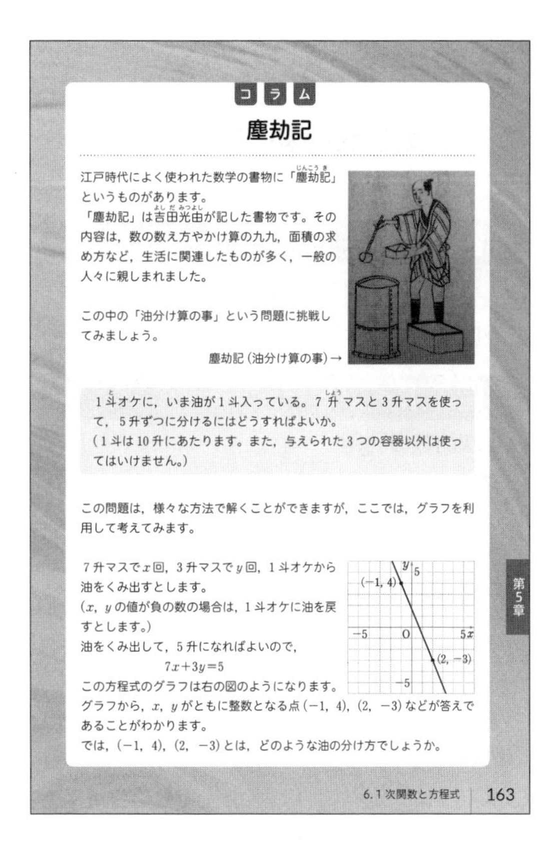
コラム

塵劫記

江戸時代によく使われた数学の書物に「塵劫記（じんこうき）」というものがあります。
「塵劫記」は吉田光由（よしだみつよし）が記した書物です。その内容は，数の数え方やかけ算の九九，面積の求め方など，生活に関連したものが多く，一般の人々に親しまれました。

この中の「油分け算の事」という問題に挑戦してみましょう。

塵劫記（油分け算の事）→

> 1斗（と）オケに，いま油が1斗入っている。7升（しょう）マスと3升マスを使って，5升ずつに分けるにはどうすればよいか。
> （1斗は10升にあたります。また，与えられた3つの容器以外は使ってはいけません。）

この問題は，様々な方法で解くことができますが，ここでは，グラフを利用して考えてみます。

7升マスで x 回，3升マスで y 回，1斗オケから油をくみ出すとします。
（x，y の値が負の数の場合は，1斗オケに油を戻すとします。）
油をくみ出して，5升になればよいので，

$$7x+3y=5$$

この方程式のグラフは右の図のようになります。
グラフから，x，y がともに整数となる点 $(-1,\ 4)$，$(2,\ -3)$ などが答えであることがわかります。
では，$(-1,\ 4)$，$(2,\ -3)$ とは，どのような油の分け方でしょうか。

6.1次関数と方程式　163

学習のめあて

身のまわりの問題を，グラフを利用して解く方法を知ること。

学習のポイント

2元1次方程式と整数の解

2元1次方程式の整数の解
→ x 座標，y 座標がともに整数である直線上の点

テキストの解説

□油分け算

○問題は，2元1次方程式 $7x+3y=5$ を満たす整数 x，y の値の組を求めることと同じであり，x 座標，y 座標がともに整数である直線 $7x+3y=5$ 上の点を求めることと同じである。

○1斗オケの油の量を5升，7升マスの油の量を5升とすることを考える。

○[1]　3升マスを2回使って，1斗オケから7升マスに油をくみ出す。1斗オケをA，7升マスをB，3升マスをCとすると

A…4升，B…6升，C…0升

[2]　3升マスを1回使って，1斗オケから3升マスに油をくみ出す。

A…1升，B…6升，C…3升

[3]　7升マスが一杯になるように，3升マスの油を1升だけ，7升マスに移す。

A…1升，B…7升，C…2升

[4]　7升マスの油を1斗オケに戻す。

A…8升，B…0升，C…2升

[5]　3升マスの油を7升マスに移す。

A…8升，B…2升，C…0升

[6]　3升マスを1回使って，1斗オケから7升マスに油をくみ出す。

A…5升，B…5升，C…0升

[1]，[2]，[4]，[6]の操作は，$x=-1$，$y=4$ であることを表している。

○[1]　7升マスを1回使って，1斗オケから7升マスに油をくみ出す。

A…3升，B…7升，C…0升

[2]　3升マスを2回使って，7升マスの油を1斗オケに戻す。

A…9升，B…1升，C…0升

[3]　7升マスの油を3升マスに移す。

A…9升，B…0升，C…1升

[4]　7升マスを1回使って，1斗オケから7升マスに油をくみ出す。

A…2升，B…7升，C…1升

[5]　3升マスが一杯になるように，7升マスの油を2升だけ，3升マスに移す。

A…2升，B…5升，C…3升

[6]　3升マスを1回使って，3升マスの油を1斗オケに戻す。

A…5升，B…5升，C…0升

[1]，[2]，[4]，[6]の操作は，$x=2$，$y=-3$ であることを表している。

7．1次関数の利用

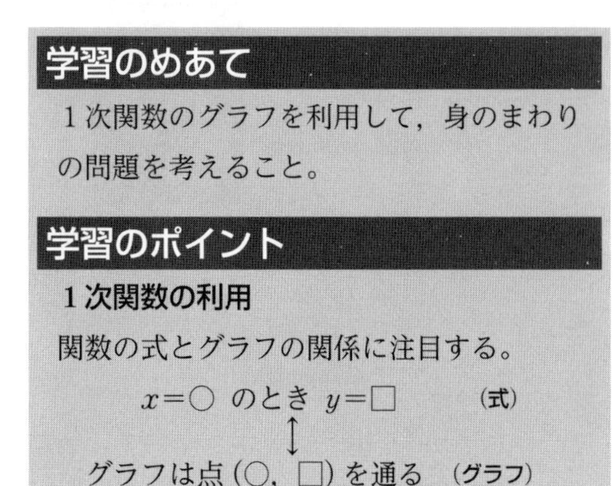

学習のめあて

1次関数のグラフを利用して，身のまわりの問題を考えること。

学習のポイント

1次関数の利用

関数の式とグラフの関係に注目する。

$x=$○ のとき $y=$□　　（式）

↕

グラフは点（○，□）を通る　（グラフ）

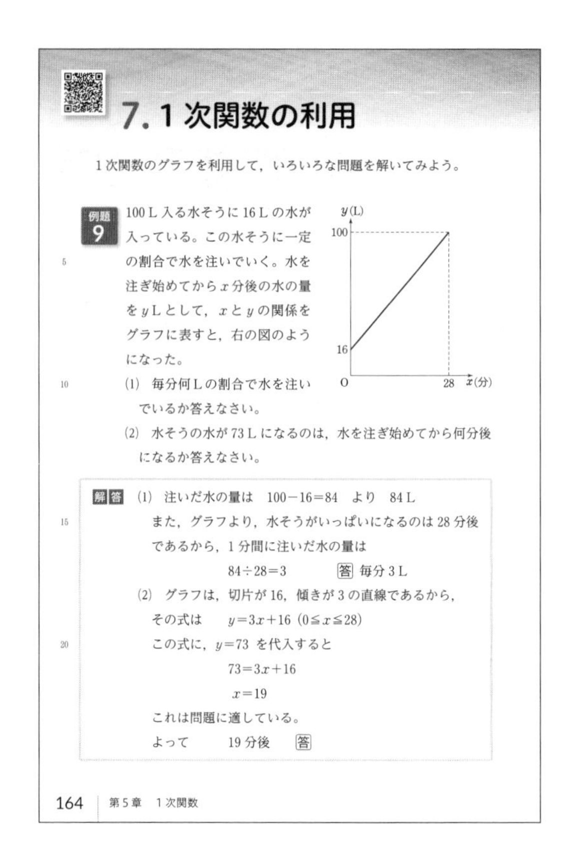

7. 1次関数の利用

1次関数のグラフを利用して，いろいろな問題を解いてみよう。

例題 9　100 L 入る水そうに 16 L の水が入っている。この水そうに一定の割合で水を注いでいく。水を注ぎ始めてから x 分後の水の量を y L として，x と y の関係をグラフに表すと，右の図のようになった。

(1) 毎分何 L の割合で水を注いでいるか答えなさい。

(2) 水そうの水が 73 L になるのは，水を注ぎ始めてから何分後になるか答えなさい。

解答 (1) 注いだ水の量は　100−16=84　より　84 L

また，グラフより，水そうがいっぱいになるのは 28 分後であるから，1分間に注いだ水の量は

84÷28=3　　**答** 毎分 3 L

(2) グラフは，切片が 16，傾きが 3 の直線であるから，

その式は　$y=3x+16$ $(0 \leqq x \leqq 28)$

この式に，$y=73$ を代入すると

$73=3x+16$

$x=19$

これは問題に適している。

よって　19 分後　**答**

164　第5章　1次関数

テキストの解説

□例題 9

○水そうに一定の割合で水を注ぐとき，水を注ぎ始めてから x 分後の水そうの水の量を y L とすると，y は x の1次関数になる。

○(1) グラフから，どのようなことがわかるかを考える。

点 (0, 16) を通る

→ 水そうに 16 L の水が入っている

点 (28, 100) を通る

→ 28 分後に水そうはいっぱいになる

○28 分間に入った水の量は

100−16=84 (L)

であるから，1分間に注がれる水の量は

84÷28=3 (L)

○テキスト 156 ページで，次のことを学んだ。

1次関数 $y=ax+b$ において

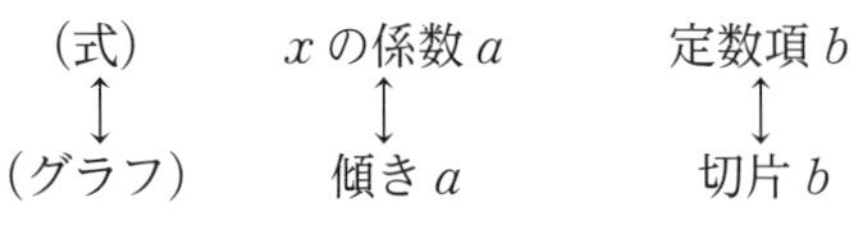

○(1) で求めた，1分間あたりに水を注ぐ割合 3 は，1次関数の x の係数であり，グラフの傾きである。

また，初めに入っている水の量 16 は，1次関数の定数項であり，グラフの切片である。

○(2) 水そうの水が 73 L になるとき，初めから増えた水の量は

73−16=57 (L)

57 L の水を入れるのにかかる時間は

57÷3=19 (分)

このことを，方程式

$73=3x+16$

の解法と比べると

移項して　　$73-16=3x$

$57=3x$

両辺を 3 でわると　$19=x$

確かめの問題　　解答は本書 206 ページ

1　例題 9 について，次の問いに答えなさい。

(1) 水を注ぎ始めてから 5 分後に，水そうの水は何 L になりますか。

(2) 水そうの水が 50 L になるのは，水を注ぎ始めてから何分何秒後ですか。

学習のめあて

定義域によって異なる式で表される関数を利用して，身のまわりの問題を考えることができるようになること。

学習のポイント

定義域によって異なる式で表される関数

場合を分けて式を考える。グラフは，線分をつないだもので，折れ線になる。

テキストの解説

□練習 44

○例題 9 にならって考える。一定の割合で排水するから，x と y の関係は 1 次関数になる。

□練習 45

○定義域によって異なる式で表される関数。問題文とグラフの対応を考える。

○(3)　追いつく → 同じ時刻に同じ場所にいる

(2) のグラフを利用して考える。

テキストの解答

練習 44　(1)　グラフより，14 分間で排水された水の量は　$120-36=84$　より　84 L

よって，排水する割合は

$84\div14=6$　より　**毎分 6 L**

(2)　120 L の水を毎分 6 L の割合で排水すると，水そうが空になるのは

$120\div6=20$　より　20 分後

よって，定義域は　$\boldsymbol{0\leqq x\leqq20}$

グラフは，切片が 120，傾きが -6 の直線であるから，求める式は

$\boldsymbol{y=-6x+120}$

(3)　$y=-6x+120$ に $y=18$ を代入すると

$18=-6x+120$

$x=17$　　(問題に適している)

よって　　**17 分後**

練習 44 水が 120 L 入った水そうから，一定の割合で水そうが空になるまで排水する。

排水し始めてから x 分後の水の量を y L として，x と y の関係をグラフに表すと，右の図のようになった。

(1)　毎分何 L の割合で排水しているか答えなさい。

(2)　定義域を求め，y を x の式で表しなさい。

(3)　水そうの水が 18 L になるのは，排水し始めてから何分後か答えなさい。

関数が定義域により異なる式で表される場合について考えてみよう。

練習 45 A さんの家から駅までの道のりは 1200 m ある。A さんは 9 時ちょうどに家を出発し，途中にある店で飲み物を買ってから，駅に向かった。右のグラフは，A さんが家を出発してからの時間と道のりの関係を表したものである。

(1)　家を出てから店までの A さんの歩く速さは，分速何 m であるか求めなさい。

(2)　A さんの忘れ物に気づいた兄が，9 時 14 分に自転車で家を出発して，分速 200 m で A さんを追いかけた。9 時 x 分に兄がいる場所と家との道のりを y m として，A さんに追いつくまでの x と y の関係を，右上のグラフにかき入れなさい。

(3)　兄が A さんに追いつく時刻を求めなさい。

7.1 次関数の利用　165

練習 45　(1)　10 分間で 600 m の道のりを進んでいるから，A さんの歩く速さは

$600\div10=60$　より　**分速 60 m**

(2)　兄が家を出発したのは，9 時 14 分であるから，兄の動きを表すグラフは，点 (14, 0) を通る，傾き 200 の直線である。グラフは，次のようになる。

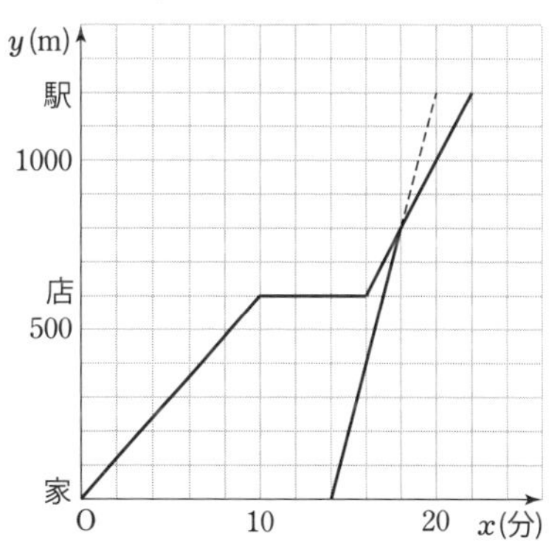

(3)　(2) において，A さんと兄の動きを表すグラフは $x=18$，$y=800$ で交わる。

よって，兄が A さんに追いつく時刻は

9 時 18 分

テキスト166ページ

学習のめあて

図形上を動く点と面積の関係を，関数に表すことができるようになること。

学習のポイント

三角形の面積と関数

底辺と高さの変化に注意して，x と y の関係を式に表す。三角形の面積は

底辺が一定ならば高さに比例し，

高さが一定ならば底辺に比例する。

テキストの解説

□例題10

○長方形の辺上を動く点について，点が動いた時間と三角形の面積の関係を考える。

○点Pが頂点Dに着くまでの間の関係を考えるから，x の定義域は $0 \leqq x \leqq 10$ である。

○$x=0$, 1, ……, 10 について，x の値に対応する y の値を求めると，次の表のようになる。

x	0	1	2	3	4	5	6	7	8	9	10
y	0	2	4	6	6	6	6	6	4	2	0

○これら x と y の値の組を座標とする点は，次の図のようになる。

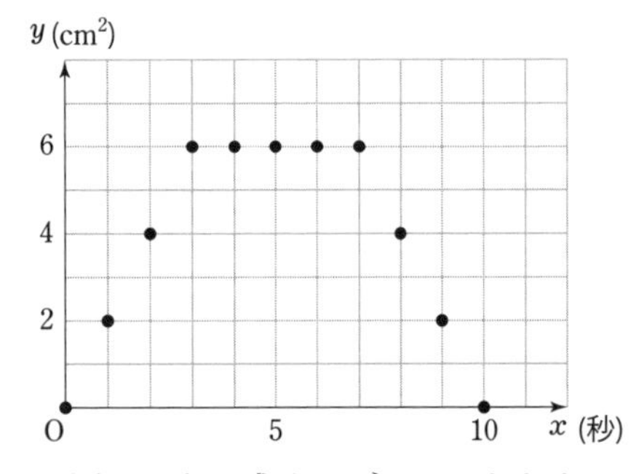

この図からも，求めるグラフのおおよその形は知ることができる。

○点Pが動く間，△APD の辺 AD の長さは変わらないから，辺 AD を底辺としたときの，高さの変化を考えればよい。

$$y=\frac{1}{2}\times(\text{底辺})\times(\text{高さ})=\frac{1}{2}\times4\times(\text{高さ})$$

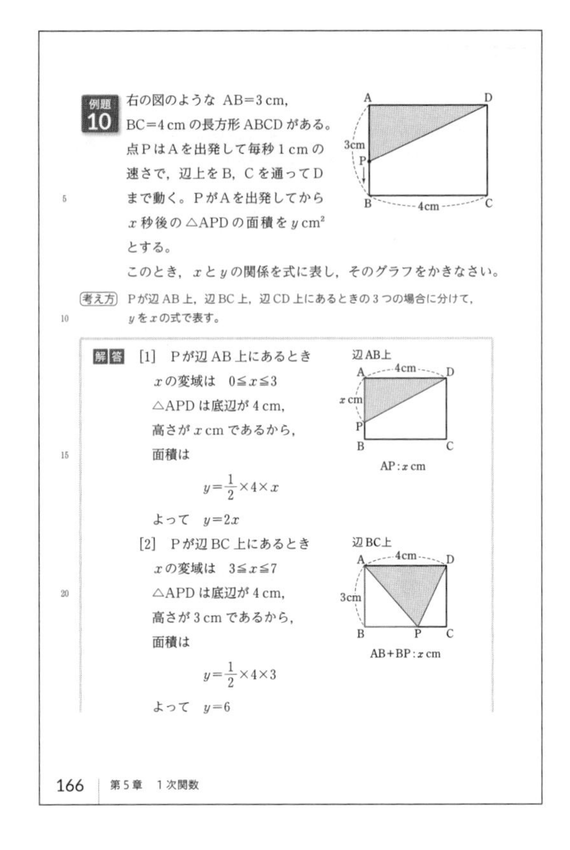

例題10 右の図のような AB=3 cm，BC=4 cm の長方形 ABCD がある。点PはAを出発して毎秒 1 cm の速さで，辺上をB，Cを通ってDまで動く。PがAを出発してから x 秒後の△APD の面積を y cm² とする。

このとき，x と y の関係を式に表し，そのグラフをかきなさい。

考え方 Pが辺 AB 上，辺 BC 上，辺 CD 上にあるときの3つの場合に分けて，y を x の式で表す。

解答 [1] Pが辺 AB 上にあるとき

x の変域は $0 \leqq x \leqq 3$

△APD は底辺が 4 cm，高さが x cm であるから，面積は

$$y=\frac{1}{2}\times4\times x$$

よって $y=2x$

[2] Pが辺 BC 上にあるとき

x の変域は $3 \leqq x \leqq 7$

△APD は底辺が 4 cm，高さが 3 cm であるから，面積は

$$y=\frac{1}{2}\times4\times3$$

よって $y=6$

166 第5章 1次関数

○点Pが辺 AB 上にあるとき，高さは x cm

点Pが辺 BC 上にあるとき，高さは 3 cm

であるから

$0 \leqq x \leqq 3$ のとき $y=2x$

$3 \leqq x \leqq 7$ のとき $y=6$

○点Pが辺 CD 上にあるとき，高さとなる DP の長さを x の式で表すところがポイントになる。高さは x cm ではないことに注意する。DP の長さは，下の左の図の太い線から，下の右の図の太い線をひいたものである。

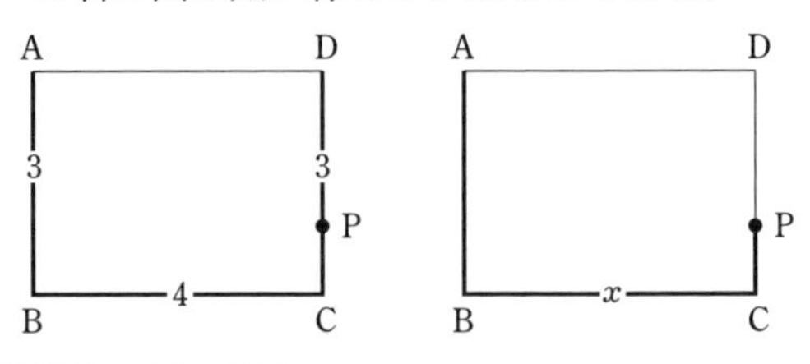

○$\text{DP}=\text{CD}-\text{CP}$

$=\text{AB}+\text{BC}+\text{CD}-(\text{AB}+\text{BC}+\text{CP})$

$=(3+4+3)-x$

$=10-x$

テキスト 167 ページ

学習のめあて

図形上を動く点と面積の関係を，関数に表すことができるようになること。

学習のポイント

三角形の面積と関数

底辺と高さの変化に注意して，x と y の関係を式に表す。

[3]　P が辺 CD 上にあるとき

x の変域は　$7\leqq x\leqq 10$

△APD は底辺が 4 cm，

高さが $(10-x)$ cm であるから，面積は

$$y=\frac{1}{2}\times 4\times(10-x)$$

よって　$y=-2x+20$

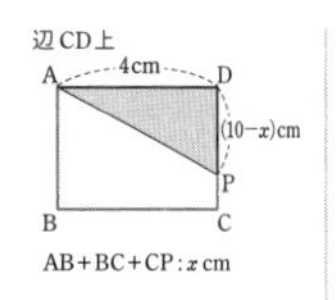

したがって　$0\leqq x\leqq 3$　のとき　$y=2x$

$3\leqq x\leqq 7$　のとき　$y=6$

$7\leqq x\leqq 10$　のとき　$y=-2x+20$

また，グラフは右の図のようになる。　答

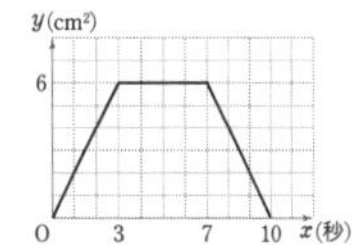

注意　例題 10 の解答のグラフは，$x=3$，$x=7$ でつながっている。

練習 46　右の図のような AB=6 cm，BC=4 cm，∠B=90° の直角三角形 ABC がある。点 P は A を出発して毎秒 1 cm の速さで，辺上を B を通って C まで動く。P が A を出発してから x 秒後の △APC の面積を y cm² とする。

(1)　P が A を出発してから 5 秒後の y の値を求めなさい。

(2)　x と y の関係を式に表しなさい。また，そのグラフをかきなさい。

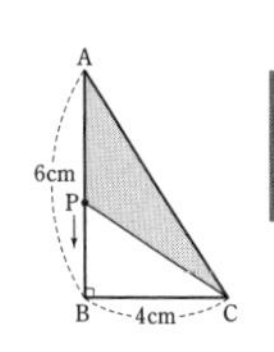

7.1 次関数の利用　167

テキストの解説

□練習 46

○場合を分けて，△APC の面積を x の式で表す。

○たとえば，P が辺 AB 上にあるとき，△APC の底辺を辺 AP と考えると，高さは一定で，底辺の長さが変化する。

テキストの解答

練習 46　(1)　5 秒後に，P は辺 AB 上にあり

$$AP=1\times 5=5$$

したがって，△APC の面積は

$$\frac{1}{2}\times 5\times 4=10$$

よって　　$\boldsymbol{y=10}$

(2)　[1]　P が辺 AB 上にあるとき

x の変域は　　$0\leqq x\leqq 6$

△APC は底辺が x cm，高さが 4 cm であるから　　$y=\frac{1}{2}\times x\times 4$

よって　　$y=2x$

[2]　P が辺 BC 上にあるとき

x の変域は　　$6\leqq x\leqq 10$

△APC は底辺が $(10-x)$ cm，高さが 6 cm であるから　$y=\frac{1}{2}\times(10-x)\times 6$

よって　　$y=-3x+30$

したがって

$0\leqq x\leqq 6$ のとき　$y=2x$

$6\leqq x\leqq 10$ のとき　$y=-3x+30$

また，グラフは，右の図のようになる。

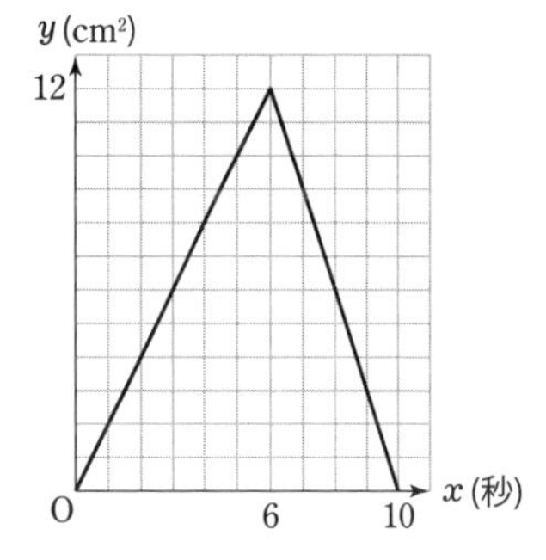

実力を試す問題　解答は本書 211 ページ

1　点 P は，右の図の台形 ABCD の点 A を出発して，毎秒 1 cm の速さで，辺上を B，C を通って D まで動く。P が A を出発してから x 秒後の△APD の面積を y cm² とする。

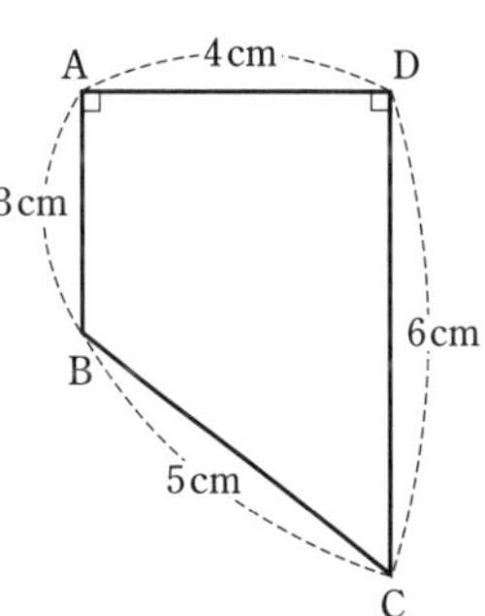

P が 1 つの辺上を動く間，y は一定の割合で増えたり減ったりする。このとき，x と y の関係をグラフに表しなさい。

学習のめあて

直線の式を利用して，三角形の面積を求めることができるようになること。

学習のポイント

座標平面上の三角形の面積

軸に平行な辺がない場合

[1]　三角形を含む長方形を考え，余分な三角形を除く。

[2]　軸に平行な直線で三角形を分ける。

3直線が三角形をつくるとき，その面積を求めてみよう。

例題 11　3直線　$y=-2x+6$　……①

$y=2x+2$　……②

$y=\frac{2}{7}x-\frac{22}{7}$　……③

によってつくられる三角形の面積を求めなさい。

考え方　三角形を囲む長方形から，余分な部分をひく。

解答　①と②，②と③，③と①の交点をそれぞれA，B，Cとすると

A(1, 4)，B(−3, −4)，C(4, −2)　である。

右の図のような長方形DBEFの面積から，3つの三角形ADB，CBE，ACFの面積をひいて求める。

よって，△ABCの面積は

$$8\times7-\left(\frac{1}{2}\times4\times8+\frac{1}{2}\times7\times2+\frac{1}{2}\times3\times6\right)=24$$　答

例題11は，点Cからx軸に平行な直線を引き，辺ABとの交点をGとして

△ABC=△AGC+△BCG

から求めることもできる。

ここで，点Gの座標は(−2, −2)である。

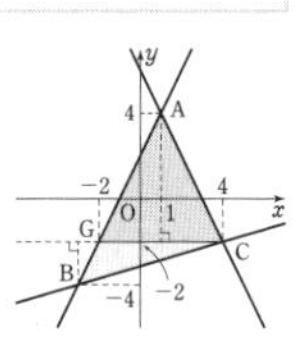

練習 47　3直線　$y=2x-3$，$y=\frac{2}{3}x+\frac{7}{3}$，$y=-2x-3$ によってつくられる三角形の面積を求めなさい。

168　第5章　1次関数

テキストの解説

□例題 11

○座標平面上の三角形。軸に平行な辺がないから，面積を求めるにはくふうが必要である。

○△ABCの各辺の長さはわからないが，上に述べた[1]，[2]の方法で考えると，△ABCの面積を求めることができる。

□練習 47

○例題11にならって，まず三角形の3つの頂点の座標を求める。

テキストの解答

練習 47　$y=2x-3$　……①

$y=\frac{2}{3}x+\frac{7}{3}$　……②

$y=-2x-3$　……③

①と②，②と③，③と①の交点をそれぞれA，B，Cとする。

①，②を解くと

$x=4$，$y=5$

よって　A(4, 5)

②，③を解くと

$x=-2$，$y=1$

よって　B(−2, 1)

③，①を解くと

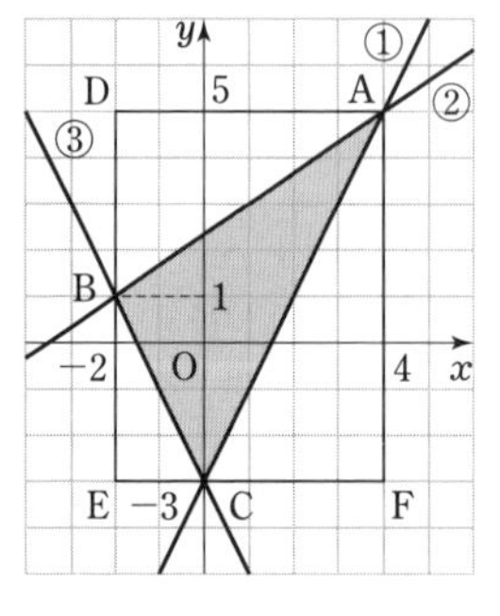

$x=0$，$y=-3$　　よって　C(0, −3)

図のような長方形ADEFの面積から，3つの三角形ADB，CBE，ACFの面積をひいて求める。

DE=5−(−3)=8，AD=4−(−2)=6 であるから，△ABCの面積は

$$8\times6-\left(\frac{1}{2}\times6\times4+\frac{1}{2}\times2\times4+\frac{1}{2}\times4\times8\right)$$

$=48-32=$**16**

別解　直線②とy軸との交点をGとする。

点Gの座標は $\left(0,\ \frac{7}{3}\right)$ であるから

△ABC

=△ACG+△BCG

$=\frac{1}{2}\times\left\{\frac{7}{3}-(-3)\right\}\times4+\frac{1}{2}\times\left\{\frac{7}{3}-(-3)\right\}\times2$

=**16**

テキスト169ページ

学習のめあて

三角形の面積を2等分する直線の性質を理解すること。

学習のポイント

三角形の面積を2等分する直線

△OABの頂点Oを通り，△OABの面積を2等分する直線は，辺ABの中点を通る。

● 三角形の面積を2等分する直線 ●

座標平面上の三角形の面積を2等分する直線について，考えてみよう。

右の図のような△OABがある。

点Oを通り，△OABの面積を2等分する直線と辺ABとの交点をMとする。

△OAMと△OBMについて，底辺をそれぞれAM，BMとすると，これら2つの三角形の高さは等しい。

よって，△OAMと△OBMは面積と高さが等しいから，底辺も等しい。

すなわち，点Oを通り，△OABの面積を2等分する直線は，辺ABの中点(ちゅうてん)Mを通ることがわかる。

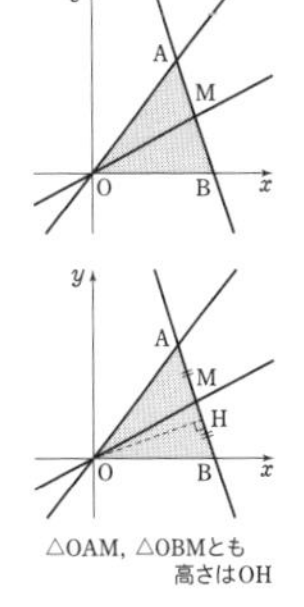

ここで，2点を結ぶ線分ABの中点の座標の求め方について，考えてみよう。

2点A(3，5)，B(5，1)を結ぶ線分ABの中点をM(p，q)とする。

右の図からわかるように，

x座標について　$p=\dfrac{3+5}{2}=4$

y座標について　$q=\dfrac{5+1}{2}=3$

であるから，中点Mの座標は(4，3)となる。

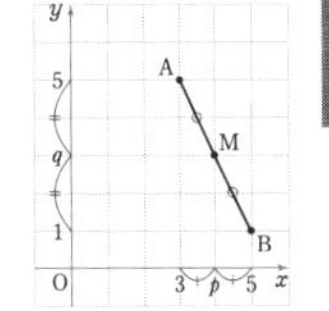

7.1 次関数の利用　169

テキストの解説

□三角形の面積を2等分する直線

○底辺の長さが等しく，高さも等しい2つの三角形は，面積も等しい。

○テキストでは，原点Oを通る直線を考えたが，頂点AやBを通る直線についても，同様なことがいえる。

Pは辺OBの中点
→直線APは△OABの面積を2等分する

Qは辺OAの中点
→直線BQは△OABの面積を2等分する

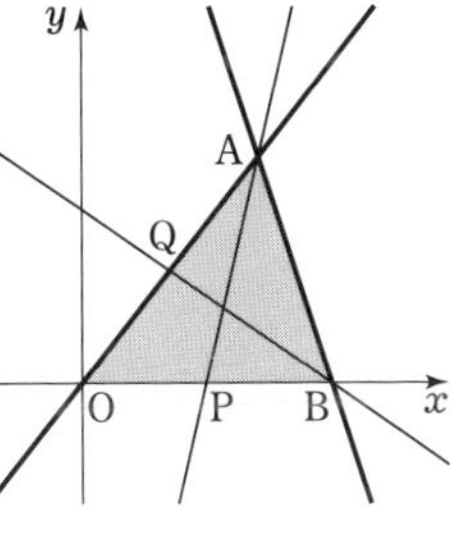

□中点の座標

○中点は線分の真ん中の点で，線分の両端からの距離が等しい点である。すなわち，Mが線分ABの中点であるとき，MとAの距離と，MとBの距離は等しい。

○このことを，たとえばx軸上で考えると，右の図で

$A'M'=B'M'$

であるから

$p-a=c-p$

これから，Mのx座標 $p=\dfrac{a+c}{2}$ が求められる。

テキストの解答

（練習48は次ページの問題）

練習48　(1)　線分ABの中点について，

そのx座標は　$\dfrac{-2+4}{2}=1$

y座標は　$\dfrac{9+(-1)}{2}=4$

よって，求める座標は　**(1，4)**

(2)　線分ABの中点について，

そのx座標は　$\dfrac{5+(-8)}{2}=-\dfrac{3}{2}$

y座標は　$\dfrac{(-3)+(-7)}{2}=-5$

よって，求める座標は　$\left(-\dfrac{3}{2},\ -5\right)$

テキスト 170 ページ

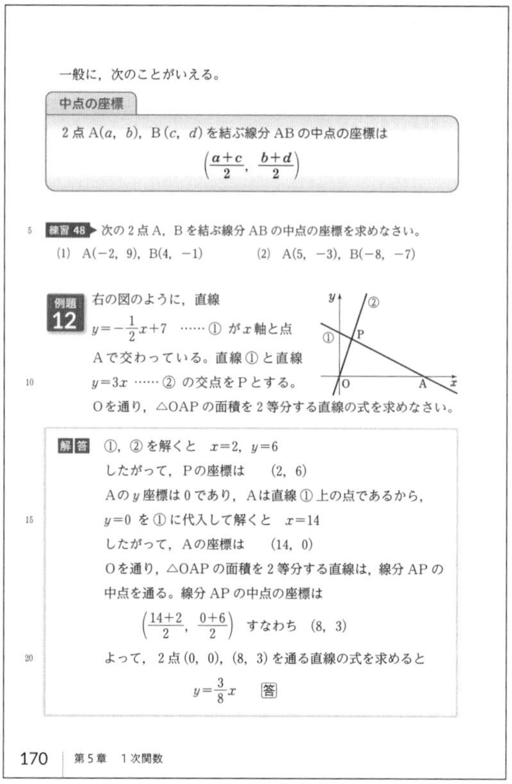
一般に，次のことがいえる。

中点の座標

2 点 A$(a,\ b)$，B$(c,\ d)$ を結ぶ線分 AB の中点の座標は

$$\left(\frac{a+c}{2},\ \frac{b+d}{2}\right)$$

練習 48 次の 2 点 A，B を結ぶ線分 AB の中点の座標を求めなさい。

(1) A$(-2,\ 9)$，B$(4,\ -1)$　　(2) A$(5,\ -3)$，B$(-8,\ -7)$

例題 12 右の図のように，直線 $y=-\frac{1}{2}x+7$ ……① が x 軸と点 A で交わっている。直線①と直線 $y=3x$ ……② の交点を P とする。O を通り，△OAP の面積を 2 等分する直線の式を求めなさい。

解答 ①，②を解くと　$x=2$，$y=6$

したがって，P の座標は　$(2,\ 6)$

A の y 座標は 0 であり，A は直線①上の点であるから，

$y=0$ を①に代入して解くと　$x=14$

したがって，A の座標は　$(14,\ 0)$

O を通り，△OAP の面積を 2 等分する直線は，線分 AP の中点を通る。線分 AP の中点の座標は

$\left(\frac{14+2}{2},\ \frac{0+6}{2}\right)$　すなわち　$(8,\ 3)$

よって，2 点 $(0,\ 0)$，$(8,\ 3)$ を通る直線の式を求めると

$y=\frac{3}{8}x$　答

170　第 5 章　1 次関数

学習のめあて

三角形の面積を 2 等分する直線の式を求めることができるようになること。

学習のポイント

中点の座標

2 点 A$(a,\ b)$，B$(c,\ d)$ を結ぶ線分 AB の中点の座標は　$\left(\frac{a+c}{2},\ \frac{b+d}{2}\right)$

テキストの解説

□練習 48

○公式にあてはめて計算する。

○中点の座標は，両端の点の座標の平均のように考えればよい。

□例題 12

○三角形の面積を 2 等分する直線の式。線分 AP の中点の座標を知るために，まず，2 点 A，P の座標を求める。

テキストの解答

(練習 48 の解答は前ページ)

練習 49 (1)　P の x 座標を t とする。

A$(0,\ 4)$ であるから　　OA$=4$

よって，△OAP の面積について

$$\frac{1}{2}\times4\times t=24$$

$$t=12$$

P は直線 $y=\frac{1}{3}x+4$ 上の点であるから，

$x=12$ を $y=\frac{1}{3}x+4$ に代入すると

$$y=\frac{1}{3}\times12+4=8$$

よって，P の座標は　　$(12,\ 8)$

P は直線 $y=ax$ 上の点でもあるから，

$y=ax$ に $x=12$，$y=8$ を代入すると

$8=a\times12$　　したがって　$\boldsymbol{a=\frac{2}{3}}$

(2)　P は直線 $y=\frac{1}{3}x+4$ ……① と直線 $y=x$ ……② の交点である。

①，②を解くと　$x=\frac{1}{3}x+4$

$$x=6$$

$x=6$ を②に代入して　　$y=6$

よって，P の座標は　　**(6，6)**

(3)　O を通り，△OAP の面積を 2 等分する直線は，線分 AP の中点を通る。

(2)より，P の座標は $(6,\ 6)$ であるから，線分 AP の中点の座標は

$\left(\frac{0+6}{2},\ \frac{4+6}{2}\right)$　すなわち　$(3,\ 5)$

よって，2 点 $(0,\ 0)$，$(3,\ 5)$ を通る直線の式を求めると　　$\boldsymbol{y=\frac{5}{3}x}$

(練習 49 は次ページの問題)

学習のめあて

図形の性質を利用して，1次関数のグラフである直線と図形に関連した問題が解けるようになること。

学習のポイント

グラフ上の点と座標

座標平面上の点は，それぞれ次のように表すことができる。

軸上の点　→　(○，0)，(0，□)

直線 $y=ax+b$ 上の点

→　(○，□)，(○，a×○$+b$)

練習 49 右の図のように，直線 $y=\frac{1}{3}x+4$ が y 軸と点Aで交わっている。この直線と直線 $y=ax$ $\left(a>\frac{1}{3}\right)$ の交点をPとする。

(1) △OAP の面積が 24 であるとき，a の値を求めなさい。

(2) $a=1$ のとき，Pの座標を求めなさい。

(3) (2)のとき，Oを通り，△OAP の面積を2等分する直線の式を求めなさい。

例題 13 右の図のように，2点 A(0, 4), B(−8, 0) を通る直線 $y=\frac{1}{2}x+4$ と，2点 A，C(4, 0) を通る直線 $y=-x+4$ がある。

4点 D，E，F，G が，それぞれ線分 OC，CA，AB，BO 上にあるような長方形 DEFG をつくる。

この長方形が正方形となるとき，Dの座標を求めなさい。

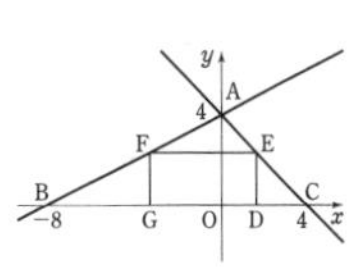

考え方 Dの x 座標を t とおき，正方形の辺の長さがすべて等しいことから DE=EF が成り立つような t の値を求める。

解答 Dの座標を $(t,\ 0)$ とする。

ただし，t の値の範囲は，$0<t<4$ である。

Eの x 座標は，Dの x 座標と等しいから t である。

また，Eは直線 $y=-x+4$ 上の点であるから，$x=t$ を $y=-x+4$ に代入すると

$$y=-t+4$$

よって，Eの座標は　$(t,\ -t+4)$

第5章

7.1 次関数の利用　171

テキストの解説

□練習 49

○(1)　三角形 OAP の底辺を OA とすると

(高さ)=(Pの x 座標)

○(3)　例題 12 にならって考える。

□例題 13

○直線と正方形の問題。正方形の性質を利用することを考える。

○Dの座標を求めるから，Dの座標を文字を用いて表す。Dは x 軸上の点であるから，その y 座標は 0 で，x 座標を文字 t で表すと，

Dの座標は　$(t,\ 0)$

○DE は x 軸に垂直であるから，Eの x 座標も t で表される。また，Eは直線 $y=-x+4$ 上の点でもあるから　$y=-t+4$

したがって，Eの座標は　$(t,\ -t+4)$

○EF は x 軸に平行であるから，Fの y 座標も $-t+4$ で表される。また，Fは直線 $y=\frac{1}{2}x+4$ 上の点でもあるから

$$-t+4=\frac{1}{2}x+4$$

$$x=-2t$$

したがって，Fの座標は　$(-2t,\ -t+4)$

○次に，正方形の性質「4つの辺が等しい」に着目すると，DE=EF から

$$-t+4=t-(-2t)$$

ここで，EF の長さを $t+(-2t)$ などとまちがえないように注意する。

○例題 13 の図形は，次の図と同じである。

この図で，正方形の1辺の長さを x とする。

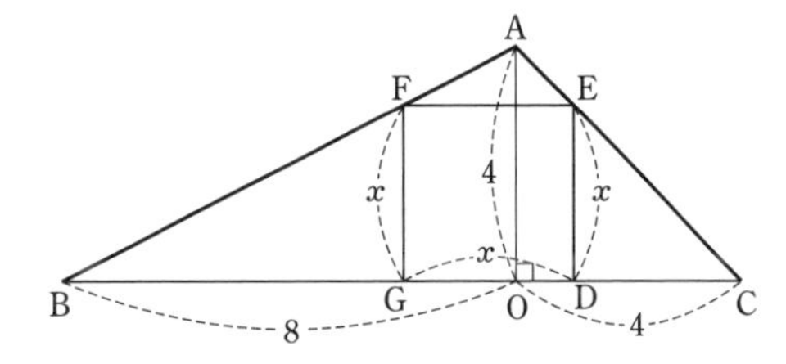

△EDC は直角二等辺三角形であるから

$$DC=x$$

△FGB は △AOB を縮小した三角形で，

BO=2AO であるから　　$BG=2x$

$2x+x+x=12$ から　　$x=3$

よって，正方形の1辺の長さは 3 であることがわかる。

学習のめあて

図形の性質を利用して，1 次関数のグラフである直線と図形に関連した問題が解けるようになること。

学習のポイント

グラフ上の点

直線 $y=ax+b$ 上に点 (○, □) がある

→ 点 (○, a×○$+b$) がある

Fの y 座標は，Eの y 座標と等しいから $-t+4$ である。

また，F は直線 $y=\frac{1}{2}x+4$ 上の点であるから，$y=-t+4$ を $y=\frac{1}{2}x+4$ に代入すると

$$-t+4=\frac{1}{2}x+4$$

$$-\frac{1}{2}x=t$$

$$x=-2t$$

よって，F の座標は　$(-2t,\ -t+4)$

長方形 DEFG が正方形となるのは，DE=EF のときであるから

$$-t+4=t-(-2t)$$

$$-4t=-4$$

$$t=1$$

これは問題に適している。

よって，D の座標は　(1, 0)　答

練習 50 右の図のように，直線 $y=2x$ と $y=-\frac{1}{3}x+12$ は，点Aで交わっている。直線 $y=2x$ 上の 2 点 O，A の間に点Bをとり，直線 $y=-\frac{1}{3}x+12$ 上に点Cをとる。2 点B，C から x 軸に引いた垂線と x 軸との交点をそれぞれ D，E とすると，四角形 BDEC は正方形になる。このとき，Bの座標を求めなさい。

172　第5章　1次関数

テキストの解説

□練習 50

○直線の式と正方形の性質を利用して，頂点の座標を求める。

○求めるものはBの座標であるから，例題 13 と同じように，まず，その x 座標，y 座標を文字を用いて表すことを考える。Bは直線 $y=2x$ 上にあるから，Bの x 座標を t とすると，y 座標も t を用いて表すことができる。

テキストの解答

練習 50　Bの x 座標を t とする。

Aの x 座標を求めると

$$2x=-\frac{1}{3}x+12$$

$$x=\frac{36}{7}$$

Bは 2 点 O，A の間にあるから，t の値の範囲は $0<t<\frac{36}{7}$ である。

Bは直線 $y=2x$ 上の点であるから，$x=t$ を $y=2x$ に代入すると　$y=2t$

よって，Bの座標は　$(t,\ 2t)$

Cの y 座標は，Bの y 座標と等しいから $2t$ である。

Cは直線 $y=-\frac{1}{3}x+12$ 上の点であるから，$y=2t$ を $y=-\frac{1}{3}x+12$ に代入すると

$$2t=-\frac{1}{3}x+12$$

$$x=-6t+36$$

よって，Cの座標は　$(-6t+36,\ 2t)$

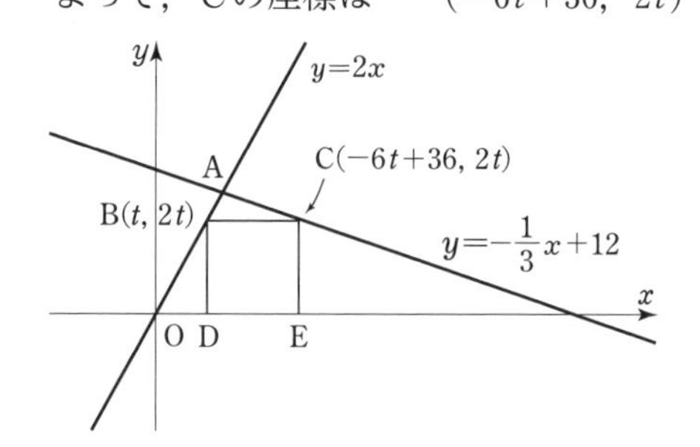

四角形 BDEC が正方形となるのは，BD=BC のときであるから

$$2t=(-6t+36)-t$$

$$t=4$$

これは問題に適している。

よって，Bの座標は　**(4, 8)**

テキスト 173 ページ

確認問題

テキストの解説

□問題 1

○まず，与えられた x，y の値から，比例の式，反比例の式を求める。

○次のように考えることもできる。

(1)　比例では，$\dfrac{y}{x}$ の値が一定であるから

$$\frac{-12}{3}=\frac{y}{-2}$$

(2)　反比例では，xy の値が一定であるから

$$4\times(-9)=(-3)\times y$$

□問題 2

○ 1 次関数，直線の式は $y=ax+b$ とおくことができる。

○ a は 1 次関数の変化の割合（直線の傾き）であり，b は直線の切片であるから，次のことがすぐにわかる。

(1)　変化の割合が -2　→　$a=-2$

(2)　切片が -7　→　$b=-7$

(3)　直線 $y=\dfrac{1}{2}x+3$ に平行　→　$a=\dfrac{1}{2}$

□問題 3

○(1)，(2)　1 次関数 $y=ax+b$ のグラフは，傾き a と切片 b で決まる。

$y=x-3$　→　$a=1$，$b=-3$

$y=-\dfrac{2}{3}x+1$　→　$a=-\dfrac{2}{3}$，$b=1$

○(3)，(4)　2 元 1 次方程式のグラフは直線になるから，直線が通る 2 点を見つける。(4) は，x 軸に平行な直線になる。

□問題 4

○ 1 次関数の値域。定義域の端の値に対応する y の値を考える。

○(1)　右下がりの直線　　(2)　右上がりの直線

確認問題

1　次の問いに答えなさい。

(1)　y は x に比例し，$x=3$ のとき $y=-12$ である。$x=-2$ のときの y の値を求めなさい。

5　(2)　y は x に反比例し，$x=4$ のとき $y=-9$ である。$x=-3$ のときの y の値を求めなさい。

2　次の 1 次関数または直線の式を求めなさい。

(1)　変化の割合が -2 で，$x=3$ のとき $y=-1$ である 1 次関数

(2)　点 $(1,\ -4)$ を通り，切片が -7 の直線

10　(3)　点 $(6,\ 2)$ を通り，直線 $y=\dfrac{1}{2}x+3$ に平行な直線

(4)　2 点 $(9,\ -1)$，$(-3,\ 3)$ を通る直線

3　次の 1 次関数または方程式のグラフをかきなさい。

(1)　$y=x-3$　　(2)　$y=-\dfrac{2}{3}x+1$

(3)　$3x-4y=-12$　　(4)　$3y+9=0$

15　**4**　次の関数の値域を求めなさい。

(1)　$y=-2x-1$ $(-3\leqq x<1)$　　(2)　$y=\dfrac{1}{6}x+4$ $(0\leqq x\leqq 9)$

5　グラフが右の図の (1)～(4) になる関数の式をそれぞれ求めなさい。ただし，(1) は反比例のグラフ，(2)～(4) は直線である。

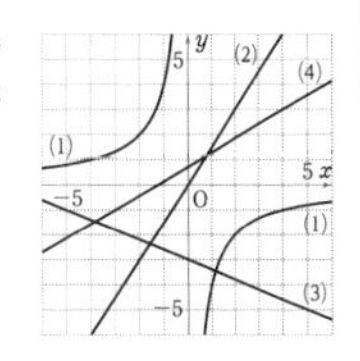

第5章

第 5 章　1 次関数　173

□問題 5

○グラフから，関数の式を求める。グラフが通る点のうち，x 座標，y 座標がともに整数であるものを見つける。

確かめの問題　　解答は本書 206 ページ

1　次の式を求めなさい。

(1)　$x=3$ のとき $y=-9$ である比例の式

(2)　$x=-4$ のとき $y=\dfrac{1}{2}$ である反比例の式

(3)　グラフの切片が -3 で，$x=2$ のとき $y=5$ である 1 次関数の式

(4)　点 $(-6,\ 4)$ を通り，直線 $y=-\dfrac{1}{3}x$ に平行な直線の式

(5)　$x=-5$ のとき $y=-2$，$x=10$ のとき $y=7$ である 1 次関数の式

テキスト174ページ

演習問題A

テキストの解説

□問題1

○テキスト134ページで学んだ対称な点の座標を利用する。

○座標平面上の点について，次のことがいえる。
点(●，■)と点(●，−■)は x 軸に関して対称である。
点(●，■)と点(−●，−■)は原点に関して対称である。

□問題2

○比例のグラフと反比例のグラフの交点。

○(1)　わかっているものは，比例の式 $y=\frac{3}{4}x$ とPの x 座標 -4 であるから，これらを利用することを考える。

○(2)　$xy=a$ であるから，a の約数を考えればよい。

□問題3

○1次関数の変化の割合と，値域の端の値を決定する。グラフを思い浮かべて考えるとわかりやすい。

○$a>0$ の場合　→　グラフは右上がりの直線
$a<0$ の場合　→　グラフは右下がりの直線
このことから，定義域の端の値が，値域の端の値とどのように対応するかがわかる。

□問題4

○座標平面上の直線と三角形の面積の問題。まず，3つの頂点の座標を求める。

○(1)　三角形は軸に平行な辺をもたないから，三角形を囲む長方形を考え，余分な部分を除いて求める。

○辺ACの中点をMとすると，△BAMと△BCMは底辺AM，CMの長さが等しく，高さも等しいから，面積は等しくなる。

演習問題A

1　2点A$(a-3,\ 2b)$，B$(2a+1,\ 8)$がある。次の各場合について，a，b の値をそれぞれ求めなさい。
(1)　2点A，Bが x 軸に関して対称であるとき
(2)　2点A，Bが原点に関して対称であるとき

2　右の図のように，比例 $y=\frac{3}{4}x$ と反比例 $y=\frac{a}{x}$ のグラフが点P，Qで交わっており，点Pの x 座標は -4 である。

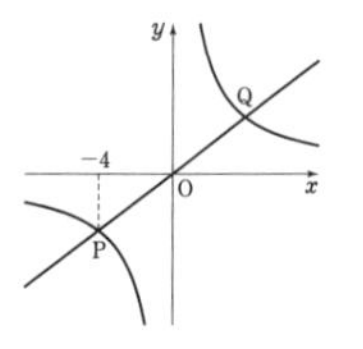

(1)　a の値を求めなさい。
(2)　反比例 $y=\frac{a}{x}$ のグラフ上の x 座標，y 座標がともに自然数である点の座標をすべて求めなさい。

3　1次関数 $y=ax+8$ は，定義域が $-2\leqq x\leqq 3$ のとき，値域が $b\leqq y\leqq 14$ であるという。次の各場合について，定数 a，b の値を求めなさい。
(1)　$a>0$　　(2)　$a<0$

4　右の図のように，3つの直線
$y=\frac{2}{3}x+1$，$y=-2x+9$，$y=-\frac{2}{9}x-\frac{5}{3}$
のそれぞれの交点をA，B，Cとする。
(1)　△ABCの面積を求めなさい。
(2)　Bを通り，△ABCの面積を2等分する直線の式を求めなさい。

174　第5章　1次関数

実力を試す問題　解答は本書211ページ

1　次の問いに答えなさい。

(1)　2直線 $y=ax+3$ と $y=\frac{1}{3}x-2$ が x 軸で交わるとき，a の値を求めなさい。

(2)　次の3つの直線が1点で交わるとき，a の値を求めなさい。
$x+y=2$，$x-2y=0$，$ax+y=-1$

2　次の3つの直線が三角形をつくらないような a の値を求めなさい。
$y=3x+8$，$y=-\frac{3}{2}x-1$，$y=(a-1)x+5$

ヒント　**1**　(2)　3つの直線の交点を，次のように考える。
3つの直線が1点で交わる
→　2つの直線の交点を他の直線が通る
2　答えは1つではないことに注意する。

演習問題B

テキストの解説

□問題 5

○比例の式を求めて，与えられたxの値に対応するyの値を求める。

○　　yはxに比例する　→　$y=ax$

であるから，yを$y+2$，xを$x-3$にそれぞれおきかえると

$y+2$は$x-3$に比例する　→　$y+2=a(x-3)$

yはxの1次関数になる。

□問題 6

○同じ直線上にある3点の性質を考える。

○3点A，B，Cが，同じ直線上にあるとき，直線ABの傾きと直線BCの傾きは等しい。

○2点を通る直線上に第3の点があると考えることもできる。

□問題 7

○バスの運行を示すグラフから，バスの運行の様子を調べる。

○(1)　9時ちょうどにA町を出発したバスは，9時15分にB町に着くから，バスは15分間に10 km進むことがわかる。

○(2)　P君は一定の速さで進むから，進んだ時間をx分，進んだ道のりをy kmとすると，yはxの1次関数である。

□問題 8

○座標平面上の直線と図形。テキスト171ページの例題13にならって考える。まず，x軸上にある点Bの座標を文字を使って表し，次にA，Dの座標を考える。

(2)　四角形ABCDは長方形であるから，BC＝AD である。

演習問題 B

5　$y+2$は$x-3$に比例し，$x=-2$のとき$y=8$である。$x=4$のときのyの値を求めなさい。

6　3点$(8,\ 1)$，$(4,\ t)$，$(-2,\ 2t)$が同じ直線上にあるとき，tの値を求めなさい。

7　10 km離れたA町とB町の間を折り返し運転しているバスがある。バスは一定の速さで走り，B町で5分間停車する。右の図は，9時にA町を出発したバスの運行のようすを表したグラフである。

(1)　バスの速さを求めなさい。

(2)　P君は，自転車に乗って9時にA町を出発し，バスと同じ道を時速20 kmで進んだ。P君とバスがすれ違う時刻を求めなさい。

8　右の図のように，長方形ABCDの辺BCはx軸上にあり，点Aは直線$y=\frac{3}{2}x$ ……①上に，点Dは直線$y=-\frac{4}{3}x+5$ ……②上にある。ただし，Cのx座標はBのx座標より大きい。

(1)　長方形ABCDが正方形になるとき，点Bの座標を求めなさい。

(2)　AB：BC＝3：4のとき，点Aの座標を求めなさい。

第5章　1次関数　175

実力を試す問題　解答は本書 211 ページ

1　3つの直線

$y=-2x+15$

$y=\frac{5}{2}x+\frac{3}{2}$

$y=-\frac{1}{2}x+\frac{9}{2}$

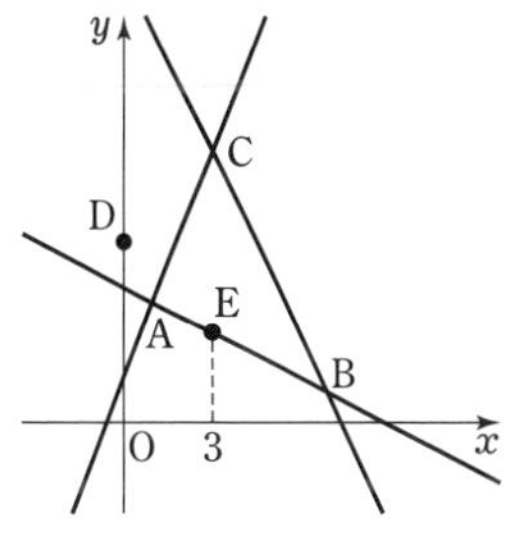

がつくる三角形の頂点を，図のようにA，B，Cとする。

(1)　Dはy軸上の点で，直線BCに関してAと同じ側にあるとする。
△ABCの面積と△DBCの面積が等しくなるとき，Dの座標を求めなさい。

(2)　Aを通り，△ABCの面積を2等分する直線の式を求めなさい。

(3)　点Eは直線AB上の点で，そのx座標は3であるとする。Eを通り，△ABCの面積を2等分する直線の式を求めなさい。

ヒント　**1**　(1)　△ABCと△DBCにおいて，ADとBCが平行ならば，△ABCと△DBCの面積は等しい。

テキスト 176 ページ

総合問題

テキストの解説

□問題 1

○身のまわりの問題を，正の数，負の数を使って考える。

○地球は丸いため，太陽の光があたる範囲は，地球の半分しかない。地球上のある地点が昼であるとき，その裏側の地点は夜になる。
地球上では，地域によって時刻が異なる。これが時差である。

○(1) 地球は，1 日すなわち 24 時間でおよそ 1 回転 (自転) する。

○(2) ソチの時刻を基準にすると，東京の時刻はソチの 5 時間後であり，ロンドンの時刻はソチの 3 時間前である。

○(3) (2) と同じようにして，アテネと各地の時差を考える。または，アテネの 18 時に対応するソチの時刻を求め，それをもとに他の都市の時刻を考えてもよい。

○アテネの時刻で A～E の通話可能な時間を表すと，次の図のようになる。

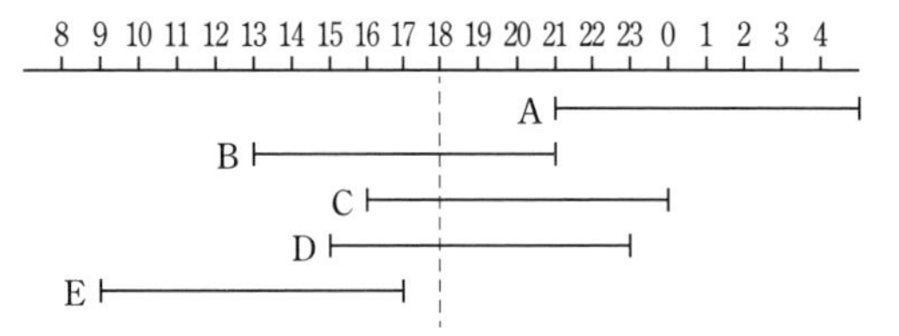

この図で，通話可能な時間に 18 時を含むのは，B さんのいるロンドンと C さんのいるソチだけである。

総合問題

1 A さんは東京，B さんはロンドン，C さんはソチ，D さんはアテネ，E さんはリオデジャネイロにいる。ソチにいる C さんは，ほかの 4 人と頻繁に電話で連絡を取り合っている。それぞれの場所には時差があるが，時差が生じるのは，地球が自転しているからだと知った C さんは，ほかの 4 つの都市との時差を調べ，壁に下のような表を貼った。この表は，たとえばソチが 10 時ならば，東京は 15 時であることを意味する。
次の問いに答えなさい。

	ソチの時刻を基準として
東京	+5 時間
ロンドン	−3 時間
アテネ	−1 時間
リオデジャネイロ	−7 時間

[表]

(1) 地球は 1 時間でおよそ何度回転するか答えなさい。
(2) 東京とロンドンには，何時間の時差があるか答えなさい。
(3) 5 人とも，電話ができるのは各現地時刻の 15 時から 23 時の間とする。アテネが 18 時のとき，D さんがそれぞれに電話をかけるとすると，電話が通じる人をすべて答えなさい。

176 総合問題

テキストの解答

問題 1 (1) およそ 24 時間で 1 回転するから
$360\div24=15$
よって，**およそ 15 度** 回転する。

(2) $5-(-3)=8$
よって **8 時間**

(3) アテネと各都市の時差を考えるとよい。
アテネの時刻が 18 時であることから，各都市の時刻を求める。
東京 (A さん)
$18+\{5-(-1)\}=24$
24 時であるから，通話できない。
ロンドン (B さん)
$18+\{-3-(-1)\}=16$
16 時であるから，通話できる。
ソチ (C さん)
$18-(-1)=19$
19 時であるから，通話できる。
リオデジャネイロ (E さん)
$18+\{-7-(-1)\}=12$
12 時であるから，通話できない。
よって，電話が通じるのは
B さん，C さん

テキスト 177 ページ

テキストの解説

□問題 2

○テキスト 62 ページと同じように，数あてゲームの仕組みを，文字式を使って考える。

○(1)　文章を正しく式に表す。妹のつくった式 $x+4\times2-6\div2-x$ は
「数を思い浮かべる」
「その数に 4 の 2 倍をたす」
「そこから 6 を 2 でわった数をひいたあと，最初に思い浮かべた数をひく」
というもので，本に書かれてあったルールとは異なるものである。

○

$$\{(x+4)\times2-6\}\div2-x=1$$

は，x がどんな数であっても成り立つ。トランプの数は 1 から 13 までの整数であるが，これ以外の数であっても，計算の結果は 1 になる。

○(2)　誕生日は月と日で決まるから，これらを x, y で表して考える。このとき，誕生日当てゲームのルールに従って計算すると，その結果は $100y+x+120$ となる。これは，誕生日の日の数を 100 倍したものに月の数をたして，さらに 120 をたしたものである。

○したがって，計算結果から 120 をひくことで，誕生日を当てることができる。

○たとえば，10 月 24 日生まれの場合，計算結果は 2530 で，ここから 120 をひくと
　　2410　→　24 日，10 月
また，たとえば，1 月 8 日生まれの場合，計算結果は 921 で，ここから 120 をひくと
　　801　→　8 日，1 (01) 月

テキストの解答

問題 2　(1)　アにあてはまる式は

$$\boldsymbol{\{(x+4)\times2-6\}\div2-x}$$

式を計算すると

2 下の会話文を読み，あとの問いに答えなさい。

妹：この前読んだ本にこんなことが書いてあったの。
「トランプの中から，好きな数を選んで頭に思い浮かべて。」
「その数に 4 をたして，さらに倍にする。」
「そこから 6 をひき，2 でわったあと，最初に思い浮かべた数をひくと……答えは 1 だろ？」
私もやってみたけど，本当に 1 になったからびっくりしたよ。
姉：よく考えたら意外と簡単よ。文字式で表してみて。
妹：最初に思い浮かべた数を x とすると，$x+4\times2-6\div2-x$ になるね。
これを計算すると……あれ？ 5 になったよ。
姉：正しく式で表せていないよ。もう一度よく考えて。
妹：そうか，正しい計算の順序を考えると，[ア] だね。
姉：じゃあ，次は，私の知っている誕生日当てゲームを教えてあげる！
これであなたの友達の誕生日を当ててみせるよ。まず誕生日の日の数を思い浮かべて，その数に 1 をたしてから 4 倍するの。そのあとまた 1 をたして，さらに 25 倍してね。最後に，誕生日の月の数をたして 5 をひくと？
妹：2530 になったよ。
姉：……友達の誕生日は 10 月 24 日かな？
妹：当たり！どうしてわかったの？

(1)　[ア] にあてはまる式を答え，その式を計算しなさい。
(2)　姉はどのようにして誕生日を当てることができたのか，文字を用いて説明しなさい。

総合問題 | 177

$$\{(x+4)\times2-6\}\div2-x$$
$$=(2x+8-6)\div2-x$$
$$=(2x+2)\div2-x$$
$$=x+1-x$$
$$=\boldsymbol{1}$$

(2)　友達の誕生日を x 月 y 日として，姉の計算ルールを式に表すと

$$\{(y+1)\times4+1\}\times25+x-5$$
$$=(4y+4+1)\times25+x-5$$
$$=(4y+5)\times25+x-5$$
$$=100y+125+x-5$$
$$=100y+x+120$$

よって，妹が答えた数から 120 をひくと，$100y+x$ となる。
x, y は，ともに 2 けたまでの自然数であるから，上 2 けたは誕生日の日の数，下 2 けたは誕生日の月の数になる。

テキスト 178 ページ

テキストの解説

□問題 3

○私たちの身のまわりに起こることがらの中には，いろいろな情報が含まれている。そして，その中から必要な情報だけを取り出して，ものごとを解決する。

○太郎さんの日記は長いものであるが，数学として扱うことのできる情報は限られている。少なくとも，5 月 3 日の日記には，数量に関する情報は含まれていない。

○求めるものは，諏訪湖 1 周の道のりである。そこで，この道のりに関する情報を探すと，5 月 4 日の日記から，次のことがわかる。

ぼくと弟は，同じ時刻にスタート地点から反対方向に出発しました。 およそ 30 分走ったところで，反対方向から走ってきた弟に会いました。

↓

(太郎さんの速さ)×30＋(弟の速さ)×30
＝(諏訪湖 1 周の道のり)

したがって，次に知りたいのは，太郎さんの速さと弟の速さである。

○太郎さんの速さは分速 335 m であることがわかっているから，知りたいのは弟の速さである。速さは，(道のり)÷(時間) であることに着目して，5 月 5 日の日記を読むと，「太郎さんは，走り始めてから 1 時間たってスタート地点に戻った。それから 20 分後に，スタート地点に弟が帰ってきた」ことがわかる。弟は，諏訪湖を 1 周するのに，1 時間 20 分かかったことになるから，その速さは

(諏訪湖 1 周の道のり (単位は m))÷80

○これらの情報から，諏訪湖 1 周の道のりに関する方程式ができるから，それを解けばよい。

○5 月 5 日の日記には，太郎さんが走った様子に関する情報も含まれているが，これらは方程式をつくることには無関係である。

3 次の文章は，太郎さんのゴールデンウィークの日記の一部である。
日記を読み，あとの問いに答えなさい。

5 月 3 日(金) 今日は，ぼくの誕生日でした。お父さんが「今日は誕生日だからプレゼントを買ってあげるよ。何がほしい？」と言ってくれたので，ぼくは「自転車がほしい。」と言いました。お父さんが「いいよ。」と言ってくれたので，いっしょに自転車を買いに行きました。前からほしかった白色のかっこいい自転車を買ってもらいました。そのあと……

5 月 4 日(土) 今日はあいにくのくもり空でしたが，せっかく買ってもらった自転車に乗りたかったので，弟といっしょに近くにあるすわ湖に行きました。すわ湖を 1 周することができるサイクリングコースを走ることにしました。ぼくと弟は，同じ時刻にスタート地点から反対方向に出発しました。途中でランニングをしている人やぼくみたいに自転車で走っている人が何人もいました。およそ 30 分走ったところで，反対方向から走ってきた弟に会いました。そこで，家から持ってきたお茶を飲んでいると雨が降ってきたので，急いで家に帰りました。新しい自転車に乗れてうれしかったですが，雨が降ってきたので残念でした。

178 ｜ 総合問題

テキストの解答

問題 3　諏訪湖 1 周の道のりを x m とする。

5 月 5 日の日記から，弟は x m 走るのに，1 時間 20 分 (80 分) かかったことがわかる。

よって，弟の速さは　　分速 $\frac{x}{80}$ m

5 月 4 日の日記から，反対方向に走ると，およそ 30 分後に出会うから

$$335\times30+\frac{x}{80}\times30=x$$

$$10050+\frac{3}{8}x=x$$

$$\frac{5}{8}x=10050$$

$$x=16080$$

したがって，$\frac{16080}{1000}=16.08$ より，諏訪湖 1 周の道のりは，**およそ 16 km** である。

テキストの解説

□問題 3 (続き)

○5 月 5 日の日記から，太郎さんが走った様子について，次のことがわかる。

「諏訪湖を 1 周して，さらに，スタート地点をすぎた後，そこにある自動販売機で 5 分間休憩し，スタート地点に戻った。スタート地点に戻ったのは，走り始めてから 1 時間後である。」

○解答からわかるように，諏訪湖 1 周の道のりは 16080 m である。太郎さんの速さは分速 335 m であるから，太郎さんが諏訪湖を 1 周するのにかかった時間は $16080 \div 335 = 48$ より，48 分である。

太郎さんが走った時間は休憩時間の 5 分を除いた 55 分であるから，スタート地点と自動販売機を往復した時間は 7 分である。また，スタート地点から自動販売機までの道のりは，$335 \times 7 \div 2 = 1172.5$ より 1172.5 m である。

5月5日(日)
今日は天気がよくなりました。せっかくなので，今日も弟をさそって昨日と同じすわ湖のサイクリングコースを走ることにしました。今日はスタート地点からいっしょの方向に出発して1周走ることにしました。弟はぼくより自転車をこぐ速さが遅く，気がついたら後ろに見えなくなっていました。弟を置いて，そのあともぼくは気持ちよく走っていましたが，気がついたら1周して，さらにスタートした地点をすぎてよぶんに走っていました。ちょうど自動販売機があったので，そこでジュースを買って 5 分休けいし，スタート地点にもどって時計を見たら，走り始めてから 1 時間たっていました。それから 20 分後，スタート地点にようやく弟が帰ってきました。今日も楽しい 1 日でした。

太郎さんの自転車には，速度を測る機械が付いており，分速 335 m の速さで走っていたことがわかっている。太郎さんと弟は，それぞれいつも同じ速さで走っていたとすると，2 人がサイクリングした諏訪(すわ)湖 1 周の道のりは，およそ何 km か答えなさい。ただし，小数第 1 位を四捨五入して答えなさい。

総合問題　179

実力を試す問題　解答は本書 212 ページ

1　AさんとBさんが，次の問題について話し合っています。

> けいたさんは，毎日，家から 540 m 離れたバス停を 7 時 48 分に発車するバスを利用して学校に通っています。ある日，けいたさんは 7 時 30 分に家を出ました。また，けいたさんの忘れ物に気がついたお兄さんが，7 時 35 分に家を出て，走ってけいたさんを追いかけました。
> けいたさんの歩く速さは分速 60 m，お兄さんの走る速さは分速 90 m とするとき，お兄さんはけいたさんに追いつくことができるでしょうか。また，追いつくとすれば，何時何分でしょうか。

(A さん)　お兄さんが出発してから x 分後にけいたさんに追いつくとすると

$$60(5+x)=90x$$

これを解くと　$x=10$

$x=10$ とすると，お兄さんがけいたさんに追いつくのは 7 時 45 分で，バスは発車していないから，問題に適している。

だから，7 時 45 分に追いつくね。

(B さん)　10 分後に追いつくとすると，2 人が進んだ道のりはともに 900 m で，家からバス停までの道のりより長いから，問題に適していない。

だから，追いつかないよ。

2 人の解答はどちらが正しいですか。2 人の解答がともに正しくない場合は，正しい答えをいいなさい。

テキスト 180 ページ

4 右の図のように，同じ長さのマッチ棒を並べて，正方形をつくるとき，次の問いに答えなさい。

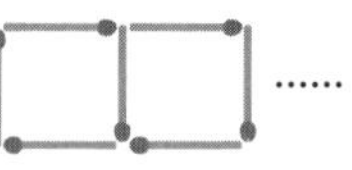

(1) 正方形を x 個つくるときに必要なマッチ棒の本数を，x の式で表しなさい。

(2) 正方形をつくったマッチ棒を並べなおして，次の図のように三角形をつくる。

このとき，正方形の個数が偶数であれば，どんな場合もマッチ棒はあまることなく，ちょうど三角形をつくることができる。そのわけを説明しなさい。

(3) 正方形を 50 個つくった。このとき，(2) の方法でマッチ棒を並べなおすと，三角形は何個できるか答えなさい。

180 総合問題

テキストの解説

□問題 4

○同じ長さのマッチ棒を並べて三角形をつくる問題は，テキスト 42 ページの例 1 で学んだ。このように，似た問題を既に考えている場合は，その問題をまねて考えるとよい。

○三角形を x 個つくるときに必要なマッチ棒の本数は $(1+2x)$ 本である。

○三角形の場合，三角形が 1 個増えるたびにマッチ棒が 2 本増えた。正方形の場合は，正方形が 1 個増えるたびにマッチ棒が 3 本増える。正五角形，正六角形，……をつくる場合も，同じように考えることができる。

○(2) 偶数は 2×(整数)，奇数は 2×(整数)+1 の形に表される。

(1) の結果を利用して，正方形を $2n$ 個つくるときに必要なマッチ棒の本数を，n の式で表し，その式を変形して考える。

○(3) (2) の結果を利用して考える。(2)，(3) からもわかるように，ことがらを文字式で表すだけでなく，文字式の意味を理解して問題を解決することも大切である。

テキストの解答

問題 4 (1) 正方形を 1 個，2 個，3 個つくるときに必要なマッチ棒は，次のように数えることができる。

1 個のとき　$1+3\times1=4$

2 個のとき　$1+3\times2=7$

3 個のとき　$1+3\times3=10$

同じように考えると，正方形を x 個つくるときに必要なマッチ棒の本数は

$(1+3x)$ 本

(2) 偶数は，n を整数とすると $2n$ と表される。

(1)より，正方形の個数が $2n$ 個であるとき，マッチ棒の本数を n を用いて表すと

$(1+3\times2n)$ 本　……①

三角形を y 個つくるときに必要なマッチ棒の本数は $(1+2y)$ 本であるから，① の文字式を変形すると

$$1+3\times2n=1+3\times2\times n$$
$$=1+2\times3n$$

$3n$ は整数であるから，$1+2\times3n$ は，三角形を $3n$ 個つくるときに必要なマッチ棒の本数に一致する。

よって，正方形の個数が偶数であるとき，マッチ棒はあまることなく，ちょうど三角形をつくることができる。

(3) (2) より，正方形の個数が $2n$ 個のとき，三角形は $3n$ 個つくることができる。

正方形が 50 個であるから $n=25$ である。

よって，三角形の個数は　$3\times25=75$

より，**75 個** である。

テキストの解説

□問題 5

○不等式の誤った解法に関する問題。2 人の会話をよく読んで，間違いを把握する。

○異なる 2 つの数の間には，必ず大小の関係が定まる。たとえば，3 つの数 -2, 1, 3 については $-2<1$, $1<3$ であり，これらの関係をまとめて $-2<1<3$ も成り立つ。

○3 つの式 $2x-4$, $4x+1$, $3x+4$ は，x の値によっていろいろな値になるから，これらの式の大小関係も x の値によって変わる。

○不等式 $2x-4<4x+1<3x+4$ は，次の 3 つの不等式が成り立つことと同じである。

[1]　$2x-4<4x+1$　　[2]　$4x+1<3x+4$

[3]　$2x-4<3x+4$

[1]，[2]を満たす x の値は，すべて[3]を満たす。一方，[1]，[3]を満たす x の値が，すべて[2]を満たすとは限らない。

テキストの解答

問題 5　(1)　連立不等式 ① について

不等式 $2x-4<4x+1$ を解くと

$x>-\dfrac{5}{2}$　…… ③

不等式 $2x-4<3x+4$ を解くと

$x>-8$　…… ④

③ と ④ の共通範囲を求めると，[ア] にあてはまる不等式は　$\boldsymbol{x>-\dfrac{5}{2}}$

また，連立不等式 ② について

不等式 $2x-4<4x+1$ を解くと

$x>-\dfrac{5}{2}$　…… ⑤

不等式 $4x+1<3x+4$ を解くと

$x<3$　…… ⑥

⑤ と ⑥ の共通範囲を求めると，[イ] にあてはまる不等式は　$\boldsymbol{-\dfrac{5}{2}<x<3}$

5 翔太（しょうた）さんとゆりさんは，次の問題について話し合っている。

> 次の不等式を解きなさい。
>
> $2x-4<4x+1<3x+4$

下の会話文を読み，あとの問いに答えなさい。

翔太さん：この問題と似たような形を以前に見たことがあるよ。「$A=B=C$」の形をした方程式があったね。

ゆりさん：「$A=B=C$」の形をした方程式は，$\begin{cases} A=B \\ B=C \end{cases}$，$\begin{cases} A=B \\ A=C \end{cases}$，$\begin{cases} A=C \\ B=C \end{cases}$ のどの組み合わせを使って解いてもよかったね。

翔太さん：じゃあ今回も同じかな！僕は $\begin{cases} 2x-4<4x+1 \\ 2x-4<3x+4 \end{cases}$ …… ① を解いてみるね。答えは，[ア] になったよ。

ゆりさん：私は $\begin{cases} 2x-4<4x+1 \\ 4x+1<3x+4 \end{cases}$ …… ② を解くよ。答えは，[イ] になったわ。あれ？① と ② の答えが違うよ。

翔太さん：(ウ)具体的な数を問題の不等式に代入すると，① と ② のどちらが間違っているかわかるかもしれないよ。

(1)　[ア]，[イ] にあてはまる不等式を答えなさい。

(2)　下線部(ウ)について，①，② のうち，どちらが不適切か答えなさい。また，どうして不適切であるかを説明しなさい。

総合問題　181

(2)　(1) より，たとえば，$x=5$ は ① を満たすが，② を満たさない。

よって，$x=5$ を $2x-4<4x+1<3x+4$ の各辺の式に代入すると

$2x-4=2\times5-4=6$

$4x+1=4\times5+1=21$

$3x+4=3\times5+4=19$

であるから，$2x-4<4x+1<3x+4$ を満たさない。

したがって，不適切であるのは　①

理由は，$\begin{cases} 2x-4<4x+1 \\ 2x-4<3x+4 \end{cases}$ …… ①　について，$4x+1$ と $3x+4$ の大小関係が定まっておらず，$4x+1<3x+4$ という条件が含まれていないからである。

テキスト 182 ページ

テキストの解説

□問題 6

○座標平面上の 2 直線が平行であるとき，それらの傾きは等しい。
すなわち，直線 $y=ax+b$ と平行な直線の傾きは a である。

○問題 6 で求める直線は，与えられた直線と垂直な直線である。垂直な直線については，問題 6 のように，直線が通る 2 点を利用して傾きを考えるとよい。

○2 直線が垂直であることは，次のようにして説明することができる。
解答の図において，2 つの直角三角形は合同であるから

$\angle BAC=\angle B'AC'$

また　$\angle BAC+\angle C'AB=90^\circ$

よって　$\angle B'AC'+\angle C'AB$

$=\angle BAC+\angle C'AB=90^\circ$

○右上がりの直線に垂直な直線は右下がりであり，右下がりの直線に垂直な直線は右上がりである。2 直線が垂直に交わるとき，それらの傾きの符号は異なることに注意する。

テキストの解答

問題 6　(1)　次の図のように，A を中心として 90° 回転すると，$\triangle ABC$ は $\triangle AB'C'$ になる。

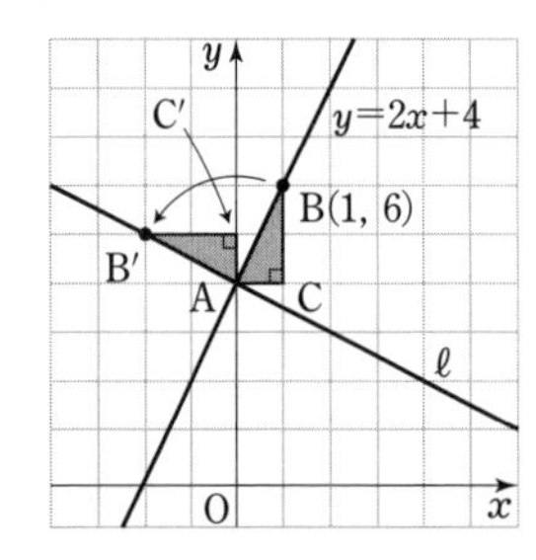

点 A は直線 $y=2x+4$ の切片であるから，その座標は　$(0,\ 4)$

よって，$AC=1$，$BC=2$ である。

---

6 右の図のように，直線 $y=2x+4$ と y 軸との交点を点Aとする。
直線 $y=2x+4$ を点Aを回転の中心にして，時計の針の回転と反対方向に 90° 回転させたときにできる直線を直線 ℓ とする。下の会話文を読み，あとの問いに答えなさい。

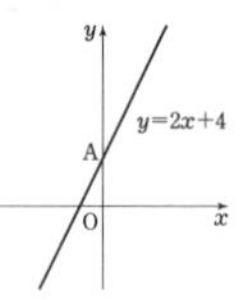

花子さん：直線 ℓ は，どのような式で表すことができるのかな。
太郎さん：点Aのほかに，もう 1 点の座標がわかればいいね。たとえば，$y=2x+4$ 上の点 $B(1,\ 6)$ がどのように移動するかを考えてみようよ。
花子さん：点Bに対応する直線 ℓ 上の点を点 B′ とすると，点Bは，点Aから右へ 1，上へ 2 だけ進んだ点だから，点 B′ は，点Aから［ア］だけ進んだ点だよ。
太郎さん：これで点 B′ の座標がわかったから，直線 ℓ の式を求めることができるね！

(1)［ア］にあてはまるものを，次の ①～④ のうちから選び，記号で答えなさい。

① 右へ 1，上へ 2　　② 左へ 1，上へ 2
③ 左へ 2，上へ 1　　④ 左へ 2，下へ 1

(2) 直線 ℓ の式を求めなさい。

182　総合問題

90° 回転しても，三角形の辺の長さは変わらないから，$\triangle AB'C'$ において

$AC'=1$，$B'C'=2$

したがって，点 B′ は，点Aから左へ 2，上へ 1 だけ進んだ点である。

よって，答えは　③

(2)　(1) より，直線 ℓ の傾きは

$$\frac{1}{-2}=-\frac{1}{2}$$

また，点Aを通るから，直線 ℓ の式は

$$\boldsymbol{y=-\frac{1}{2}x+4}$$

一般に，傾きが a である直線に垂直な直線の傾きは $-\dfrac{1}{a}$ になります。

テキストの解説

□問題 7

○図形に関する問題では，実際に図やグラフをかいて考えるとわかりやすい。

○点Aに与えられた条件 $-10<x<0$ に注意する。$-10<x<0$ であるとき，Aの x 座標は負の数で，y 座標は正の数である。

○Aが直線 $y=\frac{1}{2}x+5$ 上のどんなところにあっても，その座標は $\left(t,\ \frac{1}{2}t+5\right)$ と表すことができる。すなわち，(ア) は正しい。

○また，四角形 ABOC が正方形であるとき，辺の長さ AB，AC は正の数で，AB＝AC が成り立つ。すなわち，(ウ) も正しい。

○一方，AC＝BO であるが，Bの x 座標 t は負の数であるため，AC＝t とすると，AC の長さが負の数になってしまう。
これは誤りである。

○(エ) の式も正しくないが，求めるものは，誤りの原因となるものであるから，それは(イ)ということになる。

テキストの解答

問題 7　$-10<t<0$ であり，四角形の1辺の長さは正の数であるから，AC＝$-t$ である。
よって，(イ) が誤りである。
AB＝AC であるから

$$\frac{1}{2}t+5=-t$$

$$\frac{3}{2}t=-5$$

$$t=-\frac{10}{3}$$

A$\left(t,\ \frac{1}{2}t+5\right)$, C, B, O, x, y

$-10<t<0$ であるから，これは問題に適している。

$t=-\frac{10}{3}$ を $\frac{1}{2}t+5$ に代入すると

$$\frac{1}{2}\times\left(-\frac{10}{3}\right)+5=\frac{10}{3}$$

よって，点Aの座標は　$\left(-\frac{10}{3},\ \frac{10}{3}\right)$

7 花子さんは，次の問題について下のように解答した。

> 直線 $y=\frac{1}{2}x+5$ $(-10<x<0)$ 上に点Aをとり，Aから x 軸，y 軸にひいた垂線と軸との交点をそれぞれ B，C とする。四角形 ABOC が正方形になるとき，点Aの座標を求めなさい。

花子さんの解答

Aの x 座標を t $(-10<t<0)$ とおくと，Aは直線 $y=\frac{1}{2}x+5$ 上の点であるから，Aの座標は

(ア) A$\left(t,\ \frac{1}{2}t+5\right)$

よって　(イ) AB$=\frac{1}{2}t+5$，AC$=t$

四角形 ABOC が正方形となるから

(ウ) AB＝AC

したがって　(エ) $\frac{1}{2}t+5=t$

これを解いて　$t=10$

これは $-10<t<0$ を満たさないから，この問題には適さない。
よって，条件を満たす点Aは存在しない。

花子さんの解答の誤りの原因となるものを，下線部(ア)～(エ)から1つ選びなさい。また，点Aの正しい座標を答えなさい。

総合問題　183

実力を試す問題　解答は本書 212 ページ

1　直線 $y=-\frac{3}{2}x+6$ 上の点Pに対し，Pから x 軸，y 軸にひいた垂線と軸との交点を，それぞれ Q，R とする。
四角形 OQPR が正方形になるとき，点Pの座標を求めなさい。

確認問題，演習問題の解答

第１章　正の数と負の数

確認問題（テキスト 37 ページ）

問題 1　(1)　整数は　**$0,\ -5,\ 4,\ -1$**

(2)　負の数は　$-3.4,\ -5,\ -\dfrac{7}{2},\ -1$

負の数は，絶対値が小さいほど大きいから，この 4 つの負の数で最も大きい数は

-1

(3)

$-5\quad -\dfrac{7}{2}\quad -3.4\quad -1\quad 0\quad +\dfrac{5}{4}\quad +2.3\quad 4$

上の数直線より

$$-5<-\frac{7}{2}<-3.4<-1<0<+\frac{5}{4}$$

$$<+2.3<4$$

(4)　$|-5|>|4|$ であるから，絶対値が最も大きい数は　　**-5**

問題 2　-2.5 より大きく，2 より小さい整数は

$-2,\ -1,\ 0,\ 1$

問題 3　(1)　$(-4)+(-8)=-(4+8)=\mathbf{-12}$

(2)　$11-(-5)=11+5=\mathbf{16}$

(3)　$(-1.6)-0.3=-(1.6+0.3)$

$=\mathbf{-1.9}$

(4)　$\left(-\dfrac{5}{3}\right)+\dfrac{1}{4}=\left(-\dfrac{20}{12}\right)+\dfrac{3}{12}$

$=-\left(\dfrac{20}{12}-\dfrac{3}{12}\right)$

$=\mathbf{-\dfrac{17}{12}}$

(5)　$8-10+(-4)=8-10-4$

$=8-14$

$=\mathbf{-6}$

(6)　$-3+\dfrac{1}{2}-1=-3-1+\dfrac{1}{2}$

$=-4+\dfrac{1}{2}$

$=\mathbf{-\dfrac{7}{2}}$

問題 4　(1)　$(-14)\times4=-(14\times4)$

$=\mathbf{-56}$

(2)　$-\dfrac{9}{16}\div\left(-\dfrac{15}{8}\right)=-\dfrac{9}{16}\times\left(-\dfrac{8}{15}\right)$

$=+\left(\dfrac{9}{16}\times\dfrac{8}{15}\right)$

$=\mathbf{\dfrac{3}{10}}$

(3)　$\dfrac{3}{10}\times25\div\left(-\dfrac{21}{4}\right)=\dfrac{3}{10}\times25\times\left(-\dfrac{4}{21}\right)$

$=-\left(\dfrac{3}{10}\times25\times\dfrac{4}{21}\right)$

$=\mathbf{-\dfrac{10}{7}}$

(4)　$-3^3=-(3\times3\times3)=\mathbf{-27}$

(5)　$(-0.4)^2=(-0.4)\times(-0.4)=\mathbf{0.16}$

(6)　$(-2)^3\div4=(-8)\div4=\mathbf{-2}$

問題 5　(1)　$5\times(-4)+9=-20+9$

$=\mathbf{-11}$

(2)　$7-(-18)\div6=7-(-3)$

$=7+3=\mathbf{10}$

(3)　$-24\div3+8\times(-2)=-8+(-16)$

$=\mathbf{-24}$

(4)　$12\times\left(-\dfrac{1}{2}\right)^3+\dfrac{1}{4}=12\times\left(-\dfrac{1}{8}\right)+\dfrac{1}{4}$

$=-\dfrac{3}{2}+\dfrac{1}{4}$

$=\mathbf{-\dfrac{5}{4}}$

(5)　$36\div(-2-4^2)=36\div(-2-16)$

$=36\div(-18)$

$=\mathbf{-2}$

(6)　$-141\times18+136\times18=(-141+136)\times18$

$=(-5)\times18$

$=\mathbf{-90}$

問題 6　(1)　$60=\mathbf{2^2\times3\times5}$

(2)　$126=\mathbf{2\times3^2\times7}$

(3)　$400=\mathbf{2^4\times5^2}$

(4)　$540=\mathbf{2^2\times3^3\times5}$

演習問題 A（テキスト 38 ページ）

問題 1　$\dfrac{27}{8}=3.375$ であるから，絶対値が $\dfrac{27}{8}$ より小さい整数は

−3，−2，−1，0，1，2，3

$-5\ \ -4\ \ -3\ \ -2\ \ -1\ \ 0\ \ 1\ \ 2\ \ 3\ \ 4\ \ 5$

$-\dfrac{27}{8}$　　$\dfrac{27}{8}$

問題 2　**−1.5−(−6.9)**

問題 3　(1)　$20-(-3)-34+8$

$=20+3-34+8$

$=20+3+8-34$

$=31-34=\mathbf{-3}$

(2)　$-1.3+0.7-5.5-(-0.2)$

$=-1.3+0.7-5.5+0.2$

$=0.7+0.2-1.3-5.5$

$=0.9-6.8=\mathbf{-5.9}$

(3)　$-\dfrac{2}{3}+\dfrac{1}{4}+\left(-\dfrac{5}{2}\right)-\left(-\dfrac{5}{6}\right)$

$=-\dfrac{2}{3}+\dfrac{1}{4}-\dfrac{5}{2}+\dfrac{5}{6}$

$=-\dfrac{4}{6}-\dfrac{15}{6}+\dfrac{3}{12}+\dfrac{10}{12}$

$=-\dfrac{19}{6}+\dfrac{13}{12}=\mathbf{-\dfrac{25}{12}}$

(4)　$-2^4+\dfrac{1}{2}+(-3)^3+\dfrac{(-3)^2}{2}$

$=-16+\dfrac{1}{2}-27+\dfrac{9}{2}$

$=\dfrac{1}{2}+\dfrac{9}{2}-16-27$

$=5-43=\mathbf{-38}$

問題 4　(1)　$\left(-\dfrac{3}{4}\right)\times\dfrac{7}{9}\div\left(-\dfrac{1}{7}\right)$

$=+\left(\dfrac{3}{4}\times\dfrac{7}{9}\times7\right)=\mathbf{\dfrac{49}{12}}$

(2)　$(-3)^3\div6\times(-2^2)=(-27)\div6\times(-4)$

$=+\left(27\times\dfrac{1}{6}\times4\right)$

$=\mathbf{18}$

(3)　$2\times3^2-(-6)^2\div(-4)$

$=2\times9-36\div(-4)$

$=18-(-9)=\mathbf{27}$

(4)　$-5\times\{17-(22-3)\}=-5\times(17-19)$

$=-5\times(-2)$

$=\mathbf{10}$

(5)　$2.4\div(-0.3)-3.5\times(-0.8)$

$=-8-(-2.8)=\mathbf{-5.2}$

(6)　$-\left(-\dfrac{3}{2}\right)^2+\dfrac{5}{4}\div\left(-\dfrac{5}{2}\right)$

$=-\dfrac{9}{4}+\dfrac{5}{4}\times\left(-\dfrac{2}{5}\right)$

$=-\dfrac{9}{4}-\dfrac{2}{4}=\mathbf{-\dfrac{11}{4}}$

問題 5　(1)　一番重い人は　D

一番軽い人は　E

DとEの差を求めると

$(+10.5)-(-9.3)=(+10.5)+(+9.3)$

$=+19.8$

よって，一番重い人は，一番軽い人より **19.8 kg** 重い。

(2)　6 人の体重と B の体重との違いの平均は

$\{(+4.5)+0+(-2.7)+(+10.5)$

$+(-9.3)+(+9)\}\div6$

$=12\div6=2$

よって，6 人の体重の平均は，B の体重より 2 kg 重いから，B の体重は

$56-2=54$　　より　54 kg

したがって，F の体重は

$54+9=63$　　より　**63 kg**

問題 6　(1)　整数と自然数の和は，必ず整数になるから　　**正しい**

(2)　たとえば，整数 −2 と自然数 3 について

$(-2)\times3=-6$

整数と自然数の積は，必ずしも自然数にならないから　　**正しくない**

演習問題 B（テキスト 39 ページ）

問題 7　$b \div c$ の結果は正の数であるから，b，c の符号は，次の 2 通りが考えられる。

[1]　b，c の符号はともに「＋」

[2]　b，c の符号はともに「－」

$b+c$ の結果は負の数であるから，[2]が正しいことがわかる。

また，$a \times b \times c$ の結果は負の数であるから，a の符号は「－」である。

したがって　a の符号は　－

b の符号は　－

c の符号は　－

問題 8　(1)　$3\times(-2^2)\div\left\{(-1)^3\times\left(-\frac{3}{5}\right)^2\right\}$

$=3\times(-4)\div\left\{(-1)\times\frac{9}{25}\right\}$

$=3\times(-4)\div\left(-\frac{9}{25}\right)$

$=3\times(-4)\times\left(-\frac{25}{9}\right)=\mathbf{\frac{100}{3}}$

(2)　$(5-11)^2\div(-3)+21$

$=(-6)^2\div(-3)+21$

$=36\div(-3)+21$

$=-12+21$

$=\mathbf{9}$

(3)　$\frac{7}{10}\div\left(\frac{2}{5}-\frac{4}{3}\right)\times\frac{2^3}{15}$

$=\frac{7}{10}\div\left(\frac{6}{15}-\frac{20}{15}\right)\times\frac{8}{15}$

$=\frac{7}{10}\div\left(-\frac{14}{15}\right)\times\frac{8}{15}$

$=\frac{7}{10}\times\left(-\frac{15}{14}\right)\times\frac{8}{15}=\mathbf{-\frac{2}{5}}$

(4)　$(-4^3)\times\frac{1}{8}-(-2)^2\div\frac{2}{3}$

$=(-64)\times\frac{1}{8}-4\div\frac{2}{3}$

$=-8-4\times\frac{3}{2}$

$=-8-6$

$=\mathbf{-14}$

(5)　$\frac{3}{5}+\left(-\frac{1}{3}\right)^2\div(0.5)^2-\frac{1}{4}\times\left\{(-2^2)^2+\frac{8}{3}\right\}$

$=\frac{3}{5}+\frac{1}{9}\div\left(\frac{1}{2}\right)^2-\frac{1}{4}\times\left(16+\frac{8}{3}\right)$

$=\frac{3}{5}+\frac{1}{9}\times4-\frac{1}{4}\times16-\frac{1}{4}\times\frac{8}{3}$

$=\frac{3}{5}+\frac{4}{9}-4-\frac{2}{3}$

$=\frac{27}{45}+\frac{20}{45}-\frac{180}{45}-\frac{30}{45}=\mathbf{-\frac{163}{45}}$

(6)　$2-1.4\div\left\{\left(-\frac{3}{4}\right)^3\div(-1.25)^2+\frac{2}{5}\times\frac{9}{2^2}\right\}$

$=2-1.4\div\left\{\left(-\frac{27}{64}\right)\div\left(-\frac{5}{4}\right)^2+\frac{2}{5}\times\frac{9}{4}\right\}$

$=2-1.4\div\left\{\left(-\frac{27}{64}\right)\times\frac{16}{25}+\frac{2}{5}\times\frac{9}{4}\right\}$

$=2-1.4\div\left(-\frac{27}{100}+\frac{9}{10}\right)$

$=2-\frac{14}{10}\div\left(-\frac{27}{100}+\frac{90}{100}\right)$

$=2-\frac{14}{10}\times\frac{100}{63}$

$=2-\frac{20}{9}=\mathbf{-\frac{2}{9}}$

問題 9　120 を素因数分解すると

$120=2\times2\times2\times3\times5$

$=2^3\times3\times5$

よって，求める自然数は

$2\times3\times5=\mathbf{30}$

問題 10　4 の目が出た回数が 0 のとき，点 A の位置は

$(-1)\times4+(+2)\times1+(-3)\times2$

$+(-5)\times3+(+6)\times2=-11$

(1)　4 の目が 2 回出たとき，点 A の位置は

$-11+(+4)\times2=\mathbf{-3}$

(2)　-11 の位置から $+5$ の位置まで進むには，$+5-(-11)=+16$ だけ移動している。したがって，$(+16)\div(+4)=4$ より，4 の目は **4 回** 出た。

第2章　式の計算

確認問題 (テキスト63ページ)

問題1　(1)　n kgは $1000n$ gであるから，求める重さは

$$m\times5+1000n\times2=5m+2000n$$

よって　$\boldsymbol{(5m+2000n)}$ **g**

(2)　x kmの道のりを時速10 kmで走ったときにかかる時間は　$x\div10=\dfrac{x}{10}$ (時間)

y kmの道のりを時速3 kmで歩いたときにかかる時間は　$y\div3=\dfrac{y}{3}$ (時間)

よって，求める時間は　$\boldsymbol{\left(\dfrac{x}{10}+\dfrac{y}{3}\right)}$**時間**

(3)　男子と女子の得点の合計は

$$a\times5+b\times8=5a+8b$$

よって，求める得点の平均は

$$(5a+8b)\div(5+8)=\frac{5a+8b}{13}$$

したがって　$\boldsymbol{\dfrac{5a+8b}{13}}$ **点**

問題2　(1)　$-3x^2y^3=(-3)\times x\times x\times y\times y\times y$ であるから，$-3x^2y^3$ の次数は　**5**

(2)　a^2 の次数は2，$3abc$ の次数は3であるから，a^2+3abc の次数は　**3**

(3)　$2x^4$ の次数は4，xy^3 の次数は4であるから，$2x^4+xy^3+5$ の次数は　**4**

問題3　(1)　$(8x-3)+(-2x+1)$

$=8x-3-2x+1$

$=8x-2x-3+1$

$\boldsymbol{=6x-2}$

(2)　$(5a-2b)-(9a+3b)$

$=5a-2b-9a-3b$

$=5a-9a-2b-3b$

$\boldsymbol{=-4a-5b}$

(3)　$5(3a-2)+2(2a+3)$

$=15a-10+4a+6$

$=15a+4a-10+6$

$\boldsymbol{=19a-4}$

(4)　$3(2x+5y)-4(x-3y)$

$=6x+15y-4x+12y$

$=6x-4x+15y+12y$

$\boldsymbol{=2x+27y}$

問題4　(1)　$5x^2\times(-2x^2y)$

$=5\times(-2)\times x\times x\times x\times x\times y$

$\boldsymbol{=-10x^4y}$

(2)　$(-3ab)^2\times\dfrac{2}{3}a$

$=9a^2b^2\times\dfrac{2}{3}a$

$=9\times\dfrac{2}{3}\times a\times a\times a\times b\times b$

$\boldsymbol{=6a^3b^2}$

(3)　$-28xy^2\div4xy=-\dfrac{28xy^2}{4xy}$

$\boldsymbol{=-7y}$

(4)　$8a^2b\div(-2ab^2)\times4b=-\dfrac{8a^2b\times4b}{2ab^2}$

$\boldsymbol{=-16a}$

問題5　(1)　$-3a-4b=-3\times(-6)-4\times8$

$=18-32$

$\boldsymbol{=-14}$

(2)　$-12a^2b\div(-6b^2)=\dfrac{12a^2b}{6b^2}=\dfrac{2a^2}{b}$

$\dfrac{2a^2}{b}$ に $a=-6$，$b=8$ を代入して

$$\frac{2a^2}{b}=\frac{2\times(-6)^2}{8}=\frac{72}{8}$$

$\boldsymbol{=9}$

問題6　Aの所持金を a 円とすると

Bの所持金は　$2a$ 円

Cの所持金は $2a\times1.5=3a$ より　$3a$ 円となる。

したがって，3人の所持金の合計は

$$a+2a+3a=6a \quad より \quad 6a\,円$$

$6a\div a=6$ より，3人の所持金の合計は，Aの所持金の **6倍** である。

演習問題 A（テキスト 64 ページ）

問題 1　(1)　$\dfrac{-2x+5y+3}{4}\times(-8)$

$=(-2x+5y+3)\times(-2)$

$=(-2x)\times(-2)+5y\times(-2)+3\times(-2)$

$=\boldsymbol{4x-10y-6}$

(2)　$(9a-21b+3)\div(-3)$

$=(9a-21b+3)\times\left(-\dfrac{1}{3}\right)$

$=-\dfrac{9a}{3}+\dfrac{21b}{3}-\dfrac{3}{3}$

$=\boldsymbol{-3a+7b-1}$

(3)　$2(a^2+3a-1)+3(2a^2-a-5)$

$=2a^2+6a-2+6a^2-3a-15$

$=2a^2+6a^2+6a-3a-2-15$

$=\boldsymbol{8a^2+3a-17}$

(4)　$\dfrac{1}{3}(5x-3y)-\dfrac{1}{4}(-12x+9y)$

$=\dfrac{4(5x-3y)-3(-12x+9y)}{12}$

$=\dfrac{20x-12y+36x-27y}{12}$

$=\boldsymbol{\dfrac{56x-39y}{12}}$

(5)　$\dfrac{x-5y}{2}+\dfrac{4x-y}{3}$

$=\dfrac{3(x-5y)+2(4x-y)}{6}$

$=\dfrac{3x-15y+8x-2y}{6}$

$=\boldsymbol{\dfrac{11x-17y}{6}}$

(6)　$\dfrac{2a+7b-1}{5}-\dfrac{a-2b+1}{3}$

$=\dfrac{3(2a+7b-1)-5(a-2b+1)}{15}$

$=\dfrac{6a+21b-3-5a+10b-5}{15}$

$=\boldsymbol{\dfrac{a+31b-8}{15}}$

問題 2　(1)　$-\dfrac{5}{12}x^2\times\dfrac{8}{25}xy^2$

$=-\dfrac{5}{12}\times\dfrac{8}{25}\times x\times x\times x\times y\times y$

$=\boldsymbol{-\dfrac{2}{15}x^3y^2}$

(2)　$(-21ab)\div\dfrac{7}{3}ab=(-21ab)\times\dfrac{3}{7ab}$

$=\boldsymbol{-9}$

(3)　$16a^2b\div(-2a)^3=16a^2b\div(-8a^3)$

$=-\dfrac{16a^2b}{8a^3}$

$=\boldsymbol{-\dfrac{2b}{a}}$

(4)　$6x^2\times4xy^3\div(-28x^2y)=-\dfrac{6x^2\times4xy^3}{28x^2y}$

$=\boldsymbol{-\dfrac{6}{7}xy^2}$

(5)　$-3x\times6xy\div\left(-\dfrac{9}{5}x^2\right)$

$=-3x\times6xy\times\left(-\dfrac{5}{9x^2}\right)$

$=\boldsymbol{10y}$

(6)　$\dfrac{18}{7}a\div(-3b^3)^2\div ab^2=\dfrac{18}{7}a\div9b^6\div ab^2$

$=\dfrac{18a}{7\times9b^6\times ab^2}$

$=\boldsymbol{\dfrac{2}{7b^8}}$

問題 3　(1)　$9a-8b=9\times\dfrac{1}{3}-8\times\left(-\dfrac{1}{2}\right)=\boldsymbol{7}$

(2)　$a^2+4ab=\left(\dfrac{1}{3}\right)^2+4\times\dfrac{1}{3}\times\left(-\dfrac{1}{2}\right)$

$=\dfrac{1}{9}-\dfrac{2}{3}$

$=\boldsymbol{-\dfrac{5}{9}}$

(3)　$3(2a-4b)-4(3a+2b)$

$=6a-12b-12a-8b$

$=-6a-20b$

$-6a-20b$ に $a=\dfrac{1}{3}$，$b=-\dfrac{1}{2}$ を代入して　$-6a-20b=-6\times\dfrac{1}{3}-20\times\left(-\dfrac{1}{2}\right)$

$=\boldsymbol{8}$

(4)　$18ab\div(-9a^2)\times3a^2b=-\dfrac{18ab\times3a^2b}{9a^2}$

$=-6ab^2$

$-6ab^2$ に $a=\frac{1}{3}$, $b=-\frac{1}{2}$ を代入して

$$-6ab^2=-6\times\frac{1}{3}\times\left(-\frac{1}{2}\right)^2$$
$$=-\boldsymbol{\frac{1}{2}}$$

(5) $\frac{7a-b}{5}-\frac{a+2b}{2}$

$$=\frac{2(7a-b)-5(a+2b)}{10}$$
$$=\frac{14a-2b-5a-10b}{10}$$
$$=\frac{9a-12b}{10}$$

$\frac{9a-12b}{10}$ に $a=\frac{1}{3}$, $b=-\frac{1}{2}$ を代入して

$$\frac{9a-12b}{10}=\frac{9\times\frac{1}{3}-12\times\left(-\frac{1}{2}\right)}{10}$$
$$=\frac{3+6}{10}$$
$$=\boldsymbol{\frac{9}{10}}$$

(6) $\frac{1}{a}-\frac{1}{b}=(1\div a)-(1\div b)$

$(1\div a)-(1\div b)$ に $a=\frac{1}{3}$, $b=-\frac{1}{2}$ を代入して

$$(1\div a)-(1\div b)=\left(1\div\frac{1}{3}\right)-\left\{1\div\left(-\frac{1}{2}\right)\right\}$$
$$=(1\times3)-\{1\times(-2)\}$$
$$=3+2$$
$$=\mathbf{5}$$

問題 4 連続する 3 つの奇数は，n を整数とすると

$$2n-1,\ 2n+1,\ 2n+3$$

と表される。

この 3 つの数の和は

$$(2n-1)+(2n+1)+(2n+3)=6n+3$$
$$=3(2n+1)$$

$2n+1$ は整数であるから，$3(2n+1)$ は 3 の倍数である。

よって，連続する 3 つの奇数の和は，3 の倍数である。

問題 5 右の図のように，枠で囲まれた 5 つの数を a, b, c, d, e とすると，b, c, d, e は，それぞれ a を用いて

	b	
c	a	d
	e	

$$b=a-7,\ c=a-1,\ d=a+1,\ e=a+7$$

と表される。

この 5 つの数の合計は

$$a+b+c+d+e$$
$$=a+(a-7)+(a-1)+(a+1)+(a+7)$$
$$=5a$$

$5a$ は 5 の倍数であるから，枠で囲まれた 5 つの数は，枠をどこにとっても 5 の倍数になる。

演習問題 B (テキスト 65 ページ)

問題 6 のりしろは 14 個あるから，全体の紙の長さは

$$x\times15-y\times14=15x-14y$$

よって $(15x-14y)$ cm

したがって $\boldsymbol{\frac{15x-14y}{100}}$ **m**

$\left(\frac{3}{20}x-\frac{7}{50}y\ としてもよい\right)$

問題 7 (1) $A-2B=(2a-5b)-2(-4a+b)$

$$=2a-5b+8a-2b$$
$$=\boldsymbol{10a-7b}$$

(2) $3(A-4B)-(5A-3B)$

$$=3A-12B-5A+3B$$
$$=-2A-9B$$

$-2A-9B$ に

$$A=2a-5b,\ B=-4a+b$$

を代入して

$$-2A-9B=-2(2a-5b)-9(-4a+b)$$
$$=-4a+10b+36a-9b$$
$$=\boldsymbol{32a+b}$$

問題 8 円柱 A の体積は $a\times a\times\pi\times b=\pi a^2b$ より πa^2b cm^3

円柱 B の体積は $ar\times ar\times\pi\times\frac{b}{r}=\pi a^2br$ よ

り　$\pi a^2br\,\mathrm{cm}^3$

よって，$\pi a^2br \div \pi a^2b = \dfrac{\pi a^2br}{\pi a^2b} = r$ より，円柱Bの体積は，円柱Aの体積の **r倍** である。

第3章　方程式

確認問題（テキスト103ページ）

問題1　(1)　鉛筆を1人に4本ずつa人に配ろうとするとb本たりない。

このときの鉛筆の本数は

$$4\times a-b=4a-b$$

よって　$\boldsymbol{x=4a-b}$

(2)　今年の生徒数は

$$x\times(1+0.07)=1.07x$$

よって　$\boldsymbol{1.07x=y}$

問題2　(1)　$4x-1=9x+24$

-1，$9x$をそれぞれ移項すると

$$4x-9x=24+1$$
$$-5x=25$$
$$\boldsymbol{x=-5}$$

(2)　$x-2(5x-4)=-10$

かっこをはずすと

$$x-10x+8=-10$$
$$-9x=-18$$
$$\boldsymbol{x=2}$$

(3)　$\dfrac{x}{3}-1=\dfrac{x-3}{9}$

両辺に9をかけると

$$3x-9=x-3$$
$$2x=6$$
$$\boldsymbol{x=3}$$

(4)　$0.8x-4=1.5x+0.2$

両辺に10をかけると

$$8x-40=15x+2$$
$$-7x=42$$
$$\boldsymbol{x=-6}$$

問題3　もとの整数の十の位の数をxとすると，もとの整数は$10x+8$，十の位の数と一の位の数を入れかえた数は$80+x$と表される。

よって　　　　$80+x=3(10x+8)-2$

これを解くと　$80+x=30x+24-2$

$$-29x=-58$$

$$x=2$$

これは問題に適している。

したがって，もとの整数は $10\times2+8=28$ より　**28**

問題 4　(1)　$9a-12b=21$

$9a$ を移項すると

$$-12b=-9a+21$$

両辺を -12 でわると

$$\boldsymbol{b=\frac{3}{4}a-\frac{7}{4}}$$

(2)　$y=-\frac{1}{4}x+3$

両辺に 4 をかけると

$$4y=-x+12$$

$4y$，$-x$ をそれぞれ移項すると

$$\boldsymbol{x=-4y+12}$$

問題 5　(1)　$\begin{cases}3x-2y=-7 & \cdots\cdots ① \\ y=5x+7 & \cdots\cdots ②\end{cases}$

② を ① に代入すると

$$3x-2(5x+7)=-7$$
$$3x-10x-14=-7$$
$$-7x=7$$
$$x=-1$$

$x=-1$ を ② に代入すると

$$y=2$$

よって　　$\boldsymbol{x=-1,\ y=2}$

(2)　$\begin{cases}x=3(2y+5) & \cdots\cdots ① \\ 4x-y=14 & \cdots\cdots ②\end{cases}$

① のかっこをはずすと

$$x=6y+15 \quad \cdots\cdots ③$$

③ を ② に代入すると

$$4(6y+15)-y=14$$
$$24y+60-y=14$$
$$23y=-46$$
$$y=-2$$

$y=-2$ を ③ に代入すると

$$x=3$$

よって　　$\boldsymbol{x=3,\ y=-2}$

(3)　$\begin{cases}5x+3y=-1 & \cdots\cdots ① \\ 7x+2y=-8 & \cdots\cdots ②\end{cases}$

$$\begin{array}{lrl} ②\times3 & 21x+6y & =-24 \\ ①\times2 & -)\ 10x+6y & =-2 \\ \hline & 11x \qquad & =-22 \end{array}$$

$$x=-2$$

$x=-2$ を ① に代入して解くと

$$y=3$$

よって　　$\boldsymbol{x=-2,\ y=3}$

(4)　$\begin{cases}x-2y+z=8 & \cdots\cdots ① \\ 2x-y-z=1 & \cdots\cdots ② \\ 3x+6y+2z=-3 & \cdots\cdots ③\end{cases}$

$$\begin{array}{lrl} ① & x-2y+z & =8 \\ ② & +)\ 2x-\ y-z & =1 \\ \hline & 3x-3y \qquad & =9 \end{array}$$

すなわち　　$x-y=3$　　$\cdots\cdots$ ④

$$\begin{array}{lrl} ②\times2 & 4x-2y-2z & =2 \\ ③ & +)\ 3x+6y+2z & =-3 \\ \hline & 7x+4y \qquad & =-1 \end{array} \quad \cdots\cdots ⑤$$

④，⑤ より　$x=1$，$y=-2$

① から　　$z=3$

よって　　$\boldsymbol{x=1,\ y=-2,\ z=3}$

問題 6　バラ 1 本の値段を x 円，かすみ草 1 本の値段を y 円とすると

$$\begin{cases}9x+3y=3000+120 \\ 7x+4y=3000-190\end{cases}$$

すなわち　$\begin{cases}3x+y=1040 & \cdots\cdots ① \\ 7x+4y=2810 & \cdots\cdots ②\end{cases}$

$$\begin{array}{lrl} ①\times4 & 12x+4y & =4160 \\ ② & -)\ 7x+4y & =2810 \\ \hline & 5x \qquad & =1350 \end{array}$$

$$x=270$$

$x=270$ を ① に代入して解くと

$$y=230$$

これらは問題に適している。

よって，**バラ 1 本は　　270 円**

　　　　かすみ草 1 本は　230 円

演習問題 A（テキスト 104 ページ）

問題 1　(1)　$\frac{x-4}{3}=\frac{3-x}{4}+2$

両辺に 12 をかけると

$$4(x-4)=3(3-x)+24$$
$$4x-16=9-3x+24$$
$$7x=49$$
$$\boldsymbol{x=7}$$

(2)　$0.8(0.1x+3)-0.1x=0.04x$

両辺に 100 をかけると

$$8(x+30)-10x=4x$$
$$8x+240-10x=4x$$
$$-6x=-240$$
$$\boldsymbol{x=40}$$

別解　$0.8(0.1x+3)-0.1x=0.04x$

かっこをはずして

$$0.08x+2.4-0.1x=0.04x$$

両辺に 100 をかけると

$$8x+240-10x=4x$$
$$-6x=-240$$
$$\boldsymbol{x=40}$$

問題 2　A 地点から B 地点までの道のりを

x km とすると　$\frac{x}{60}=\frac{x}{40}-\frac{45}{60}$

これを解くと　$2x=3x-90$

$$x=90$$

これは問題に適している。

よって，A 地点から B 地点までの道のりは

90 km

問題 3　商品の原価を x 円とすると

$$\frac{140}{100}x\times\frac{90}{100}-x=312$$

両辺に 100 をかけると

$$126x-100x=31200$$
$$26x=31200$$
$$x=1200$$

これは問題に適している。

よって，商品の原価は　**1200 円**

問題 4　(1)　$\begin{cases}\frac{3}{4}x-\frac{2}{3}y=1 & \cdots\cdots ① \\ 3x-2y=6 & \cdots\cdots ②\end{cases}$

①×12　$9x-8y=12$　……③

②×3　$9x-6y=18$

③　$-)\ 9x-8y=12$

$$2y=6$$
$$y=3$$

$y=3$ を ② に代入して解くと　$x=4$

よって　$\boldsymbol{x=4,\ y=3}$

(2)　$\begin{cases}0.4x+0.1y=1 & \cdots\cdots ① \\ 0.16x-0.03y=0.54 & \cdots\cdots ②\end{cases}$

①×10　$4x+y=10$　……③

②×100　$16x-3y=54$　……④

③×3　$12x+3y=30$

④　$+)\ 16x-3y=54$

$$28x\quad=84$$
$$x=3$$

$x=3$ を ③ に代入して解くと　$y=-2$

よって　$\boldsymbol{x=3,\ y=-2}$

問題 5　$x+3y=7x-5y=3x+11$

を解くには，次の連立方程式を解けばよい。

$\begin{cases}x+3y=3x+11 & \cdots\cdots ① \\ 7x-5y=3x+11 & \cdots\cdots ②\end{cases}$

① より　$-2x+3y=11$　……③

② より　$4x-5y=11$　……④

③×2　$-4x+6y=22$

④　$+)\ \ 4x-5y=11$

$$y=33$$

$y=33$ を③ に代入して解くと　$x=44$

よって　$\boldsymbol{x=44,\ y=33}$

問題 6　(1)　$\begin{cases}7x-3y=36 & \cdots\cdots ① \\ x:y=3:4 & \cdots\cdots ②\end{cases}$

② より　$4x=3y$　……③

③ を ① に代入して，y を消去すると

$$7x-4x=36$$
$$3x=36$$
$$x=12$$

$x=12$ を ③ に代入して解くと　$y=16$

よって　$\boldsymbol{x=12,\ y=16}$

(2) $\begin{cases}(x-2):(y+3)=3:2 & \cdots\cdots ① \\ 4x-5y=67 & \cdots\cdots ②\end{cases}$

① より　$2(x-2)=3(y+3)$

$2x-4=3y+9$

$2x-3y=13$　……③

$$\begin{array}{lr} ② & 4x-5y=67 \\ ③\times 2 & -)\ 4x-6y=26 \\ \hline & y=41 \end{array}$$

$y=41$ を ③ に代入して解くと　$x=68$

よって　$\boldsymbol{x=68,\ y=41}$

問題 7　A の速さを時速 x km，B の速さを時速 y km とすると

$$\begin{cases} x\times\dfrac{30}{60}+y\times\dfrac{30}{60}=9 \\ x\times\dfrac{26}{60}+y\times\dfrac{26+18}{60}=9 \end{cases}$$

整理すると　$\begin{cases} x+y=18 & \cdots\cdots ① \\ 13x+22y=270 & \cdots\cdots ② \end{cases}$

$$\begin{array}{lr} ①\times 22 & 22x+22y=396 \\ ② & -)\ 13x+22y=270 \\ \hline & 9x\quad\quad =126 \\ & x=14 \end{array}$$

$x=14$ を ① に代入して解くと　$y=4$

これらは問題に適している。

よって，**A の速さは　時速 14 km**

B の速さは　時速 4 km

演習問題 B（テキスト 105 ページ）

問題 8　A さんが最初に持っていたお菓子の個数を x 個とすると

$$x-\left(\frac{3}{10}x+\frac{2}{5}x+\frac{1}{4}x\right)=3$$

両辺に 20 をかけると

$$20x-20\left(\frac{3}{10}x+\frac{2}{5}x+\frac{1}{4}x\right)=60$$

$$20x-6x-8x-5x=60$$

$$x=60$$

これは問題に適している。

よって，A さんが最初に持っていたお菓子の個数は　**60 個**

問題 9　兄が x 分後に弟に追いつくとして方程式を解くと $x=9$ になるが，このとき，2 人が進んだ道のりは，$80\times 9=720$ より 720 m である。

家から学校までの道のりは 700 m であるから，$x=9$ は問題に適さない。

よって，**A さんの解答は，解の確かめができていない点に問題がある。**

[このような場合，「兄は，弟が学校に着くまでに追いつくことができない」のように答えるのが適当である]

問題 10　2 つの連立方程式

$$\begin{cases} 2x+y=4 & \cdots\cdots ① \\ ax+by=16 & \cdots\cdots ② \end{cases} と$$

$$\begin{cases} 3x+4y=1 & \cdots\cdots ③ \\ bx+ay=-19 & \cdots\cdots ④ \end{cases}$$

が同じ解をもつとき，その解は ① と ③ を連立方程式として解いた解である。

$$\begin{array}{lr} ①\times 4 & 8x+4y=16 \\ ③ & -)\ 3x+4y=1 \\ \hline & 5x\quad\quad =15 \\ & x=3 \end{array}$$

$x=3$ を ① に代入して解くと　$y=-2$

よって，② の解は $x=3,\ y=-2$ であるから

$$a\times 3+b\times(-2)=16$$

$$3a-2b=16 \quad\cdots\cdots ⑤$$

また，④ の解も $x=3,\ y=-2$ であるから

$$b\times 3+a\times(-2)=-19$$

$$2a-3b=19 \quad\cdots\cdots ⑥$$

$$\begin{array}{lr} ⑤\times 2 & 6a-4b=32 \\ ⑥\times 3 & -)\ 6a-9b=57 \\ \hline & 5b=-25 \\ & b=-5 \end{array}$$

$b=-5$ を ⑤ に代入して解くと　$a=2$

よって　$\boldsymbol{a=2,\ b=-5}$

問題 11　列車の長さを x m，列車の速さを秒速 y m とすると

$$\begin{cases} 700+x=40y & \cdots\cdots ① \\ 2500+x=130y & \cdots\cdots ② \end{cases}$$

$$
\begin{array}{lrl}
① & 700+x & =40y \\
② & -)\ 2500+x & =130y \\
\hline
 & -1800 & =-90y \\
 & y & =20
\end{array}
$$

$y=20$ を ① に代入して解くと　$x=100$

これらは問題に適している。

したがって，列車の長さは　**100 m**

問題 12　予想した男性の人数を x 人，女性の人数を y 人とすると

$$
\begin{cases}
-\dfrac{10}{100}x+\dfrac{10}{100}y=-50 & \cdots\cdots ① \\
\dfrac{1}{100}(x+y)=50 & \cdots\cdots ②
\end{cases}
$$

$$
\begin{array}{lrl}
①\times(-10) & x-y & =500 \\
②\times 100 & +)\ x+y & =5000 \\
\hline
 & 2x & =5500 \\
 & x & =2750
\end{array}
$$

$x=2750$ を ① に代入して解くと　$y=2250$

これらは問題に適している。

よって，実際の男性の観客数は

$2750\times\dfrac{90}{100}=2475$　より　**2475 人**

第 4 章　不等式

確認問題（テキスト 123 ページ）

問題 1　①　$2x-1<8$ の左辺に $x=3$ を代入すると　　$2\times3-1=5$

$5<8$ であるから，$x=3$ は $2x-1<8$ の解である。

②　$-3x+8>2$ の左辺に $x=3$ を代入すると　　$-3\times3+8=-1$

$-1<2$ であるから，$x=3$ は $-3x+8>2$ の解ではない。

③　$5x+3>18$ の左辺に $x=3$ を代入すると　　$5\times3+3=18$

$18=18$ であるから，$x=3$ は $5x+3>18$ の解ではない。

よって，$x=3$ が解であるものは　　①

問題 2　(1)　　$4x+11>7$

11 を移項すると　$4x>7-11$

$4x>-4$

$\boldsymbol{x>-1}$

(2)　　$6x+10<3x-5$

10，$3x$ をそれぞれ移項すると

$6x-3x<-5-10$

$3x<-15$

$\boldsymbol{x<-5}$

(3)　　$3x-13\leqq 9x+7$

-13，$9x$ をそれぞれ移項すると

$3x-9x\leqq 7+13$

$-6x\leqq 20$

$\boldsymbol{x\geqq -\dfrac{10}{3}}$

(4)　　$4(3x-2)\geqq 7x+12$

かっこをはずすと

$12x-8\geqq 7x+12$

$5x\geqq 20$

$\boldsymbol{x\geqq 4}$

(5) $\frac{1}{2}x-\frac{5}{6}\geqq\frac{2}{3}x-1$

両辺に 6 をかけると

$$\left(\frac{1}{2}x-\frac{5}{6}\right)\times6\geqq\left(\frac{2}{3}x-1\right)\times6$$

$$3x-5\geqq4x-6$$

$$-x\geqq-1$$

$$\boldsymbol{x\leqq1}$$

(6) $x-3.1<1.7x+0.4$

両辺に 10 をかけると

$$(x-3.1)\times10<(1.7x+0.4)\times10$$

$$10x-31<17x+4$$

$$-7x<35$$

$$\boldsymbol{x>-5}$$

問題 3 $6(x+3)>11x-14$

$$6x+18>11x-14$$

$$-5x>-32$$

$$x<\frac{32}{5} \quad \cdots\cdots ①$$

$\frac{32}{5}=6.4$ であるから，① を満たす数のうち，最も大きい整数は **6**

問題 4 りんごを x 個買うとすると

$$140x+70(20-x)\leqq2000$$

$$140x+1400-70x\leqq2000$$

$$70x\leqq600$$

$$x\leqq\frac{60}{7}$$

$\frac{60}{7}=8.5\cdots$ で，x は整数であるから，りんごは最大 **8 個** 買える。

これは問題に適している。

問題 5 (1) $\begin{cases}4x-7<5 & \cdots\cdots ①\\ 2x-4<5x+2 & \cdots\cdots ②\end{cases}$

① を解くと $4x<12$

$x<3 \quad \cdots\cdots ③$

② を解くと $-3x<6$

$x>-2 \quad \cdots\cdots ④$

③ と ④ の共通範囲を求めて

$$\boldsymbol{-2<x<3}$$

(2) $\begin{cases}7x+13<2(x-1) & \cdots\cdots ①\\ x+3\geqq3x-5 & \cdots\cdots ②\end{cases}$

① を解くと $7x+13<2x-2$

$5x<-15$

$x<-3 \quad \cdots\cdots ③$

② を解くと $-2x\geqq-8$

$x\leqq4 \quad \cdots\cdots ④$

③ と ④ の共通範囲を求めて

$$\boldsymbol{x<-3}$$

問題 6 $5x-6<2x+3\leqq7x+13$

は，次のように考える。

$\begin{cases}5x-6<2x+3 & \cdots\cdots ①\\ 2x+3\leqq7x+13 & \cdots\cdots ②\end{cases}$

① を解くと $3x<9$

$x<3 \quad \cdots\cdots ③$

② を解くと $-5x\leqq10$

$x\geqq-2 \quad \cdots\cdots ④$

③ と ④ の共通範囲を求めて

$$\boldsymbol{-2\leqq x<3}$$

問題 7 歩く道のりを x m とすると

$$32\leqq\frac{x}{50}+\frac{4000-x}{200}\leqq35$$

各辺に 200 をかけると

$$6400\leqq4x+4000-x\leqq7000$$

$$6400\leqq3x+4000\leqq7000$$

各辺から 4000 をひくと $2400\leqq3x\leqq3000$

各辺を 3 でわると $800\leqq x\leqq1000$

よって，歩く道のりを **800 m 以上 1000 m 以下** にすればよい。

これは問題に適している。

演習問題 A（テキスト 124 ページ）

問題 1 (1) $\frac{2}{5}(x+1)-\frac{2x-1}{3}\geqq\frac{7}{15}x+2$

両辺に 15 をかけると

$$6(x+1)-5(2x-1)\geqq7x+30$$

$$6x+6-10x+5\geqq7x+30$$

$$-11x\geqq19$$

$$x \leqq -\frac{19}{11}$$

(2) $2(2x-0.7) \leqq 0.9(5x+4)$

両辺に 10 をかけると

$$2(20x-7) \leqq 9(5x+4)$$
$$40x-14 \leqq 45x+36$$
$$-5x \leqq 50$$
$$x \geqq -10$$

問題 2 $5x-4>x+a$ …… ①

① を解くと $5x-x>a+4$

$$4x>a+4$$
$$x>\frac{a+4}{4}$$

① の解が $x>3$ であるから

$$\frac{a+4}{4}=3$$

よって $a=8$

問題 3 x 分後から 2 倍以上になるとする。

x 分後の A の水の量は $(4+0.6x)\,\mathrm{m}^3$

B の水の量は $(2.5+0.25x)\,\mathrm{m}^3$

よって $4+0.6x \geqq 2(2.5+0.25x)$

$$4+0.6x \geqq 5+0.5x$$

両辺に 10 をかけると

$$40+6x \geqq 50+5x$$
$$x \geqq 10$$

したがって，**10 分以上先**から 2 倍以上になる。

これは問題に適している。

問題 4 品物を x 個買うとすると

$$500+800\times(1-0.06)\times x<800\times x$$
$$500+752x<800x$$
$$-48x<-500$$
$$x>\frac{125}{12}$$

$\frac{125}{12}=10.4\cdots$ で，x は整数であるから，

11 個以上 買えばよい。

これは問題に適している。

問題 5 $\begin{cases} \dfrac{x-4}{3} \geqq \dfrac{3}{2}x+1 & \cdots\cdots ① \\ 0.2(3x+2)>0.3x-1 & \cdots\cdots ② \end{cases}$

① を解くと

$$2(x-4) \geqq 9x+6$$
$$2x-8 \geqq 9x+6$$
$$-7x \geqq 14$$
$$x \leqq -2 \quad \cdots\cdots ③$$

② を解くと

$$2(3x+2)>3x-10$$
$$6x+4>3x-10$$
$$3x>-14$$
$$x>-\frac{14}{3} \quad \cdots\cdots ④$$

③ と ④ の共通範囲を求めて

$$-\frac{14}{3}<x \leqq -2$$

問題 6 $\dfrac{x}{3}-2<\dfrac{x}{2}-\dfrac{2}{3} \leqq \dfrac{x+2}{6}$

は，次のように考える。

$$\begin{cases} \dfrac{x}{3}-2<\dfrac{x}{2}-\dfrac{2}{3} & \cdots\cdots ① \\ \dfrac{x}{2}-\dfrac{2}{3} \leqq \dfrac{x+2}{6} & \cdots\cdots ② \end{cases}$$

① を解くと

$$2x-12<3x-4$$
$$-x<8$$
$$x>-8 \quad \cdots\cdots ③$$

② を解くと

$$3x-4 \leqq x+2$$
$$2x \leqq 6$$
$$x \leqq 3 \quad \cdots\cdots ④$$

③ と ④ の共通範囲を求めて

$$-8<x \leqq 3$$

問題 7 (1) a の値の範囲は

$$1.5 \leqq a<2.5 \quad \cdots\cdots ①$$

(2) ① の各辺に 5 をかけると

$$7.5 \leqq 5a<12.5$$

(3) ① の各辺に -3 をかけると

$$-4.5 \geqq -3a>-7.5$$

すなわち $-7.5<-3a \leqq -4.5$

(4) ① の各辺を 2 でわると

$$0.75 \leqq \frac{a}{2}<1.25$$

この各辺に 1 をたすと

$$\mathbf{1.75 \leqq \frac{a}{2}+1<2.25}$$

問題 8　　$5x-6 \leqq x+12 \leqq 3x+8$

は，次のように考える。

$$\begin{cases} 5x-6 \leqq x+12 & \cdots\cdots ① \\ x+12 \leqq 3x+8 & \cdots\cdots ② \end{cases}$$

① を解くと　　$4x \leqq 18$

$$x \leqq \frac{9}{2} \qquad \cdots\cdots ③$$

② を解くと　$-2x \leqq -4$

$$x \geqq 2 \qquad \cdots\cdots ④$$

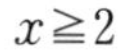

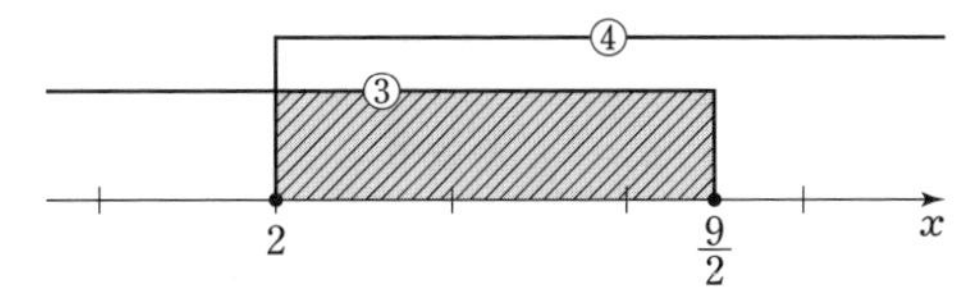

③ と ④ の共通範囲を求めて

$$2 \leqq x \leqq \frac{9}{2}$$

この範囲にある整数は　**2，3，4**

演習問題 B（テキスト 125 ページ）

問題 9　$a<b$ の両辺に正の数 a をかけると

$$a^2<ab \qquad \cdots\cdots ①$$

$a<b$ の両辺に正の数 b をかけると

$$ab<b^2 \qquad \cdots\cdots ②$$

$b<1$ の両辺に正の数 b をかけると

$$b^2<b \qquad \cdots\cdots ③$$

①，②，③ から

$$\mathbf{a^2<ab<b^2<b}$$

問題 10　不等式 $\frac{5}{2}x+1 \leqq \frac{2x+a}{3}$ を解くと

$$6\left(\frac{5}{2}x+1\right) \leqq 2(2x+a)$$

$$15x+6 \leqq 4x+2a$$

$$11x \leqq 2a-6$$

$$x \leqq \frac{2a-6}{11}$$

この不等式の解が，すべて 2 より小さくなるから

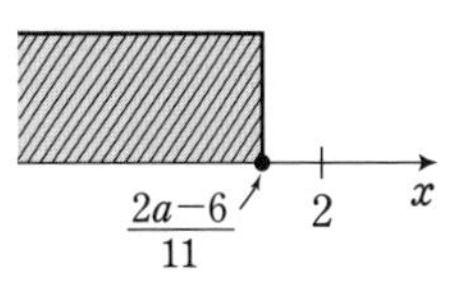

$$\frac{2a-6}{11}<2$$

$$2a-6<22$$

$$2a<28$$

したがって　$\mathbf{a<14}$

問題 11　$x>20$ として，お菓子を x 個買うとすると

$$150 \times (1-0.1) \times x$$

$$>150 \times 20+150 \times (1-0.3) \times (x-20)$$

$$0.9x>20+0.7(x-20)$$

$$9x>200+7(x-20)$$

$$9x>200+7x-140$$

$$2x>60$$

$$x>30$$

x は整数であるから，お菓子は **31 個以上**買うと，B で買う方が安くなる。

これは問題に適している。

問題 12　(1)　$-2<x<3$ の各辺に 2 をかけると　$-4<2x<6$

各辺から 1 をひくと

$$-4-1<2x-1<6-1$$

よって　$\mathbf{-5<2x-1<5}$

(2)　$1<y<4$ の各辺に 3 をかけると

$$3<3y<12 \qquad \cdots\cdots ①$$

$-2<x<3$ と ① の各辺をたすと

$$-2+3<x+3y<3+12$$

よって　$\mathbf{1<x+3y<15}$

(3)　$-2<x<3$ の各辺に 3 をかけると

$$-6<3x<9 \qquad \cdots\cdots ②$$

$1<y<4$ の各辺に -2 をかけると

$$-2>-2y>-8$$

すなわち　$-8<-2y<-2 \qquad \cdots\cdots ③$

② と ③ の各辺をたすと

$$-6+(-8)<3x+(-2y)<9+(-2)$$

よって　$\mathbf{-14<3x-2y<7}$

問題 13　$9-x \leqq 2x \leqq 2a$

は，次のように考える。

$$\begin{cases} 9-x \leqq 2x & \cdots\cdots ① \\ 2x \leqq 2a & \cdots\cdots ② \end{cases}$$

① を解くと　$-3x \leqq -9$

$x \geqq 3$　……③

② を解くと　$x \leqq a$　……④

③ と ④ の共通範囲に含まれる自然数がちょうど 4 個あるとき，a の値の範囲は

$\boldsymbol{6 \leqq a < 7}$

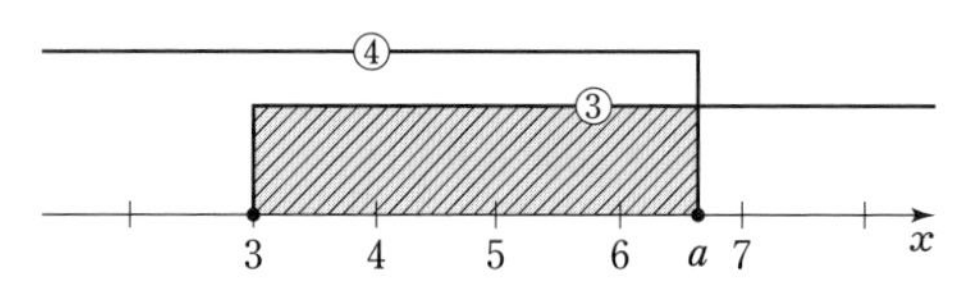

問題 14　(1)　6 人ずつかけていくと 15 人が座れないから，1 年生全員の人数は

$(6x+15)$ 人

7 人ずつかけていったとき，最後に使った長いすの 1 つ手前までの長いすに座った生徒の人数は　$7(x-4)$ 人

よって，最後に使った長いすに座っている生徒の人数は

$$(6x+15)-7(x-4)=6x+15-7x+28$$
$$=-x+43$$

したがって　$\boldsymbol{(-x+43)}$ **人**

(2)　7 人ずつかけていったとき，最後に使った長いすに座っている生徒の人数は，1 人以上 7 人以下であるから

$$1 \leqq -x+43 \leqq 7$$

各辺から 43 をひくと

$$-42 \leqq -x \leqq -36$$

各辺に -1 をかけると

$$42 \geqq x \geqq 36$$

すなわち　$36 \leqq x \leqq 42$

したがって，長いすの数は **36 脚以上 42 脚以下** である。

これは問題に適している。

第 5 章　1 次関数

確認問題（テキスト 173 ページ）

問題 1　(1)　y は x に比例するから，比例定数を a とすると，$y=ax$ と表すことができる。

$x=3$ のとき $y=-12$ であるから

$$-12=a \times 3$$
$$a=-4$$

したがって，$y=-4x$ であるから，この式に $x=-2$ を代入して

$$y=-4 \times (-2)=\boldsymbol{8}$$

(2)　y は x に反比例するから，比例定数を a とすると，$y=\dfrac{a}{x}$ と表すことができる。

$x=4$ のとき $y=-9$ であるから

$$-9=\frac{a}{4}$$
$$a=-36$$

したがって，$y=-\dfrac{36}{x}$ であるから，この式に $x=-3$ を代入して

$$y=-\frac{36}{-3}=\boldsymbol{12}$$

問題 2　(1)　変化の割合が -2 であるから，求める 1 次関数の式は $y=-2x+b$ と表すことができる。

$x=3$ のとき $y=-1$ であるから

$$-1=-2 \times 3+b$$
$$b=5$$

よって　$\boldsymbol{y=-2x+5}$

(2)　切片が -7 であるから，求める直線の式は $y=ax-7$ と表すことができる。

$x=1$ のとき $y=-4$ であるから

$$-4=a \times 1-7$$
$$a=3$$

よって　$\boldsymbol{y=3x-7}$

(3)　直線 $y=\dfrac{1}{2}x+3$ に平行な直線の傾きは $\dfrac{1}{2}$ であるから，求める直線の式は

$y=\frac{1}{2}x+b$ と表すことができる。

$x=6$ のとき $y=2$ であるから

$$2=\frac{1}{2}\times6+b$$

$$b=-1$$

よって　　$\boldsymbol{y=\frac{1}{2}x-1}$

(4)　直線の傾きは　$\frac{3-(-1)}{-3-9}=-\frac{1}{3}$

したがって，求める直線の式は

$y=-\frac{1}{3}x+b$ と表すことができる。

$x=9$，$y=-1$ をこの式に代入すると

$$-1=-\frac{1}{3}\times9+b$$

$$b=2$$

よって　　$\boldsymbol{y=-\frac{1}{3}x+2}$

問題 3　(1)　$y=x-3$ のグラフは，傾きが 1，切片が -3 の直線で，図のようになる。

(2)　$y=-\frac{2}{3}x+1$ のグラフは，傾きが $-\frac{2}{3}$，切片が 1 の直線で，図のようになる。

(3)　$3x-4y=-12$ を y について解くと

$$y=\frac{3}{4}x+3$$

よって，この方程式のグラフは，傾きが $\frac{3}{4}$，切片が 3 の直線で，図のようになる。

(4)　$3y+9=0$ を y について解くと　$y=-3$

よって，この方程式のグラフは，点 $(0,\ -3)$ を通り，x 軸に平行な直線で，図のようになる。

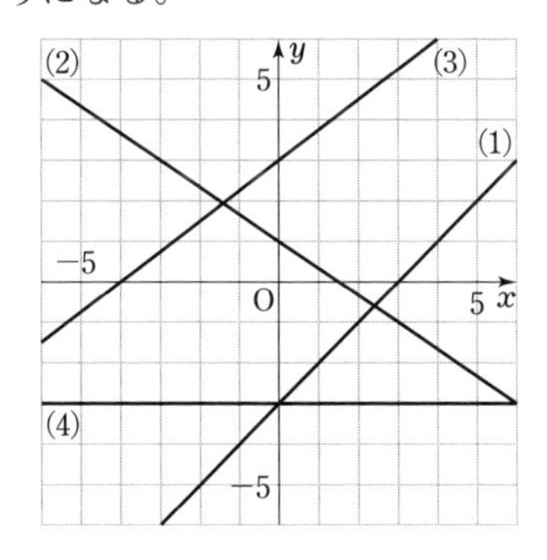

問題 4　(1)　1 次関数 $y=-2x-1$ のグラフは右下がりの直線であり，

$x=-3$ のとき　$y=-2\times(-3)-1=5$

$x=1$　のとき　$y=-2\times1-1=-3$

であるから，値域は　　$\boldsymbol{-3<y\leqq5}$

(2)　1 次関数 $y=\frac{1}{6}x+4$ のグラフは右上がりの直線であり，

$x=0$ のとき　$y=\frac{1}{6}\times0+4=4$

$x=9$ のとき　$y=\frac{1}{6}\times9+4=\frac{11}{2}$

であるから，値域は　　$\boldsymbol{4\leqq y\leqq\frac{11}{2}}$

問題 5　(1)　反比例のグラフであるから，求める式は，比例定数を a とすると，$y=\frac{a}{x}$ と表すことができる。

このグラフが，点 $(2,\ -2)$ を通るから

$$-2=\frac{a}{2}$$

$$a=-4$$

よって　　$\boldsymbol{y=-\frac{4}{x}}$

(2)　グラフが原点を通るから，比例のグラフである。

また，グラフは，右へ 2 進むとき，上へ 3 だけ進むから，傾きは $\frac{3}{2}$ である。

よって，求める式は　　$\boldsymbol{y=\frac{3}{2}x}$

(3)　グラフは点 $(0,\ -3)$ を通るから，切片は -3 である。

また，グラフは，右へ 5 進むとき，下へ 2 だけ進むから，傾きは $-\frac{2}{5}$ である。

よって，求める式は　　$\boldsymbol{y=-\frac{2}{5}x-3}$

(4)　グラフは 2 点 $(-3,\ -1)$，$(4,\ 3)$ を通るから，傾きは　　$\frac{3-(-1)}{4-(-3)}=\frac{4}{7}$

したがって，求める直線の式は

$y=\frac{4}{7}x+b$ と表すことができる。

$x=-3$ のとき $y=-1$ であるから

$$-1=\frac{4}{7}\times(-3)+b$$

$$b=\frac{5}{7}$$

よって　　$\boldsymbol{y=\frac{4}{7}x+\frac{5}{7}}$

別解　グラフは点 $(-3,\ -1)$，$(4,\ 3)$ を通る。

求める直線の式を $y=ax+b$ とおく。

$x=-3$ のとき $y=-1$ であるから

$-1=-3a+b$　……①

$x=4$ のとき $y=3$ であるから

$3=4a+b$　……②

①と②を連立方程式として解くと

$$a=\frac{4}{7},\ b=\frac{5}{7}$$

よって　　$\boldsymbol{y=\frac{4}{7}x+\frac{5}{7}}$

演習問題 A（テキスト 174 ページ）

問題 1　(1)　2 点 A，B が x 軸に関して対称であるとき，x 座標は等しく，y 座標の符号は反対であるから

$a-3=2a+1$　　……①

$2b=-8$　　……②

①，② から　　$\boldsymbol{a=-4,\ b=-4}$

(2)　2 点 A，B が原点に関して対称であるとき，x 座標と y 座標の符号はともに反対であるから

$a-3=-(2a+1)$　　……①

$2b=-8$　　……②

①，② から　　$\boldsymbol{a=\frac{2}{3},\ b=-4}$

問題 2　(1)　P は $y=\frac{3}{4}x$ のグラフ上の点であるから，$x=-4$ を $y=\frac{3}{4}x$ に代入して

$$y=\frac{3}{4}\times(-4)=-3$$

よって，P の座標は　　$(-4,\ -3)$

P は $y=\frac{a}{x}$ のグラフ上の点でもあるから，

$x=-4$，$y=-3$ を $y=\frac{a}{x}$ に代入して

$$-3=\frac{a}{-4}$$

$$\boldsymbol{a=12}$$

(2)　$y=\frac{12}{x}$ のグラフ上の x 座標，y 座標がともに自然数である点の座標は

(1，12)，(2，6)，(3，4)，

(4，3)，(6，2)，(12，1)

問題 3　(1)　変化の割合が正の数であるから，

$x=-2$ のとき　$y=b$，

$x=3$　のとき　$y=14$

である。

$x=3$，$y=14$ を $y=ax+8$ に代入すると

$14=a\times3+8$

$a=2$

よって，$x=-2$，$y=b$ を $y=2x+8$ に代入すると

$b=2\times(-2)+8$

$b=4$

したがって　　$\boldsymbol{a=2,\ b=4}$

$a=2$ は $a>0$ を満たす。

(2)　変化の割合が負の数であるから，

$x=-2$ のとき　$y=14$，

$x=3$　のとき　$y=b$

である。

$x=-2$，$y=14$ を $y=ax+8$ に代入すると　　$14=a\times(-2)+8$

$a=-3$

よって，$x=3$，$y=b$ を $y=-3x+8$ に代入すると

$b=-3\times3+8$

$b=-1$

したがって　　$\boldsymbol{a=-3,\ b=-1}$

$a=-3$ は $a<0$ を満たす。

問題 4　$y=\frac{2}{3}x+1$　……①

$y=-2x+9$　……②

$y=-\frac{2}{9}x-\frac{5}{3}$　……③

①, ② を解くと　$x=3$, $y=3$

よって　A(3, 3)

②, ③ を解くと　$x=6$, $y=-3$

よって　C(6, −3)

③, ① を解くと　$x=-3$, $y=-1$

よって　B(−3, −1)

(1)　右の図のような長方形 CDEF の面積から, 3 つの三角形 AEB, BFC, ACD の面積をひいて求める。

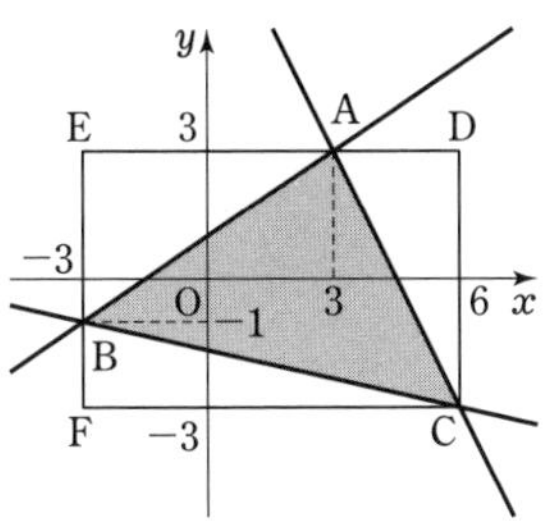

このとき, DE=6−(−3)=9

CD=3−(−3)=6

であるから, △ABC の面積は

$9\times6-\left(\frac{1}{2}\times6\times4+\frac{1}{2}\times9\times2+\frac{1}{2}\times3\times6\right)$

$=54-30$

$=\mathbf{24}$

(2)　B を通り, △ABC の面積を 2 等分する直線は, 線分 AC の中点を通る。

線分 AC の中点の座標は

$\left(\frac{3+6}{2},\ \frac{3-3}{2}\right)$　すなわち　$\left(\frac{9}{2},\ 0\right)$

よって, 2 点 (−3, −1), $\left(\frac{9}{2},\ 0\right)$ を通る直線の式を求める。

直線の傾きは

$$\frac{0-(-1)}{\frac{9}{2}-(-3)}=\frac{2}{15}$$

したがって, 求める直線の式は

$y=\frac{2}{15}x+b$ と表すことができる。

$x=\frac{9}{2}$, $y=0$ をこの式に代入すると

$0=\frac{2}{15}\times\frac{9}{2}+b$

$b=-\frac{3}{5}$

よって　$\boldsymbol{y=\frac{2}{15}x-\frac{3}{5}}$

演習問題 B (テキスト 175 ページ)

問題 5　$y+2$ は $x-3$ に比例するから, 比例定数を a とすると, $y+2=a(x-3)$ と表すことができる。

$x=-2$ のとき $y=8$ であるから, これらを $y+2=a(x-3)$ に代入すると

$8+2=a(-2-3)$

$a=-2$

よって　$y+2=-2(x-3)$

$y+2=-2(x-3)$ に $x=4$ を代入すると

$y+2=-2(4-3)$

したがって　$\boldsymbol{y=-4}$

問題 6　A(8, 1), B(4, t), C(−2, $2t$) とする。この 3 点が同じ直線上にあるとき, 直線 AB と直線 BC の傾きは等しい。

よって　$\frac{t-1}{4-8}=\frac{2t-t}{-2-4}$

$\frac{t-1}{-4}=\frac{t}{-6}$

$3(t-1)=2t$

したがって　$\boldsymbol{t=3}$

問題 7　(1)　グラフより, バスは 15 分間で 10 km 進んでいる。

よって, 求める速さは　$10\div\frac{15}{60}=40$

より　**時速 40 km**

(2)　9 時 x 分に, バスがいる位置から A 町までの道のりを y km とする。

P 君とバスがすれ違うのは $20 \leqq x \leqq 35$ のときである。このときのバスの運行のようすを表したグラフの式を求める。

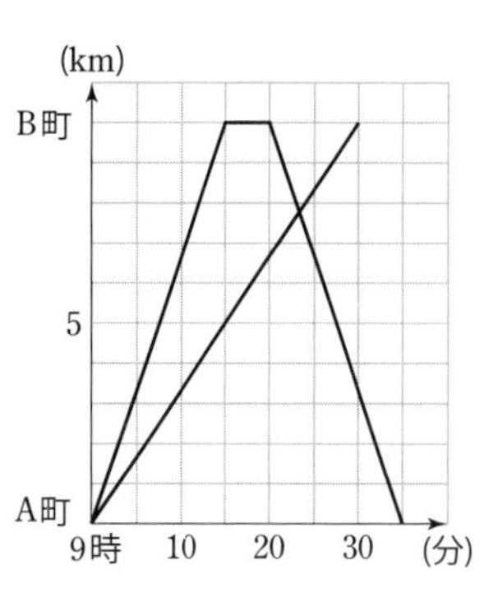

$\frac{40}{60}=\frac{2}{3}$ より，時速 40 km は分速 $\frac{2}{3}$ km であるから，グラフの傾きは　$-\frac{2}{3}$

よって，求める式は $y=-\frac{2}{3}x+b$ と表すことができる。

$x=35$ のとき $y=0$ であるから

$$0=-\frac{2}{3}\times 35+b$$

$$b=\frac{70}{3}$$

したがって　$y=-\frac{2}{3}x+\frac{70}{3}$　…… ①

また，9 時 x 分に，P 君がいる位置から A 町までの道のりを y km として，P 君が進んだようすを表したグラフの式を求める。

$\frac{20}{60}=\frac{1}{3}$ より，時速 20 km は分速 $\frac{1}{3}$ km であるから，グラフの式は

$$y=\frac{1}{3}x \quad \cdots\cdots ②$$

①, ② を解くと

$$\frac{1}{3}x=-\frac{2}{3}x+\frac{70}{3}$$

$$x=\frac{70}{3}$$

よって，P 君とバスがすれ違う時刻は

9 時 $\frac{70}{3}$ 分 (9 時 23 分 20 秒)

問題 8　(1)　B の座標を $(t,\ 0)$ とする。

A の x 座標は，B の x 座標と等しいから t である。また，A は直線 ① 上の点であるから，$x=t$ を $y=\frac{3}{2}x$ に代入すると

$$y=\frac{3}{2}t$$

よって，A の座標は　$\left(t,\ \frac{3}{2}t\right)$

D の y 座標は，A の y 座標と等しいから $\frac{3}{2}t$ である。また，D は直線 ② 上の点であるから，$y=\frac{3}{2}t$ を $y=-\frac{4}{3}x+5$ に代入すると

$$\frac{3}{2}t=-\frac{4}{3}x+5$$

したがって　$x=\frac{-9t+30}{8}$

よって，D の座標は　$\left(\frac{-9t+30}{8},\ \frac{3}{2}t\right)$

長方形 ABCD が正方形となるのは，AB＝AD のときであるから

$$\frac{3}{2}t=\frac{-9t+30}{8}-t$$

これを解いて　$t=\frac{30}{29}$

よって，B の座標は　$\left(\mathbf{\frac{30}{29},\ 0}\right)$

(2)　AB : BC＝3 : 4，BC＝AD であるから

AB : AD＝3 : 4

(1) の座標を用いると

$$\frac{3}{2}t : \left(\frac{-9t+30}{8}-t\right)=3:4$$

$$\frac{3}{2}t\times 4=\left(\frac{-9t+30}{8}-t\right)\times 3$$

これを解いて　$6t=3\times\frac{-17t+30}{8}$

$$t=\frac{10}{11}$$

したがって，A の y 座標は

$$\frac{3}{2}\times\frac{10}{11}=\frac{15}{11}$$

よって，A 座標は　$\left(\mathbf{\frac{10}{11},\ \frac{15}{11}}\right)$

確かめの問題の解答

第1章　正の数と負の数

(本書 7 ページ)

問題1　(1)　$+3$　　(2)　-1.8　　(3)　$-\frac{1}{4}$

(本書 34 ページ)

問題1　(1)　$528=2^4\times3\times11$

よって，528 は **素数でない。**

(2)　$615=3\times5\times41$

よって，615 は **素数でない。**

(3)　$219=3\times73$

よって，219 は **素数でない。**

(4)　173 の約数は 1 と 173 のみである。

よって，173 は **素数である。**

(本書 38 ページ)

問題1　(1)　$3-(-2)-(-1)+1-2+(-3)$

$=3+2+1+1-2-3$

$=\mathbf{2}$

(2)　$(-6)^2\times\left(-\frac{1}{4}\right)\div(-3)$

$=36\times\left(-\frac{1}{4}\right)\div(-3)$

$=36\times\left(-\frac{1}{4}\right)\times\left(-\frac{1}{3}\right)=\mathbf{3}$

(3)　$-5\times\{10+2\times(2-30)\div7\}$

$=-5\times\{10+2\times(-28)\div7\}$

$=-5\times\{10+(-8)\}$

$=-5\times2=\mathbf{-10}$

(4)　$\left(-\frac{5}{4}\right)^2-\left(\frac{1}{3}-\frac{3}{2}\right)\div\left(-\frac{7}{12}\right)$

$=\frac{25}{16}-\left(\frac{1}{3}-\frac{3}{2}\right)\div\left(-\frac{7}{12}\right)$

$=\frac{25}{16}-\left(-\frac{7}{6}\right)\div\left(-\frac{7}{12}\right)$

$=\frac{25}{16}-\left(-\frac{7}{6}\right)\times\left(-\frac{12}{7}\right)$

$=\frac{25}{16}-2$

$=\mathbf{-\frac{7}{16}}$

第2章　式の計算

(本書 43 ページ)

問題1　(1)　鉛筆 5 本の代金は　$a\times5$ (円)

よって，1000 円を出したときのおつりは

($1000-a\times5$) 円

(2)　りんご a 個の代金は　$200\times a$ (円)

バナナ b 本の代金は　$120\times b$ (円)

よって，代金の合計は

($200\times a+120\times b$) 円

(本書 60 ページ)

問題1　もとの自然数の十の位の数を x，一の位の数を y とすると

もとの自然数は　$10x+y$

入れかえた数は　$10y+x$

と表される。

これらの和は

$(10x+y)+(10y+x)=11x+11y$

$=11(x+y)$

$x+y$ は整数であるから，$11(x+y)$ は 11 の倍数である。

したがって，2 つの自然数をたした結果は，**11 の倍数** になる。

第3章　方程式

(本書 78 ページ)

問題1　クラス会に参加する予定の人数を x 人とすると

$600x-1500=550x+300$

これを解くと　$50x=1800$

$x=36$

クラス会の費用は　$600\times36-1500=20100$

より，20100 円となる。

これらは問題に適している。

したがって，

クラス会に **参加する予定の人数は　36 人**

クラス会の **費用は　20100 円**

(本書 86 ページ)

問題 1　それぞれの方程式の左辺に，x，y の値を代入する。

① $2x+y=2\times1+0=2$

$x-3y=1-3\times0=1$

であるから，解ではない。

② $2x+y=2\times6+(-3)=9$

$x-3y=6-3\times(-3)=15$

であるから，解ではない。

③ $2x+y=2\times3+(-4)=2$

$x-3y=3-3\times(-4)=15$

であるから，解である。

したがって，解であるものは　③

(本書 97 ページ)

問題 1　食塩水 A の濃度を x %，食塩水 B の濃度を y % とすると

$$100\times\frac{x}{100}+50\times\frac{y}{100}=(100+50)\times\frac{13}{100} \quad \cdots\cdots ①$$

$$100\times\frac{x}{100}+100\times\frac{y}{100}=(100+100)\times\frac{13.5}{100} \quad \cdots\cdots ②$$

① を整理すると　$2x+y=39$　……③

② を整理すると　$x+y=27$　……④

$$\begin{array}{lrl} ③ & & 2x+y=39 \\ ④ & -) & x+y=27 \\ \hline & & x \quad\ =12 \end{array}$$

$x=12$ を ④ に代入して解くと　$y=15$

これらは問題に適している。

よって，**A の濃度は　12 %**

B の濃度は　15 %

(本書 104 ページ)

問題 1　(1)　$3x+1=5x-3$

1，$5x$ をそれぞれ移項すると

$$3x-5x=-3-1$$

$$-2x=-4$$

$$\boldsymbol{x=2}$$

(2)　$\dfrac{4a+3}{3}=-2a+6$

両辺に 3 をかけると

$$4a+3=3(-2a+6)$$

$$4a+3=-6a+18$$

$$10a=15$$

$$\boldsymbol{a=\frac{3}{2}}$$

(3)　$\begin{cases} 5x+2y=9 & \cdots\cdots ① \\ 4x-3y=21 & \cdots\cdots ② \end{cases}$

$$\begin{array}{lrl} ①\times3 & & 15x+6y=27 \\ ②\times2 & +) & 8x-6y=42 \\ \hline & & 23x \quad\ =69 \\ & & \quad x=3 \end{array}$$

$x=3$ を ① に代入して解くと　$y=-3$

よって　$\boldsymbol{x=3,\ y=-3}$

(4)　$\begin{cases} 2(x-3)+3y=7 & \cdots\cdots ① \\ 3x-4(y+3)=16 & \cdots\cdots ② \end{cases}$

① から　$2x-6+3y=7$

$2x+3y=13$　……③

② から　$3x-4y-12=16$

$3x-4y=28$　……④

$$\begin{array}{lrl} ③\times3 & & 6x+9y=39 \\ ④\times2 & -) & 6x-8y=56 \\ \hline & & \quad 17y=-17 \\ & & \quad\ y=-1 \end{array}$$

$y=-1$ を ③ に代入して解くと　$x=8$

よって　$\boldsymbol{x=8,\ y=-1}$

(5)　$\begin{cases} a+2b=3 & \cdots\cdots ① \\ a:b=4:1 & \cdots\cdots ② \end{cases}$

② から　$a=4b$　……③

③ を ① に代入すると

$$4b+2b=3$$

$$6b=3$$

$$b=\frac{1}{2}$$

$b=\frac{1}{2}$ を ③ に代入すると　　$a=2$

よって　　$\boldsymbol{a=2,\ b=\frac{1}{2}}$

(6) $\begin{cases} \dfrac{x}{3}+\dfrac{y}{2}=1 & \cdots\cdots ① \\ 0.3x-0.6y=-7.5 & \cdots\cdots ② \end{cases}$

① の両辺に 6 をかけると

$$2x+3y=6 \quad \cdots\cdots ③$$

② の両辺に 10 をかけると

$$3x-6y=-75 \quad \cdots\cdots ④$$

$$\begin{array}{lrl} ③\times 2 & 4x+6y & =12 \\ ④ & +)\ 3x-6y & =-75 \\ \hline & 7x \quad\quad & =-63 \end{array}$$

$$x=-9$$

$x=-9$ を ③ に代入して解くと　　$y=8$

よって　　$\boldsymbol{x=-9,\ y=8}$

第 4 章　不等式

(本書 110 ページ)

問題 1　$a<b$ の両辺に -1 をかけると

$$-a>-b$$

この両辺に 1 をたすと

$$1-a>1-b$$

さらに，両辺を 2 でわると

$$\frac{1-a}{2}>\frac{1-b}{2}$$

よって，$\boldsymbol{\frac{1-a}{2}}$ **の方が大きい。**

(本書 123 ページ)

問題 1　(1)　$5x+13<6-2x$

13, $-2x$ をそれぞれ移項すると

$$5x+2x<6-13$$

$$7x<-7$$

$$\boldsymbol{x<-1}$$

(2)　$x-9>3(x-1)$

かっこをはずすと

$$x-9>3x-3$$

$$-2x>6$$

$$\boldsymbol{x<-3}$$

(3)　$\frac{4}{3}x+1\leqq\frac{5}{2}x-1$

両辺に 6 をかけると

$$8x+6\leqq 15x-6$$

$$-7x\leqq -12$$

$$\boldsymbol{x\geqq\frac{12}{7}}$$

(4)　$\begin{cases} 5x-10<3x & \cdots\cdots ① \\ x-1\leqq 3x+1 & \cdots\cdots ② \end{cases}$

① を解くと　　$2x<10$

$$x<5 \quad \cdots\cdots ③$$

② を解くと　$-2x\leqq 2$

$$x\geqq -1 \quad \cdots\cdots ④$$

③ と ④ の共通範囲を求めて

$$\boldsymbol{-1\leqq x<5}$$

(5)　$\begin{cases} x+7\geqq 1-2x & \cdots\cdots ① \\ -4x+17<2x+5 & \cdots\cdots ② \end{cases}$

① を解くと　　$3x\geqq -6$

$$x\geqq -2 \quad \cdots\cdots ③$$

② を解くと　$-6x<-12$

$$x>2 \quad \cdots\cdots ④$$

③ と ④ の共通範囲を求めて

$$\boldsymbol{x>2}$$

(6)　$3x-4<2x+6\leqq 9x-1$

は，次のように考える。

$$\begin{cases} 3x-4<2x+6 & \cdots\cdots ① \\ 2x+6\leqq 9x-1 & \cdots\cdots ② \end{cases}$$

① を解くと　　$x<10$　　$\cdots\cdots ③$

② を解くと　$-7x\leqq -7$

$$x\geqq 1 \quad \cdots\cdots ④$$

③ と ④ の共通範囲を求めて

$$\boldsymbol{1\leqq x<10}$$

第5章　1次関数

(本書 135 ページ)

問題1　表と図は次のようになる。

x	-4	-3	-2	-1	0	1	2	3	4
y	$\mathbf{2}$	$\mathbf{\frac{3}{2}}$	$\mathbf{1}$	$\mathbf{\frac{1}{2}}$	$\mathbf{0}$	$\mathbf{-\frac{1}{2}}$	$\mathbf{-1}$	$\mathbf{-\frac{3}{2}}$	$\mathbf{-2}$

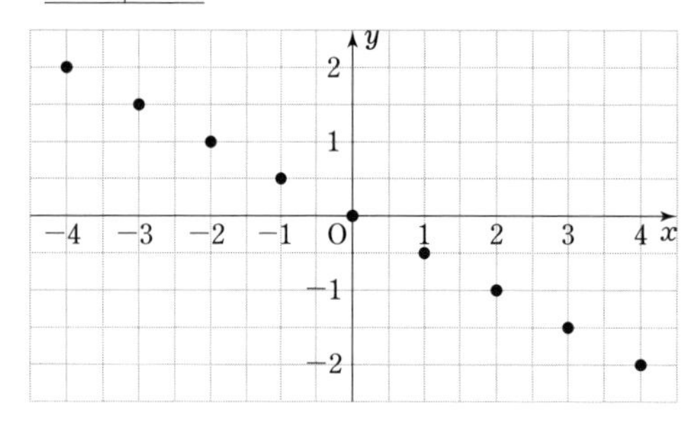

(本書 147 ページ)

問題1　①，③，⑤，⑥

(本書 151 ページ)

問題1　表と図は次のようになる。

x	-6	-4	-2	0	2	4	6
y	$\mathbf{4}$	$\mathbf{3}$	$\mathbf{2}$	$\mathbf{1}$	$\mathbf{0}$	$\mathbf{-1}$	$\mathbf{-2}$

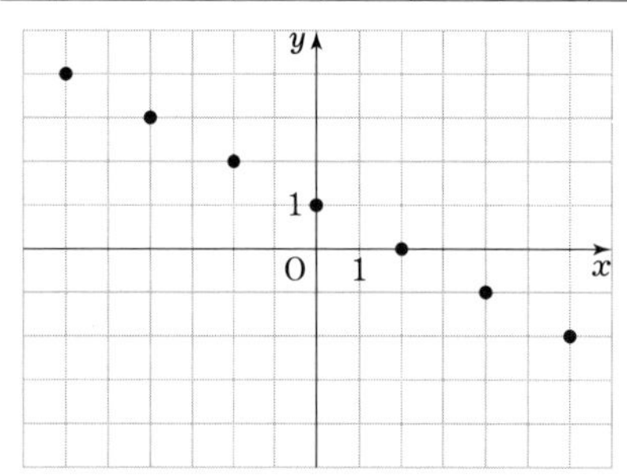

(本書 164 ページ)

問題1　(1)　$y=3x+16$ に $x=5$ を代入すると

$$y=3\times5+16=31$$

よって　**31 L**

(2)　$y=3x+16$ に $y=50$ を代入すると

$$50=3x+16$$

$$x=\frac{34}{3}$$

$\frac{34}{3}=11\frac{1}{3}=11\frac{20}{60}$ であるから，水そうの水が 50 L になるのは　**11 分 20 秒後**

(本書 173 ページ)

問題1　(1)　比例の式であるから，比例定数を a とすると，$y=ax$ と表すことができる。

$x=3$ のとき $y=-9$ であるから

$$-9=a\times3$$

$$a=-3$$

よって　$\boldsymbol{y=-3x}$

(2)　反比例の式であるから，比例定数を a とすると，$y=\frac{a}{x}$ と表すことができる。

$x=-4$ のとき $y=\frac{1}{2}$ であるから

$$\frac{1}{2}=\frac{a}{-4}$$

$$a=-2$$

よって　$\boldsymbol{y=-\frac{2}{x}}$

(3)　グラフの切片が -3 であるから，求める1次関数の式は $y=ax-3$ と表すことができる。

$x=2$ のとき $y=5$ であるから

$$5=a\times2-3$$

$$a=4$$

よって　$\boldsymbol{y=4x-3}$

(4)　直線 $y=-\frac{1}{3}x$ に平行であるから，求める直線の式は $y=-\frac{1}{3}x+b$ と表すことができる。

$x=-6$ のとき $y=4$ であるから

$$4=-\frac{1}{3}\times(-6)+b$$

$$b=2$$

よって　$\boldsymbol{y=-\frac{1}{3}x+2}$

(5)　変化の割合は　$\frac{7-(-2)}{10-(-5)}=\frac{3}{5}$

よって，求める1次関数の式は $y=\frac{3}{5}x+b$

と表すことができる。

$x=-5$ のとき $y=-2$ であるから

$$-2=\frac{3}{5}\times(-5)+b$$

$$b=1$$

したがって　　$\boldsymbol{y=\frac{3}{5}x+1}$

別解　求める1次関数の式を $y=ax+b$ とおく。

$x=-5$ のとき $y=-2$ であるから

$$-2=-5a+b \quad \cdots\cdots ①$$

$x=10$ のとき $y=7$ であるから

$$7=10a+b \quad \cdots\cdots ②$$

①，② を解くと

$$a=\frac{3}{5},\ b=1$$

よって　　$\boldsymbol{y=\frac{3}{5}x+1}$

実力を試す問題の解答

第1章　正の数と負の数

(本書 39 ページ)

問題1　(1)　$8\div(-2)-6\times3$

$-\{(-3)^2-2^2\}\times(2-5)$

$=8\div(-2)-6\times3-(9-4)\times(2-5)$

$=8\div(-2)-6\times3-5\times(-3)$

$=-4-18-(-15)$

$=\mathbf{-7}$

(2)　$-3^2+4\div\left(-\frac{2}{3}\right)\div\left(-\frac{1}{3}\right)+(-3)^2$

$=-9+4\div\left(-\frac{2}{3}\right)\div\left(-\frac{1}{3}\right)+9$

$=-9+4\times\left(-\frac{3}{2}\right)\times(-3)+9$

$=-9+18+9$

$=\mathbf{18}$

(3)　$\left(\frac{3}{4}\div\frac{2}{3}-2\right)\div\left\{\frac{1}{3}+\frac{1}{2}\times\left(\frac{1}{3}-\frac{1}{2}\right)\right\}$

$=\left(\frac{3}{4}\div\frac{2}{3}-2\right)\div\left\{\frac{1}{3}+\frac{1}{2}\times\left(-\frac{1}{6}\right)\right\}$

$=\left(\frac{9}{8}-2\right)\div\left(\frac{1}{3}-\frac{1}{12}\right)$

$=\left(-\frac{7}{8}\right)\div\frac{1}{4}$

$=\mathbf{-\frac{7}{2}}$

(4)　$\frac{2}{3}\times\left\{0.25-\left(-\frac{1}{3}\right)\div\frac{5}{6}\times0.125\right\}$

$=\frac{2}{3}\times\left\{\frac{1}{4}-\left(-\frac{1}{3}\right)\div\frac{5}{6}\times\frac{1}{8}\right\}$

$=\frac{2}{3}\times\left\{\frac{1}{4}-\left(-\frac{1}{20}\right)\right\}$

$=\frac{2}{3}\times\frac{3}{10}$

$=\mathbf{\frac{1}{5}}$

(5)　$\left\{\left(2.8\times\frac{12}{7}-5.6\right)\div\left(-\frac{8}{35}\right)+\frac{5}{4}\right\}\div4.75$

$=\left\{\left(\frac{14}{5}\times\frac{12}{7}-\frac{28}{5}\right)\div\left(-\frac{8}{35}\right)+\frac{5}{4}\right\}\div\frac{19}{4}$

$=\left\{\left(\frac{24}{5}-\frac{28}{5}\right)\div\left(-\frac{8}{35}\right)+\frac{5}{4}\right\}\div\frac{19}{4}$

$=\left\{\left(-\frac{4}{5}\right)\div\left(-\frac{8}{35}\right)+\frac{5}{4}\right\}\div\frac{19}{4}$

$=\left(\frac{7}{2}+\frac{5}{4}\right)\div\frac{19}{4}$

$=\frac{19}{4}\div\frac{19}{4}$

$=\mathbf{1}$

(6)　$4\div\{2-3^2\times(-1)^4\}\times(-7)^2-5\div\left(\frac{-5^3}{16}\right)$

$=4\div(2-9\times1)\times49-5\div\left(-\frac{125}{16}\right)$

$=4\div(-7)\times49-5\div\left(-\frac{125}{16}\right)$

$=-28-\left(-\frac{16}{25}\right)$

$=-\frac{700}{25}+\frac{16}{25}$

$=\mathbf{-\frac{684}{25}}$

問題2　$\left(\frac{2}{3}\right)^{100}\times\left(-\frac{15}{14}\right)^{100}\times\left(\frac{7}{5}\right)^{100}$

$=\underbrace{\left(\frac{2}{3}\times\cdots\times\frac{2}{3}\right)}_{\frac{2}{3}\text{ が 100 個}}\times\underbrace{\left\{\left(-\frac{15}{14}\right)\times\cdots\times\left(-\frac{15}{14}\right)\right\}}_{-\frac{15}{14}\text{ が 100 個}}$

$\times\underbrace{\left(\frac{7}{5}\times\cdots\times\frac{7}{5}\right)}_{\frac{7}{5}\text{ が 100 個}}$

$=\left\{\frac{2}{3}\times\left(-\frac{15}{14}\right)\times\frac{7}{5}\right\}\times\cdots\cdots$

$\times\left\{\frac{2}{3}\times\left(-\frac{15}{14}\right)\times\frac{7}{5}\right\}$

$=\left\{\frac{2}{3}\times\left(-\frac{15}{14}\right)\times\frac{7}{5}\right\}^{100}$

$=(-1)^{100}$

$=\mathbf{1}$

第2章　式の計算

(本書 63 ページ)

問題 1　(1)　$x \quad \frac{2x-y}{3}+\frac{3x+2y}{4}$

$$=\frac{12x-4(2x-y)+3(3x+2y)}{12}$$

$$=\frac{12x-8x+4y+9x+6y}{12}$$

$$=\boldsymbol{\frac{13x+10y}{12}}$$

(2)　$\frac{4x-y+2}{9}-\frac{5x-4y+1}{12}$

$$=\frac{4(4x-y+2)-3(5x-4y+1)}{36}$$

$$=\frac{16x-4y+8-15x+12y-3}{36}$$

$$=\boldsymbol{\frac{x+8y+5}{36}}$$

(3)　$\frac{a+2b}{3}-\frac{6a-b}{5}+\frac{6a-4b}{7}$

$$=\frac{35(a+2b)-21(6a-b)+15(6a-4b)}{105}$$

$$=\frac{35a+70b-126a+21b+90a-60b}{105}$$

$$=\boldsymbol{\frac{-a+31b}{105}}$$

(4)　$\frac{2}{3}ab^2\div\left(-\frac{4}{3}ab\right)^2\times(-2a^2b^3)$

$$=\frac{2}{3}ab^2\div\frac{16}{9}a^2b^2\times(-2a^2b^3)$$

$$=\frac{2}{3}ab^2\times\frac{9}{16a^2b^2}\times(-2a^2b^3)$$

$$=-\frac{2\times9\times2\times ab^2\times a^2b^3}{3\times16\times a^2b^2}$$

$$=\boldsymbol{-\frac{3}{4}ab^3}$$

(5)　$\left(-\frac{3}{2}xy^2\right)^2\times2xy^2\div\left(-\frac{1}{2}xy\right)^3$

$$=\frac{9}{4}x^2y^4\times2xy^2\div\left(-\frac{1}{8}x^3y^3\right)$$

$$=\frac{9}{4}x^2y^4\times2xy^2\times\left(-\frac{8}{x^3y^3}\right)$$

$$=-\frac{9\times2\times8\times x^2y^4\times xy^2}{4\times x^3y^3}$$

$$=\boldsymbol{-36y^3}$$

(本書 65 ページ)

問題 1　$N=100x+10y+z$ であるから

$$N=(99x+x)+(9y+y)+z$$

$$=(99x+9y)+(x+y+z)$$

$$=9(11x+y)+(x+y+z)$$

$11x+y$ は整数であるから，$9(11x+y)$ は 9 の倍数である。

したがって，$x+y+z$ が 9 の倍数ならば，N も 9 の倍数である。

問題 2　(1)　もとの数の一の位の数は c，入れかえた数の一の位の数は a である。

$c<a$ であるから，必ず繰り下がりが発生するので，P の一の位の数は　$\boldsymbol{10+c-a}$

(2)　もとの数の十の位の数と入れかえた数の十の位の数は等しいが，一の位を計算するときに繰り下がりが発生したから，数 P の十の位の数は　　$10+(b-1)-b=\boldsymbol{9}$

(3)　もとの数の百の位の数は a，入れかえた数の百の位の数は c である。

数 P の十の位の数を計算するときに繰り下がりが発生したから，数 P の百の位の数は

$$a-1-c$$

よって，数 P の各位の数の和は

$$(10+c-a)+9+(a-1-c)=18$$

第3章　方程式

(本書 105 ページ)

問題 1　(1)　$\frac{1}{x}=X$，$\frac{1}{y}=Y$ とおくと，連立方程式は　$\begin{cases} X+2Y=3 & \cdots\cdots ① \\ 2X+3Y=2 & \cdots\cdots ② \end{cases}$

$$\begin{array}{lr} ①\times2 & 2X+4Y=6 \\ ② & -)\ 2X+3Y=2 \\ \hline & Y=4 \end{array}$$

$Y=4$ を ① に代入して解くと　$X=-5$

$\frac{1}{x}=X$，$\frac{1}{y}=Y$ より $x=\frac{1}{X}$，$y=\frac{1}{Y}$ であるから　　$\boldsymbol{x=-\frac{1}{5}}$，$\boldsymbol{y=\frac{1}{4}}$

(2) $\frac{1}{x}=X$, $\frac{1}{y}=Y$ とおくと，連立方程式

は $\begin{cases} X-Y=1 & \cdots\cdots ① \\ 5X+3Y=6 & \cdots\cdots ② \end{cases}$

①×3　　$3X-3Y=3$

②　　$+)\ 5X+3Y=6$

$8X\qquad =9$

$X=\frac{9}{8}$

$X=\frac{9}{8}$ を ① に代入して解くと　$Y=\frac{1}{8}$

よって　　$\boldsymbol{x=\frac{8}{9}}$，$\boldsymbol{y=8}$

問題 2　A から 100 g の食塩水を B に移した後，B の食塩水の濃度が 8.5 % になったから

$\left(\frac{x}{100}\times100+\frac{y}{100}\times500\right)\div(100+500)$

$=\frac{8.5}{100}$

よって　　$\frac{x+5y}{600}=\frac{8.5}{100}$

両辺に 600 をかけて

$x+5y=51$　$\cdots\cdots$ ①

B から 8.5 % の食塩水 200 g を A にもどした後，A の食塩水の濃度が 7 % になったから

$\left\{\frac{x}{100}\times(400-100)+\frac{8.5}{100}\times200\right\}\div(300+200)$

$=\frac{7}{100}$

よって　　$\frac{3x+17}{500}=\frac{7}{100}$

両辺に 500 をかけて　　$3x+17=35$

$3x=18$

$x=6$

$x=6$ を ① に代入して解くと　$y=9$

したがって　　$\boldsymbol{x=6}$，$\boldsymbol{y=9}$

これらは問題に適している。

第 4 章　不等式

(本書 124 ページ)

問題 1　求める整数を x とおく。

$\frac{11x-3}{10}$ を小数第 1 位で四捨五入すると 6 になるから　　$5.5\leqq\frac{11x-3}{10}<6.5$

よって　　$55\leqq 11x-3<65$

$\frac{58}{11}\leqq x<\frac{68}{11}$

$\frac{58}{11}=5.2\cdots$，$\frac{68}{11}=6.1\cdots$ であるから，求める整数は　**6**

問題 2　50 でわって小数第 2 位を四捨五入すると 4.8 になる整数を x とおくと

$4.75\leqq\frac{x}{50}<4.85$

よって　　$237.5\leqq x<242.5$

したがって，最も大きいものは　　**242**

(本書 125 ページ)

問題 1　$\begin{cases} 3x+4\geqq 6x-8 & \cdots\cdots ① \\ 2x-a+1>x+3 & \cdots\cdots ② \end{cases}$

① を解くと　$-3x\geqq -12$

$x\leqq 4$　$\cdots\cdots$ ③

② を解くと　　$x>a+2$　$\cdots\cdots$ ④

連立不等式を満たす整数 x がちょうど 3 個であるためには，③ と ④ の共通範囲が

$a+2<x\leqq 4$　　$\cdots\cdots$ ⑤

の形になり，この範囲に含まれる整数が 2，3，4 になればよい。

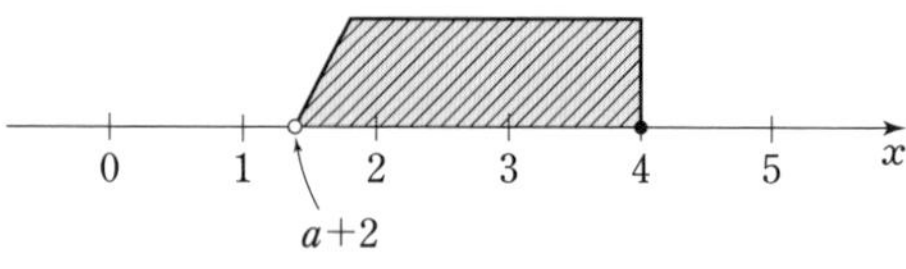

よって，⑤ の範囲の左端 $a+2$ が 2 より小さく 1 以上の値をとればよいから

$1\leqq a+2<2$

したがって　$\boldsymbol{-1\leqq a<0}$

第5章　1次関数

(本書 167 ページ)

問題1　$x=0$ のとき，P は頂点A上にあり

$y=0$

$x=3$ のとき，P は頂点B上にあり

$y=\frac{1}{2}\times4\times3=6$

$x=8$ のとき，P は頂点C上にあり

$y=\frac{1}{2}\times4\times6=12$

$x=14$ のとき，Pは頂点D上にあり

$y=0$

Pが1つの辺上を動くとき，y は一定の割合で変化するから，求めるグラフは，点 $(0,\ 0)$，$(3,\ 6)$，$(8,\ 12)$，$(14,\ 0)$ をそれぞれ直線で結んだもので，図のようになる。

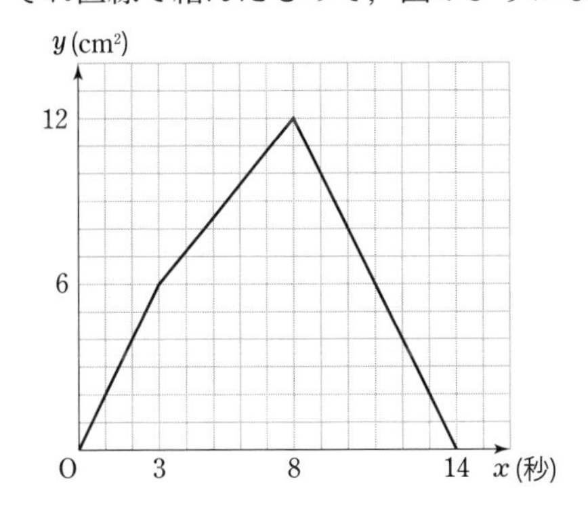

(本書 174 ページ)

問題1　(1)　直線 $y=\frac{1}{3}x-2$ と x 軸との交点の x 座標は，$0=\frac{1}{3}x-2$ を解いて

$x=6$

よって，直線 $y=ax+3$ も点 $(6,\ 0)$ を通るから　　$0=a\times6+3$

したがって　　$\boldsymbol{a=-\frac{1}{2}}$

(2)　2直線 $x+y=2$，$x-2y=0$ の交点の座標は，連立方程式 $\begin{cases} x+y=2 \\ x-2y=0 \end{cases}$ を解いて

$x=\frac{4}{3}$，$y=\frac{2}{3}$　より　$\left(\frac{4}{3},\ \frac{2}{3}\right)$

よって，直線 $ax+y=-1$ も点 $\left(\frac{4}{3},\ \frac{2}{3}\right)$ を通るから　　$a\times\frac{4}{3}+\frac{2}{3}=-1$

したがって　　$\boldsymbol{a=-\frac{5}{4}}$

問題2　3つの直線

$y=3x+8$ ……①，$y=-\frac{3}{2}x-1$ ……②，

$y=(a-1)x+5$ ……③

が三角形をつくらないのは，次の3通りの場合がある。

[1]　2直線①，③が平行である場合

$3=a-1$　から　　$a=4$

[2]　2直線②，③が平行である場合

$-\frac{3}{2}=a-1$　から　　$a=-\frac{1}{2}$

[3]　3直線①，②，③が1点で交わる場合

2直線①，②の交点の座標は，連立方程式 $\begin{cases} y=3x+8 \\ y=-\frac{3}{2}x-1 \end{cases}$ を解いて

$x=-2$，$y=2$　より　$(-2,\ 2)$

よって，直線 $y=(a-1)x+5$ も点 $(-2,\ 2)$ を通るから

$2=(a-1)\times(-2)+5$

$a=\frac{5}{2}$

したがって　　$\boldsymbol{a=4,\ -\frac{1}{2},\ \frac{5}{2}}$

(本書 175 ページ)

問題1　$y=-2x+15$　…①，

$y=\frac{5}{2}x+\frac{3}{2}$ …②，$y=-\frac{1}{2}x+\frac{9}{2}$ …③

とする。

点Aは，2直線②，③の交点で，その座標は　　A$(1,\ 4)$

点Bは，2直線①，③の交点で，その座標は　　B$(7,\ 1)$

点Cは，2直線①，②の交点で，その座標は　　C$(3,\ 9)$

(1)　△ABC の面積と △DBC の面積が等しいとき，AD∥BC である。
直線 BC の傾きは -2 であるから，直線 AD の式は $y=-2x+b$ とおける。
点 A(1, 4) を通ることから
$$4=-2\times1+b$$
$$b=6$$
したがって，D の座標は　**(0, 6)**

(2)　線分 BC の中点を M とすると，求める直線は M を通る。M の座標は
$$\left(\frac{7+3}{2},\ \frac{1+9}{2}\right)\quad すなわち\quad (5,\ 5)$$
2 点 A(1, 4), M(5, 5) を通る直線の傾きは
$$\frac{5-4}{5-1}=\frac{1}{4}$$
よって，直線の式は $y=\frac{1}{4}x+b$ とおける。
点 A(1, 4) を通ることから
$$4=\frac{1}{4}\times1+b$$
$$b=\frac{15}{4}$$
したがって　　$\boldsymbol{y=\frac{1}{4}x+\frac{15}{4}}$

(3)　点Aを通り直線 EM に平行な直線と，直線 BC との交点をFとする。
このとき，△AEM と △FEM の面積は等しいから，△EBF の面積と △ABM の面積は等しい。
よって，直線 EF は △ABC の面積を 2 等分する。
E は直線 $y=-\frac{1}{2}x+\frac{9}{2}$ 上の点であるから，
E の y 座標は　$y=-\frac{1}{2}\times3+\frac{9}{2}=3$
よって，E の座標は　(3, 3)
直線 EM の傾きは　$\frac{5-3}{5-3}=1$ であるから，
直線 AF の式は $y=x+b$ とおける。
点 A(1, 4) を通ることから
$$4=1+b$$
$$b=3$$
よって　　$y=x+3$
F は 2 直線 $y=-2x+15$, $y=x+3$ の交点である。
その座標は，連立方程式 $\begin{cases} y=-2x+15 \\ y=x+3 \end{cases}$
を解いて
$x=4$, $y=7$　より　(4, 7)
2 点 E(3, 3), F(4, 7) を通る直線の傾きは
$$\frac{7-3}{4-3}=4$$
よって，直線の式は $y=4x+b$ とおける。
点 E(3, 3) を通ることから
$$3=4\times3+b$$
$$b=-9$$
したがって，求める式は　　$\boldsymbol{y=4x-9}$

総合問題

(本書 179 ページ)

問題 1　けいたさんがバス停に着く時刻は
$$540\div60=9$$
より，家を出発してから 9 分後の 7 時 39 分
お兄さんがバス停に着く時刻は
$$540\div90=6$$
より，家を出発してから 6 分後の 7 時 41 分
いずれの時刻にもバスは出発していないから，**お兄さんはけいたさんに 7 時 41 分に追いつくことができる。**
(お兄さんは，バス停でバスを待っているけいたさんに追いつくことになる)

(本書 183 ページ)

問題 1　P の x 座標を t とおくと，P は直線 $y=-\frac{3}{2}x+6$ 上の点であるから，P の座標は　$P\left(t,\ -\frac{3}{2}t+6\right)$
直線 $y=-\frac{3}{2}x+6$ は，x 軸，y 軸と，それぞれ点 (4, 0)，点 (0, 6) で交わる。

[1]　$t<0$ のとき

$$OQ=-t,\ OR=-\frac{3}{2}t+6$$

四角形 OQPR が正方形となるから

$$-t=-\frac{3}{2}t+6$$

これを解いて　$t=12$

これは $t<0$ を満たさないから，この問題には適さない。

[2]　$0\leqq t<4$ のとき

$$OQ=t,\ OR=-\frac{3}{2}t+6$$

四角形 OQPR が正方形となるから

$$t=-\frac{3}{2}t+6$$

これを解いて　$t=\frac{12}{5}$

これは $0\leqq t<4$ を満たす。

$x=\frac{12}{5}$ のとき　$y=\frac{12}{5}$

[3]　$t\geqq 4$ のとき

$$OQ=t,\ OR=-\left(-\frac{3}{2}t+6\right)$$

四角形 OQPR が正方形となるから

$$t=\frac{3}{2}t-6$$

これを解いて

$t=12$

これは $t\geqq 4$

を満たす。

$x=12$ のとき

$y=-12$

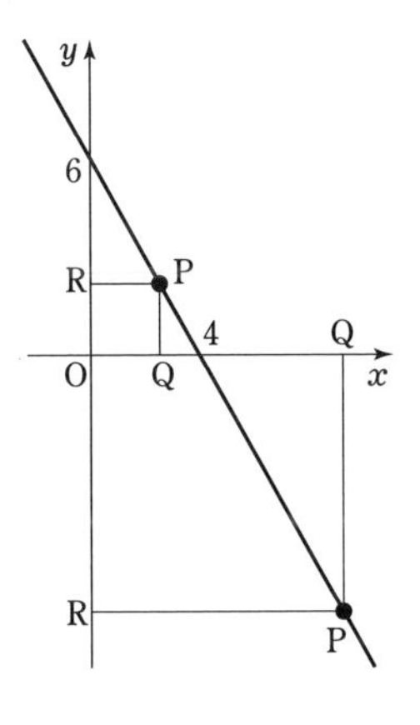

以上から，P の座標は

$\left(\frac{12}{5},\ \frac{12}{5}\right)$

$(12,\ -12)$

新課程

実力をつける，実力をのばす

体系数学１　代数編 パーフェクトガイド

初版
第１刷　2016年４月15日　発行
新課程
第１刷　2020年４月１日　発行

ISBN978-4-410-14413-4

編　者　数研出版編集部
発行者　星野 泰也
発行所　数研出版株式会社
〒101-0052 東京都千代田区神田小川町２丁目３番地３
〔振替〕00140-4-118431
〒604-0861 京都市中京区烏丸通竹屋町上る大倉町205番地
〔電話〕代表 (075)231-0161
ホームページ　http://www.chart.co.jp/
印刷　寿印刷株式会社